“十四五”时期国家重点出版物出版专项规划项目　新基建核心技术与融合应用丛书
中国通信学会5G+行业应用培训指导用书

大数据技术与应用

中国产业发展研究院　组编
王　丽　周　辉　编著

机械工业出版社

本书是围绕我国国民经济和社会发展第十四个五年规划和2035年远景目标等重大要求，由中国通信学会、中国产业发展研究院联合组织编写的“新基建核心技术与融合应用丛书”之一。

大数据技术的战略意义不在于掌握庞大的数据信息，而在于对这些含有意义的数据进行专业化处理。换而言之，如果把大数据比作一种产业，那么这种产业实现盈利的关键在于提高对数据的“加工能力”，通过“加工”实现数据的“增值”。本书立足数字经济浪潮，以促进数据合规高效流通使用、赋能实体经济为主线，重点围绕大数据采集、流通、安全、治理及应用等全生命周期进行编写，覆盖大数据存储、计算、管理、安全与治理、资产管理与流通、分析、平台、产业与应用等环节，对培育新质生产力，推动我国数字经济高质量发展具有重要参考价值。

本书适合IT、金融、研究机构相关从业人员以及高等院校相关专业的学生使用，也可供对大数据感兴趣的读者阅读。

图书在版编目（CIP）数据

大数据技术与应用／中国产业发展研究院组编；王丽，周辉编著. —北京：机械工业出版社，2024.5

（新基建核心技术与融合应用丛书）

“十四五”时期国家重点出版物出版专项规划项目

中国通信学会5G+行业应用培训指导用书

ISBN 978-7-111-75447-3

Ⅰ.①大…　Ⅱ.①中…　②王…　③周…　Ⅲ.①数据处理　Ⅳ.①TP274

中国国家版本馆CIP数据核字（2024）第078916号

机械工业出版社（北京市百万庄大街22号　邮政编码100037）

策划编辑：张雁茹　高　伟　　责任编辑：张雁茹　高　伟　赵晓峰　卢志林

责任校对：郑　雪　张昕妍　　责任印制：李　昂

北京新华印刷有限公司印刷

2024年7月第1版第1次印刷

184mm×260mm · 16.75印张 · 413千字

标准书号：ISBN 978-7-111-75447-3

定价：79.00元

电话服务

客服电话：010-88361066

010-88379833

010-68326294

网络服务

机　工　官　网：www.cmpbook.com

机　工　官　博：weibo.com/cmp1952

金　　书　　网：www.golden-book.com

机工教育服务网：www.cmpedu.com

中国通信学会5G+行业应用培训指导用书
编审委员会

总 顾 问 艾国祥

主任委员 史卓琦

副主任委员 鲍 泓 刘大成 梁军平 邓海平 赵继军

策 划 人 李晋波 陈玉芝

编 写 组 (按姓氏笔画排序)

于 艳 于志勇 于婉宁 王 丽 王 骁 王 晨 王文跃 王栋浩
方 林 朱建海 刘 凡 刘 涛 刘 毅 刘 懿 刘红杰 刘沐琪
刘海涛 刘银龙 齐 悦 孙雨奇 李 婷 李永峰 李振明 李效宁
李雪涛 李朝晖 李翔宇 李婷婷 杨 旭 肖 巍 吴海燕 何 杰
张 欣 张 硕 张 程 陈海波 周 辉 周文婷 赵 珂 赵媛媛
郝 爽 段云峰 段博雅 姜雪松 洪卫军 贺 慧 耿立茹 徐 华
徐 亮 徐 越 郭 健 龚 萍 盛凌志 常 义 崔 强 梁 杰
梁 藉 葛海霞 蒋志强 韩 镝 曾庆峰 蔡金宝 籍 东

序　一

以5G为代表的新一代移动通信技术蓬勃发展，凭借高带宽、高可靠低时延、海量连接等特性，其应用范围远远超出了传统的通信和移动互联网领域，全面向各个行业和领域扩展，正在深刻改变着人们的生产生活方式，成为我国经济高质量发展的重要驱动力量。

5G赋能产业数字化发展，是5G成功商用的关键。2020年被业界认为是5G规模建设元年。我国5G发展表现强劲，5G推进速度全球领先。5G正给工业互联、智能制造、远程医疗、智慧交通、智慧城市、智慧政务、智慧物流、智慧医疗、智慧能源、智能电网、智慧矿山、智慧金融、智慧教育、智能机器人、智慧电影、智慧建筑等诸多行业带来融合创新的应用成果，原来受限于网络能力而体验不佳或无法实现的应用，在5G时代将加速成熟并大规模普及。

目前，相关各方正携手共同解决5G应用标准、生态、安全等方面的问题，抢抓经济社会数字化、网络化、智能化发展的重大机遇，促进应用创新落地，一同开启新的无限可能。

正是在此背景下，中国通信学会与中国产业发展研究院邀请众多资深学者和业内专家，共同推出“中国通信学会5G+行业应用培训指导用书”。本套丛书针对行业用户，深度剖析已落地的、部分已有成熟商业模式的5G行业应用案例，透彻解读技术如何落地具体业务场景；针对技术人才，用清晰易懂的语言，深入浅出地解读5G与云计算、大数据、人工智能、区块链、边缘计算、数据库等技术的紧密联系。最重要的是，本套丛书从实际场景出发，结合真实有深度的案例，提出了很多具体问题的解决方法，在理论研究和创新应用方面做了深入探讨。

这样角度新颖且成体系的5G丛书在国内还不多见。本套丛书的出版，无疑是为探索5G创新场景，培育5G高端人才，构建5G应用生态圈做出的一次积极而有益的尝试。相信本套丛书一定会使广大读者受益匪浅。

中国科学院院士

艾国祥

序　二

在新一轮全球科技革命和产业变革之际，我国发力启动以5G为核心的“新基建”以推动经济转型升级。2021年3月公布的《中华人民共和国国民经济和社会发展第十四个五年规划和2035年远景目标纲要》（简称《纲要》）中，把创新放在了具体任务的第一位，明确要求坚持创新在我国现代化建设全局中的核心地位。《纲要》单独将数字经济部分列为一篇，并明确要求推进网络强国建设，加快建设数字经济、数字社会、数字政府，以数字化转型整体驱动生产方式、生活方式和治理方式变革。同时，在“十四五”时期经济社会发展主要指标中提出，到2025年，数字经济核心产业增加值占GDP比重提升至10%。

5G作为支撑经济社会数字化、网络化、智能化转型的关键新型基础设施，目前，在“新基建”政策驱动下，全国各省市积极布局，各行业加速跟进，已进入规模化部署与应用创新落地阶段，渗透到政府管理、工业制造、能源、物流、交通运输、居民生活等众多领域，并逐步构建起全方位的信息生态，开启万物互联的数字化新时代，对建设网络强国、打造智慧社会、发展数字经济、实现我国经济高质量发展具有重要战略意义。

中国通信学会作为隶属于工业和信息化部的国家一级学会，是中国通信界学术交流的主渠道、科学普及的主力军，肩负着开展学术交流，推动自主创新，促进产、学、研、用结合，加速科技成果转化的重任。中国产业发展研究院作为专业研究产业发展的高端智库机构，在促进数字化转型、推动经济高质量发展领域具有丰富的实践经验。

此次由中国通信学会和中国产业发展研究院强强联合，组织各行业众多专家编写的“中国通信学会5G+行业应用培训指导用书”系列丛书，将以国家产业政策和产业发展需求为导向，“深入”5G之道普及原理知识，“浅出”5G案例指导实际工作，使读者通过本套丛书在5G理论和实践两方面都获得教益。

本系列丛书涉及数字化工厂、智能制造、智慧农业、智慧交通、智慧城市、智慧政务、智慧物流、智慧医疗、智慧能源、智能电网、智慧矿山、智慧金融、智慧教育、智能机器人、智慧电影、智慧建筑、5G网络空间安全、人工智能、边缘计算、云计算等5G相关现代信息化技术，直观反映了5G在各地、各行业的实际应用，将推动5G应用引领示范和落地，促进5G产品孵化、创新示范、应用推广，构建5G创新应用繁荣生态。

中国通信学会秘书长

前 言

大数据是数据的集合，是围绕数据要素形成的一套以“资源、技术、应用”为核心的理论体系和社会观念，并衍生出了“数据+算力+产业”的产业生态，成为释放数据价值的重要引擎，以及发展新质生产力的“加速器”和“储能池”。因具有社会基础设施属性的通用技术，大数据能够提升运作效率，提高决策水平，从而形成由数据驱动社会经济数字化转型的“数字经济生态”。作为数字经济时代的关键生产要素，大数据是数字化、网络化、智能化的数字基础，已快速融入生产、分配、流通、消费和社会服务管理等各环节，深刻改变着生产方式、生活方式和社会治理方式。

本书共10章，以促进数据合规高效流通使用、赋能实体经济为主线，重点围绕大数据采集、流通、安全、治理及应用等全生命周期，详细阐述了大数据发展理念（第1、2章）、大数据技术体系与安全治理（第3~8章）、大数据平台与产业应用生态（第9、10章）等核心内容，覆盖大数据存储、计算、管理、安全与治理、资产管理与流通、分析、平台、产业与应用等环节。本书立足数字经济浪潮，深入探讨了大数据与生产要素之间的紧密关系，对培育新质生产力，推动我国数字经济高质量发展具有重要参考价值。

非常感谢为本书提供各类帮助、贡献真知灼见的各行业专家朋友。在5G DICT时代数字经济拉开帷幕之际，希望本书能够帮助读者快速掌握大数据与数字经济、数据要素、数字化转型等内在联系，了解和掌握大数据资源、技术体系及应用生态的融合与创新。本书内容深入浅出、通俗易懂，非常适合对大数据感兴趣的读者阅读。

由于编者水平有限，书中难免有不足之处，欢迎广大读者批评指正。

编著者

目 录

第1章 大数据时代的形成与发展

数字经济时代，随着5G、云计算等数字新基建的建设与发展，大数据正在成为融入经济社会发展各领域的生产要素、资源、动力和观念，并形成一种全新的数字资源观。

1.1 大数据发展历程

大数据是信息技术发展的必然产物，更是信息化进程的高级阶段，其发展推动了数字经济社会的形成与繁荣。

1.1.1 大数据的起源

大数据的概念与应用首先是在信息技术中，特别是在移动互联网快速发展中诞生的。随着4G时代IT与CT技术的融合及物联网的普及与应用，以搜索引擎为代表的信息系统面临存储和分析的数据不仅数量巨大、前所未有，而且以非结构化数据为主，导致传统高性能架构的信息技术无法应对。为此，谷歌（Google）提出了一套以分布式并行计算为核心的大数据存储与分析技术体系，即分布式文件系统（Google File System，GFS）、分布式并行计算（MapReduce）和分布式数据库（BigTable）等技术，以较低的成本实现了之前技术无法达到的规模。这些技术奠定了当前大数据技术的基础，被公认为大数据技术的源头。同时，*Nature* 和 *Science* 杂志分别于2008年、2011年刊发了 *Big Data*、*Dealing with Data* 专刊，指出大数据时代已到来，标志着人类社会进入大数据时代。

传统数据主要来自业务运营支撑系统、企业管理系统等，属于结构化数据。大数据是传统数据的延伸，是对传统数据在深度和广度上的补充，当前爆炸式增长的新数据主要来源于互联网、移动互联网等，如图片、文本、音频、视频等非结构化数据，如图1-1所示。结构化数据是能够用关系数据库二维表来逻辑表达的数据，其他为非结构化数据。非结构化新数据和结构化传统数据一起构成大数据。

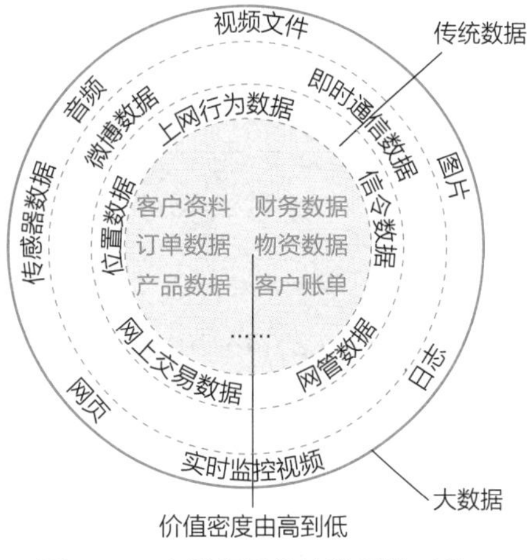

图1-1 大数据是传统数据的延伸

1.1.2 全球大数据发展历程

大数据发展过程可以分为萌芽期、发展期、爆发期、成熟应用期四个阶段。

1）萌芽期：20世纪90年代~21世纪初期，关系数据库技术成熟，数据挖掘理论快速发展并得到广泛应用和关注，也称数据挖掘阶段。

2）发展期：2003—2012 年，针对非结构化数据的大量出现，传统的高性能计算机技术和关系数据库难以应对。谷歌公开发表三篇大数据相关论文——*The Google File System*、*MapReduce: Simplified Data Processing on Large Clusters* 和 *BigTable: A Distributed Storage System for Structured Data*，开启了大数据时代。其核心技术包括分布式文件系统（GFS）、分布式并行计算（MapReduce）、分布式锁（Chubby）及分布式数据库（BigTable）。这期间大数据研究的焦点是性能、云计算、大规模的数据集并行运算算法及开源分布式架构（Hadoop）等。

3）爆发期：2013—2015 年，以大数据系统平台 Hadoop 2.0、分布式计算技术 Spark 以及分布式深度学习计算平台 Tensorflow 等开源技术为代表。大数据基础技术成熟之后，学术界及企业界纷纷开始转向应用研究，因此 2013 年也被称为大数据元年。

4）成熟应用期：2016 年至今，大数据应用渗透到各行各业，大数据价值不断凸显，数据驱动决策和社会智能化程度大幅提高，大数据产业迎来快速发展和大规模应用。

1.1.3 我国大数据发展历程

自 2014 年大数据首次写入政府工作报告以来，我国对大数据的认识与实践过程大致经历了酝酿阶段、落地阶段及深化阶段，逐步实现从“数据大国”向“数据强国”转变的大数据国家战略，如图 1－2 所示。

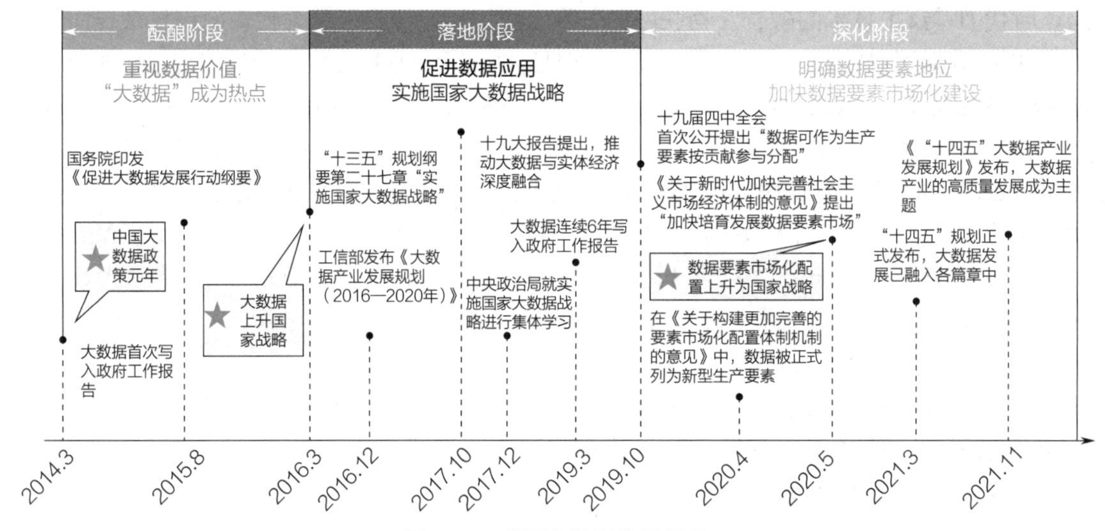

图 1－2　我国大数据发展历程

1）酝酿阶段（2014—2016 年）：从 2014 年 3 月，大数据首次写入政府工作报告开始，认识数据并重视数据价值成为这一阶段中央的重要着力点。2015 年 8 月国务院印发的《促进大数据发展行动纲要》明确提出，数据已成为国家基础性战略资源，并对大数据整体发展进行了顶层设计和统筹布局，产业发展开始起步。

2）落地阶段（2016—2019 年）：2016 年 3 月，“十三五”规划纲要正式提出实施国家大数据战略，对推动我国经济发展具有重要作用，大数据与包括实体经济在内的各行各业的融合成为政策热点。2017 年 10 月，党的十九大报告中提出推动大数据与实体经济深度融合。2017 年 12 月，中央政治局就实施国家大数据战略进行了集体学习，国内大数据产业开始全面、快速发展。

3）深化阶段（2019 年至今）：随着国内相关产业体系日渐完善，各类行业融合应用逐步深入，国家大数据战略开始走向深化阶段。2020 年 4 月，中共中央、国务院发布《关于构建更加完善的要素市场化配置体制机制的意见》，将数据与土地、劳动力、资本、技术并称为五种要素，提出加快培育数据要素市场。2020 年 5 月，中共中央、国务院在《关于新时代加快完善社会主义市场经济体制的意见》中提出进一步加快培育发展数据要素市场。这意味着数据已经不仅是一种产业或应用，还成为经济发展赖以依托的基础性、战略性资源。

1.2 大数据的定义与特征

从文明之初的“结绳记事”，到文字发明后的“文以载道”，再到近现代科学的“数据建模”，数据一直伴随着人类社会的发展变迁，承载了人类基于数据和信息认识世界的努力和取得的巨大进步。然而，直到以电子计算机为代表的现代信息技术的出现为数据处理提供了自动的方法和手段，人类掌握数据、处理数据的能力才实现了质的跃升。信息技术及其在经济社会发展方方面面的应用（即信息化），推动数据成为继物质、能源之后的又一种重要战略资源。

1.2.1 什么是数据

1. 数据的概念

数据的起源如同文字的起源一样古老，一直伴随着人类的发展而变迁。《易九家言》中记载“事大，大结其绳；事小，小结其绳，结之多少，随物众寡”，即根据事件的性质、规模或所涉及数量的不同系出不同的绳结。我国古代的黄册（全国户口名册）、天文观测记录均以特定规则进行登记造册，它们对人类社会和物理世界的性质、状态与相互关系进行记录和计算，都是宝贵的古代数据遗产。

尽管《辞海》（第七版）将数据定义为“描述事物的数字、字符、图形、声音等的表示形式”。但“数据”的定义至今尚未实现完全统一，在不同的应用领域数据的概念和含义也不尽相同。数据的部分定义如下：

国际数据管理协会（DAMA）认为“数据是以文本、数字、图形、图像、声音和视频等格式对事实进行的表现”。其列举了“数据”存在的不同形态，且指出“数据”是对事实的表现。

标准 ISO/IEC 11179－1 将“数据”定义为“以适合于交流、解释或处理的形式化方式对信息进行可重新解释的表示”。该定义强调了“数据”的电子性质，认为“数据”是对它代表的对象（信息）的解释，且该解释方式必须是权威、标准、通用的，只有这样才可以达到通信、解释和处理的目的。

《中华人民共和国数据安全法》将“数据”定义为“任何以电子或者其他方式对信息的记录”。该定义在法律层面明确了数据的记录方式，并将“数据”和“信息”进行了区分。

统计学将“数据”定义为“用于表示和解释而收集、分析和总结后的客观事实和数字符号”，并将“数据”分为定性数据和定量数据。

数字技术中的“数据”是客观事物的符号表示，指所有可输入到计算机中并可被计算机程序处理的符号的总称。作为对客观事物（如事实、事件、事物、过程或思想）的数字化记录或描述，数据可以是无序的、未经加工处理的原始素材，也可以是连续的值，如声音、图像，还可以是离散的，如符号、文字。

2. 数据的内涵

在内涵上，数据是对感知到的客观事实进行描述或记录的符号或符号集合，如数字、文字、字母、声音、图片和视频等，是未经处理的原始素材。数据是对感知到的客观事实进行描述或记录的结果，是对现实世界中的时间、地点、事件、其他对象或概念的描述。同时，数据须被符号化表达，方能被有效识别。

3. 数据的特征

1）事实相关性。数据是对客观事实的描述，是与客观事实相关的、无序的、未经加工处理的原始材料。

2）符号化表达。数据本身是对事实的记录和描述，且必须以某种符号或符号集的形式进行表达。

3）可比特化记录。无论表达数据的符号是数字、文字、声音、图片或视频等，都可用二进制的比特符号统一记录。任何数据都可以被编码为一系列 0 和 1 组成的二进制序列。

4）蕴含价值性。数据本身并没有任何意义，其所蕴含的意义与价值是从数据本身当中“挖掘”“创造”而来的。因此，数据必须是可计算、可推理演绎、可解释、可分析、可挖掘的。

1.2.2　大数据的定义

5G DICT 时代，以 Hadoop 为代表的分布式存储和计算技术快速普及，极大地提升了企业数据变现能力，尤其是互联网企业对“数据废气”（Data Exhaust）的挖掘利用大获成功，引发社会各界重新审视“大数据”的价值，并把数据当作数字经济时代的关键生产要素对待。

大数据是具有体量大、结构多样、时效强等特征的数据。处理大数据需采用新型计算架构和智能算法等数字技术，并能够为多源异构数据采集、存储管理及实时智能分析提供系统化理论与技术机理的研究，为实现空天地立体数据采集、实时信息感知提取、时空协同的知识发现与辅助决策提供理论基础和技术支撑。随着对数字技术体系的认识不断深化，大数据在不同的视角下被赋予不同的含义。

从技术视角看，大数据代表了新一代数据管理与分析技术。传统的数据管理与分析技术以结构化数据为管理对象，在小数据集上进行分析，以集中式高性能服务器架构为主，成本高昂。与“贵族化”的数据分析技术相比，大数据源于互联网的，面向多源异构数据、在超大规模数据集（PB 量级）上进行分析，以分布式并行计算架构为主的新一代数据管理技术，与开源软件潮流叠加，在大幅提高处理效率的同时，大幅度降低了数据分析、计算、应用总体拥有成本。

大数据被定义为无法在一定时间内用常规软件工具（如关系数据库等）对其内容进行抓取、管理和处理的大量复杂的数据集合，具有体量大、快速和多样化的信息资产，难以用传统关系型数据分析方法进行有效分析，需用高效率和创新型的信息技术加以处理，以提高发现、决策和优化流程的能力。大数据的核心价值在于对海量数据进行采集、存储、整合和分析，挖掘具有极大相似性的关键信息和数据，揭示社会客观规律，预测事物未来发展趋势，其思维理念和技术也将对信息技术带来巨大变革。

从理念的视角看，大数据打开了一种全新的思维角度。大数据的应用赋予了“实事求是”新的内涵：其一是“数据驱动”，即经营管理决策可以自下而上地由数据来驱动，甚至像量化股票交易、实时竞价广告等场景中那样，可以由机器根据数据直接决策；其二是“数据闭环”，观察互联网行业大数据案例，它们往往能够构造包括数据采集、建模分析、效果评估到反馈修正各个环节在内的完整“数据闭环”，能够不断地自我升级、螺旋上升。目前很多“大数据应用”要么数据量不够大，要么并非必须使用新一代技术，但体现了数据驱动和数据闭环的思维，改进了生产管理效率，这是大数据思维理念应用的体现。

在本质上，大数据是综合运用以物联网、5G、云计算、移动互联网和人工智能等为代表的数字技术及其体系和手段，对社会生活、生产活动及自然现象客观描述、记录及反映，具有客观存在的属性，不以人的意志为转移。

总之，大数据对包括数据采集、数据存储与管理、数据分析、数字治理与应用等在内的全生命周期的数据科学进行技术升级、业务流程优化与重构，是一门通过数据揭示世界客观规律的技术科学。

1.2.3 大数据的单位

大数据最小的基本单位是bit，按照从小到大依次为bit、Byte、KB、MB、GB、TB、PB、EB、ZB、YB、BB等，它们按照进率1024（2^{10}）来计算。

1Byte = 8bit

1KB = 1024Byte = 8192bit

1MB = 1024KB = 1048576Byte

1GB = 1024MB = 1048576KB

1TB = 1024GB = 1048576MB

1PB = 1024TB = 1048576GB

1EB = 1024PB = 1048576TB

1ZB = 1024EB = 1048576PB

1YB = 1024ZB = 1048576EB

1BB = 1024YB = 1048576ZB

1.2.4 大数据的5V特征

大数据具有5V基本特征，即数据体量（Volume）、种类多样性（Variety）、速度（Velocity）、真实性（Veracity）及数据价值性（Value），它们的英文单词都是以字母“V”开头，通常被称为5V特征。具体分析如下：

1）数据体量巨大，指大量TB、PB、EB级以上的数据等待处理，多以非结构化数据为主。资料表明，百度首页导航每天需要提供的数据超过1.5PB（1PB = 1024TB），这些数据如果打印出来将超过5000亿张A4纸。有资料证实，到目前为止，人类生产的所有印刷材料的数据量仅为200PB。

2）数据类型多样。现在的数据类型不仅是文本形式，更多的是日志、图片、视频、音频、地理位置信息等多类型的数据，非结构化数据、半结构化数据占绝对多数。

3）速度快。数据增长速度快、实效性高。与10年前相比，我们面临的数据处理体量增长速度达一百万倍，而当前，数据处理速度遵循“1秒定律”，即可从各种类型的数据中快速获得高价值的信息。

4）数据的准确性和可信赖度，即数据的质量。大数据的内容是与真实世界中发生的事情息息相关的，由于数据的噪声、缺失、不一致性、歧义等引起的数据不确定性，因此在数据的采集、存储及分析的全链条中，要保证数据的准确性和可信赖度，即数据不容许随意更改和删除。

5）价值密度低，价值含金量巨大。以视频为例，1h的视频，在不间断的监控过程中，有用的数据可能只有一两秒。大数据使得人们以前所未有的维度量化和理解世界，蕴含了巨大的价值。大数据的终极目标在于从数据中挖掘价值，如图1-3所示。

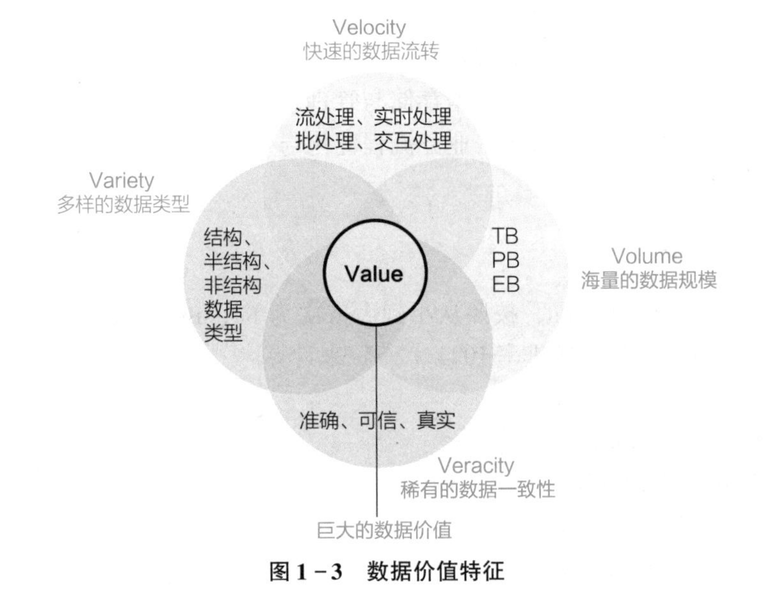

图1-3 数据价值特征

与传统数据分析相比，大数据技术的核心在于分析和挖掘数据中隐含的关键信息，寻找事物的发展规律，预测其发展趋势。在数据分析过程中，数据相关关系最为重要，而把传统数据分析中的因果关系降为次要。同时，要关注全局数据，而非部分数据，各种数据越多越好，越容易分析准确。

1.3 大数据技术

2020年以来，随着5G网络、云计算、边缘计算等数字技术的普及与应用，大数据技术的内涵产生了一定的演进和拓展，从面向大数据采集、存储、处理、分析等需求的核心技术延展到相关的管理、流通、安全等全生命周期相关技术，逐渐形成了一整套大数据技术体系，成为数据能力建设的基础设施。伴随着技术体系的完善，大数据技术开始向着降低成本、增强安全的方向发展。

1.3.1 大数据关键技术

从数据分析挖掘的全生命周期看，大数据关键技术主要体现在从数据源经过分析挖掘到最终获得价值，一般需要经过四个主要环节，包括数据准备、数据存储与管理、数据挖掘与分析、知识展现与应用，每个环节都不同程度地对传统技术产生挑战。其中，在数据分析相关技术中，大数据存储、计算、管理和分析等技术是关键。

在关键技术组成上，大数据可以分为大数据资源、大数据工具及大数据理念等三个技术范畴，如图1-4所示。与传统数据分析相比，大数据关键技术在数据采集、数据存储、数据分析以及数据应用等四个环节上存在巨大差异。

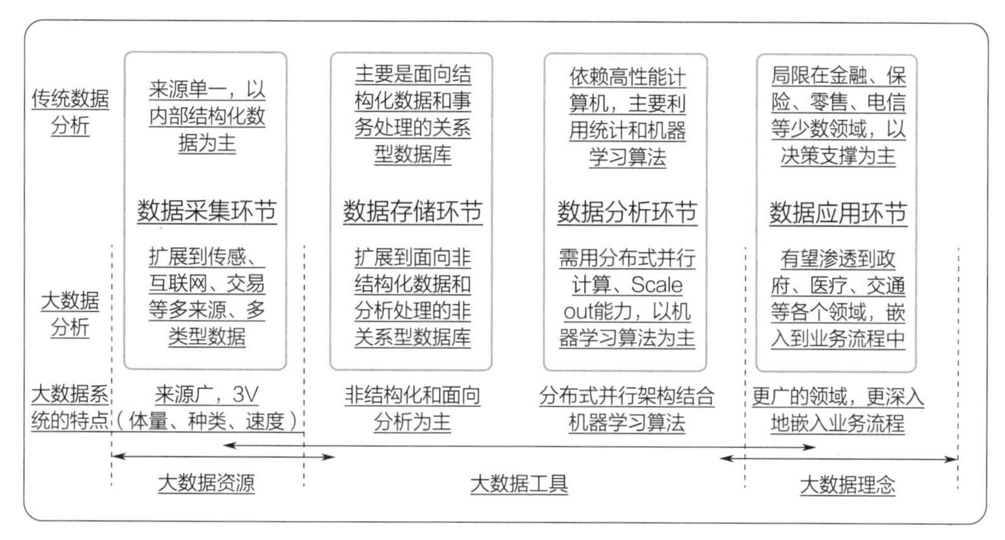

图1-4　大数据与传统数据技术对比

在以上数据采集、数据存储、数据分析与数据应用四个环节中，数据采集通常被称为数据资源，具有数据获取和数据传输的作用，如遥感传感器、物联网、移动互联网等；数据存储与数据分析俗称数据工具或数据存储与分析，具有数据存储、管理与数据挖掘分析等作用，目前典型开源软件平台有OpenStack、Apache Hadoop、Spark、TensorFlow等；数据应用环节就是所谓的数据服务，也称为数据变现环节，就是将数据与传统各行各业结合起来，以数据和互联网理念实现传统产业升级、流程优化与重构，是整个环节中最重要的一环。

总之，与传统数据存储与分析采用的单台高性能计算机不同，大数据关键技术需要借助云计算的分布式并行化等核心技术，提高数据存储与计算性能，采用全维度数据分析和人工智能算法代替传统统计学机器学习算法，实时智能获取数据中的高精度信息，打破传统信息系统容量与速度受限、算法依赖于人工经验以及数据处理结果精度低等缺点限制，从根本上解决大规模数据获取与社会化信息服务之间的巨大“鸿沟”。

1.3.2　大数据技术体系分析

大数据技术起源于2000年前后互联网的高速发展。随着时代背景下数据特征的不断演变以及数据价值释放需求的不断增加，大数据技术已逐步演进，并针对其多重数据特征，围绕数据存储、处理计算的基础技术，同配套的数据治理、数据分析应用、数据安全流通等助力数据价值释放的周边技术组合起来形成整套技术生态。如今，大数据技术已经发展成为覆盖面广的技术体系。图1-5所示为大数据技术体系及主要开源软件。

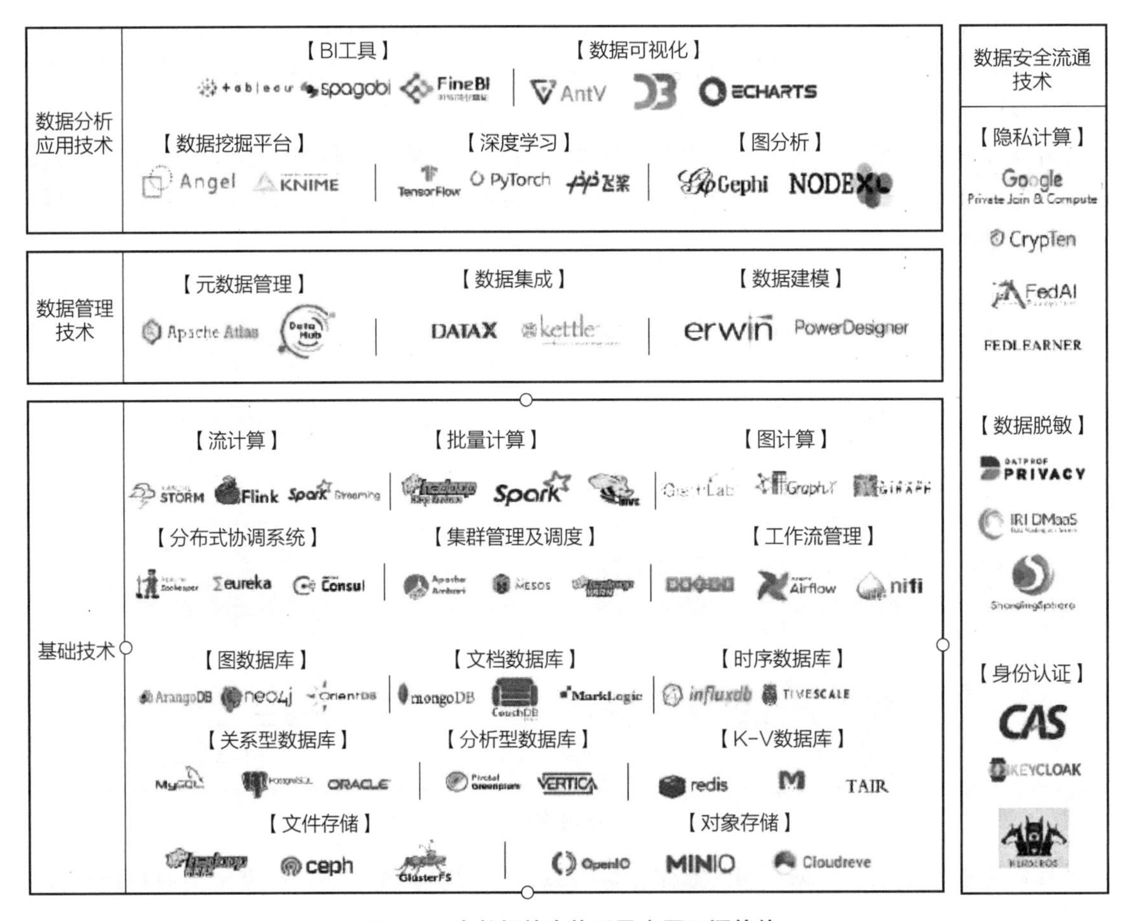

图 1-5　大数据技术体系及主要开源软件

大数据基础技术为应对大数据时代的多种数据特征而产生。大数据时代，数据量大、数据源异构多样、数据实效性高等特征催生了高效完成海量异构数据存储与计算的技术需求。因此，面对迅速而庞大的数据量，传统集中式计算架构出现难以逾越的瓶颈，即传统关系型数据库单机的存储及计算性能有限，出现了大规模并行处理（Massively Parallel Processing，MPP）的分布式计算架构；面向海量网页内容及日志等非结构化数据，出现了基于 Apache Hadoop 和 Spark 生态体系的分布式批处理计算框架；面向对于时效性数据进行实时计算反馈的需求，出现了 Apache Storm、Flink 和 Spark Streaming 等分布式流处理计算框架。

数据管理技术助力提升数据质量与可用性。技术总是随着需求的变化而不断发展提升。在较为基本和急迫的数据存储、计算需求已在一定程度上得到满足后，如何将数据转化为价值成了最主要需求。最初，企业与组织内部的大量数据因缺乏有效的管理，普遍存在着数据质量低、获取难、整合不易、标准混乱等问题，使得数据后续的使用存在众多障碍。在此情况下，用于数据整合的数据集成技术，以及用于实现一系列数据资产管理职能的数据管理技术随之出现。

数据分析应用技术用于发掘数据资源的内蕴价值。在拥有充足的存储计算能力以及高质量可用数据的情况下，如何将数据中蕴涵的价值充分挖掘并同相关的具体业务结合以实现数据增值成为关键。用于发掘数据价值的数据分析应用技术，包括以 BI（Business Intelligence）

工具为代表的简单统计分析与可视化展现技术，及以传统机器学习、基于深度神经网络的深度学习为基础的挖掘分析建模技术纷纷涌现，帮助用户发掘数据价值并进一步将分析结果和模型应用于实际业务场景。

数据安全流通技术助力安全合规的数据使用及共享。在数据价值的释放初现曙光的同时，数据安全问题也愈加凸显，数据泄露、数据丢失、数据滥用等安全事件层出不穷，对国家、企业和个人用户造成了恶劣影响，因此如何应对大数据时代下严峻的数据安全威胁，在安全合规的前提下共享及使用数据成为备受瞩目的问题。访问控制、身份识别、数据加密、数据脱敏等传统数据保护技术正积极向更加适应大数据场景的方向不断发展，同时，侧重于实现安全数据流通的隐私计算技术也成为热点发展方向。

1.3.3 大数据技术细分领域

经过技术和产业的发展，大数据领域内部逐渐细化，形成数据存储与计算、数据管理、数据流通、数据应用、数据安全五大核心领域，如图 1－6 所示。数据源通过数据存储与计算实现压缩存储和初步加工，通过数据管理提升质量，通过数据流通配置给其他相关主体，通过数据应用直接释放价值，并由数据安全技术进行全过程的安全保障。

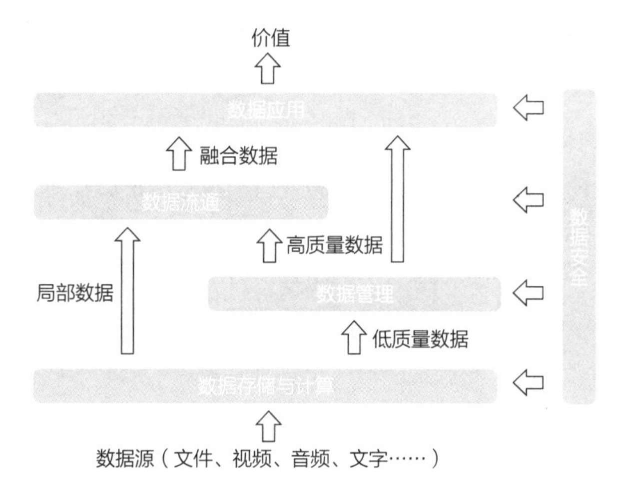

图 1－6 大数据产业核心领域组成

由于发展起步时间、应用需求紧迫程度不同等原因，五大核心领域的发展模式存在差异。在当前数据已成为生产要素并快速融入生产、分配、流通、消费等各环节的新形势下，大数据五大核心领域的发展方向均进一步明确，见表 1－1。

表 1－1 大数据核心领域发展现状与发展方向

核心领域	发展现状	发展方向
数据存储与计算	实现了海量数据的高效存储与计算	降低运维成本，提升处理效率
数据管理	头部行业实现关键数据的管理	各行业均实现全域数据管理
数据流通	点对点间流通路径完成初步探索	全社会范围规范化流通
数据应用	支撑核心业务分析和顶层决策	以无感形式嵌入全域业务
数据安全	推进外规内化与风险治理	安全左移的智能化治理

1）数据存储与计算领域：实现海量数据的高效存储与计算。本领域发展时间长，在数据规模增长、形态变化等新需求的持续推动下，逐步演化出数据库、大数据平台、实时计算等成熟技术框架。当前，数据存储与计算领域已经能够支撑 PB 级海量数据的高效存储和准实时计算，发展方向聚焦为在持续提升能力的基础上，通过精细化运营和技术升级实现“降本提质”。

2）数据管理领域：实现数据质量提升、管理高效。本领域属于投入周期长、见效慢的“下水道”型工作。当前，部分企业数据管理需求强、资源足，已将数据管理的技术和规则率先落地，但大部分企业数据管理仍处于起步阶段。数据管理的发展方向聚焦为尽快借助政策红利和智能技术带来的改变，促进各行业大规模实现全域数据管理。

3）数据流通领域：实现数据在不同主体间的合理配置，使局部数据互相弥合，实现数据价值倍增。本领域需求旺盛、发展时间短，当前已初步探索出机构与机构间点对点的流通路径，但数据权属、定价、市场规则等关键性问题仍有待破解。为助力数据要素高效配置，数据流通的发展方向聚焦为通过建设基础制度、创新流通技术，实现数据流通过程中安全与效率的平衡，从而构建全社会范围数据规范化流通。

4）数据应用领域：实现数据为企业经营过程赋能。本领域虽然发展时间长，但受限于数据管理等前序工作成熟度不够，目前仅部分核心业务被数据浅度赋能。为释放数据要素的深度价值，数据应用的发展方向聚焦为通过变革业务模式、优化相关技术，使数据应用与全域业务深度融合。

5）数据安全领域：确保数据处于有效保护和合法利用的状态，以及具备保障持续安全状态的能力。特别是近两年关于数据安全的一些法律法规发布后，本领域得到快速发展，各行业在数据外规内化、风险治理等方面推进步伐明显加快。当前，数据安全的发展方向进一步聚焦为兼顾安全与效率，从而实现安全左移的自动化与风险治理的智能化。

1.4 大数据政策及法规

近年来，美、欧、英、日等世界主要发达国家和地区通过政策、法案、设立机构等形式，确保数据价值在隐私保护的前提下释放，持续推进自身大数据战略。在我国，党中央、国务院高度重视大数据发展，陆续出台了一系列大数据政策和措施，对数据资源开发利用与大数据标准体系建设给予了明确指导，效果显著。

1.4.1 国外的大数据政策及法规

1. 美国的大数据政策

作为数据战略的发起者和数字经济的先行者，自 2011 年起，美国针对大数据技术革命实施了多轮政策行动和措施。

2011 年，美国国家科技委员会专门成立“大数据高级督导组”（Big Data Senior Steering Group，BDSSG），负责确定联邦政府当前需要开展的大数据研发任务，做好部门间的工作协调，制定远景目标。

2012 年 3 月，美国白宫科技政策办公室发布了《大数据研究和发展计划》，成立“大数据高级指导小组”，旨在大力提升美国从海量复杂的数据集合中获取知识和洞见的能力。

2013年11月，美国信息技术与创新基金会发布了《支持数据驱动型创新的技术与政策》，提出“数据—知识—行动”计划，并建议世界各国的政策制定者应积极采取措施，鼓励公共部门和私营部门开展数据驱动型创新。

2014年5月，美国总统行政办公室发布的《大数据：把握机遇，保存价值》，对美国大数据应用与管理的现状、政策框架和改进建议进行了集中阐述，并就保护个人隐私的价值、大数据与歧视、执法与安全保护、数据公共资源化提出建议。

2016年5月，美国总统科技顾问委员会发布的《联邦大数据研发战略计划》，主要围绕代表大数据研发关键领域的七个战略进行阐述，包括促进人类对科学、医学和安全等方面的认识，确保美国在研发领域继续发挥领导作用，通过研发来提高美国和世界解决社会和环境紧迫问题的能力等。

2019年12月，美国白宫管理和预算办公室（OMB）发布《联邦数据战略与2020年行动计划》，以2020年为起始，描述了美国联邦政府未来十年的数据愿景，确立了政府范围内的数据使用框架原则、40项具体数据管理实践以及20项2020年具体行动方案。

2020年10月，美国国防部发布《国防部数据战略》，提出“数据是一种战略资产”，国防部应加快向“以数据为中心”的过渡，在作战速度和规模上利用数据提高作战优势和效率。

2021年4月，美国战略与国际问题研究中心（CSIS）发布《亚太地区的数据治理》报告，指出亚太地区的数据治理工作最为领先，强调美国政府应在该区域率先发挥数据治理在经济战略中的核心作用，鼓励亚太地区构建与美国相协调的数据治理规则体系，并利用多方论坛和2024年“全球数字经济大会”进一步推进以美国为标杆的全球数据治理制度。

2021年10月，美国白宫管理和预算办公室（OMB）继《联邦数据战略与2020年行动计划》后发布2021年的行动计划，在明确数据战略资源属性、确立数据使用框架原则和数据管理实践方案等内容的基础上，进一步强化了在数据治理、数据规划和基础设施方面的活动，包括提升数据价值和应用意识、强化数据治理和保护、高效恰当使用数据资源等。

2021年10月，美国国家地理空间情报局（NGA）发布《数据战略2021：当前与未来的任务》，旨在为处理大量信息流提出有效的技术和方法，使数据便于访问并提升跨域作战效率，向美情报界、军方及决策者提供有用情报。

2022年3月，美国提出数字资产的国家战略，并将“负责任地发展支付创新和数字资产”“加强美国在全球金融体系以及数字资产开发和设计领域的领导地位”设立为数字资产政策制定的主要目标。

综合以上相关政策可知，美国政府正在通过推出一系列政策和措施，进一步强调数据的战略资产作用，加强“以数据为中心”的国防体系建设，强化数据治理意识和协调机制，深挖数据资源价值，推动跨境数据自由，建立以美国为中心的全球数字生态系统。

2. 欧盟的大数据政策及法规

无独有偶，欧盟也意图成为大数据方面的世界领导者，先后出台了一系列政策并加以稳步推进。

2014年，欧盟推动形成《数据价值链战略计划》草案，发布了《数据驱动经济战略》，旨在通过以数据为核心的连贯性欧盟生态体系，让数据价值链在不同阶段产生价值，以驱动欧洲经济繁荣。

2018 年 4 月，欧盟委员会发布政策文件《建立一个共同的欧盟数据空间》，聚焦公共部门数据开放共享、科研数据保存和获取、私营部门数据分享等事项。

2018 年 5 月，欧盟正式实施《通用数据保护条例》（General Data Protection Regulation, GDPR）。作为全球最严格的个人数据保护法，GDPR 一方面强化了自然人的个人数据保护权，在已有自然人权属的基础上，增设了删除权（被遗忘权）、限制处理权、持续控制权（数据可携权）和拒绝权等一系列新的权利给数据主体，并对错误处理个人数据或侵犯数据主体权利的企业提出了高额的处罚条款；另一方面提出不能以保护处理个人数据中的相关自然人为由，对欧盟内部个人数据的自由流动进行限制或禁止，进一步推动欧盟境内数据交换共享。

2018 年 11 月，欧洲议会和欧盟理事会共同颁布了《非个人数据自由流动条例》（以下简称《条例》），并于 2019 年 5 月 28 日正式实施。该《条例》旨在保障非个人数据在欧盟境内能够自由流动，并对数据本地化要求、主管当局的数据获取及跨境合作、专业用户的数据迁移等问题做了具体规定。该《条例》和 GDPR 共同奠定了欧盟的第五大自由，即在人、货物、服务和资本以外，数据也摆脱了成员国的边境、负担和障碍带来的限制，可以在欧盟范围内自由流动。

2020 年 2 月，欧盟委员会发布《欧洲数据战略》，旨在通过增强欧盟企业及公民数字能力建设、善用技术巨头市场力量及挖掘信息通信技术可持续发展潜力，使欧盟成为世界上最具竞争力的数据敏捷型经济体。《欧洲数据战略》提出建立统一治理框架，加强数据基础设施投资，提升个体数据权利和技能，打造公共欧洲数据空间等多项具体措施，推动欧盟各领域数据流通及深度挖掘，培育形成面向全球的数据市场。

2020 年 11 月 25 日，欧盟委员会提出《数据治理法案》（Data Governance Act, DGA），旨在“为欧洲共同数据空间的管理提出立法框架”，以确保在符合欧洲公共利益和数据提供者合法权益的条件下，实现数据更广泛的国际共享。

2020 年 12 月 15 日，欧洲数据保护委员会通过了《欧洲数据保护委员会战略（2021—2023）》，用于加强保护处理个人数据，推动形成共同保护文化。

2021 年 9 月 15 日，欧盟委员会提交《通向数字十年之路》提案，以《2030 年数字指南针》为基础提出建立监测系统衡量各成员国目标进展、评估数字化发展年度报告并提供行动建议、各成员国提交跨年度的数字十年战略路线图、基于建议和承诺解决讨论不足确定结构化年度框架、建立支持多国项目实施机制的主要治理框架来推动欧盟 2030 年数字化目标的落地。

2022 年 2 月 2 日，欧盟委员会发布新版“标准化战略”，旨在加强欧盟在标准领域的主导地位，以应对中美竞争。

2022 年 2 月 23 日，欧盟委员会推出《数据法案》（Data Act），旨在通过确保更广泛的利益相关者获得对其数据的控制权并确保更多数据可用于创新用途，同时保留对数据生成进行投资的激励措施，从而最大限度地提高数据在经济中的价值。

此外，欧洲议会于 2022 年 4 月就欧盟《数据治理法案》进行最终投票表决，并获得议会批准。该法案是落实《欧洲数据战略》的重要举措，构建了三个适用于各个行业的数据共享机制，确保在符合欧洲公共利益和数据提供者合法权益的条件下，实现数据更广泛的国际共享。法案构建了适用于所有部门的数据使用权基本规则，将促进个人和企业自愿共享数据，并统一某些公共部门数据的使用条件。

通过一系列政策和措施，欧盟更加聚焦数据安全共享与保护机制，促进数据的合规使用，实现数字化转型的愿景、目标和途径，旨在强化其在全球技术标准方面的竞争力，实现有韧性的绿色数字经济，并确保新技术体现民主价值观。

3. 英国的大数据政策

英国力图通过强化数据战略助力经济复苏，通过构建数字主干加快数字转型，主要出台了以下政策和措施。

2012 年 5 月，世界上首个开放式数据研究所（The Open Data Institute，ODI）在英国政府的支持下建立，首批注资 10 万英镑。这是英国政府研究和利用开放式数据方面的一次里程碑式发展。

2013 年 1 月，英国商业、创新与技能部宣布，将注资 6 亿英镑发展八类高新技术，大数据独揽其中的 1.89 亿英镑，占将近三成。同年 10 月，英国商业、创新与技能部牵头发布《英国数据能力发展战略规划》，该战略旨在使英国成为大数据分析的世界领跑者，并使公民和消费者、企业界和学术界、公共部门和私营部门均从中获益。该战略在定义数据能力以及如何提高数据能力方面，进行了系统性的研究分析，并提出了举措建议。

2020 年 9 月，英国数字、文化、媒体和体育部发布《国家数据战略》，提出五项主要任务，主要包括释放数据价值、确保促进增长和可信的数据体制、转变政府对数据的使用以提高效率并改善公共服务、确保数据所依赖的基础架构的安全性和韧性，以及倡导国际数据流动。

2021 年 5 月，英国防部发布《国防数据战略——构建数字主干，释放国防数据的力量》，详细阐述了英军未来的数字能力建设计划，希望以构建国防数字主干为契机实现提升英军整体的技术实力、改进国防部的工作方法和文化环境、促进英军军事思想转变等数字化转型目标。

4. 日本的大数据政策及法规

日本的大数据政策更关注个人信息的一般处理与行政处理之间的信息统一、国家行政机关与地方公共团体的信息统一、个人信息处理的内涵和外延、未成年人信息的处理、医疗数据中个人信息的特别保护。

2012 年 6 月，日本 IT 战略本部发布电子政务开放数据战略草案，迈出了政府数据公开的关键性一步。同年 7 月，日本推出了《面向 2020 年的 ICT 综合战略》，聚焦大数据应用所需的社会化媒体等智能技术开发、传统产业 IT 创新，以及在新医疗技术开发、缓解交通拥堵等公共领域的应用。

2017 年 10 月，日本公正交易委员会竞争政策研究中心发布了《数据与竞争政策研究报告书》。在这部报告书中，日本明确了运用竞争法对“数据垄断”行为进行规制的主要原则和判断标准。

2021 年 5 月，日本国会通过了 6 部数字化改革法案。其中，《个人信息保护法》修正案作为数字化改革法案中的一部分，对立法进行了统一，将《个人信息保护法》《独立行政法人等保有的个人信息保护法》和《行政机关保有的个人信息保护法》整合为一部法律，规定了关于地方公共团体个人信息保护制度的共同规则，并明确了由个人信息保护委员会进行统一监管。

2021 年 9 月，日本政府成立数字厅，成为负责日本行政数字化的最高部门，旨在构建更完善的数字政府，推动数字化转型，目标为“用智能手机在 60s 内完成所有行政程序”，最大程度地利用数字技术优势，将数字科技作为全新要素融入传统社会，促进经济社会形态积极转型。

1.4.2 我国的大数据政策及法规

1. 国家政策

自 2015 年大数据上升为国家战略以来，在国家和各级政府的大力推动下，大数据发展持续演进和迭代，政策环境持续优化、技术创新能力增强、产业融合发展加快、数据价值逐渐释放、数据安全得到进一步保障。我国大数据政策发布时间轴如图 1－7 所示。

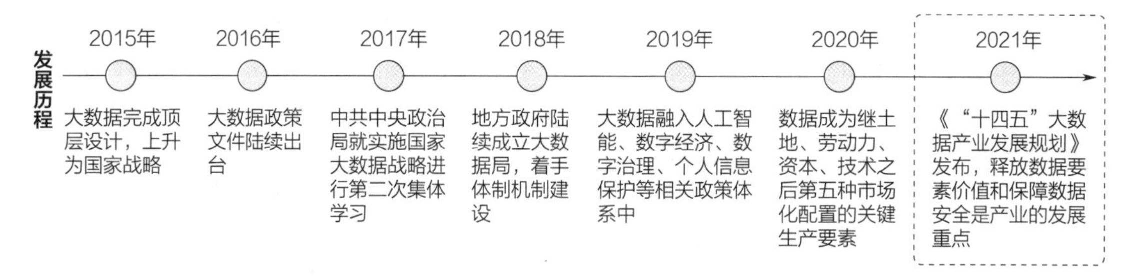

图 1－7 我国大数据政策发布时间轴

2015 年 7 月，国务院办公厅发布《关于运用大数据加强对市场主体服务和监管的若干意见》，肯定了大数据在市场监管服务中的重大作用，并在重点任务分工安排中提出要建立大数据标准体系，研究制定有关大数据的基础标准、技术标准、应用标准和管理标准，加快建立政府信息采集、存储、公开、共享、使用、质量保障和安全管理的技术标准，引导建立企业间信息共享交换的标准规范。

2015 年 8 月，国务院发布《促进大数据发展行动纲要》，全面系统部署我国大数据发展，并在政策机制部分中着重强调建立标准规范体系，推进数据关键共性标准制定和实施，开展标准验证和应用试点示范，积极参与相关国际标准制定工作。

2017 年 1 月，工业和信息化部发布《大数据产业发展规划（2016—2020 年）》，明确了“十三五”时期大数据产业发展的指导思想、发展目标、重点任务、重点工程及保障措施等内容，指引了从推进大数据技术产品创新发展、提升大数据行业应用能力、繁荣大数据产业生态、健全大数据产业支撑体系、夯实完善大数据保障体系五个方面开展工作。

2020 年 4 月，中共中央、国务院印发《关于构建更加完善的要素市场化配置体制机制的意见》，首次将“数据”提为和土地、劳动力、资本、技术并列的五种生产要素之一，强调加快培育数据要素市场，推进政府数据开放共享，提升社会数据资源价值，加强数据资源整合和安全保护。

2020 年 5 月，《关于新时代加快完善社会主义市场经济体制的意见》进一步提出加快培育发展数据要素市场，完善数据权属界定、开放共享、交易流通等标准和措施，推进数字政府建设。数据要素市场化配置使大数据发展迎来全新阶段，对数字经济的发展、治理体系的完善产生了深远的影响。

自“十四五”开始，大数据发展的广度与深度迈上新的台阶，大数据发展迈向2.0时代。2021年3月，《中华人民共和国国民经济和社会发展第十四个五年规划和2035年远景目标纲要》发布，对完善数据要素产权性质、建立数据资源产权相关基础制度和标准规范、国家网络安全法律法规和制度标准等做出战略部署。

2021年10月，中共中央、国务院印发了《国家标准化发展纲要》，提出加强关键技术领域的标准研究、以科技创新提升标准水平、健全科技成果转化为标准的机制。

2021年11月，工业和信息化部印发《“十四五”大数据产业发展规划》，在数据资源产权、数据“高质量”治理、数据管理能力评估体系、数据产业发展基础与国内外大数据标准化组织交流合作等方面，对数据标准工作进行部署。

2021年12月，国务院发布《“十四五”数字经济发展规划》，对数字经济发展做出全面部署，在充分发挥数据要素作用中提出推动数据资源标准体系建设，提升数据管理水平和数据质量，探索面向业务应用的共享、交换、协作和开放。同月，中央网络安全和信息化委员会发布《“十四五”国家信息化规划》，要求推进数据标准规范体系建设，制定数据采集、存储、加工、流通、交易、衍生产品等标准规范，建立完善的数据管理国家标准体系和数据治理能力评估体系。

2022年3月，中共中央、国务院发布《关于加快建设全国统一大市场的意见》，要求加快培育数据要素市场，建立健全数据安全、权利保护、跨境传输管理、交易流通、开放共享、安全认证等基础制度和标准规范，深入开展数据资源调查，推动数据资源开发利用。

2022年9月，国务院办公厅印发《全国一体化政务大数据体系建设指南》，指南要求根据国家政务大数据标准体系框架和国家标准要求，各地区各部门、行业主管机构结合自身业务特点和行业特色，积极开展政务数据相关行业标准、地方标准编制工作，以国家标准为核心基础、以地方标准和行业标准为有效补充，推动形成规范统一、高效协同、支撑有力的全国一体化政务大数据标准体系。

2022年12月，中共中央、国务院印发《关于构建数据基础制度更好发挥数据要素作用的意见》，要求围绕数据基础制度构建，逐步完善数据产权界定、数据流通和交易、数据要素收益分配、公共数据授权使用、数据交易场所建设、数据治理等主要领域关键环节的政策及标准。

“十四五”时期，大数据的规划和布局重点突出数据在数字经济中的关键生产要素作用，加强数据要素市场规则建设，重视大数据相关基础设施建设。此外，围绕国家政策，各部委和相关行业管理机构也陆续出台了一系列行业政策，为大数据在各领域的深入应用发展提供指导与制度保障。

2. 地方政策

各省市在大数据领域积极布局，并打破了大数据的狭义定义，更多融入了新场景、新技术、新经济等新元素。“十四五”期间，各省持续加大对大数据产业的布局，制定相关发展规划与目标。例如，河南省提出到2021年，国家大数据综合试验区竞争优势进一步提升；贵州省提出到2022年，将带动10000户以上实体经济企业与大数据深度融合；江苏省提出到2025年，大数据核心业务收入将突破2500亿元。

此外，也有部分省市积极出台标准体系规划，为大数据发展及融合应用提供标准支撑。

《北京市大数据标准体系》提出分五年共三个阶段推动35项标准制修订工作，以强化北京市大数据标准化建设。山东省在全国首发《关于促进标准化大数据发展的指导意见》，核心要义是推动标准化数据资源的全面利用开发，支撑标准治理和服务效能提升。《重庆市大数据标准化建设实施方案（2020—2022年）》提出建立完善的涵盖基础数据、行业应用等多层面的大数据标准体系。《贵州省大数据标准化体系建设规划（2020—2022年）》要求加强数字经济、数字治理、数字民生、新型信息数字设施、数字安全、生态文明大数据等六大特色应用领域标准化建设。《河南省大数据标准化建设规划（2021—2023年）》提出了推动大数据重点行业标准研制、推动数据安全标准研制等10项重点任务。

3. 大数据相关法规

法律制度是数据要素市场化建设的重要保障。随着大数据产业发展与创新的不断深入，我国在数据安全领域的立法方面不断强化。《中华人民共和国数据安全法》（简称《数据安全法》）和《中华人民共和国个人信息保护法》（简称《个人信息保护法》）相继出台，与《中华人民共和国网络安全法》（简称《网络安全法》）共同形成了网络空间数据合规领域的“三驾马车”，构成网络安全及数据保护领域的“法律框架”，并与《数据出境安全评估办法》《网络数据安全管理条例（征求意见稿）》等配套法律法规形成以国家标准为框架的数据安全法律体系。

（1）《网络安全法》 于2017年6月开始实施的《网络安全法》是我国第一部全面规范网络空间安全管理方面问题的基础性法律，是我国网络空间法治建设的重要里程碑，是依法治网、化解网络风险的法律重器，也是让互联网在法治轨道上健康运行的重要保障。该法用于保障网络安全，维护网络空间主权和国家安全、社会公共利益，保护公民、法人和其他组织的合法权益，促进经济社会信息化健康发展，因此对我国网络空间法治化建设具有重要意义。

（2）《数据安全法》 《数据安全法》于2021年9月落地实施，全文共七章五十五条，围绕保障数据安全和促进数据开发利用两大核心，从数据安全与发展、数据安全制度、数据安全保护义务、政务数据安全与开放的角度进行了详细规制。其中第4条、第5条、第10条、第11条、第17条分别在数据安全治理体系的建立健全、数据安全监管职责的承担、数据安全相关行业标准、国际标准以及数据安全标准体系的建设等方面做出明确规定，旨在保障国家、企业及个人的数据安全，促进数据的开发利用，建设数据安全标准体系，为维护组织和个人的合法权益提供坚实可靠的法律依据。

对大数据产业而言，《数据安全法》搭建了数据安全合规制度的基本体系，为数据处理者设置了明确的数据安全保护义务。在保障数据安全方面，《数据安全法》建立了数据分类分级、数据安全风险评估、安全事件报告制度、监测预警机制、应急处置机制和安全审查等数据安全基本制度。在促进发展方面，《数据安全法》充分认可行业协会、评估认证机构和标准化机构在推动技术发展、完善合规建设和促进行业自律方面的作用。在政务数据开放方面，《数据安全法》明确了政务数据以公开为原则、不公开为例外的基本理念。从此，数据处理活动将会更加有法可依、有章可循，大数据产业也将开始告别野蛮生长，在日趋完善的安全法规体系框架内有序发展。

（3）《个人信息保护法》 立足于数据产业发展和个人信息保护的迫切需求，聚焦于个人信息的利用和保护，《个人信息保护法》于2021年11月正式施行。该法建立了一整套个人信息合法处理的规则：一是确立了自然人的个人信息受法律保护的原则和个人信息的处理规则；二是根据个人信息处理的不同环节、不同种类，对个人信息的共同处理、委托处理、数据共享、数据公开、自动化决策等提出针对性要求；三是设专节对处理敏感个人信息做出更严格的限制，要求只有当具备特定的目的、充分的必要性时才可进行处理；四是设专节规定国家机关处理个人信息的规则，在保障国家机关依法履行职责的同时，要求国家机关处理个人信息应当依照法律、行政法规规定的权限和程序进行。

《个人信息保护法》的实施进一步完善了我国数据合规领域的法律体系。在个人权利和处理者义务的维度，《个人信息保护法》一方面明确了个人享有知情权、决定权、查询权、更正权、删除权等权利，另一方面要求处理者制定管理制度和操作规程，采取安全技术措施，指定负责人对个人信息处理活动进行监督，定期开展合规审计，对高风险处理活动进行事前风险评估，履行个人信息泄露通知和补救义务等。在个人信息跨境规则方面，《个人信息保护法》设置了网信部门安全评估和专业机构认证等程序，对跨境“告知—同意”提出更严格的要求，要求获批后才可向境外司法或执法机构提供个人信息，规定在我国公民个人信息权益被境外侵害和在个人信息保护方面对我国采取不合理措施时宜采取相应对策等。

（4）地方性法规、规章　大部分省市出台了数据发展相关的条例、办法，不仅推动和规范了大数据的发展，也为国家层面的立法提供了很好的经验借鉴。《深圳经济特区数据条例》是国内数据领域首部基础性、综合性立法，内容涵盖个人数据、公共数据、数据要素市场、数据安全等方面。《上海市数据条例》从多方面促进数据价值最大化发掘，并在全国率先建立了公共数据授权运营的制度框架。《浙江省公共数据条例》对公共数据管理做出了规定，是全国首部以公共数据为主题的地方性法规，也是新兴领域重要的创制性立法和保障数字化改革的基础性法规，能够充分激发公共数据新型生产要素价值，为推动治理能力现代化提供浙江制度样本。

第2章 大数据核心发展理念

以大数据为核心的数据要素已快速融入生产、分配、流通、消费和社会服务管理等各个环节，深刻改变着生产方式、生活方式和社会治理方式。党的十九届四中全会首次将“数据”增列为一种生产要素，要求建立健全由市场评价贡献、按贡献决定报酬的机制，标志着以数据为关键要素的数字经济进入新时代。党的二十大报告提出要“加快建设现代化经济体系，着力提高全要素生产率”，充分发挥海量数据和丰富应用场景优势，促进数字技术与实体经济深度融合，赋能传统产业转型升级，催生新产业、新业态、新模式，不断做强、做优、做大我国数字经济。数据要素所引发的生产要素变革，正在重塑着我们的需求、生产、供应和消费，改变着社会的组织运行方式。如何理解数据要素的内涵与特性，把握数据生产要素的背景和价值实现的途径，都是值得深入探讨的理论问题。

2.1 大数据新发展观

当前，随着以5G、云计算、大数据、人工智能及区块链等为核心的数字技术体系和数字经济的深入实践，我们对“大数据”的认识也逐渐由起初的数字技术创新提升到更高的层次，形成了以“资源、技术、应用”为核心的大数据理论体系。

2.1.1 大数据理论组成

大数据理论体系由“资源、技术、应用”三个维度构成，即要深入认识大数据，需从“资源、技术、应用”三方面去把握。首先，从资源维度看，大数据是具有体量大、结构多样、时效强等特征的海量数据；其次，从技术维度看，处理大数据需采用新型计算架构和智能算法等新技术；最后，在应用维度上，大数据应用强调以新的理念应用于辅助决策、发现新知识，更强调在线闭环的业务流程优化。总之，大数据是5G数字经济时代集新资源、新工具和新应用于一体的关键生产要素，有力支撑社会经济数字化、网络化、智能化转型。

从资源视角来看，作为数据要素核心主体，大数据与土地、技术、劳动等传统生产要素一起构成数字经济时代社会经济发展的关键要素资源，展现出一种全新的数字资源观。自计算机诞生以来，在摩尔定律的推动下，以数据存储和传输为核心的算力在以指数级速度增长，为数据资源解决了数据“海量存储、大带宽传输”的瓶颈。随着Hadoop、OpenStack等开源云平台的诞生和普及，分布式存储和计算技术极大地提升了信息与通信技术（ICT）行业的数据管理和运用能力，特别是互联网企业对数据分析挖掘利用的成功，引发全社会开始重新审视“数据”的资源属性，推动了社会各行各业的数字化转型。

从技术视角来看，大数据是云计算、人工智能等数字技术高速发展的产物，代表了新一代数据管理与分析技术。传统的数据管理与分析技术在数理统计理论基础上，以结构化数据为对象，在小数据集上进行分析挖掘，主要以集中式架构为主，高度依赖高性能服务器，具有成本高昂、性价比低等特点。而大数据管理与分析技术面向多源异构数据源，以分布式架构为基础，采用廉价的 X86 服务器集群代替传统昂贵的高性能服务器，实现超大规模数据集（PB 量级）的实时分析和管理。特别是在开源软件浪潮的加持下，大数据技术能够以非常廉价的成本，大幅度提高存储和处理速度，带来了极高的性价比。

从应用视角来看，作为通用技术，大数据是新质生产力的重要组成部分，具有颠覆性创新驱动、发展速度快、发展质量高等特点，是以数字技术为代表的新一代技术革命引致的生产力跃迁。大数据应用加速了与实体经济的深度融合，可以对实体经济行业进行市场需求分析、生产流程优化、供应链与物流管理、能源管理、提供智能客户服务等，这不仅大大拓展了大数据企业的目标市场，更成为众多大数据企业技术进步的重要推动力。它赋能社会各行各业数字化转型，打开了一种全新的商业模式，推动了数据要素在交易、确权、价值化和资产评估等方面的发展，为新质生产力的发展提供了强大的动力。

总之，大数据作为数据资源要素的核心组成，受到了世界各国政府和国际组织的高度重视，世界主要国家和地区竞相开展大数据战略布局，推动大数据技术创新研发与产业应用落地，旨在以大数据为抓手，抢占数字经济时代全球竞争制高点。大数据关键技术为应对数字经济时代的海量异构数据而产生，是数据资源要素化、资产化的基础工具及手段。大数据资源和技术能够为应用提供资源保障和技术支撑，反之，大数据应用的成功也进一步推动大数据资源和技术的升级。

2.1.2　数据的资源属性

在传统意义上，数据是人们在生活或生产过程中对事实、活动等现象进行符号化的描述和记录，通常采用一定的格式存储在相应的介质（如竹简、帛书、纸张等）上。自计算机诞生以后，数据需采用二进制编码的标准格式将预先设置规则汇聚的现象记录和描述存储在光盘、硬盘等硅存储介质上，不仅能够实现对客观现象的被动记录，还能够通过计算机相关算法分析、预演等方式主动派生并记录越来越多的复杂现象。这种从被动到主动的转变昭示着一种新的资源诞生——数字资源，即物理空间中的一切事物都可以被预先设置的认知角度、记录规则和技术框架映射到数据空间，数据的创造融入了数据观察者或收集者的认知视角。

虽然数据与信息之间有复杂联系，但二者并不应混淆。从人类认知的角度看，数据是汇聚起来用于认知的原材料，信息是人类大脑可以理解和认知的事物状态和联系。如图 2－1 所示，数据本身是无意义的原始事实记录，只有经过主体使用、分析和提炼，才会产生对人类有用的、具有特定功能的信息。数据是信息和知识的载体，信息和知识则隐藏在数据中，信息和知识也是经过提炼加工后的具有一定价值的数据流。因此，作为数字化的知识和信息的载体和表现形式，数据能够产生大量人类理性难以直接感知到的信息，是数字经济时代的关键生产要素，对数字技术和产业具有原材料的独特价值属性。

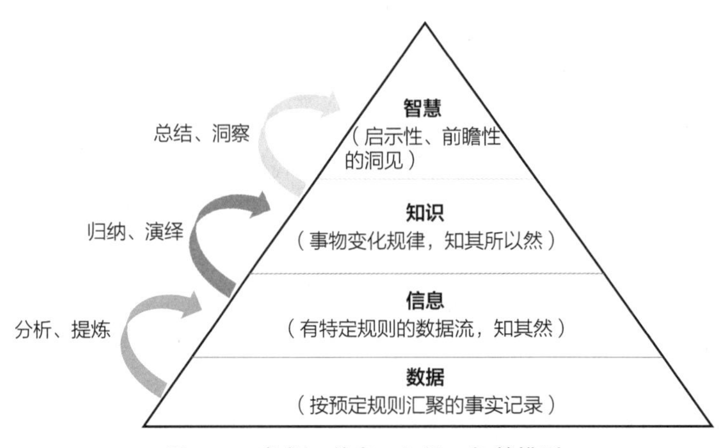

图 2－1　数据—信息—知识—智慧模型

相比传统生产要素，数据资源具有自身的独特性，即虚拟性、低成本复制性和主体多元性。这些特性影响着数据在经济活动中的性质，使数据具备非竞争性、潜在的非排他性和异质性。数据的以上特性使得与土地、劳动力、资本、技术等传统生产要素相配套的规则体系、生态系统等难以直接沿用。

首先，作为技术产物，数据具有虚拟性。数据是一种存在于数字空间中的虚拟资源。土地、劳动力等传统生产要素都是看得见、摸得着的物理存在，与数据形成鲜明对比。数据具有低成本复制性。数据作为数字空间中的存在，表现为数据库中的一条条记录，而数据库技术和互联网技术又能使数据在数字空间中发生实实在在的转移，以相对较低的成本无限复制自身。数据具有主体多元性。数字空间中的每条数据可能记录了不同用户的信息，数据集的采集和汇聚规则又是由数据收集者设定，用户、收集者等主体间存在复杂的关系。同时，每个企业、每个项目都可能对所用的数据资源进行一定程度的加工，每一次增删改的操作都是对数据集的改变，因而这些加工者也是数据构建的参与主体。

其次，作为经济对象，数据具有非竞争性。由于数据能够被低成本复制，同一组数据可以同时被多个主体使用，增加一个额外的用户不会减少其他现存数据用户的使用，也不会产生数据量和质的损耗。例如，在各类数据分析、机器学习竞赛中，同一份数据可以被大量参赛者使用。非竞争性为数据带来更普遍的使用效益与更大的潜在经济价值。数据具有潜在的非排他性。数据持有者为保护自己的数字劳动成果，会付出较高代价使用专门的人为或技术手段控制自己的数据，因而在实践中，数据具有部分的排他性。然而，一旦数据持有者主动放弃控制或控制数据的手段被攻破，数据就将完全具有非排他性。排他性是界定产品权利的重要基础，土地、劳动力、资本都有明显的竞争性和排他性，可以在市场上充分实现权利流转。技术在当今专利保护制度下具有排他性，也可实现权利转让和许可。数据具有异质性。相同数据对不同用户和不同应用场景的价值不同，一个领域高价值的数据对另一领域的企业来说可能一文不值。与数据形成鲜明对比的是资本，资本是均质的，每份资金都有相同的购买力，对所有主体同质。

综上所述，与土地、技术等其他生产要素相比，数据的部分特性使它难以参照传统方式进行管理和利用，但其可复制、可共享、无限增长和供给的特点，打破了传统要素有限供给对增长的制约，为持续增长和高质量发展提供了基础与可能。

2.1.3 数据生产要素

历史经验表明，每一次经济形态的重大变革，必然催生新的生产要素。与农业经济时代以劳动力和土地，工业经济时代以能源、资本和技术为新的生产要素一样，数据已成为世界各国的重要战略资源，是 5G 数字经济时代推动社会经济高速发展的新型关键生产要素。

作为经济学中的基本范畴，生产要素是指物质生产所必需的一切要素及其环境条件，是进行社会生产经营活动时所需要的各种社会资源。每当出现经济增长速度快于已知要素投入增长速度时，就可以概括出新的要素来说明其余要素未能说明的剩余产出。生产要素是维系国民经济运行及市场主体生产经营过程中所必须具备的基本因素，是对生产过程中为获得经济利益所投入资源的高度凝练，通常包括人的要素、物的要素及其结合因素。

当前，随着科技的发展和知识产权制度的建立，生产要素随着生产力的发展而不断扩充。特别是现代工业和数字技术体系的普及和应用，技术和数据先后作为相对独立的要素投入生产，逐渐形成土地、劳动力、资本、技术、数据等多种生产要素并存的现状。这些生产要素进行市场交换，形成各种各样的生产要素价格及其体系。相对其他生产要素，数据被增列为关键生产要素的原因在于它通过数字技术体系对推动数字生产力发展已呈现出突出价值。数据技术的发展随着数据应用需求的演变，影响着数据投入生产的方式和规模，数据在相应技术和产业背景的演变中逐渐成为促进生产的关键要素。当然，数据显著推动生产也需要相应的技术和产业基础，随着数据相关技术和产业的发展，数据逐渐具备规模大、价值高等特征，演变为推动生产效率提升的重要要素。

数字经济时代，“数据要素”是在讨论生产力和生产关系的语境中对“数据关键生产要素”的简称，是对数据促进生产价值的强调。在概念上，数据要素指的是根据特定生产需求汇聚、整理、加工而成的计算机数据及其衍生形态，投入生产的原始数据集、标准化数据集、各类数据产品及以数据为基础产生的系统、信息和知识均可纳入数据要素讨论的范畴，如图 2－2所示。

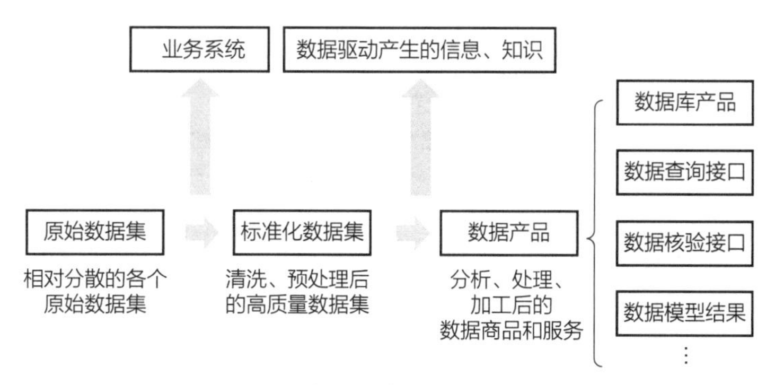

图 2－2　数据要素的主要表现形态

随着大数据、数据湖、数据中台等概念和技术的加速落地，结合机器学习、人工智能等新兴技术，众多组织对数据进行统一存储计算和高质量治理，为各类应用提供数据服务，对海量数据实时处理和智能分析的能力不断增强，极大地推动了生产效率的提升。

总之，数字经济时代的数据能够像技术、土地一样在企业和社会生产经营活动中发挥关键生产要素的作用。对于数字化转型刚刚开始的企业，原始数据集是维持业务系统运转、提高业务运行效率的基础资源。对于数字化较为成熟的企业，经过清洗、预处理后的数据集具有更高的质量，能够提供更准确、更全面、更有预测力的信息用于分析决策，可以为企业带来更大的效益。企业还可将自身持有的数据加工成多样的数据衍生品，在符合法律制度的前提下向外流通，使其他企业利用数据蕴含的价值参与生产活动。

2.1.4 数据要素价值化

数据、数据资源和数据要素是数据要素价值化中三个不同的概念，存在细微的差别，需要加以区分。数据是对客观事物的数字化记录或描述，是无序的、未经加工处理的原始素材，可以是连续的值即模拟信号（如声音、图像等），也可以是离散的数字信号值（如符号、文字）。数据资源是能够参与社会生产经营活动、可以为使用者或所有者带来经济效益、以电子方式记录的数据。数据要素是参与社会生产经营活动、为使用者或所有者带来经济效益、以电子方式记录的数据资源。数据资源和数据要素都是以数据为基础，经过一系列数据治理措施后形成的数据集。数据与数据资源的区别在于数据是否具有使用价值，而数据资源与数据要素的不同点在于是否产生了经济效益。

价值化的数据是数字经济发展的关键生产要素，加快推进数据价值化进程是发展数字经济的本质要求。数据可存储、可重用，呈现爆发增长、海量集聚的特点，是实体经济数字化、网络化、智能化发展的基础性战略资源。

数据要素价值化以数据资源化为起点，经过数据资产化与数据资本化环节，实现数据要素价值化的过程，如图 2－3 所示。数据要素价值化重构生产要素体系，是数字经济发展的基础。数据资源化是使无序、混乱的原始数据成为有序、有使用价值的数据资源。数据资源化阶段包括数据采集、整理、聚合、分析等，形成可采、可见、标准、互通、可信的高质量数据资源。数据资源化是激发数据价值的基础，本质是提升数据质量、形成数据使用价值的过程。数据资产化是数据通过流通交易给使用者或所有者带来经济利益的过程。数据资产化是实现数据价值的核心，本质是形成数据交换价值，初步实现数据价值的过程。数据资本化主要包括数据信贷融资与数据证券化两种方式。数据信贷融资是用数据资产作为信用担保获得融通资金的一种方式，如数据质押融资。

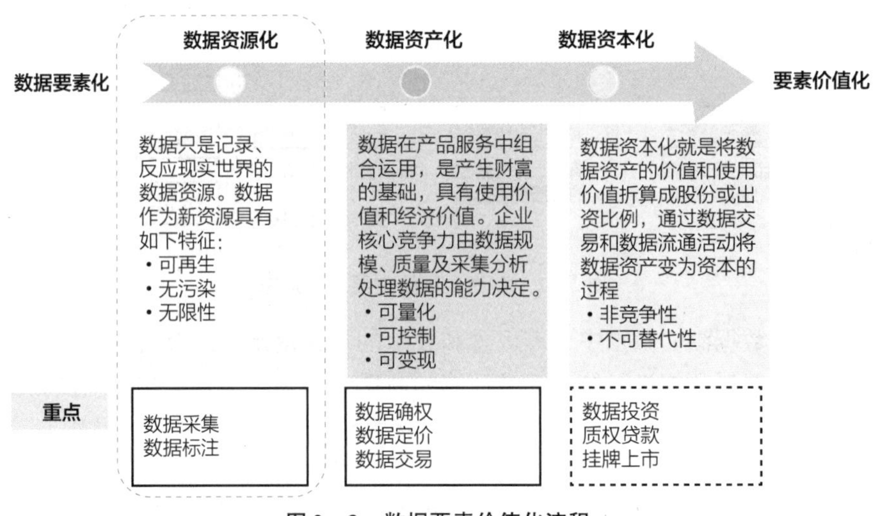

图 2－3 数据要素价值化流程

在业务构成上，数据要素价值化可以分为数据采集、数据标准、数据确权、数据标注、数据定价、数据交易、数据流转、数据保护等，如图 2－4 所示。

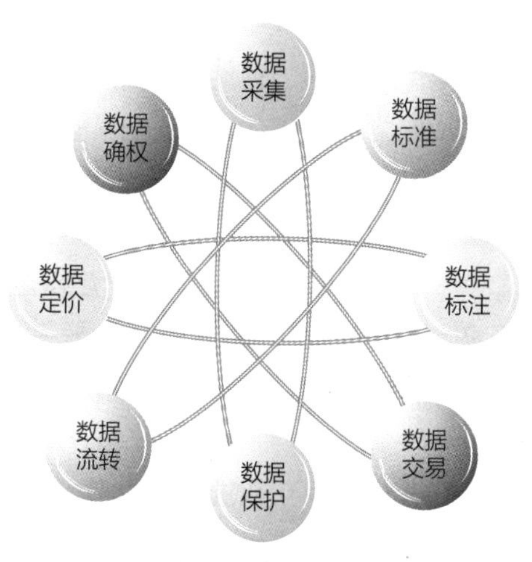

图 2－4　数据要素价值化业务构成

数据是建设数字中国、发展数字经济的核心资源。数据在 5G DICT 时代人民生产生活活动中扮演着重要角色，将数据纳入社会生产要素是经济理论的重大突破，对绿色、健康、有序发展壮大我国数字经济具有必要性和迫切性。

2.1.5　数据要素价值实现途径

数据成为新型生产要素是在大数据时代来临后，原始数据经过采集、挖掘、流转、应用等步骤赋能社会生产，实现数据作为生产要素的价值。有别于传统生产要素，数据要素兼具经济性和技术性双重特征，包括虚拟替代性、互补共生性、动态实时性、规模经济性、非排他性及风险隐匿性。

激活数据要素的根本目的是以多样、创新的方式投入生产，为经济社会生产创造更大的价值。随着数字技术体系的发展和产业应用的演化，数据要素投入生产的途径可概括为三次价值释放阶段，分别为一次价值业务贯通、二次价值数智决策和三次价值流通赋能，如图 2－5所示。

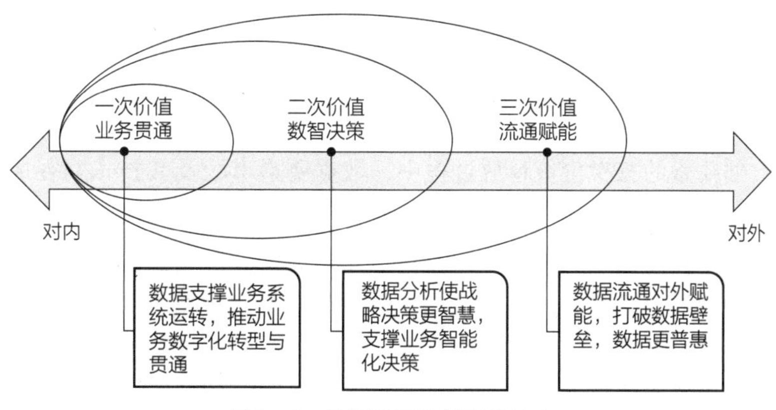

图 2－5　数据要素价值释放流程

数据要素投入生产的一次价值释放主要为数据支撑业务贯通，即支撑企业、政府的业务系统运转，实现业务间的贯通。数据经由各个业务系统的设计而产生，用以支撑业务系统的正常运转。通过计算机对数据的读写，贯通线下与线上的界限，实现业务初步的标准化、自动化管理和运营。其中，数据集中产生、单一存储、形式简单，相应的治理工作也以增、删、改、查、对齐、合并等常规的数据库管理为主，多集中于局部业务领域的流程改善和相关业务数据的贯通。虽然此阶段数据并未得到深度整合与分析，开发利用并未得到很大关注，但数据对业务运转与贯通的支持是实现数字化转型、提高内部管理效率的第一步。例如，我国以“两网、一站、四库、十二金”工程为代表的电子政务建设全面开展，通过业务数字化的方式实现了数据在系统中的有效运转和贯通，公共服务水平得到全面提升，“最多跑一次”“一网通办”“一网统管”“一网协同”“接诉即办”等创新实践不断涌现，为数字政府建设奠定了基础。

数据要素投入生产的二次价值释放体现在数据驱动决策。其中，通过数据的加工、分析、建模，可以揭示出更深层次的关系和规律，使生产、经营、服务、治理等环节的决策更智慧、更智能、更精准。在数据分析、人工智能等技术的辅助下，数据自动化、智能化的采集、传输、处理、操作构成了新的生产体系，可以实现经营分析与决策的全局优化，数据要素成为决定企业竞争力的重要因素。究其原因，数据要素二次价值释放的关键在于数据可以提供独特的观察视角，在此基础上可以构建出理解、预测乃至控制事物运行的新体系，从而摆脱经验的局限，更加及时有效地防范化解风险，创新行动方略。另外，数据要素二次价值释放过程对企业数据挖掘和洞察能力提出更高要求。无论大势判断还是业务执行，数据都有利于消除人的认知误区和主观偏见。一方面，在对大量数据进行管理和分析的基础上，决策者需要结合对业务目标的深刻理解，运用数据呈现出的关键指标与信息深入评估发展态势，做出更具智慧的决策。另一方面，二次价值可以直接回馈一次价值，企业需要充分利用数据分析结果，寻找关键的函数、标签、画像，实现自动化的预测、分析和决策，使业务运转更智能。

数据要素投入生产的三次价值释放主要表现为数据流通对外赋能。让数据流通到更需要的地方，让不同来源的优质数据在新的业务需求和场景中汇聚融合，实现双赢、多赢的价值利用。随着政府和企业数字化转型的不断深入和智能化水平的不断攀升，各组织对于数据的渴求已经超越了自身产生的数据。政府希望各级各部门数据实现对接共享，提升政务管理和公共服务水平；企业希望通过其他企业或政府部门的数据来丰富自身对于数据的挖掘，因此产生了数据流通的需求。对数据提供方来说，数据流通后并不减损自身持有的数据价值，相反还有可能将这部分价值变现，带来新的业务增长点，实现双赢乃至多赢的局面。

总之，在数据要素的三次价值释放过程中，数据要素市场及其技术路径成为行业关注的焦点。在保障数据安全的前提下，各组织打通数据壁垒、优化数据配置的需求日益凸显，通过数据要素市场引入外部数据的需求尤为迫切。保障提供方数据安全、防止数据价值稀释的数据流通技术蓬勃发展，以隐私计算为代表的数据流通技术提供了“数据可用不可见”“数据可控可计量”的流通新范式，为需求方企业安全地获取和分析外部获取的数据提供了技术可能。数据安全有序流通的技术成为数据要素三次价值释放的关键，也为数据要素市场建设提供了重要的技术路径。

2.2 数字经济

数据要素加速数字经济时代到来。人类社会经历了农业革命、工业革命，正在经历信息革命。农业革命增强了人类生存能力，工业革命拓展了人类体力，信息革命则增强了人类脑力。每一次社会产业革命都会带来生产力和生产关系质的飞跃。从人类历史的发展进程和社会经济学范式的角度看，产业革命中的关键技术创新会深刻影响社会经济结构、组织形态和运行模式，进而形成新的经济形态格局。从信息经济概念到数字经济概念的变化可以看到这一规律依然有效。目前，社会经济形态正处于从传统的技术经济范式向数字技术经济创新应用推动的数字经济范式转变。

2.2.1 数据成为数字经济时代关键生产要素

当今世界，数字科技革命和信息技术产业变革席卷全球，人类历史已经全面进入数字经济时代。数据价值化加速推进数字技术体系与实体经济深度融合，产业数字化应用潜能迸发释放，新模式、新业态全面变革，国家数字治理能力现代化水平显著提升。大数据已经成为全球重要发展领域，对经济发展、社会治理、人民生活等方方面面产生深远的影响。

数据上升为国家基础性战略资源，成为数字经济时代社会关键生产要素，具有基础性战略资源和关键性生产要素的双重角色，进一步提升全要素生产率。一方面，有价值的数据资源是生产力的重要组成部分，是催生和推动众多数字经济新产业、新业态、新模式发展的基础。另一方面，数据区别于以往生产要素的突出特点是对其他要素资源的乘数作用，可以放大劳动力、资本等要素在社会各行业价值链流转中产生的价值。善用数据生产要素，解放和发展数字化生产力，有助于推动数字经济与实体经济深度融合，实现高质量发展。

建立数据要素价值体系。按照数据性质完善产权性质，建立数据资源产权、交易流通、跨境传输和安全等基础制度和标准规范，健全数据产权交易和行业自律机制。制定数据要素价值评估框架和指南，包括价值核算的基本准则、方法和评估流程等。在互联网、金融、通信、能源等数据管理基础好的领域，开展数据要素价值评估试点，总结经验，开展示范。

数字经济时代，加快数据要素化，发挥数据要素配置作用，健全数据要素市场规则，培育数据驱动的产融合作、协同创新等新模式。此外，推动要素数据化，引导各类主体提升数据驱动的生产要素配置能力，促进劳动力、资金、技术等要素在行业间、产业间、区域间的合理配置，提升全要素生产率。

总之，数据是数字经济时代关键的生产要素，是国家基础性战略资源。大数据是数据的集合，以容量大、类型多、速度快、精度准、价值高为主要特征，是推动经济转型发展的新动力，是提升政府治理能力的新途径，是重塑国家竞争优势的新机遇。大数据产业是以数据生成、采集、存储、加工、分析、服务为主的战略性新兴产业，是激活数据要素潜能的关键支撑，是加快经济社会发展质量变革、效率变革、动力变革的重要引擎。

2.2.2 数字经济的发展历程

由于数字技术发展过程与应用成熟度的不同，数字经济先后经历了信息经济、平台经济、共享经济等不同阶段的探索与实践。关于数字经济理论与模式的认识也由浅入深、由表及里、层层递进，逐渐从数字工具革命转变为数字决策驱动的新型经济模式。

1. 信息经济阶段

在信息经济阶段，依靠互联网通信技术 ICT 推动商业模式的创新，企业开始由线下转移到线上，服务内容与应用业务融合不断涌现，从书籍到字节、从光盘到 MP3、从快照到 JPEG，信息通信技术的普及与发展推动了商品经济向服务经济的转变，资源和能源耗费大大降低，生产领域就业的比例下降和服务领域就业比例的增加被视为信息资源取代了体力劳动，这些低成本的信息资源是数字经济传播的基本条件。在发展阶段，电子商务被认为是实现社会经济繁荣的关键商业模式之一，是提高企业和公共组织效率的重要途径。通过企业对企业（Business - to - Business，B2B）、企业对客户（Business - to - Consumer，B2C）的蓬勃发展，企业和个人之间可以进行各种形式的在线交易，使企业从根本上改变了组织和参与经济交换的方式，从而为客户提供更大的主动权和决策权。

2. 平台经济阶段

随着移动互联网时代的到来，社交媒体逐渐形成以媒介平台（如腾讯、Facebook、人人网等）为主要组织形态的趋势，由此引发越来越多的平台型企业快速崛起，运用各种技术手段实现资源聚合，开创了数字平台商业模式，进一步推动数字经济的探索与实践。在平台商业模式下，产品或服务的接受者参与价值创造的过程，甚至在某些领域变成了价值创造的主体，颠覆了传统商品经济社会的价值创造逻辑。社交媒体模糊了生产者和消费者的界限，将二者融合为一体，颠覆了传统的生产决定消费模式。用户通过传播自己的内容与消费情感，参与产品和知识的生产创造，从根本上改变了价值创造的来源机制。当产品信息或使用体验被人们口耳相传时，也是一个挖掘潜在客户、提升企业形象的过程。在这个过程中产品或服务口碑效果越好，品牌声誉越高，客户忠诚度越强。因此，建立良好的品牌和口碑成为企业竞争的关键优势。

3. 共享经济阶段

随着物联网、云计算及移动互联网等数字技术的进一步发展，设备信息可以通过数字化、网络化，实现人与物、物与物之间的信息交互。通过服务数字化实现以智能解决方案为基本特征的物联网平台成为可能，产生了基于云 - 网 - 端一体化、平台化等资源共享的经济模式。

在共享经济业态下，社交平台使分享变得更加方便和开放，因此共享经济实际上是社交媒体平台进一步发展的产物。它把那些没有充分利用资产和愿意短期租赁这些资产的人聚集到一起，通过技术手段实现远程监测和控制。近年来，以滴滴打车、共享单车、共享雨伞等为代表的新业态模式正在呈指数级增长，为我国经济带来了巨大活力。其共同特点是所有权的共享、临时的使用权和物质商品的再分配，模糊了私人物品和公共物品的界限。共享经济在价格优势、环境可持续性、便捷性和新的消费体验等方面都有巨大潜力。

2.2.3 数字经济的概念与特征

随着数字技术的不断发展，社会经济数字化程度不断提升，特别是大数据与人工智能时代的到来，使我们对数字经济概念的内涵和外延、产业结构等理论及实践的认识也不断深化。

1. 基本概念

什么是数字经济？数字经济是以数字化的知识和信息等相关大数据为关键生产要素，以5G、云计算以及人工智能等数字技术体系融合应用、生产全要素数字化转型为核心驱动力，以5G高带宽低时延网络为重要载体，推动数字技术与实体经济深度融合，不断提高传统产业数字化、网络化、智能化水平，加速重构经济发展与政府社会治理模式的新型经济形态。根据三维认知理论，数字经济是现实世界 - 精神世界 - 信息世界三维空间中的生产、流通、分配、消费等一切物质精神资料的总称，以数据为关键生产要素，具有更为先进的数字生产力与生产关系。

图 2 - 6 所示为产业革命与社会经济发展的形态演进。数字经济是继农业经济、工业经济之后的更高级经济阶段，是 DICT 时代最先进的生产力和生产关系相互作用的结果，是促进公平与效率更加统一的经济模式。

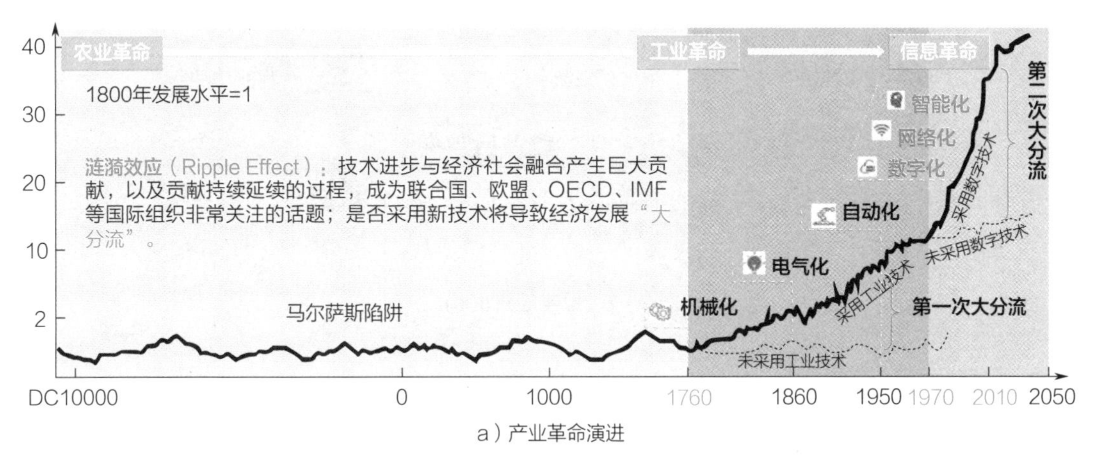

a）产业革命演进

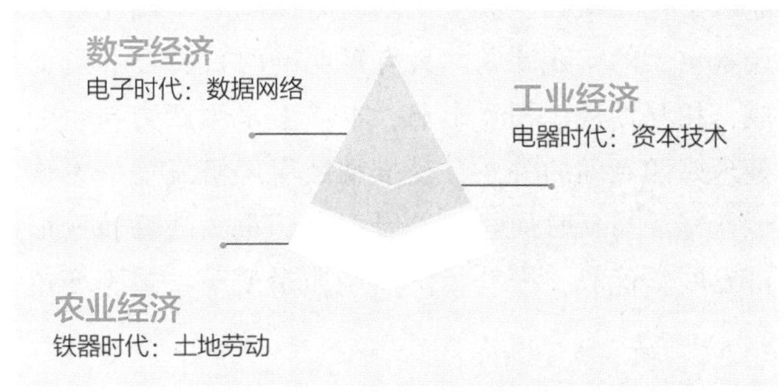

b）社会经济发展形态演进

图 2 - 6　社会经济发展趋势

数字经济发展速度之快、辐射范围之广、影响程度之深前所未有，正推动生产方式、生活方式和治理方式深刻变革，成为重组全球要素资源、重塑全球经济结构、改变全球竞争格局的关键力量。“十四五”时期，我国数字经济转向深化应用、规范发展、普惠共享的新阶段。

2. 数字经济的构成

在构成上，数字经济主要为“四化”框架，具体如图 2 - 7 所示。数字经济在经济成分构成上主要包括数字产业化、产业数字化、数字化治理以及数据价值化四部分。所谓的数字经济体系“四化”框架主要包括：数字产业化，即信息通信产业，具体包括电子信息制造业、电信业、软件和数字技术服务业、互联网行业等；产业数字化，即传统一、二、三产业应用数字技术所带来的生产数量和生产效率的提升，其新增产出构成数字经济的重要组成部分；数字化治理，包括治理模式创新，利用数字技术完善治理体系，提升综合治理能力等；数据价值化，包括数据采集、数据标准、数据确权、数据标注、数据定价、数据交易、数据流转、数据保护等。

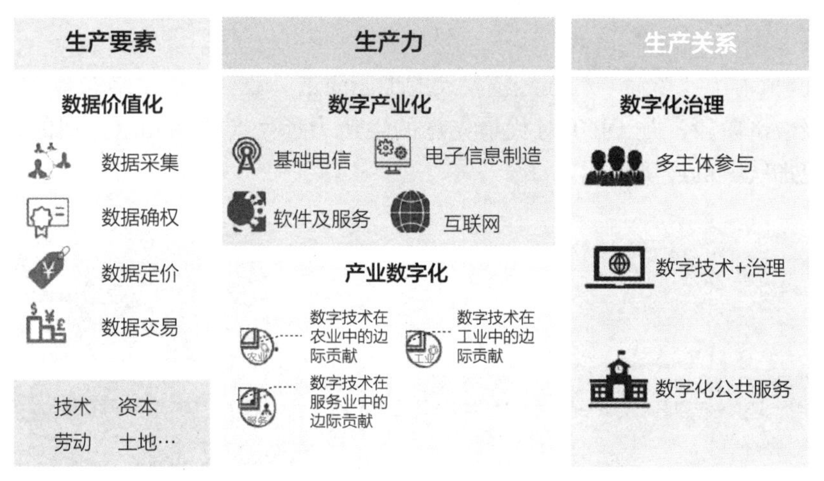

图 2-7　数字经济的构成

3. 数字经济的内涵

数字经济发展是生产力和生产关系的辩证统一。发展数字经济，构建以数据价值化为基础、数字产业化和产业数字化为核心、数字化治理为保障的“四化”协同发展生态。这不仅是重大的理论命题，还是重大的实践课题，具有鲜明的时代特征和辩证统一的内在逻辑。四者紧密联系、相辅相成，相互促进、相互影响，本质上是生产力与生产关系、经济基础与上层建筑之间的关系。处理好四者间的关系，是推动数字经济发展的本质要求。当前，数字技术红利大规模释放的运行特征与新时代经济发展理念的重大战略转变形成历史交汇。发展数字经济，构筑数字经济发展新优势，推动经济发展质量变革、效率变革、动力变革，正当其时、意义重大。

数字经济的内涵主要体现在以下几点：

1）数字经济作为一种技术经济范式，超越了传统信息产业部门的范围。以 5G、云计算、人工智能为核心的 DICT 数字经济技术体系具有基础性、广泛性、外溢性、互补性特征，促使以数据为关键要素的传统信息产业快速崛起并成为社会经济中创新活跃、成长迅速的战略性新兴产业部门。数字技术体系相互融合、相互影响，通过不断创新，正在引爆社会经济新一轮发展和变迁，推动经济模式变革，引发基础设施、关键投入、主导产业、管理方式、国家调节体制等经济社会最佳惯行方式的变革。此外，数字经济是当前最先进的社会经济形态，是其基本特征、运行规律等维度出现的根本性变革。对数字经济的认识，需要拓展范围、边界和视野，并把它看成一种与工业经济、农业经济并列的经济社会形态。

2）数字产业化和产业数字化重塑生产力，是数字经济发展的核心。生产力是人类创造财富的能力，是经济社会发展的内在动力基础。数字产业化和产业数字化蓬勃发展，加速重塑人类经济生产和生活形态。数字产业化代表了数字技术体系的发展方向和最新成果，随着数字技术的创新突破，新理论、新硬件、新软件、新算法层出不穷，软件定义、数据驱动的新型数字产业体系正在加速形成。产业数字化推动实体经济发生深刻变革，互联网、大数据、人工智能等数字技术体系与实体经济深度融合，开放式创新体系不断普及，智能化新生产方式加快到来，平台化产业新生态迅速崛起，新技术、新产业、新模式、新业态方兴未艾，产业转型、经济发展、社会进步增长全新动能。

3）数字化治理引领生产关系深刻变革，是数字经济发展的保障。生产关系是人们在物质资料生产过程中形成的社会关系。数字经济推动数据、智能化设备、数字化劳动者等创新发展，加速数字技术体系与传统产业融合，推动治理体系向着更高层级迈进，加速支撑国家治理体系和治理能力数字化水平提升。在治理主体上，部门协同、社会参与的协同治理体系加速构建，数字化治理正在不断提升国家治理体系和治理能力现代化水平；在治理方式上，数字经济推动治理由“个人判断”“经验主义”的模糊治理转变为“细致精准”“数据驱动”的数字化治理；在治理手段上，云计算、大数据等数字技术体系在治理中的应用，增强态势感知、科学决策、风险防范能力；在服务内容上，数字技术体系与传统公共服务多领域、多行业、多区域融合发展，加速推动公共服务公平正义的进程。

4）数据价值化重构生产要素体系，是数字经济发展的基础。生产要素是社会经济生产经营所需各种资源的总称。在农业经济条件下，技术（以农业技术为主）、劳动力、土地构成生产要素组合；在工业经济环境中，技术（以产业技术为引领）、资本、劳动力、土地构成生产要素组合；在当前数字经济条件下，技术（以数字技术体系为引领）、数据、资本、劳动力、土地构成生产要素组合。数据不是唯一生产要素，作为数字经济模式下全新的、关键的生产要素，贯穿于数字经济发展的全部流程，与其他生产要素不断组合迭代，加速交叉融合，引发生产要素多领域、多维度、系统性、革命性群体突破。一方面，价值化的数据要素将推动技术、资本、劳动力、土地等传统生产要素发生深刻变革与优化重组，赋予数字经济强大发展动力。数据要素与传统生产要素相结合，催生出人工智能等“新技术”、金融科技等“新资本”、智能机器人等“新劳动力”、数字孪生等“新土地”、区块链等“新思想”，生产要素的新组合、新形态将为推动数字经济发展不断释放放大、叠加、倍增效应。另一方面，数据价值化直接驱动传统产业向数字化、网络化、智能化方向转型升级。数据要素与传统产业广泛深度融合，乘数倍增效应凸显，对经济发展展现出巨大的价值和潜能。数据推动服务业利用数据要素探索客户细分、风险防控、信用评价，推动工业加速实现智能感知、精准控制的智能化生产，推动农业向数据驱动的数字化生产方式转型。

总之，数字经济是数字及数字化产品和服务的生产、流通、消费的总称，是信息经济、数字技术体系发展的高级阶段。以 5G、人工智能为核心的数字技术体系作为一种通用技术，可以成为社会重要的生产要素之一，能够广泛应用到社会各行各业，促进全要素生产率的提升，开辟经济增长的新空间。这种数字技术体系的深入融合应用全面改造经济面貌的数字化转型，塑造整个经济新形态。

4. 数字经济的特征

数字经济作为一种比较先进的技术经济范式，拥有丰富的内涵和外延。从内涵角度看，数字经济体现为数字产业化，即基础电信、软件服务、互联网技术等数字技术体系创新带来的信息产业增加值的提升和发展。从外延角度看，这些数字技术体系创新与发展也为农业、工业和服务业等传统三大产业带来新的发展模式，加快数据要素与三大产业交叉融合，促进传统经济产业数字化转型。数字经济特征具体展开如下：

1）数字化的知识和信息即数据成为最为关键的生产要素。社会经济学规律表明，每一次社会经济形态的重大变革，必然会催生和依靠更有生命力的生产要素。如同农业经济时代以劳动力和土地、工业经济时代以资本和技术为新的生产要素一样，数字经济时代，数据成为新的关键生产要素，如图2－8所示。2020年我国发布的《中共中央 国务院关于构建更加完善的要素市场化配置体制机制的意见》明确将数据列为五大生产要素之一，把数据在社会经济中的地位提高到一个前所未有的高度，将数据列为生产要素是最具时代特征的生产要素的重要变化。作为全球数字经济发展较为领先的国家之一，我国高度重视数据这一新型生产要素的重要价值，加快将大数据转化为现实生产力，为经济社会发展注入新动能、增添新活力。

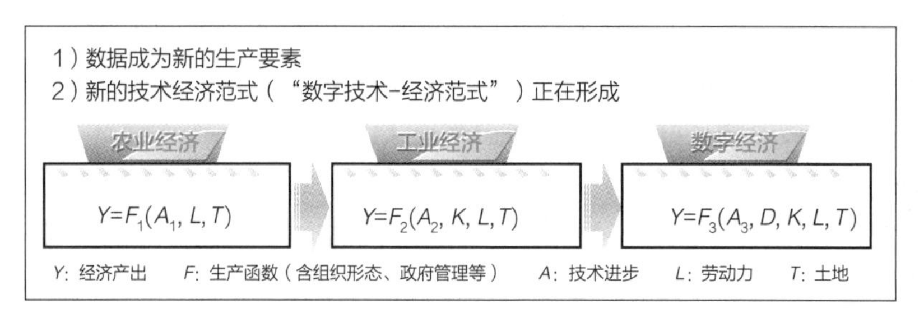

图2－8 技术经济范式

2）数字技术体系必须具有网络化特征，其科技创新为数字经济发展提供源源不断的动力。数字经济的发展历程不仅与数字技术体系繁荣创新息息相关，还与网络宽带从IT（信息技术）/CT（网络技术）分离到全IP化融合的ICT时代演变、再到数据与信息、网络技术深度融合的DICT时代有着不可分割的联系。而网络化、宽带化、无线化一直是数字技术体系发展的基本原则。数字技术体系是技术密集型产业，动态创新是其基本特点，强大的创新能力是其竞争力的根本保证。一直以来，以信息、通信技术为核心的数字技术体系持续变革创新，不断拓展人类认知手段和知识空间，是数字经济发展的核心驱动力。人类社会发展的进程中，通用技术的进步和变革是推动社会经济跳跃式发展的关键要素。这一规律无论是对传统的农业经济和工业经济，还是对5G DICT时代的数字经济都是有效的。数字技术体系的变革创新及应用，正是当下时代变迁的决定性力量。

3）数字技术体系的基础性、先导性作用突出，重塑了经济形态与产业模式。人类历史的每一次科技革命中，总会诞生一些基础性产业，它们率先兴起、创新活跃、发展迅速、外溢作用显著，引领带动其他产业创新发展。与交通运输产业和电力电气产业成为前两次工业革命推动产业变革的基础先导产业部门类似，以信息产业为核心的数字技术体系是数字经济时代驱动发展的基础性、先导性产业。信息产业早期快速扩张，现在发展渐趋稳定，已成为支撑国民经济发展的战略性部门。

4）产业融合是推动数字经济发展的主引擎。区别于以往农业经济和工业经济时代的通用技术，数字技术体系对社会经济的影响打破了线性约束的限制，呈现出指数级增长态势。这主要体现在数字技术能力的提升遵循摩尔定律，即约每 18 个月综合计算能力提高一倍，存储价格下降一半、带宽价格下降一半等产业现象持续印证摩尔定律效果。近年来，大数据、物联网、移动互联网、云计算、边缘计算等数字技术体系的突破和融合发展推动数字经济快速发展。5G、人工智能、虚拟现实、区块链等前沿技术正加速落地，产业应用生态持续完善，不断强化未来发展动力。在此基础上，数字经济加速向传统产业渗透，不断从消费向生产，从线上向线下拓展，催生线上到线下（Online to Offline）、分享经济等新模式、新业态，提升消费体验和资源利用效率。传统产业数字化、网络化、智能化转型步伐加快，新技术带来的全要素效率提升，加快改造传统动能，推动新旧动能接续转换。

5）平台经济成为数字经济时代产业组织的显著特征。近年来，如淘宝、京东、美团、滴滴等跟衣食住行密切相关的典型平台经济企业早已家喻户晓。研究这些企业发家史，无一例外都是从与老百姓生活紧密相关的日常需求入手，快速吸引大量用户，逐渐推动业务系统平台化、生态化、数据化发展，抢占网络线上线下资源制高点。平台经济是基于数字技术体系，由数据驱动、平台支撑、网络协同的经济活动单元所构成的数字经济系统，是基于数字平台的各种经济关系的总称。其中，平台成为数字经济时代协调和配置资源的基本经济组织，是价值创造和价值汇聚的核心。在本质上，平台经济是市场在 DICT 时代的具体细化，使市场从看不见的手变成了利益诉求的手。

综上所述，数字经济是一种与工业经济、农业经济并列的社会经济形态，是 DICT 时代数字生产力与生产关系相互作用的结果，是经济发展的高级阶段。对数字经济的认识，我们不仅要从概念、内涵及特征角度认识，还需要从数字技术体系和社会经济数字化转型上，不断拓展范围、边界，开阔视野。

当前，我国正处于做大做强数字经济的数字化转型期。在数字技术体系驱动下，数字经济发展动力足、潜力大、空间广，呈现出新业态、新模式、新趋势。

2.2.4 数字经济新业态、新模式

科技是第一生产力。随着科技革命对社会经济模式与发展影响的不断加深，科技创新成为当前社会产业经济活动的支撑底座。社会产业生态的演进离不开对特定时代下社会创新模式与特征的认识。数字经济新业态、新模式是根植于社会经济数字化转型发展土壤之中，以数字技术体系融合创新应用为驱动力，数据价值化为关键要素，数字化、网络化、智能化为导向，经数字产业化与产业数字化等行业价值流程重构融合而形成的商业新形态、业务新模式、产业新组织、价值新链条。

1. 数字产业化

产业数字化是指在数字技术的支撑和引领下，以数据为关键要素，以数字基础设施为底座，以数据要素价值化为核心，以数据赋能为主线，对产业链上下游的全要素数字化升级、转型和再造的过程，是数字经济的基础部分。在业务构成上，数字产业化的核心为信息与通信产业，是数字经济发展的先导基础产业，为数字经济发展提供技术、产品、服务和解决方案等信息基础设施。

简而言之，数字产业化是数字技术体系支撑的产业与服务，包括但不限于5G、集成电路、软件、人工智能、大数据、云计算、区块链等数字技术、产品及服务。如图2－9所示，数字产业化的核心构成主要包括电子信息制造业、电信行业、软件和信息服务行业、互联网行业等四大类。

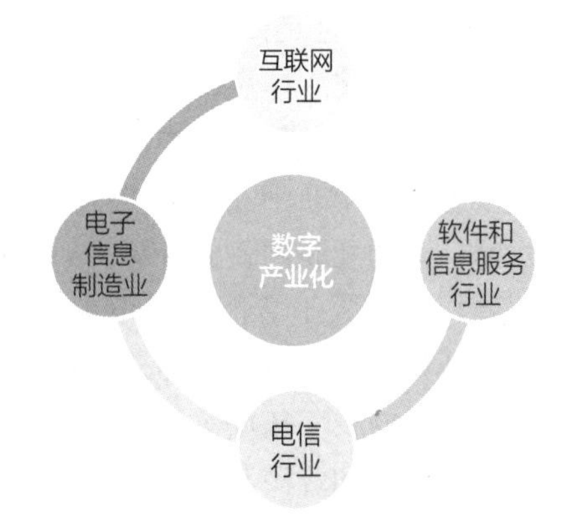

图2－9　数字产业化核心构成

在数字产业化发展方面，要按照国家“新发展模式”，着力提高我国产业链、供应链的稳定性和竞争力，特别是5G、人工智能、工业互联网、高端芯片、高端工业软件等重点领域，加强精准研究，加快技术突破，提高自我控制能力。面对数字经济发展中的风险和挑战，数字产业化要稳中求进、虚实相生，推动数字经济高质量发展。

2. 产业数字化

与数字产业化强调数字技术体系革命创新不同，产业数字化注重数字技术体系对农业、工业及服务业等传统产业的贡献，即传统产业应用数字技术所带来的生产数量和效率的提升，其新增产出构成数字经济的重要组成部分。产业数字化的核心在于能否运用数字技术对传统产业链的全要素进行数字化升级、转型和流程再造。这是数字技术发展规律的必然产物，也是当前世界经济发展的必然趋势。如图2－10所示，产业数字化在构成上是数字技术体系在传统产业中的融合应用，具体业务形式包括但不限于工业互联网、两化融合、智能制造、车联网、平台经济等融合型新产业、新模式、新业态。

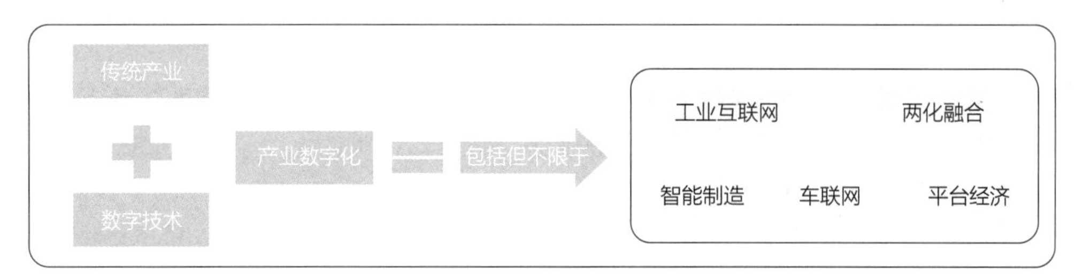

图2－10　产业数字化构成

作为5G时代社会经济数字化转型的主阵地，产业数字化是数字技术体系与传统三大产业的深度融合，为数字经济发展提供广阔空间。产业数字化不是数字的经济，而是数字技术体系与传统三大产业融合应用的经济，是实体经济在数字时代的落脚点，是社会经济高质量发展的总要求。

3. 数字货币

作为一般等价物，货币形态的演进经历了从自然实物到金属货币，再到广泛使用纸币等信用货币的过程。货币演进的内在动力是提高货币流通效率、降低交易成本。随着数字技术体系与线上经济的蓬勃发展，社会各界对线上支付便捷性、安全性、普惠性、隐私性等方面的需求日益激增。以支付宝、财付通等为代表的电子支付、第三方支付平台的快速发展，满足了互联网交易的便捷性、普惠性需求，但本质上并没有解决钞票印制、调拨、保管、投放、流通、回笼、销毁等诸多环节的复杂性、低效率、高成本问题。近年来，以比特币、Libra、以太币等为代表的加密数字货币的出现和发展令全球瞩目，其不可溯源、无国家主权、去中心化等特性给世界各国主权货币系统与政策带来了极大挑战和压力。不少国家和地区的中央银行或货币当局紧密跟踪数字技术体系与金融科技发展成果，积极探索法定货币的数字化形态。因此，法定数字货币正从理论走向现实。

作为数字经济的流通媒介，数字货币是货币的一种存在形式，也是为适应 5G DICT 时代数字经济发展而产生的价值数字化标识。根据发行主体，数字货币通常可分为非主权数字货币与主权数字货币。数字货币让发行主体从国家垄断扩展至私人组织，从国家信用背书到技术背书，从有国界到无国界，打破了很多经济学中对货币的认知，形成了货币与技术紧密相连的颠覆性创新。

非主权数字货币通常是基于数字加密算法、节点网络的虚拟货币。作为价值的数字化表示，它不由央行或当局发行，也不与法币挂钩。但由于被公众所接受，所以可作为支付手段，也可以电子形式转移、存储或交易。典型代表有比特币、Libra、以太币等。随着数字技术体系的不断创新与发展，数字货币更新迭代速度加快，不断冲击着社会政策、经济、金融、科技的现有框架，同时也对现有法律监管体系、数据主导权和国家主权货币提出了巨大挑战。

主权数字货币是建立在国家信用基础和传统主权货币基础上，实现国家背书的主权货币的数字化表示，通常以电子货币为代表。2020 年以来，在新冠疫情叠加非主权数字货币影响下，同时面临 Libra、比特币等超国界超非主权加密数字货币的研发压力，越来越多的国家央行将数字货币作为国家重要研发战略，以国家信用背书的央行数字货币愈发受到重视。2020 年全球有 86% 的国家的中央银行启动了数字货币的研发，原本对央行数字货币持谨慎观望态度的日本和美国等国家也逐渐放开限制，加大对央行数字货币的探索力度。

中国是主要经济体中第一家引入并试点主权数字货币的国家。2014 年，中国人民银行开始对主权数字货币开展研究；2019 年，明确提出中国央行数字货币的名称为“数字人民币”。数字人民币是人民银行发行的数字形式的法定货币，由指定运营机构参与运营，以广义账户体系为基础，支持银行账户松耦合功能，与实物人民币等价，具有价值特征和法偿性。数字人民币是央行发行的法定货币，主要含义：一是数字人民币具备货币的价值尺度、交易媒介、价值贮藏等基本功能，与实物人民币一样是法定货币。二是数字人民币是法定货币的数字形式。从货币发展和改革历程看，货币形态随着科技进步、经济活动发展不断演变，实物、金属铸币、纸币均是相应历史时期发展进步的产物。数字人民币发行、流通管理机制与实物人民币相同，但以数字形式实现价值转移。三是数字人民币是央行对公众的负债，以国家信用为支撑，具有法偿性。

目前，中国人民银行在深圳、苏州、成都、雄安和北京等五个区域通过大型银行测试数字人民币。随着试点项目规模的不断扩大，数字人民币将逐渐替代实物人民币，甚至用于跨境交易。

2.2.5　数字化转型与数字经济

作为农业经济、工业经济之后的主要经济形态，数字经济是人类历史上技术最密集的经济形态。数字技术的创新能力对一国数字经济的长期稳定增长，特别是全球竞争力的塑造，具有决定性意义。数字经济是以数据资源为关键要素，以现代信息网络为主要载体，以信息通信技术融合应用、全要素数字化转型为重要推动力，促进公平与效率更加统一的新经济形态。

数字经济发展速度之快、辐射范围之广、影响程度之深前所未有，它正推动生产方式、生活方式和治理方式深刻变革，成为重组全球要素资源、重塑全球经济结构、改变全球竞争格局的关键力量。“十四五”时期，我国数字经济转向深化应用、规范发展、普惠共享的新阶段，推动经济供给、需求、交易及治理等市场全环节数字化、网络化、智能化转型发展，做大做强数字经济，如图 2－11 所示。数字平台能够降低实体经济成本，提升效率，促进供需精准匹配，降低现存经济活动费用，激发新业态新模式，使传统经济条件下不可能发生的经济活动变为可能，推动经济向形态更高级、分工更精准、结构更合理、空间更广阔的阶段演进。

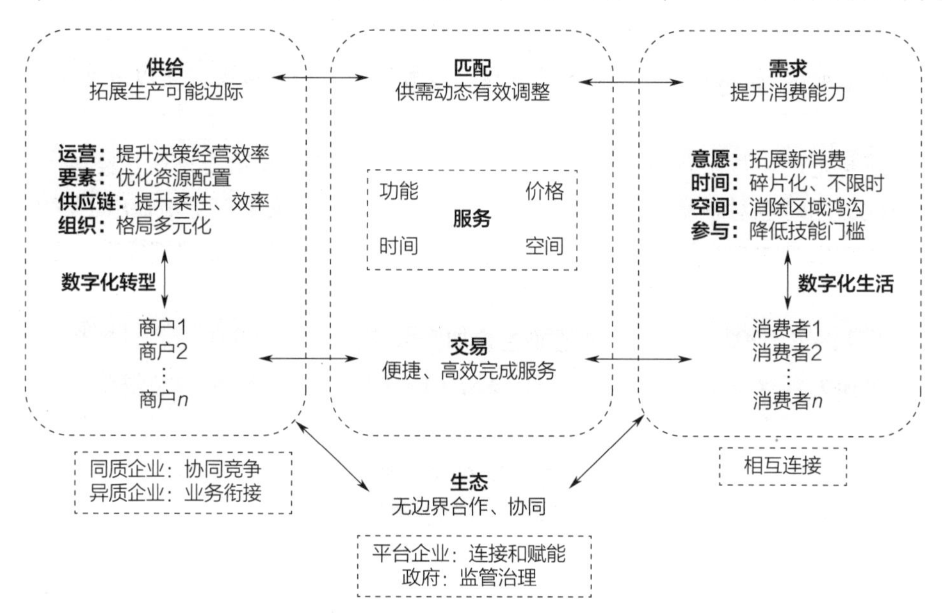

图 2－11　数字化转型推动数字经济深度

数据作为数字经济关键生产要素参与分配具有突破性意义，是落实国家战略部署、提升国家数字竞争力的关键，在推动数字经济高质量发展、塑造国际竞争新优势、释放数字化转型潜力、提升政府治理效能等方面起到举足轻重的作用。党的第十九届四中全会提出“健全劳动、资本、土地、知识、技术、管理、数据等生产要素由市场评价贡献、按贡献决定报酬的机制”。这是对数据在数字经济发展中的关键作用进行了肯定。“数据作为要素参与分配”的提出，顺应了目前数字经济发展的大趋势，标志着我国已正式进入“数字经济”红利大规模释放的时代。

数字经济发展应当以数字产业化和产业数字化为核心，推进数字基础设施建设，实现数据资源价值化，提升城市治理数字化水平，营造良好发展环境，构建数字经济全要素发展体系。中国政府持续完善数字经济发展的政策法律体系，坚持包容审慎的监管态度，着力构建促进数字经济创新发展的制度环境。党中央高度重视数字经济发展，将数字经济上升为国家战略，党的十九大提出要建设网络强国、交通强国、数字中国、智慧社会，数字经济顶层设计、“十四五”规划等国家战略明确提出发展数字经济的目标及任务。

2.3 数据要素

数据要素在助力我国经济高质量发展中发挥着重要作用，但目前我国数据要素市场化配置还处于起步阶段，数据产权制度、数据流通与交易制度、数据收益分配制度等尚处于讨论与逐步完善阶段，制度构建的最优路径远未达成共识。

数据作为 5G DICT 时代的关键生产要素，正成为驱动数字经济时代的重要燃料，从某种程度上讲，数据的价值和作用并不亚于工业革命时代的煤炭、石油等能源燃料。由于数据本身的流动性、多样性、可复制性等不同于煤炭、石油等传统生产要素的特性，数据安全风险在数字技术创新与应用中被不断放大。如何协调政府、行业、企业、个人等多元主体，形成协同共治机制？如何平衡数据开发利用和数据安全保护，实现发展与安全的齐头并进？如何构建覆盖数据全生命周期安全的治理框架？如何在各组织中落实数据安全治理的具体要求？这些都是数字经济规模化发展必须面对的重大挑战。

2.3.1 数据治理与数据安全治理

数据治理是指将数据作为生产要素资产而展开的一系列具体化工作，是对数据的全生命周期管理，并通过对数据管理和利用进行评估指导和监督，提供创新的数据应用与服务，实现数据要素价值化。数据安全治理是数据治理的一个过程，但在对于数据资产高度重视和注重隐私的数字经济时代，数据安全治理对保护个人信息权益，维护国家安全和社会公共利益，促进数据跨境安全、自由流动具有重要意义。

1. 数据治理

数据作为原始资源，在信息积累、知识沉淀、智慧决策的过程中实现价值增值。如图 2－12所示，数据治理流程从数据资源到数据要素市场化，需要经历业务数据化、数据资产化、资产产品化、要素市场化四个阶段，实现数据要素价值化。其中，数据资产化是通过数据资产管理体系，将数据进行信息积累、知识沉淀、智慧决策，实现价值增值的过程，是进入要素市场化中最关键的一步。

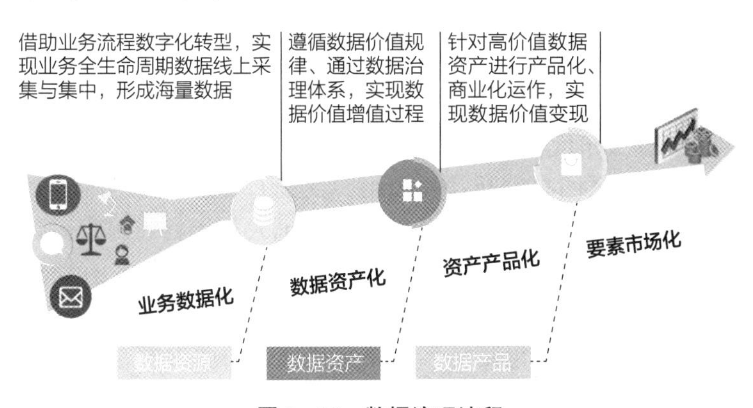

图 2－12　数据治理流程

数据治理是通过一系列信息相关的过程来实现决策权和职责分工的系统，这些过程需按照达成共识的模型来执行。该模型描述了谁（Who）能根据什么信息，在什么时间（When）

和情况（Where）下，用什么方法（How），采取什么行动（What）。作为数据化资产管理的基石，数据治理从数据本身的质量和使用出发，以数据质量提升和数据安全共享为目标，强调数据本身的处理与过程管理，保障数据完整性、准确性、一致性和时效性。

数据治理的最终目标是提升数据的价值。数据治理非常必要，是实现数字战略的基础。它是一个管理体系，包括组织、制度、流程、工具。从范围来讲，数据治理涵盖了从前端事务处理系统、后端业务数据库到终端的数据分析，从源头到终端再回到源头形成一个闭环负反馈系统（控制理论中趋稳的系统）。从目的来讲，数据治理就是要对数据的获取、处理、使用进行监管（监管就是我们在执行层面对信息系统的负反馈），而监管职能主要通过以下五个方面的执行力来保证——发现、监督、控制、沟通、整合。

总之，没有数据治理体系作为保障，数据不但不能转变为企业资产，还很容易让企业陷入“数据沼泽”的陷阱。一个良好的数据治理体系，为数据资产管理打下坚实的基础，是实现数据资产经营和变现的重要前提和保障。

2. 数据安全治理

随着5G DICT时代数字经济的飞速发展以及传统业务的数字化转型，数据作为生产要素的重要性凸显，数据安全的地位不断提升，尤其随着《中华人民共和国数据安全法》的正式颁布，数据安全在国家安全体系中的重要地位得到了进一步明确。发展数字经济、加快培育发展数据要素市场，必须把保障数据安全放在突出位置。这就要求我们着力解决数据安全领域的突出问题，有效提升数据安全治理能力，实现以数据要素价值化流程为核心的数字治理与数据安全治理达到动态平衡。

在概念上，数据安全治理不仅是一套工具组合的产品级解决方案，也是从决策层到技术层、从管理制度到工具支撑、自上而下贯穿整个组织架构的完整链条。广义的数据安全治理是在国家数据安全战略的指导下，为形成全社会共同维护数据安全和促进发展的良好环境，国家有关部门、行业组织、科研机构、企业、个人共同参与和实施的一系列有关数据与信息安全活动集合，如完善相关政策法规、推动政策法规落地、建设与实施标准体系、研发并应用关键技术、培养专业人才等。而狭义的数据安全治理是指在组织数据安全战略的指导下，为确保数据处于有效保护和合法利用的状态，多个部门协作实施的一系列活动集合，包括建立组织数据安全治理团队、制定数据安全相关制度规范、构建数据安全技术体系、建设数据安全人才梯队等。它以保障数据安全、促进开发利用为原则，围绕数据全生命周期构建相应安全体系，需要组织内部多利益相关方统一共识，协同工作，平衡数据安全与发展。

无论从广义还是从狭义角度，数据安全治理都具备以下三点特征：

1）以数据为中心。数据的高效开发和利用，涵盖了数据的全生命周期的各个环节，由于不同环节的特性不同，面临的数据安全威胁与风险也大相径庭。因此，必须构建以数据为中心的数据安全治理体系，根据具体的业务场景和各生命周期环节，有针对性地发现、识别并解决其中存在的安全问题，防范数据安全风险。

2）多元化主体共同参与。无论是从广义还是狭义的角度出发，数据安全治理不是仅仅依靠一方力量可以开展的工作。对国家和社会而言，面对数据安全领域的诸多挑战，政府、企业、行业组织、甚至个人都需要发挥各自优势，紧密配合，承担数据安全治理主体责任，共同营造适应数字经济时代要求的协同治理模式。因此，数据安全治理必然是涉及多元化主体共同参与的工作。

3）兼顾发展与安全。随着国内数字化建设的快速推进，无论是政府部门，还是其他组织如企业等均沉淀了大量数据。数据只有在流动中才能充分发挥其价值，而数据流动又必须以保障数据安全为前提，因此，必须要辩证地看待数据安全治理，离开发展来谈数据安全是毫无意义的。

作为推动组织数据安全合规建设、数据安全风险防范、数据业务健康发展的重要抓手，数据安全治理的内涵不再局限于技术层面或管理层面，而是围绕数据全生命周期安全，涉及组织内多部门协作、全流程制度制定、体系化技术实现、专业化人才培养等的一系列工作集合。如图 2－13 所示，数据安全治理总体视图针对狭义数据安全治理概念，围绕数据安全治理参考框架，结合数据安全治理目标，给出数据安全治理实践参考路径。其中，合规保障是数据安全治理的底线要求，风险管理是数据安全治理需要解决的重要问题。

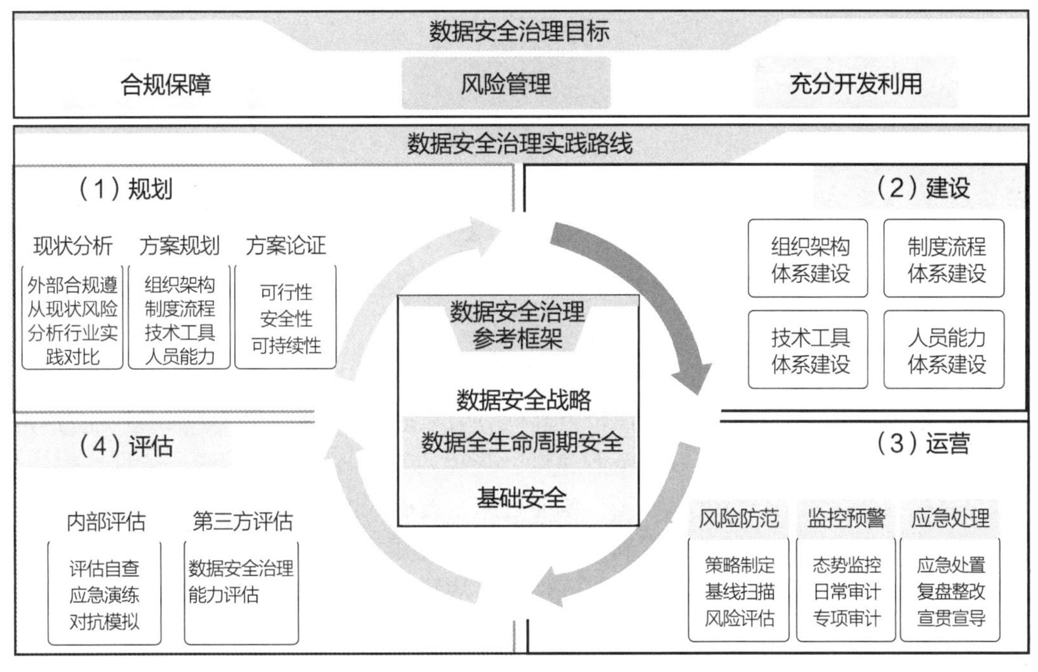

图 2－13 数据安全治理

因此，数据安全治理的目标是在合规保障及风险管理的前提下，实现数据的开发利用，保障业务的持续健康发展，确保数据安全与业务发展的双向促进。

2.3.2 数字治理体系与数字规则

5G DICT 时代，“数据即资产”的理念已深入人心，但拥有数据并不等于掌握数据资产，资产的自然属性决定了只有合法拥有的数据才有可能成为资产，而其经济属性决定了只有满足可控制、能够创造未来经济利益条件的数据才有可能发展为数据资产。

社会治理是国家治理的重要方面，以数据为核心的社会治理数字化转型是国家数字经济时代治理体系和治理能力的重要内容。“十四五”时期，是以数字化推进国家治理体系和治理能力现代化的深化巩固期，其中数字化转型驱动治理方式变革尤为关键。为此，《“十四五”国家信息化规划》以构筑共建、共治、共享的数字社会治理体系为主线，全面勾画了“十四五”时期社会治理数字规则的建设蓝图，对我国数字经济健康、有序、绿色发展具有重要意义。

1. 数字治理体系

数字治理体系旨在构建适合 5G DICT 数字经济时代社会发展规律的生产关系，是适应数字化社会治理新形势，构建信息世界治理新格局，实现从单向管理转向双向互动、从线下转向线上线下融合、从单纯的政府监管转向更加注重社会协同治理的社会治理模式数字化转型的国家治理新范式、创造新工具、构建新模式。

如图 2－14 所示，数字治理体系是以数据治理为基础保障，通过数据资产管理体系和数据资产经营体系实现数据价值增值和创新的理论与方法。

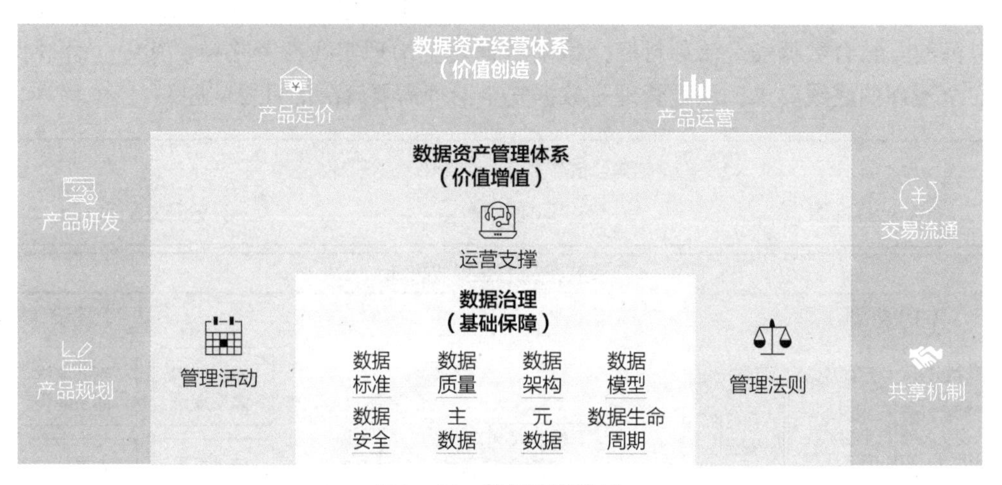

图 2－14　数据治理体系

在数字治理体系中，数据资产按照价值高低分为基础型数据资产和服务型数据资产两类，分别管理施策更为可行。其中，利用企业建设、管理和使用各类应用系统，依据法律法规和有关规定直接或间接采集、沉淀、加工，或通过第三方引入的数据资产被认定为基础型数据资产。如一个数据集、一个标签等，满足数据资产可复用、可获取、可应用的特性。在价值创造为导向的思维下，数据由场景驱动，一切脱离场景而言的都是“伪”资产，只有存在切实应用场景，已经或未来将会为企业带来经济利益的提炼后信息、知识和智慧才是“高价值”的数据资产，即服务型数据资产。服务型数据资产是指将基础型数据资产进行加工后，以数据分析为驱动，直接参与可衡量价值的业务场景的提炼后信息。即“数据＋算法＋算力”组合产生的提炼后的信息。

2. 数字规则

随着 5G DICT 数字技术的快速发展与广泛应用，经济社会各领域数字化转型加速推进，传统的经济与社会运行模式正在被颠覆，对各国经济社会发展、全球治理体系、人类文明进程影响深远。在当前经济全球化遭遇逆流，保护主义、单边主义上升的背景下，数字化驱动的新一轮全球化蓬勃发展，体现出崭新的生命活力，已成为助力全球经济增长、促进全球交流与合作的重要动能。各国纷纷加快数字化发展布局，积极调整现有法规制度体系，加快构建适用于数字化发展之下政府、社会、经济运行的全新规则体系建设。

2020 年，习近平总书记在中央经济工作会上首次提出“数字规则”概念，明确数字规则的重要战略地位。当前，我国数字经济与数字化转型呈现高速发展趋势，急需构建数字规则，为数字经济与数字化转型发展提供基础保障与重要支撑。

数字规则是指围绕数字经济发展的核心方向，以实现政府与社会数字化转型为基本要求，以推动数字化规范、有序、安全、绿色发展为基本原则，促进数据要素在经济中发挥最大价值，解决数字化转型发展中“如何引”“如何转”“如何用”以及“如何管”等关键问题，加速重构经济发展与布局的数字治理规则体系。

作为一种全新的规则体系，数字规则以数据管理与安全为核心。由于数据与传统生产要素相比，具有载体多样、非排他性、边际成本低、价值差异大、权属复杂等特性，难以界定数据的产权、使用权、处置权，不能参照传统的生产要素管理理念和管理手段进行数据管理的规则设计，需要一套全新的管理规则体系。同时，随着数字技术在经济社会各行业的广泛应用，对生产方式、商业模式、管理形式等带来深刻影响，引发经济监管方式、国家调节体制等经济社会最佳惯行方式的变革，经济社会治理规则体系重构。数字规则将以一种数据治理方式和监管手段在经济社会治理中发挥重要作用。

在构成上，数字规则涵盖数字产业化、产业数字化、数字化治理、数据价值化规则以及通用规则等内容，如图 2－15 所示。通用规则包含国家、地方出台的有关数字化发展的顶层政策、规划等文件，明确数字化发展重要方向，指导实施数字化发展重大战略部署。同时，数据安全管理规则为数据风险与安全平台建设提供支撑，构建安全与发展平衡关系，夯实数字化发展安全保障。数字产业化规则主要保障数字产业规范、有序发展，如互联网平台管理中的反垄断规制，人工智能产业中的技术伦理、责任划分边界确认，数字内容产业中的内容管理等。而在贸易、金融、制造业等传统领域，如何支撑各方主体达成共识，促进各产业数字化转型的落地实施，激活新产业、新业态和新模式发展，将成为产业数字化规则中的关键研究内容。

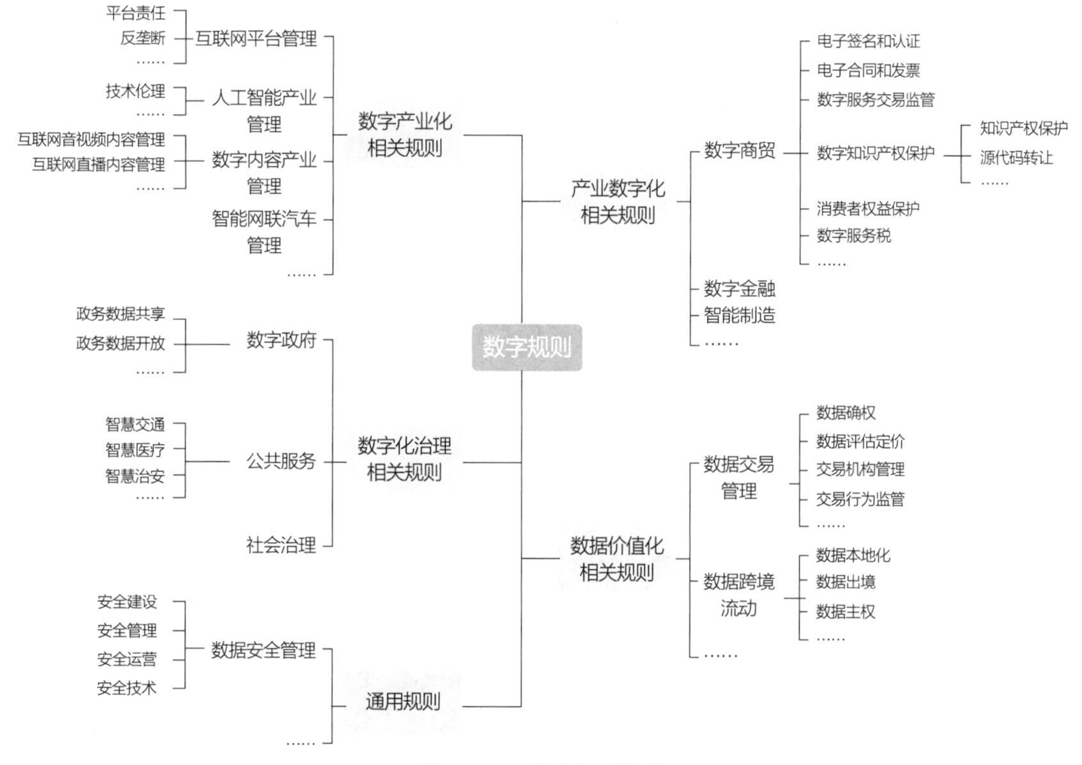

图 2－15　数字规则构成

2.3.3 依法数字治理

数据已成为驱动数字经济增长和创新的根本动力，但也带来了风险和挑战，导致数据治理、数据产权、数据安全和隐私保护问题日益突出。从规范层面看，数据治理主要解决数据保护与利用问题，包括数据安全与保护、数据利用与发展，通过数据的流通与使用以实现数据的财产价值，从而释放数据红利，使数据真正成为数字经济的基础资源。以法治保护数据隐私、治理数据，推进国家数据治理体系法治化已成为国际社会的共同需要，同时成为中国政府的国家战略。中共中央《法治社会建设实施纲要（2020—2025 年）》提出，“推动社会治理从现实社会向网络空间覆盖，建立健全网络综合治理体系，加强依法管网、依法办网、依法上网，全面推进网络空间法治化，营造清朗的网络空间”。

数字经济相关立法工作已初见成效。自 2000 年起，全国人大常委会前后审议通过了《关于维护互联网安全的决定》《中华人民共和国电子签名法》《中华人民共和国网络安全法》。近年来，《中华人民共和国电子商务法》《中华人民共和国数据安全法》《中华人民共和国个人信息保护法》的陆续出台，这些立法共同组成了数字经济发展的基础法律体系，对于网络系统、电子交易、数据要素、消费者权益等都有具体的要求和支撑，并在一些新兴领域做出积极的探索式立法，对数字经济的可持续发展具有重要意义。

《中华人民共和国网络安全法》提出“国家采取措施，监测、防御、处置来源于中华人民共和国境内外的网络安全风险和威胁，保护关键信息基础设施免受攻击、侵入、干扰和破坏，依法惩治网络违法犯罪活动，维护网络空间安全和秩序”。网络安全产业作为网络安全技术、产品和服务提供者和实施者，承担着国家网络安全防御和保障的历史使命。日益复杂严峻的网络安全形势、国家网络强国战略推进建设迫切要求创新安全技术、增强综合安全保障能力，发展壮大网络安全产业已经成为维护国家网络空间主权、安全和发展利益的战略选择。

2021 年《中华人民共和国数据安全法》与《中华人民共和国个人信息保护法》正式颁布，与《中华人民共和国网络安全法》一起构成网络空间治理和数据保护的三驾马车，标志着我国数字治理安全进入有法可依、依法建设的新发展阶段。其中，《中华人民共和国数据安全法》明确提出在坚持总体国家安全观基础上，建立健全数据安全治理体系，提高数据安全保障能力。坚持以数据开发利用和产业发展促进数据安全，同时也要以数据安全保障数据开发利用和产业发展。数据安全治理不是强调数据的绝对安全，而是需要兼顾发展与安全的平衡。

2.3.4 数字经济治理

数字经济无论是从生产组织形式，还是从生产要素等方面来看，都是一种与农业经济、工业经济等传统经济截然不同的经济形态。数字经济自身呈现数字化、网络化、智能化、平台化、生态化等一系列典型特征，重构了社会经济业态与模式，导致传统的治理理念、手段、工具等面临前所未有的挑战，引发了社会经济治理的根本性变革。

随着 5G 网络应用的普及，数据体量将呈几何级数爆发式增长，给社会经济深深打上数字化、网络化、数据化特征的时代烙印。一方面，作为 5G DICT 时代关键生产要素，数据通过大数据、人工智能等数字技术分析与应用，释放其作为生产要素的价值，拓展人类认知世界客观规律的手段。另一方面，数据作为国家重要战略资源，关系到个人隐私、社会公共利益与国家安全，属于国家非传统安全的重要组成部分。随着数据要素价值化发展，如何做好数据资源安全，平衡数据本地化政策与企业发展需要，避免政府部门、企业、个人数据免遭窃取、滥用。同时，数字经济的智能化、平台化及生态化特征也为治理带来“算法黑箱”“大数据杀熟”“数据资源垄断”“赢家通吃”“一家独大”“信息茧房”以及“多元主体共治”等诸多新挑战。

因此，探索数字经济治理理念、原则、手段及定位，构建适合数字经济自身发展规律与发展趋势的数字化治理体系，对弘扬社会主义正义、保障数字经济绿色、公正、健康发展，具有极大的紧迫性与必要性。党的十八届三中全会首次提出了国家治理体系和治理能力现代化的重大命题，党的十九届四中全会第一次全面阐释了推进国家治理体系和治理能力现代化的总体要求、总体目标和重点任务，为构建5G DICT时代数字化立体治理体系指明了方向。

同时，我国正在加快完善数字治理法律法规，积极构建数字治理法律体系，“十四五”规划纲要提出促进发展与规范管理相统一，构建数字规则体系，营造开放、健康、安全的数字生态。为保障数字经济公平、健康发展，我国集中出台了《中华人民共和国数据安全法》《中华人民共和国个人信息保护法》等法律法规，以及《数据出境安全评估办法》《互联网信息服务算法推荐管理规定》等规则的征求意见稿，提出数据治理的中国方案。数字化治理作为推进国家治理体系和治理能力现代化的重要组成，是运用数字技术，建立健全行政管理的制度体系，创新服务监管方式，实现行政决策、行政执行、行政组织、行政监督等体制更加优化的新型政府治理模式。数字化治理是以多主体参与为典型特征的多元治理，以“数字技术＋治理”为典型特征的技管结合，提供数字化公共服务等。

2.3.5 数字治理与数字化转型

随着5G DICT时代数字技术快速发展及广泛应用，经济社会各领域数字化转型加速推进。个体层面，通过电子证件照、通信大数据、健康码等信息，能够形成个人特征、行动轨迹、健康状态的数字画像；企业层面，数字产业化与产业数字化加速推进，成为国民经济的重要支柱；社会层面，网络虚拟社会与物理现实社会双向映射、动态交互，数字孪生城市、元宇宙等概念落地，使得社会运行的数字化得以实现。

个体、企业、社会等主体的数字化转型，倒逼政府关注数字化发展进程，提升数字化治理能力。一方面，个体、企业和社会作为政府治理对象，存在形式及日常活动走向线上化、数字化，要求政府更新监管手段和治理工具，拓宽治理场域，积极应用大数据、云计算和物联网等新兴技术开展治理活动，提升治理效能；另一方面，在多元共治的社会治理格局下，个体、企业、社会团体等是治理的重要参与主体和支撑力量，急需政府提升数字治理能力，以实现各主体间的良性互动和平等对话。

个体、企业、社会的数字化转型，尤其是数字化企业的快速崛起，为政府开展数字治理奠定了坚实基础。数字技术方面，我国网络基础设施建设快速发展，覆盖范围全球领先，5G传输网络和移动终端设备的规模应用，进一步降低数据采集、传输成本，使得万事万物互联互通成为可能；机器人、语言识别等人工智能系统快速发展，使得海量数据的处理、分析不再困难，社会治理继续提速、增效、降本；政务云等数据存储设施发展成熟，为数据融通共享和安全存储提供保障，使得数据存储、挖掘、利用更加方便快捷。数字经济方面，涌现出了一批掌握数字政府建设技术的行业龙头企业，积极为数字政府建设提供解决方案，政府运用现代信息技术履行管理职能的门槛进一步降低。

2.4 数据基础设施

数字经济时代，数据成为国家基础性战略资源和经济发展的第五要素，被誉为新“石油”、新“黄金”。

数据基础设施成为数字经济时代的新型生产力。发展数字经济是把握新一轮科技革命和产业变革新机遇的战略选择。数字经济时代，数据是关键核心生产要素，推动数据基础设施成为提振国家经济发展动能的新型生产力，在产业界的关注热度持续提升。数据基础设施由存储设施、网络设施、计算设施、安全设施和各类管理设施构成，为数据的“汇－存－算－管－用”提供全生命周期基础能力支撑。

2.4.1 算力新基建

算力也称为哈希率，最早用于衡量比特币“挖矿”的区块链网络处理数学与加密相关操作能力，即为计算机、CPU、GPU 等电子设备计算哈希函数的输出速度。随着数字技术体系的发展与 DICT 数字经济时代的到来，算力、数据与算法逐渐成为新基建的三大核心要素，作为数字底座推动数字经济健康、绿色、有序发展。

1. 算力的基本概念

在概念上，算力是以 CPU 为代表的通用计算能力，和以 GPU 为代表的高性能计算能力的总称。其核心是 CPU、GPU、FPGA（现场可编程门阵列）、ASIC（专用集成电路）等各类计算芯片，并由计算机、服务器、数据中心、高性能计算集群和各类智能终端等承载，海量数据处理和各种数字化应用都离不开算力的分析和计算。

从狭义上看，算力是设备通过处理数据，实现特定结果输出的计算能力。从广义上看，算力是 5G DICT 时代社会经济的 GDP，代表数字生产力与生产关系，是支撑数字经济发展的数字基建。数字经济时代的关键资源是数据、算力和算法。其中，数据是生产原料和关键生产要素，算力是生产资料，算法是生产力与生产关系，它们构成数字经济时代最基本的生产基石。现阶段 5G、云计算、大数据、物联网、人工智能等数字技术的高速发展，推动数据的爆炸式增长和算法复杂程度的不断提高，带来了对算力规模、算力能力等需求的快速提升，算力的进步又反向支撑应用创新，从而实现技术的升级换代、应用的创新发展、产业规模的不断壮大和经济社会的持续进步。

在数字经济时代，算力规模与 GDP 一样，是衡量一个国家和地区数字生产力发展水平的重要指标。算力环境是数字生产力发展的重要条件，算力应用反映了数字生产力的需求状况。算力环境为算力规模发展提供坚实支撑，算力应用拉动算力规模的增长，三者相互促进、协同发展。

图 2－16 为算力发展架构示意图。由图可知，现阶段算力规模主要包括基础算力、智能算力和超算算力三部分，分别用于提供基础通用计算、人工智能计算和科学工程计算。其中，基础算力主要是由 CPU 芯片的服务器提供的计算能力；智能算力主要由 GPU、FPGA、ASIC 等芯片的加速计算平台提供人工智能训练和推理的计算能力；超算算力主要由超级计算机等

高性能计算集群提供的计算能力。算力环境主要包括网络环境和算力投入等因素，持续优化的网络环境为算力发展提供坚实支撑，大规模算力投入将会对算力增长产生直接和间接的推动作用。算力应用主要包括消费应用和行业应用。消费应用和行业应用的升级和创新对算力规模、算力能力等提出新的需求，算力的进步反过来又推动了应用发展。

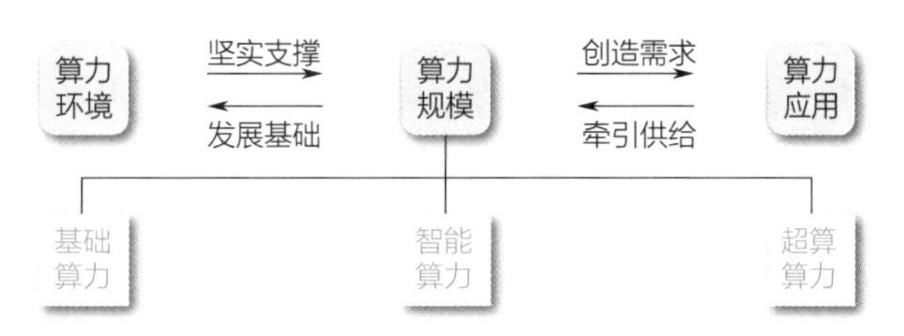

图 2－16　算力发展架构示意图

2. 算力特征与趋势

5G DICT 时代，5G、大数据、云计算、人工智能、边缘计算、区块链等数字技术的创新，加速了数字经济的发展。数字经济的发展将推动海量数据的产生，数据处理需要云－边－端协同的强大算力和广泛覆盖的网络连接。因此，算力多样性、算网一体化、智能编排等成为算力的重要特征与发展趋势，具体体现在以下几个方面：

1）算力多样性。随着云计算、边缘计算、智能终端设备等新型网络业务和应用的不断发展与成熟，算力呈现出内核多样化、分布部署的趋势，如图 2－17 所示。除了通用计算，高性能计算、智能计算的出现，加速算力内核不断向 GPU、FPGA 和 NPU（嵌入式神经网络处理器）等异构化方向发展。近年来，5G 物联网、边缘计算的繁荣发展，使得海量终端接入网络，算力逐渐向边缘侧和端侧延伸，边缘算力逐渐丰富。算力整体上呈现云－边－端三级架构，具有云算力超集中、边端算力超分布等特征。

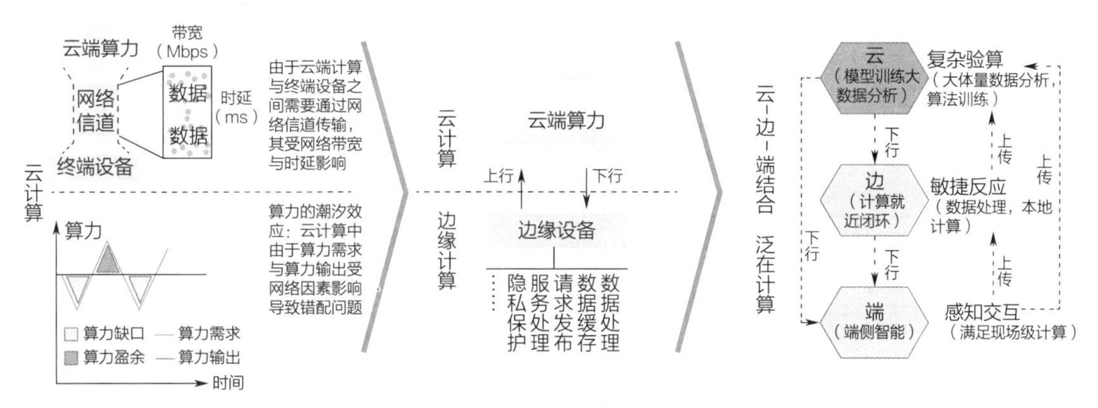

图 2－17　算力多样性

2）算网一体化。5G 通信网络的快速发展让算力向网络边缘节点扩展，让数据要素特征更加明显，用户更便捷使用。算网一体化通过网络连接分布式算力，可突破单点算力的性能极限，发挥算力的集群优势，提升算力的规模效能，通过对算网资源的全局智能调度和优化，有效促进算力的“流动”，满足业务对算力按需分配的使用需求。

3）数字技术加速深度融合。算力将成为数字技术融合、多领域协同的重要载体。算力内核的极致化和专用化（如 GPU/DPU）推动人工智能、大数据、区块链等数字技术的性能不断提升。行业数字化转型也需要综合应用技术创新，如区块链解决了多方数据可信的问题，大数据为人工智能提供了海量的训练集，人工智能提升了区块链的效率等。人工智能、大数据、区块链等技术的融合和跨领域协同，进一步提升了算力服务的智能化水平与可信交易能力，推动算力服务向纵深发展。

4）算力即服务。算力与网络的深度融合，推动算网服务向算力即服务方向转变。算网服务从过去“云＋网”服务的简单组合，转变为算网深度融合、灵活组合的即插即用式的共享服务。云原生、软件定义网络（SDN）、软件定义广域网络（SD－WAN）、无服务器（Serverless）计算等技术的不断成熟和在网计算、意图感知等技术的探索，让服务开始从资源型向任务型发展，跨层次、多形态的算力服务能力将更加高效。

3. 算力网络

5G DICT 时代，如何高效协同地利用算力资源成为当前网络领域研究的一项重要的新课题。在此背景下，算力网络（Compute First Networking，CFN）概念的提出引起了广泛关注。其基本思想是将算力和网络深度融合，实现算网一体化、协同分布式的计算资源，提升计算资源的利用率，同时改善用户的网络服务体验。

算力是设备/平台处理、业务运行的关键核心能力。在算力网络中，算力的提供方不仅仅是同构服务器、数据中心或集群，还是分布式部署、异构兼容的各种计算与网络设备。因此，针对算力资源泛在化、分布式、异构化的特点，算力网络将云－边－端算力资源通过 IP 网络连接在一起，实现算网深度融合，提供算力的高效共享。

图 2－18 为算力网络体系架构示意图。由图可知，按照逻辑功能，算力网络体系架构可分为算网基础设施层、编排管理层和运营服务层。其中，算网基础设施层是算力网络的坚实底座，以高效能、集约化、绿色安全的数字新基建为基础，形成云－边－端多层次、立体泛

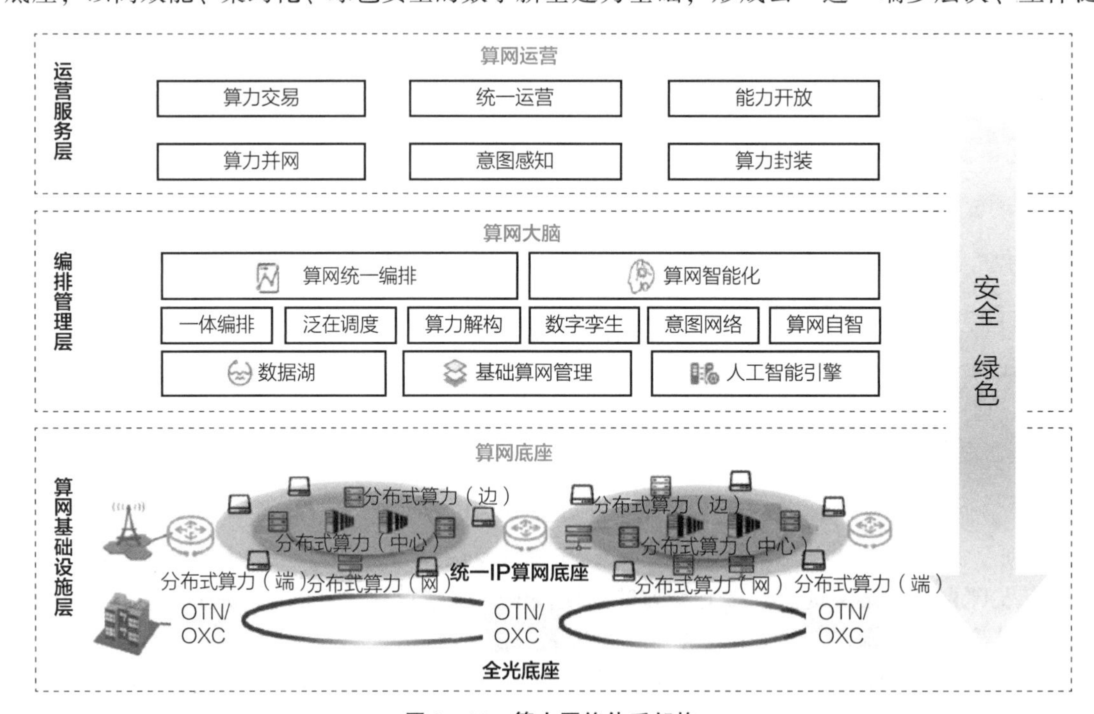

图 2－18 算力网络体系架构

在的分布式算力体系，满足中心级、边缘级和现场级的算力需求。网络基于全光底座和全IP化承载技术，实现云-边-端算力高速互联，满足数据高效、无损传输需求。用户可随时、随地、随需地通过网络接入分布式算力系统，享受算力网络的优质服务。编排管理层是算力网络的调度中枢，而算网大脑是编排管理层的核心。算网原子能力灵活组合，结合人工智能与大数据等技术，向下实现对算网资源的统一管理、统一编排、智能调度和全局优化，提升算力网络效能，向上提供算网调度能力接口，支撑算力网络多元化服务。运营服务层是算力网络的服务和能力提供平台，通过将算网原子化能力封装并融合多种要素，实现算网产品的一体化服务，使客户享受便捷的一站式服务和智能无感的体验。同时，通过吸纳社会多方算力，运营服务层结合区块链等技术构建可信算网服务统一交易和售卖平台，提供“算力电商”等新模式，打造新型算网服务及业务能力体系。

总之，算力网络是以算力为中心、网为根基，网、云、数、智、安、边、端、链（ABCD-NETS）等深度融合，并提供算网一体化服务的新型信息基础设施。算力网络的目标是实现“算力泛在、算网共生、智能编排、一体服务”，逐步推动算力成为与水电一样，可一点接入、即取即用的公共服务，达成“网络无所不达、算力无所不在、智能无所不及”的愿景。

2.4.2 数据新型基础设施

数据基础设施成为数字经济时代的新型生产力。作为数字基础设施的子集，数据基础设施主要指以数据为中心，深度整合计算、存储、网络、安全和软件资源，以数据价值最大化为目标，建设的数据中心和边缘基础设施。数据基础设施负责汇聚、承载、处理、应用全社会海量数据资源，是数字经济发展的关键能力底座，在数据赋能经济社会发展的进程中扮演催化剂、助推器作用，强力推动数字经济向前发展，成为数字经济时代的新型生产力和表征经济发展动能的新指标。

就像石油的“采-运-炼-储-用”是工业经济的核心命脉一样，海量数据的“采-存-算-管-用”是支撑数字经济运行的基础能力。海量数据蕴含巨大的价值，但也带来了前所未有的挑战。数据“存不下、流不动、用不好”已成为各行业数据应用最普遍的难题。以“融合、协同、智能、安全、开放”为特征的新型数据基础设施可以帮助各行业实现数据存储智能化、管理简单化和价值最大化，是推动各行业拥抱数字经济浪潮的关键因素之一。

数据基础设施的范围应涵盖接入、存储、计算、管理和数据使能五个领域，通过汇聚各方数据，提供“采-存-算-管-用”全生命周期的支撑能力，构建全方位的数据安全体系，打造开放的数据生态环境，让数据存得了、流得动、用得好，将数据资源转变为数据资产。新的数据基础设施是传统IT基础设施的延伸，以数据为中心，服务于数据，最大化数据价值。

数据基础设施在内容范畴上是覆盖数据全生命周期的基础设施体系。从构成要素来看，数据基础设施由基础设施层和数据管理层构成，其中基础设施层包括网络设施、存储设施、计算设施、安全设施等硬件设施，数据管理层则涵盖了各类数据存储管理、数据分析治理、数据安全/保护等软件类管理设施，为数据的“汇-存-算-管-用”提供全流程支撑，实现从单一处理向多源数据智能协同、融合处理发展，应对更实时和智能的数据应用需求，促进数据价值最大化。数据基础设施如图2-19所示。

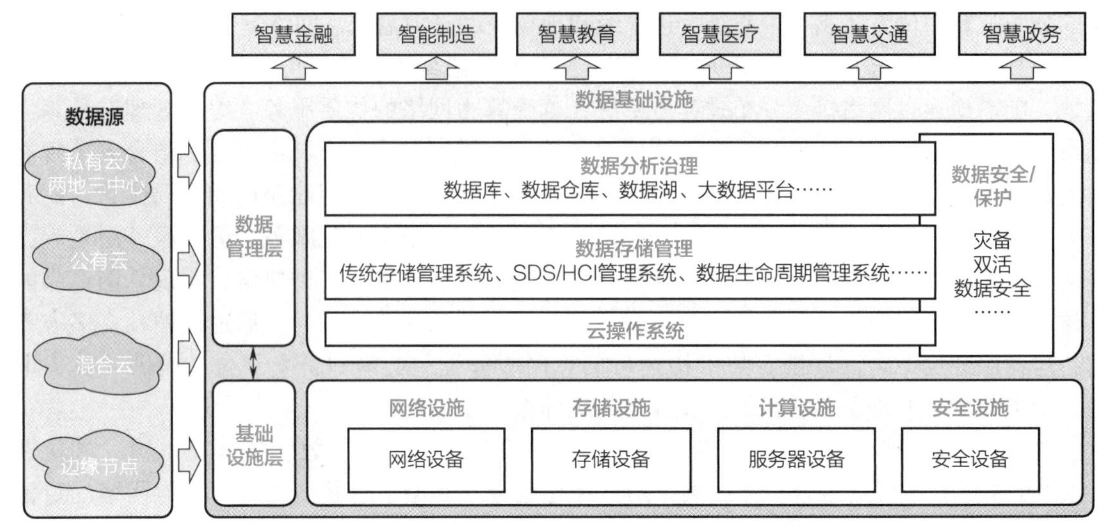

图 2-19 数据基础设施

在基础设施层，与传统的计算机硬件设施相比，数据基础设施将引入多样性计算，从单一算力到多样性算力，匹配多样性数据，让计算更高效；存储也会从单一类型存储走向多样性融合存储，构建融合处理基础，应对存储效率低、管理复杂的问题。在数据管理层，数据基础设施将结合大数据系统和数据库系统提供的“采－存－算－管－用”全流程的软件支撑，从单一处理向多源数据智能协同、融合处理发展，应对更实时和智能的数据应用需求，加速实现数据价值。数据基础设施需要面向数据构建全方位的安全体系，保障数据端到端的安全和隐私合规，打造开放的数据生态环境，推动全社会数据的共享和开放，创造更大的价值。

数据基础设施应具备融合、协同、智能、安全、开放的特征，帮助企业实现存储智能化、管理简单化和数据价值最大化。其中，融合指的是“一横一纵”的融合模式，横向融合是数据全生命周期存储的融合，纵向融合是数据处理与数据存储的垂直优化；协同指的是支撑异构异地数据源的协同分析；智能指的是贯穿数据基础设施每个环节的智慧化能力支撑；安全指的是提供平台安全、数据安全、隐私合规全方位的安全防护体系；开放指的是数据基础设施的发展需要包容开放的技术和产业生态。

数字化转型浪潮驱动数据基础设施演进呈现五方面特征。数字经济时代，万物互联并数据化，各类社会组织全面数字化，产业数字化应用的类型从传统的数据库、虚拟化走向大数据分析处理、AI、云原生等多样化应用，业务算法复杂度不断提高，数据爆炸式增长、数据类型异构多样。为适应数字化发展浪潮，数据基础设施在技术演进上呈现出云化、平台多样化、绿色化、智能化及融合化五大关键特征，如图 2-20 所示。

所谓云化，是指数据基础设施中的关键要素可以部署在云上，同时能够支持混合云部署，在客户侧形成私有云，并连接公有云，按需合规地实现数据的流动和迁移。

所谓平台多样化，是指数据基础设施能够兼容多样化算力，支持多样化硬件平台，推动数据基础设施的安全平稳建设。

所谓绿色化，是指利用多种软硬件技术，减少能源消耗，提高资源能源利用效率，推动数据基础设施的低碳化发展。

所谓智能化，是指利用 AI、自动化等技术实现数据基础设施的自动化运维，降低运维成本，提升数据利用效率。

所谓融合化，是指在中小企业数字化、边缘计算等轻量化应用场景下，计算和存储融合的 IT 架构日趋流行，这种存算融合架构有助于缩短存储层和计算层之间的数据路径，提升系统整体效率。

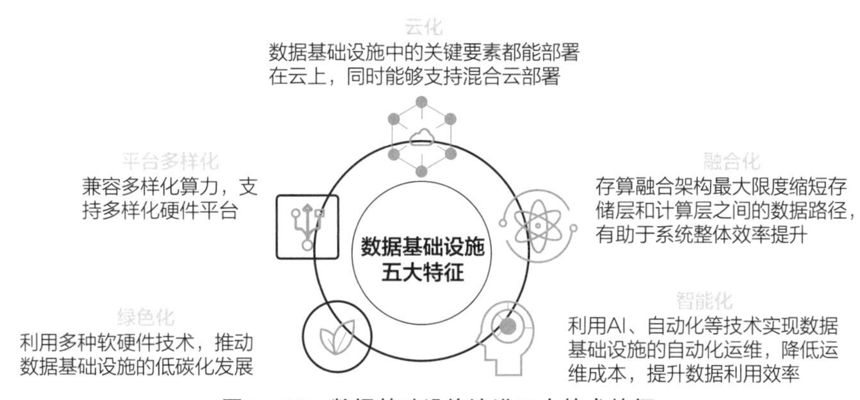

图 2－20　数据基础设施演进五大技术特征

2.4.3　“东数西算”打造数据基础设施

1. 什么是“东数西算”

为推动数字经济发展，我国已陆续出台多项政策，正加快构建以算力和网络为核心即算网一体的新型基础设施体系。2021 年 5 月，国家发展和改革委员会等四部委联合发布《全国一体化大数据中心协同创新体系算力枢纽实施方案》，明确提出布局算力网络国家枢纽节点，打通网络传输通道，提升跨区域算力调度能力，加快实施“东数西算”工程，构建国家算力网络体系。2021 年 7 月，工业和信息化部印发了《新型数据中心发展三年行动计划（2021—2023 年）》，明确用 3 年时间形成布局合理、技术先进、绿色低碳、算力规模与数字经济增长相适应的新型数据中心发展格局。2021 年 11 月，工业和信息化部在《“十四五”信息通信行业发展规划》中提出，算力能力的提升是“十四五”时期的重点任务之一。在算力提升方面，实现算力设施服务能力时显著增强。2022 年 1 月，算力建设正式被纳入国家新型基础设施发展建设体系。2022 年 2 月，国家发改委、中央网信办、工业和信息化部、国家能源局四部门联合印发通知，同意在京津冀、长三角、粤港澳大湾区、成渝、内蒙古、贵州、甘肃、宁夏等 8 地启动建设国家算力枢纽节点，并规划了 10 个国家数据中心集群。

什么是“东数西算”？“数”指的是数据，“算”是算力，即对数据的处理分析能力。简单来说，它就是把中国东部经济发达、数据丰富而能源缺口较大的地区数据拿到可再生能源丰富的西部地区去处理分析。为实现这一目标，需要构建一张全国一体化的算力网络，同时还必须布局一些重要的枢纽节点。“东数西算”是通过构建数据中心、云计算、大数据一体化的新型算力网络体系，将东部算力需求有序引导到西部，优化数据中心建设布局，促进东西部协同联动。

国家发展和改革委员会等四部委联合印发文件，启动“东数西算”工程，提出要进一步加大统筹力度，发挥政策叠加效应，推进算力网络一体化布局和体制机制改革创新，提升整体算力规模和效率，提升 8 大算力枢纽与 10 大集群的影响力和集聚力，牵引带动全国算力一体化协同发展。至此，全国一体化大数据中心体系完成总体布局设计，“东数西算”数据基础设施特大工程正式全面启动。

2. “东数西算” 打造算力基础设施

算力，如同农业时代的水利、工业时代的电力，已成为数字经济发展的核心生产力，是国民经济发展的重要基础设施。我国数据中心大多分布在东部经济发达地区，由于土地、能源等资源日趋紧张，在东部大规模发展数据中心难以为继。而我国西部地区资源充裕，特别是可再生能源丰富，具备发展数字中心，承接东部算力需求的潜力。实施“东数西算”工程，推动数据中心合理布局、供需平衡、绿色集约和互联互通，提升国家整体算力水平，促进绿色发展，扩大有效投资，推动区域协调发展。

作为算力新基建重大工程，“东数西算”与“南水北调”“西电东送”“西气东输”等特大工程一起构成国家基建领域重大战略，如图 2－21 所示。“南水北调”“西气东输”“西电东送”，分别着眼于水、气、电，而“东数西算”则着眼于数据和算力。

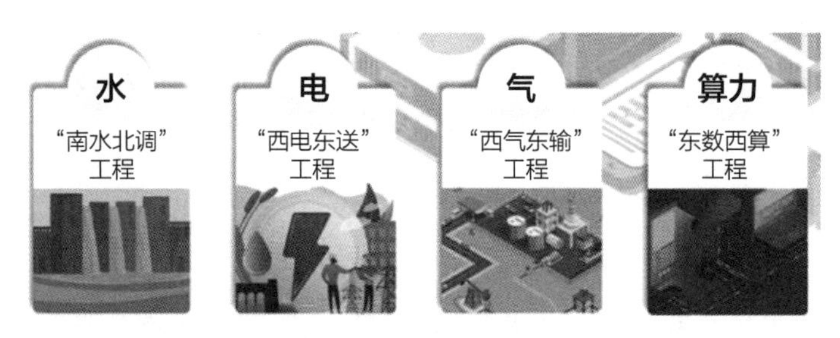

图 2－21　四大基建工程

按照全国一体化大数据中心体系布局，8 个国家算力枢纽节点将作为我国算力网络的骨干连接点，发展数据中心集群，开展数据中心与网络、云计算、大数据之间的协同建设，并作为国家“东数西算”工程的战略支点，推动算力资源有序向西转移，逐渐解决东西部算力供需失衡问题，如图 2－22 所示。

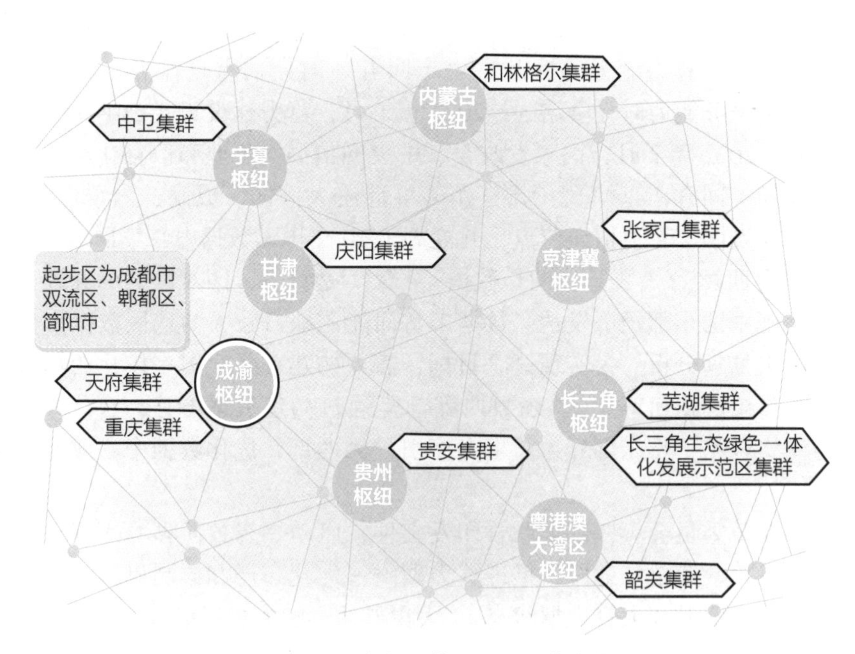

图 2－22　“东数西算”工程总体布局

要进一步加大统筹力度，发挥政策叠加效应，一体化推进算力优化布局和体制机制改革创新，加快提升 8 大算力枢纽的影响力和集聚力，带动全国算力一体化协同发展。一加强网络设施联通。加快打通东西部间数据直连通道，打造一批“东数西算”示范线路。优化通信网络结构，提升国家数据中心集群的网络节点等级，提高网络传输质量；二是强化能源布局联动。加强数据中心和电力网一体化设计，推动可再生能源发电企业向数据中心供电。支持数据中心集群配套可再生能源电站。对落实“东数西算”成效突出的数据中心项目优先考虑能耗指标支持；三是支持技术创新融合。鼓励数据中心节能降碳、可再生能源供电、异构算力融合、云网融合、多云调度、数据安全流通等技术创新和模式创新，加强对关键技术产品的研发支持和规模化应用；四是推进产业壮大生态。支持完善数据中心产业生态体系，加强数据中心上游设备制造业和下游数据要素流通、数据创新型应用和新型消费产业等集聚落地。支持西部算力枢纽围绕数据中心就地发展数据加工、数据清洗、数据内容服务等偏劳动密集型产业。

实施“东数西算”工程，推动数据中心合理布局、优化供需、绿色集约和互联互通，具有多方面意义。一是有利于提升国家整体算力水平。通过全国一体化的数据中心布局，扩大算力设施规模，提高算力使用效率，实现全国算力规模化、集约化发展。二是有利于促进绿色发展。加大数据中心在西部布局，大幅提升绿色能源使用比例，就近消费西部绿色能源，同时通过技术创新、以大换小、低碳发展等措施，持续优化数据中心能源使用效率。三是有利于扩大有效投资。数据中心产业链条长、投资规模大，带动效应强。通过算力枢纽和数据中心集群建设，将有力带动产业上下游投资。四是有利于推动区域协调发展。算力设施由东向西布局，将带动相关产业有效转移，促进东西部数据流通、价值传递，延展东部发展空间，推进西部大开发形成新格局。

第 3 章 大数据存储

存储系统作为 IT 系统的底层基础架构，存储技术的进一步发展和推广对于整个信息产业具有重大意义。大数据时代，存储是大数据发展过程中面临的核心问题。一系列形态结构各异的数据形式相继出现，各种结构化、半结构化以及非结构化的数据形态使得原有的存储模式已经跟不上时代的步伐，无法满足数据时代的需求。数据的海量化、快增长、类型多样等 3V 特征对传统存储技术提出的首要挑战为急需开发容量、延迟、安全、成本等性价比更高的海量存储系统。这就需要对存储技术进行全面和先进的创新和更新，从而满足数据时代的需要，促进社会更好更快的发展。经过百余年的发展，存储技术已呈现出多种形态，且仍在不断完善和创新，以适应日益增长和不断变化的数据存储需求。

3.1 存储技术基础

“数据”是数据中心乃至企业最重要的资产。在数字社会，数据具有基础战略资源和关键生产要素的双重角色。作为信息化系统中的核心部分和底层基座，存储系统的构建和使用直接关系到数据这一企业核心资产的存储、使用和挖掘。因此，数据存储是现代信息产业架构中不可或缺的底层基座。

3.1.1 数据存储发展史

数据存储从古至今都是人类活动的重要环节。早在语言文字还没有形成时，人类就已经开始探索使用树枝和石头来记录信息。从结绳记事到刻画在岩石上的象形文字，再到甲骨文的出现，从竹简、纸张的发明到活字印刷、打孔卡等科技的进步，人类探索世界得到的信息和数据不断积累，代代传承，提升了人类认识和改造世界的能力。对信息沟通量与质的不懈追求，促使探寻更大容量、更高性能的存储模式，推动开发和应用更多更先进的数据存储技术，使数据更好地存储和交互，提高数据使用的便捷性与持久性。

20 世纪 20 年代以来，随着电子技术的发展，存储技术进入了崭新的时代，如图 3－1 所示。

图 3－1　数据存储系统发展历程

1928年，可存储模拟信号的录音磁带问世，每段磁带随着音频信号电流的强弱而被不同程度的磁化，使得声音被记录到磁带上。1951年，磁带开始应用于计算机中，最早的磁带机可以每秒钟传输7200个字符。20世纪70年代后期出现的小型磁带盒，可记录约660KB的数据。

1956年，世界上第一个硬盘驱动器出现，应用在IBM 305RAMAC计算机中，该驱动器能存储5M的数据，传输速度为10Kbit/s，标志着磁盘存储时代的开始。1962年，IBM发布了第一个可移动硬盘驱动器，有6个14英寸的盘片，可存储2.6MB数据。1973年，IBM发明了温氏硬盘，其特点是工作时磁头悬浮在高速转动的盘片上方，而不与盘片直接接触，这便是现代硬盘的原型。

1967年，IBM公司推出世界上第一张软盘。在随后30年里，软盘盛极一时，成为个人计算机中最早使用的可移动介质。这个最初有8英寸的大家伙，可以保存80KB的只读数据。四年后，可读写软盘诞生。至20世纪90年代，软盘尺寸逐渐精简至3.5英寸，存储容量也逐步增长到250M。截止到1996年，全球有多达50亿只软盘被使用。直到只读光盘（Compact Disc Read - Only Memory，CD - ROM）、USB存储设备出现后，软盘销量才开始下滑。

大数据时代，随着数据量成倍增长，硬盘容量也在飙升，单盘容量已达到TB级别。即便如此，单块磁盘提供的存储容量和速度已经远远无法满足实际业务需求，磁盘阵列应运而生。磁盘阵列使用独立磁盘冗余阵列技术（RAID）把相同的数据存储在多个硬盘，输入输出操作能以平衡的方式交叠进行，改善了磁盘性能，增加了平均故障间隔时间和容错能力。RAID作为高性能、高可靠的存储技术，已经得到非常广泛的应用。

21世纪以来，计算机存储技术飞速发展，快速高效地为计算机提供数据以辅助其完成运算成为存储技术新的突破口。在RAID技术实现高速大容量存储的基础上，网络存储技术的出现弱化了空间限制，使数据的使用更加自由。网络存储将存储系统扩展到网络上，存储设备作为整个网络的一个节点存在，为其他节点提供数据访问服务。即使计算主机本身没有硬盘，仍可通过网络来存取其他存储设备上的数据。基于网络存储技术，分布式云存储、容灾备份、虚拟化和云计算等技术得以广泛应用。

3.1.2 存储系统的类型

现有存储系统从底层到上层由存储介质、组网方式、存储类型和协议、存储架构、连接方式五个部分组成，整体架构如图3-2所示。根据技术差异，存储系统可分为不同类型，具体如下。

1. 存储介质

企业级存储中的存储介质包括机械磁盘（HDD）、固态硬盘（SSD）、磁带（TAPE）、光盘（Optical Disk）等，其中最常见的是以HDD和SSD为介质的存储系统。依据存储介质不同，存储系统可分为磁盘存储、全闪存储、混闪存储、磁带库、光盘库等。

1）磁盘存储，指全部以磁盘为永久存储介质的存储；磁盘性能一般，但价格便宜。

2）全闪存储，指全部以固态硬盘为永久存储介质的存储；全闪存储性能优异，但价格较高。

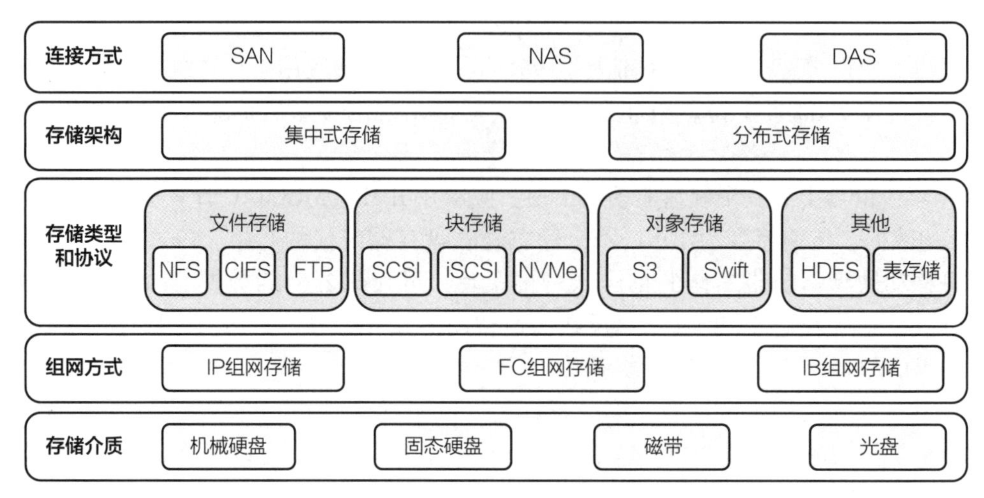

图 3-2　存储系统整体架构

3）混闪存储，指永久存储介质同时含有磁盘和闪存盘的存储；与全闪存储相比，混闪存储在性能和价格上进行了一定折中。

4）磁带库和光盘库，指以磁带或光盘为存储介质，由驱动器及其控制器组成的存储设备；单位存储空间价格较低，支持冷数据的长期保存，但读写性能不高。

2. 组网方式

按组网方式，存储系统可分为互联网协议（Internet Protocol，IP）组网存储、光纤通道（Fiber Channel，FC）组网存储、无线带宽（InfiniBand，IB）组网存储等。

1）IP 组网存储，指采用以太网技术进行组网的存储设备，常见速率包括 1Gbit/s、10Gbit/s、25Gbit/s、100Gbit/s 等；IP 组网的兼容性较好，建设成本较低。

2）FC 组网存储，指采用 FC 光纤技术进行组网的存储设备，常见速率包括 8Gbit/s、16Gbit/s、32Gbit/s 等；FC 组网的效率较高，但采购成本和维护难度也相对较高。

3）IB 组网存储，指采用 InfiniBand 技术进行组网的存储设备，常见速率包括 40Gbit/s、56Gbit/s、100Gbit/s、200Gbit/s 等。IB 组网的延迟较低、速率较高，但采购成本相对较高，组网扩展性较弱。

3. 存储类型和协议

按存储类型和协议不同，存储系统可分为文件存储、块存储、对象存储、其他存储等。

1）文件存储，指自身构建文件系统后，通过互联网提供给服务器或应用软件使用，支持数据文件读写和文件共享服务的存储设备。文件存储的常用协议包括 NFS、CIFS、FTP 等。

2）块存储，指将物理存储介质上的物理空间按照固定大小的块组成逻辑盘，并直接映射空间给服务器使用的存储设备。块存储的常用协议包括 SCSI、iSCSI、NVMe 等。

3）对象存储，指采用扁平化结构，将文件和元数据包装成对象，并抽象成网络统一资源定位器（Uniform Resource Locator，URL），通过超文本传输协议（Hyper Text Transfer Protocol，HTTP）直接访问的存储设备。对象存储的常用协议包括 S3、Swift 等。

4）其他存储，包括在大数据存储中广泛使用的 HDFS 协议，以及表存储协议等。

4. 存储架构

按照存储系统架构，存储系统可分为集中式存储和分布式存储。

1）集中式存储，指基于双控制器或多控制器架构的企业级存储系统，具有较强的纵向扩展（Scale - up）能力和一定的横向扩展（Scale - out）能力。集中式存储具有高可靠、高可用、高性能等特性。

2）分布式存储，指将商用服务器上的存储介质虚拟化成统一的存储资源池来提供存储服务。分布式存储的特点有高扩展性、低成本、易运维和云紧密结合等。

5. 连接方式

按连接方式，存储系统可分为 SAN 存储、NAS 存储、DAS 存储。

1）存储区域网络（Storage Area Network，SAN），指通过光纤通道交换机、以太网交换机等连接设备将磁盘阵列与相关服务器连接起来的高速专用存储网络。

2）网络附加存储（Network Attached Storage，NAS），是一种专业的网络文件存储及文件备份设备，对不同主机和应用服务器提供文件访问服务。

3）直接附加存储（Direct Attached Storage，DAS），将存储设备通过小型计算机系统接口（Small Computer System Interface，SCSI）或光纤通道直接连接到一台主机上，主机管理它本身的文件系统，不能实现与其他主机的资源共享。

各类型数据存储技术仍在不断完善和创新，以适应日益增长和不断变化的数据存储需求，形成多层级、广泛覆盖的产品体系结构，为用户提供各应用场景下的存储解决方案。

3.1.3 存储架构

纵观存储架构的演进历程，先后经历了单机存储时代、集中式存储时代、分布式存储时代、软件定义存储时代四个发展阶段，如图 3 - 3 所示。

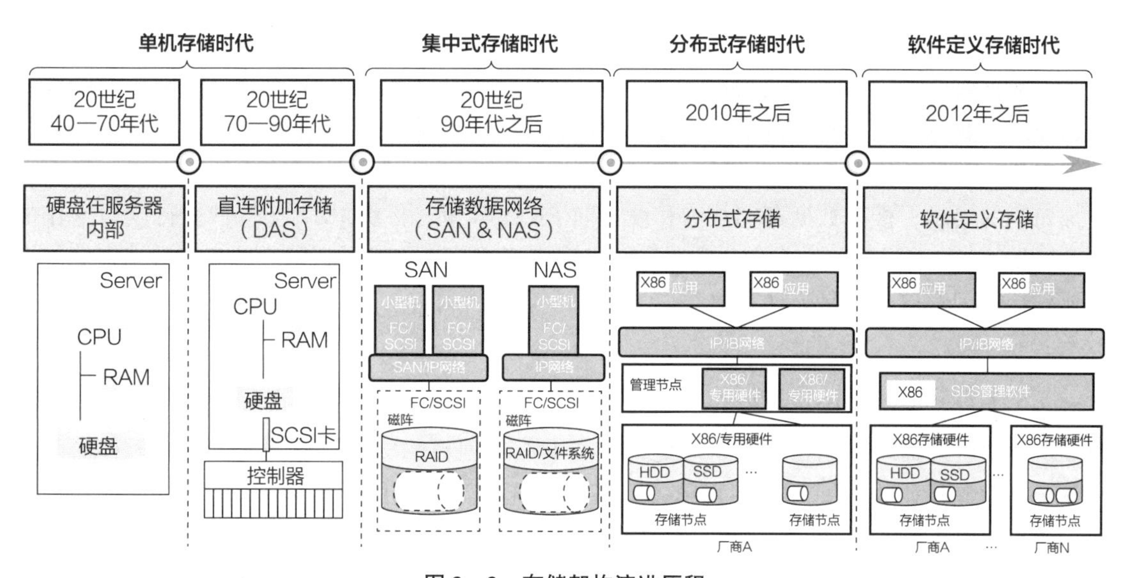

图 3 - 3 存储架构演进历程

1）单机存储时代。20世纪40—70年代，计算机处于发展早期，硬盘作为服务器内置部件存在。20世纪70—90年代，由于主机内空间限制导致硬盘容量扩展受到极大制约，影响了系统整体性能的提升，以直连附加存储（DAS）技术为代表的外部存储系统的出现很好地解决了这一问题。DAS通过由多个磁盘组合而成的磁盘阵列并行存取数据来大幅提高数据吞吐率。在计算机推广的早期阶段，由于主机数量少、数据存储量小，DAS可以很好地满足IT业务需求。

2）集中式存储时代。20世纪90年代之后互联网开始进入公众视野，对存储提出更高的扩展需求，DAS所提供的单机存储空间逐渐无法满足业务需要，依托高速局域网部署网络存储设备的解决方案走上历史舞台，存储区域网络（SAN）和网络附加存储（NAS）技术开始流行，标志着现代存储系统诞生。SAN/NAS基于双/多控制器架构，构建专用的外部存储网络来提供大容量存储空间，可同时连接上百台前端小型机服务器，因此也被称为集中式存储系统。

3）分布式存储时代。2010年之后，互联网加速发展，云计算技术诞生，前端业务应用转向X86架构，业务数据从单一内部小数据形态向多元动态大数据发展，数据量以每年超过30%的增长率膨胀，非结构化数据占比高达80%，业务需求的剧烈变迁对存储系统的弹性扩展和异构化存储需求急速增加。集中式存储暴露出扩展性有限、新业务上线慢等问题，推动存储架构从小型机+磁盘阵列的集中式存储过渡到以通用X86架构为主的分布式存储（但不排斥专用硬件）。分布式存储是指通过分布式管理软件，将若干存储节点的存储空间整合到一起，为前端应用服务器提供统一存储空间，有效解决海量数据高扩展需求，迅速成为集中式存储之后新的发展热点。

4）软件定义存储时代。2012年之后，在业务需求进一步变迁、云计算技术迅速普及、硬件能力快速提升、网络技术持续升级等多重因素作用下，“软件定义存储”概念在全球范围内首次提出，助力客户构建软件定义的数据中心。

3.1.4 高速存储技术

大数据时代，数据爆炸式增长，云计算、物联网、大数据、人工智能、区块链等新技术快速发展，驱动人脸识别、自动驾驶等新智能技术应用不断涌现，业界已进入智能驱动的新数据时代。数据无论在体量、时延、速度，还是在可靠性、性价比等核心技术指标上都提出更加苛刻的要求，推动数据存储技术和设备向EB级容量、亿级IOPS（每秒进行读写操作的次数，Input/Output Operations Per Second）和智能管理等方向发展。相应的高速数据存储技术主要包括全闪存储、非易失性存储。

1. 全闪存储

全闪存储指全部由固态存储介质构成的独立存储阵列或设备。全闪存储的高速发展，既是新应用对性能需求驱动的结果，也是闪存技术不断创新的成果。在技术上，全闪存储普遍被认为是存储行业的发展方向，其具备远高于传统磁盘存储的数据吞吐能力及更低的时延。机械硬盘与固态硬盘性能对比见表3-1，固态硬盘对比机械硬盘，拥有更快的读取速度、更低的功耗以及更低的故障概率，实现了对机械硬盘性能的全面超越，为底层存储介质的替换提供了客观条件。

表 3-1 机械硬盘与固态硬盘性能对比

项目	机械硬盘	固态硬盘
时延/ms	2	0.02
5年返还率（%）	13.4	0.8
功率/W	10	3

在产品上，各大存储厂商均推出了全闪存储产品。如华为的 OceanStor Dorado 及浪潮的 HF 系列产品。以 OceanStor Dorado 为例，相比于传统机械存储，全闪存储在存储性能委员会（SPC）的 SPC-1 基准下，业务性能提升了 5 倍；在数据库场景下，其业务性能提升了 10 倍；在虚拟桌面场景下和 Word/PowerPoint/Excel 应用测试中，启动响应时间缩短 80%，充分体现了全闪存储产品优异的性能。

2. 非易失性存储

非易失性存储（Non-Volatile Memory，NVM）是指断电后存储数据不会消失的存储器，是存储技术领域近十余年来最具革命性的创新。依据技术原理，非易失性存储介质可分为以下几类，如图 3-4 所示。

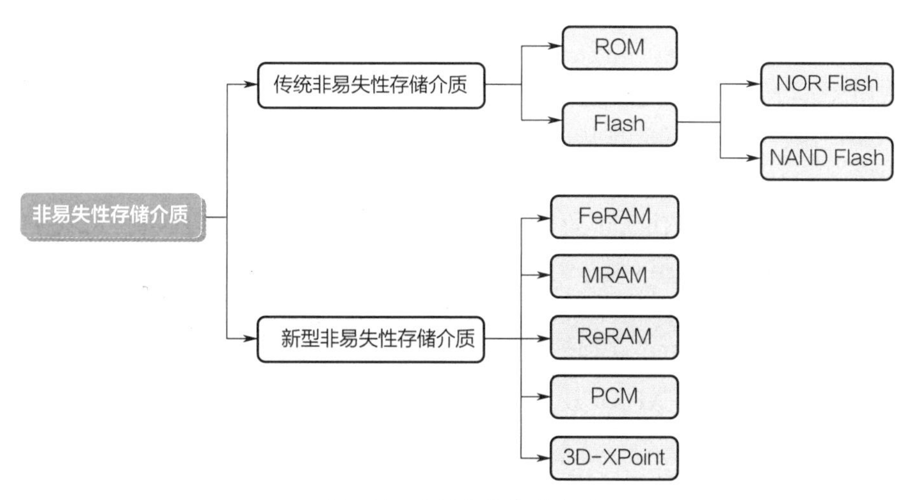

图 3-4 非易失性存储介质

为开发出比传统非易失性存储介质更高速、更低功耗、更高密度、更可靠的新型非易失性存储介质，一些存储介质模型被开发出来。表 3-2 对五种存储介质的存储原理、优缺点进行了简要介绍。

表 3-2 新型非易失性存储

存储介质	存储原理	优点	缺点
铁电随机存储（FeRAM）	通过铁电材料的不同极化方向来存储数据	读写速度，低功耗和擦写循环性能好	数据保持能力较差
磁性随机存储器（MRAM）	以磁电阻性质来存储数据，采用磁化方向不同所导致的磁电阻不同来记录 0 和 1	可反复擦写次数高等优点	难以小型化

（续）

存储介质	存储原理	优点	缺点
阻变存储器（ReRAM）	利用材料的电阻在电压作用下发生变化的现象来存储数据	擦写速度快、存储密度高、具备多值存储和三维存储潜力	材料耐久性较差
相变存储器（PCM）	以硫属化合物为基础的相变材料在电流的焦耳热作用下，通过晶态和非晶态之间的转变来存储数据	重复擦写次数高、存储密度高、多值存储潜力大	功耗较高
3D－XPoint	通过特定的电压差，改变存储单元中特殊材料的电阻，实现写操作		

随着存储技术的发展和人们对存储性能的不懈追求，高性能存储的探索开始向内存通道迁移。非易失性双列直插式内存模块（Non－Volatile Dual In－Line Memory Module，NVDIMM）在这种趋势下应运而生。根据电子器件工程联合委员会标准化组织的定义，有三种 NVDIMM 的实现方式。

1）NVDIMM－N 指在一个模块上同时放入动态随机存取存储器（DRAM）和闪存，使用一个小的后备电源，为掉电时数据从 DRAM 拷贝到闪存中提供充足的电能。当电力恢复时，再重新加载到 DRAM 中。

2）NVDIMM－F 指使用 DRAM 的双倍速率（Double Data Rate，DDR）总线 Flash 闪存，一定程度上减少协议带来的延迟和开销，但只支持块寻址。

3）NVDIMM－P 是真正 DRAM 和 Flash 闪存的混合。它既支持块寻址，也支持类似传统 DRAM 的按字节寻址。容量可以达到类似 Nand－flash 存储器的 TB 级，又能把延迟保持在 10^2 纳秒级。Intel 发布的基于 3D XPoint 技术的英特尔傲腾持久化内存，可认为是 NVDIMM－P 的一种实现。

非易失性存储的出现填补了从硬盘到 DRAM 之间，存储在性能、延迟、容量成本的鸿沟，为多样化的解决方案奠定了坚实的基础。非易失性存储技术能够存储不适用于 DRAM 的庞大数据集，进行快速计算，同时与其他存储介质共同组成多级存储池，让数据更加靠近处理器，提升存储系统的整体性能表现。

3.2 大数据存储架构及技术

传统数据存储架构大大制约了数据存储能力和计算能力，为了应对这些问题，基于 GFS/HDFS 的分布式文件系统成为大数据存储中广泛采用的标准。大数据存储是大数据平台的基石，数据存储方式直接决定数据使用效率、平台的搭建与维护成本。

3.2.1 分布式存储

随着数据系统规模的扩大、数据处理和分析维度的提升、以及大数据应用对数据处理性能要求的不断提高，数据存储技术得以持续发展与优化。2003年，互联网巨头Google公司在论文*The Google File System*中提出了分布式存储，并介绍了Google文件系统GFS的设计思想、关键逻辑流程，标志着分布式存储系统的成熟。其核心思想是通过廉价的X86服务器来提供大规模、高并发场景下的海量数据存储与访问。它采用可扩展的系统结构，利用多台通用存储服务器分担存储负荷，利用位置服务器定位存储信息，不但提高了系统的可靠性、可用性和存取效率，还易于扩展。在分布式存储系统上，文件分布在不同的服务器，不具备冗余性，易于廉价地扩展卷的大小，单点故障会造成数据丢失，需依赖底层的数据保护。

分布式存储需要解决的问题包括数据分布的稳定性、数据节点的异构性、数据的可用性和可靠性，具体分析如下：

1）数据分布的稳定性。当节点故障时，不会存在大规模的数据迁移，这意味着需要良好的数据分布调度算法。

2）数据节点的异构性。数据节点性能不一，数据分布算法应该考虑数据分布节点的偏向。

3）数据的可用性和可靠性。这意味着数据的存储应该具备一定的容错能力，比如副本机制、持久化机制。

分布式存储将大数据集（如GB、PB等）切分成若干小片段（MB），按照某种策略存储在多个通用存储服务器节点上。这种策略要确保数据分布的均匀性，以保证节点负载的均匀；同时数据的分布也要有一定的稳定性，不能因为节点的变动产生较大规模的数据迁移现象。此外，数据分散后要具备可靠性，采用冗余机制，保证数据不会异常丢失。数据分布式存储需要保证数据获取的方便性，并且拆开之后还能聚合起来。

根据数据类型，分布式存储类型分为分布式文件系统、分布式Key－value系统及分布式数据库系统。分布式文件系统能够存储大量的文件、图片、音频、视频等非结构化数据，这些数据以对象的形式组织，对象之间没有关系，并且这些数据都是二进制数据，例如GFS、HDFS等。分布式Key－value系统通常用于存储关系简单的半结构化数据，提供基于Key的增删改查操作，缓存、固化存储，例如Memached、Redis、DynamoDB等。分布式数据库系统存储结构化数据，提供SQL关系查询语言，支持多表关联、嵌套子查询等，例如MySQL Sharding集群、MongoDB等。

3.2.2 分布式存储架构

数据的PB级别体量、高速增长及类型多样性特征是大数据对存储技术提出的首要挑战。这要求底层硬件架构和文件系统在性价比上要远远高于传统技术，并能够弹性扩展存储容量。但传统网络附着存储系统（NAS）和存储区域网络（SAN）等体系，存储和计算的物理设备分离，它们之间要通过网络接口连接，导致在进行大数据高速计算时因I/O口数据吞吐量难以满足要求而成为大数据系统的瓶颈。此外，传统的单机文件系统（如NTFS）和网络文件系统（如NFS）要求一个文件系统的数据必须存储在一台物理机器上，且不提供数据冗余性、可扩展性、容错能力和并发读写能力，难以满足大数据需求。

在存储架构上，分布式文件系统GFS和HDFS抛弃传统存储与计算分离的机制，采用分布式技术将计算和存储节点在物理上结合在一起，谁存储谁计算，从而避免在大数据分析挖掘中I/O数据吞吐量的制约，如图3－5所示。这类分布式存储文件系统引入分布式架构的特点，只要参与存储及计算的节点足够多，就能达到满足任务要求的并发访问能力，奠定了大数据存储技术的基础。

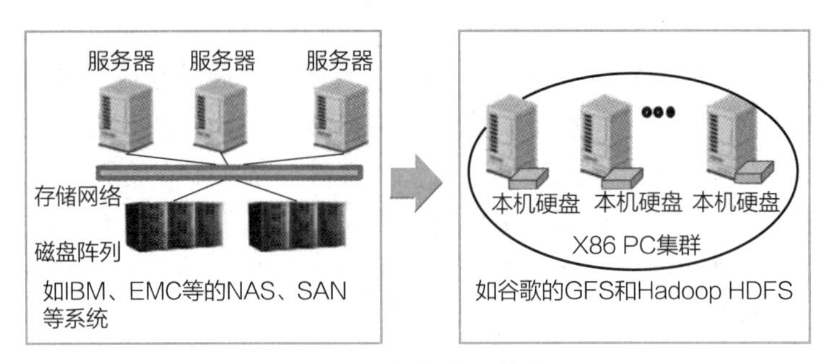

图 3－5　数据存储架构变迁

大数据时代，数据规模的爆发式增长，使得分布式存储成为数据中心的主流存储方式。其采用的分布式存储架构通过充分利用分布式网络及廉价的存储设备，构建云－边－端协同的分布式存储系统，能够显著提升容量和读写性能，具备较高的扩展性。其优点和特性具体分析如下。

1）高可用性：指分布式存储系统在面对各种异常时可以提供正常服务能力，系统的可用性可以用系统停止服务时间和正常服务时间的比例来衡量。

2）高可靠性：重点指分布式系统数据安全方面的指标，数据可靠不丢失，主要采用多机冗余、单机磁盘 RAID 等措施。

3）高扩展性：指分布式存储系统通过扩展集群服务器规模从而提高系统存储容量、计算和性能的能力，业务量增大，对底层分布式存储系统的性能要求越来越高，自动增加服务器来提升服务能力，分为纵向扩展与横向扩展，纵向扩展指通过增加和升级服务器硬件，横向扩展指通过增加服务器数量。衡量可扩展性要求集群具有线性的可扩展性，系统整体性能与服务器数量呈线性关系。

4）数据一致性：分布式存储系统多个副本之间的数据一致性，有强一致性、弱一致性、最终一致性、因果一致性、顺序一致性。

5）高安全性：指分布式存储系统不受恶意访问和攻击，保护存储数据不被窃取。互联网是开放的，任何人在任何时间任何地点通过任何方式都可以访问网站，针对现存的和潜在的各种攻击与窃取手段，要有相应的解决方案。

6）高性能：衡量分布式存储系统性能常见的指标是系统吞吐量和系统响应延迟。系统吞吐量是在一段时间内可以处理的请求总数，可以用 QPS（Query Per Second）和 TPS（Transaction Per Second）衡量。系统响应延迟是指从某个请求发出到接收、到返回结果所消耗的时间，通常用平均延迟来衡量。这两个指标通常是相互矛盾的，追求高吞吐量，比较难做到低延迟，而追求低延迟时，会影响吞吐量。

7）高稳定性：这是一个综合指标，考核分布式存储系统的整体健壮性，若系统都能面对任何异常，其稳定性越好。

因此，以 GFS、HDFS、Hbase 等为核心的分布式存储架构实现了对海量半结构化和非结构化数据的存储，进一步支撑内容检索、深度挖掘、综合分析等大数据分析应用。

3.2.3 Google 分布式存储系统 GFS

GFS 是 Google 在 2003 年发表的经典论文中提出来的。作为分布式文件系统，GFS 实际应用在 Google 的 MapReduce 框架实现中，并且作为原始数据和最终结果存储的基础服务。它是 Google 公司为存储海量搜索数据而设计的专用文件系统，是构建在廉价的通用 X86 服务器之上的大型分布式系统。

相比于传统数据存储系统，GFS 认为服务器节点故障是常态事件，而不是意外事件，通过自身对可能失效组件的持续监控、错误侦测、灾难冗余以及自动恢复的机制，保证系统可靠性，并有效降低系统成本。它运行于廉价的普通硬件上，并具有容错功能，可以为大量用户提供总体性能较高的服务，通常用于大型的、分布式的、对大量数据进行访问的应用。

在构成上，GFS 集群主要由三个组件组成，即主节点 Master、从节点 Chunkserver 及客户端 Client，如图 3-6 所示。作为系统控制节点，主节点 Master 维护了系统的元数据，包括 Chunk 名字空间、访问控制信息、文件和 Chunk 的映射信息，以及当前 Chunk 的位置信息。主节点 Master 使用心跳信息周期地和每个从节点 Chunkserver 通信，发送指令到各个从节点 Chunkserver 并接收从节点 Chunkserver 的状态信息。GFS 存储的文件都被分割成固定大小的 Chunk 数据块。作为专门从事数据存储的服务器节点，从节点 Chunkserver 从主节点 Master 获取元数据，根据元数据提供的信息与其他从节点 Chunkserver 直接进行交互。从架构图可以看出，Client 和 Master 之间的交互只有控制流（指令信息），没有数据流，因此降低了主节点 Master 的负载。Client 与 Chunkserver 之间直接传输数据流，同时由于文件被分成多个 Chunk 数据块进行分布式存储，因此 Client 可以同时并行访问多个从节点 Chunkserver，从而让系统的 I/O 并行度提高。GFS 不提供可移植操作系统接口（POSIX）标准的 API 功能，因此，其应用程序接口（API）调用不需要深入到 Linux vnode 级别。

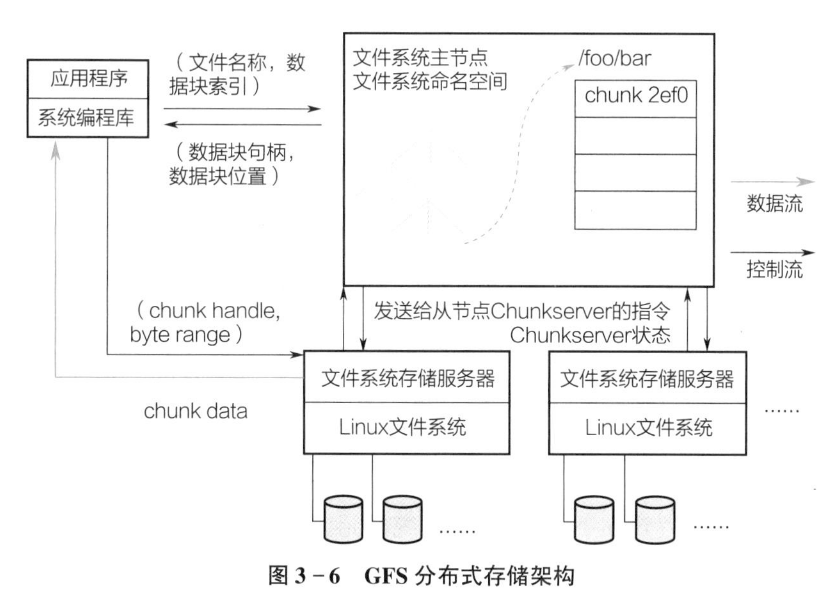

图 3-6　GFS 分布式存储架构

GFS 的新颖之处并不在于它采用了多么令人惊讶的新技术，而在于它采用廉价的商用计算机集群构建分布式文件系统，在降低成本的同时经受了实际应用考验。

3.2.4 大数据平台 Hadoop 存储系统 HDFS

作为 Google 大数据平台的开源版本，Apache Hadoop 是一个用 Java 语言实现的软件框架，在由大量廉价的 X86 服务器组成的集群中运行海量数据的分布式计算，可以让应用程序支持成千上万个节点和 PB 级别的数据。

1. HDFS 基本概念

作为 GFS 的克隆版本，HDFS 是 Hadoop Distributed File System 的缩写，意为 Hadoop 分布式文件系统。分布式文件系统（Distributed File System）是指物理存储资源不一定是直接连接在本地节点上，而是通过计算机网络与节点相连的文件系统。当数据集大小超过一台独立物理计算机的存储能力时，有必要对它进行分割并存储到若干台单独的计算机上。管理网络中跨多台计算机存储的文件系统称为“分布式文件系统”。

作为 Hadoop 生态系统的存储组件，HDFS 是一个易于扩展的分布式文件系统，运行在大量普通廉价的 X86 服务器上，提供容错机制，实现高度容错性，以流式数据访问模式提供高吞吐量的数据访问，为大量用户提供性能不错的文件存取服务，非常适合大规模数据集上的应用。在设计上，HDFS 有着许多分布式文件系统的共同特点，现列举如下：

1）可扩展：HDFS 集群架构设计简单，可以通过增加 DataNode 轻易扩大集群的规模。

2）经济：HDFS 集群采用普通 PC 机构建，无须昂贵的服务器。

3）高效：分布式文件系统的高效数据交互实现以及 MapReduce 结合 Local Data 处理的模式，为高效处理海量信息打下了基础。

4）容错：在 NameNode 和 DataNode 之间维持心跳检测，NameNode 保持接收 DataNode 的块状态报告等机制很好地保证了集群稳定性。集群负载均衡，由于节点失效或者增加，可能导致数据分布的不均匀，当某个 DataNode 节点的空闲空间大于一个临界值的时候，HDFS 会自动从其他 DataNode 迁移数据过来。

5）支持大数据：由于 HDFS 放宽了 POSIX 的强制需求，优化了流式数据访问的设计，所以对大数据集的读写支持很好。

HDFS 当然也存在缺点，主要表现如下：

1）低延迟访问：HDFS 不太适合要求低延时（数十毫秒）访问的应用程序，因为 HDFS 是设计用于大吞吐量数据的，这是以一定延时为代价的。HDFS 是单 Master 的，所有的对文件的请求都要经过它，当请求多时，肯定会有延时。因此，对于那些有低延时要求的应用程序，HBase 是一个更好的选择。现在 HBase 的版本是 0.20，相对于以前的版本，在性能上有很大提升，其口号是“goes real time（实时运行）”。使用缓存或多 Master 设计可以降低 Client 的数据请求压力，以减少延时。此外，对 HDFS 系统内部的修改需要合理权衡大吞吐量与低延时。

2）大量小文件：因为 NameNode 把文件系统的元数据放在内存中，所以文件系统能容纳的文件数目由 NameNode 的内存大小决定。一般来说，每一个文件、文件夹和 Block（数据块）需要占据 150Byte 左右的空间，所以，如果有 100 万个文件，每一个占据一个 Block，就至少需要 300MB 内存。当前来说，数百万的文件是可行的，但当扩展到数十亿时，当前的硬件水平就无法实现了。还有一个问题，因为 Map task 的数量由 splits（分支）来决定的，所以当用 MapReduce 处理大量的小文件时，就会产生过多的 Map task，导致线程管理开销将会增加作业时间。例如，处理 10000MB 的文件，若每个 split 为 1MB，那就会有 10000 个 Map tasks，会有很大的线程开销；若每个 split 为 100MB，则只有 100 个 Map tasks，每个 Map task 将会有更多的事情做，而线程的管理开销也将减小很多。

2. HDFS 架构

HDFS 主要由 NameNode、DataNode 及 Client 等组件构成。NameNode 是分布式文件系统的主节点及存储文件系统的 Meta-Data（裸数据），主要负责管理文件系统的命名空间、集群配置信息、存储块的复制。作为管理节点，NameNode 维护着文件系统树和整棵树内所有的文件和目录，且这些信息以两个文件形式（命名空间镜像文件和编辑日志文件）永久存储在 NameNode 的本地磁盘上。DataNode 是文件存储的基本单元，并将文件以数据块的格式存储在本地节点文件系统中，是 HDFS 中的从节点。它负责管理所在结点上存储的数据读写，通过数据结点的服务进程与文件系统客户端进行交互，并执行对文件块的创建、删除、复制等操作。每个 DataNode 结点会周期性地向 NameNode 发送心跳信号和文件块状态报告，以便 NameNode 获取工作集群中 DataNode 结点状态的全局视图，从而掌握它们的状态。Client 是客户端应用接口程序 API 获取分布式文件系统文件的应用程序。

与 GFS 架构类似，HDFS 采用主从结构（Master/Slaves）设计，即文件系统中存在一个 NameNode 与多个 DataNode。其中 NameNode 起到管理文件元数据、调节客户端访问文件的作用，而 DataNode 则是用于数据存储，一般一台机器具有多个 DataNode，如图 3-7 所示。

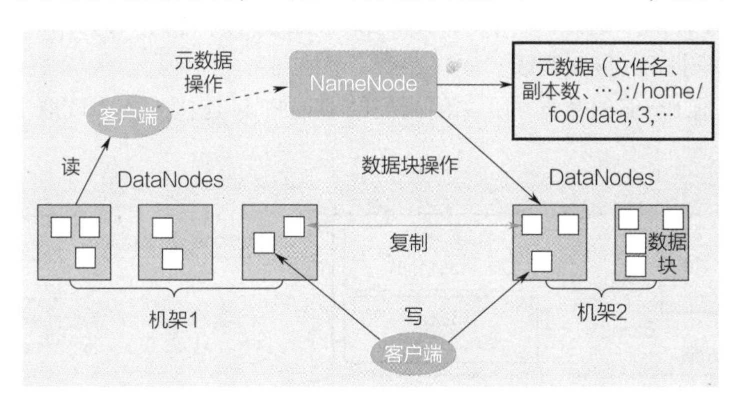

图 3-7　HDFS 系统架构

NameNode 作为管理节点具有非常重要的作用，一旦 NameNode 宕机，那么所有文件都会丢失，因为 NameNode 是唯一存储了元数据、文件与数据块之间对应关系的节点，所有文件信息都保存在这里，NameNode 毁坏后无法重建文件。因此，在大型集群中，SecondaryNameNode 作为 NameNode 中元数据的备份，通常单独运行在一台机器上。在功能上，SecondaryNameNode 辅助 NameNode 合并编辑日志（edits）和文件系统映像文件（fsimage）。另外，Hadoop2.0 采用双机热备份的方式，增加了对高可用性的支持，同时使用一对活动－备用 NameNode。当活动 NameNode 失效后，备用 NameNode 可以迅速接管任务，中间不会有任何中断，以至于用户根本无法察觉。

为了大家更好地理解 HDFS 与 GFS 之间的差异，表 3-3 对 HDFS 与 GFS 的主要功能节点进行对比。

表 3-3　HDFS 与 GFS 系统差异对比

分布式系统	HDFS	GFS	说明
主节点	NameNode	Master	整个文件系统的大脑，它提供整个文件系统的目录信息、各个文件的分块信息、数据块的位置信息，并且管理各个数据服务器
从节点	DataNode	Chunk Server	分布式文件系统中的每一个文件，都被切分成若干块，并分布在不同的服务器上，此服务器称之为数据服务器
数据块	Block	Chunk	每个文件都会被切分成若干个块（默认 64MB），每一块都有连续的一段文件内容是存储的基本单位
备份主节点	Secondary-NameNode	无	备用的主控服务器，在身后默默地拉取着主控服务器的日志，等待主控服务器牺牲后被扶正

3. HDFS 读写操作

文件读写操作是 HDFS 最基础的功能。图 3-8 为 HDFS 读取文件流程，具体介绍如下：

1）使用 HDFS Client，向远程的 NameNode 发起 RPC 请求。

2）NameNode 会视情况返回文件的部分或者全部 Block 列表，对于每个 Block，NameNode 都会返回该 Block 拷贝的 DataNode 地址。

3）HDFS Client 选取离客户端最接近的 DataNode 来读取 Block。

4）当读完列表的 Block 后，如果文件读取还没有结束，客户端开发库会继续向 NameNode 获取下一批的 Block 列表。

5）读取完当前 Block 的数据后，关闭当前的 DataNode 连接，并为读取下一个 Block 寻找最佳的 DataNode。

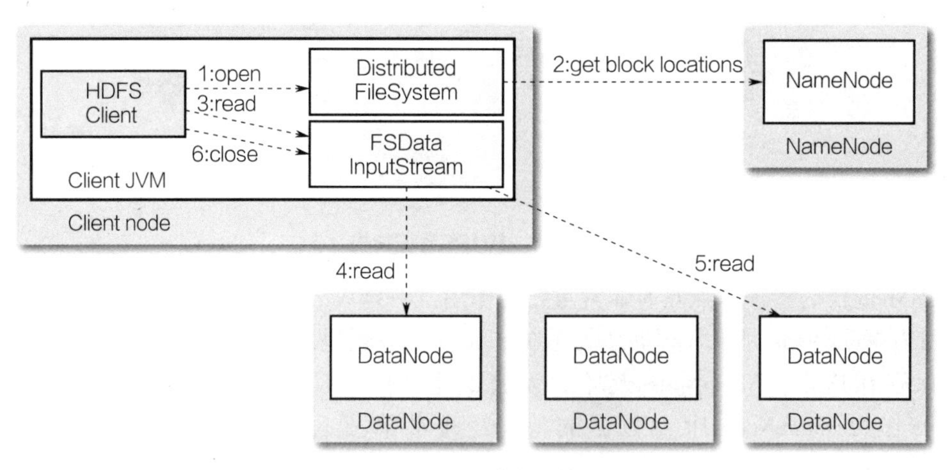

图 3-8　HDFS 读取文件流程

图 3-9 为 HDFS 写入文件流程，具体展开如下：

1）HDFS Client 向远程的 NameNode 发起 RPC 请求。

2）NameNode 会检查要创建的文件是否已经存在，创建者是否有权限进行操作，成功则会为文件创建一个记录，否则会让客户端抛出异常。

3）当客户端开始写入文件的时候，开发库会将文件切分成多个packets（包），并在内部以“data queue（数据队列）”的形式管理这些packets，并向NameNode申请新的Blocks，获取用来存储replicas（备份）的合适的DataNodes列表。列表的大小根据在NameNode中对replication的设置而定。

4）开始以pipeline（管道）的形式将packet写入所有的replicas中。开发库把packet以流的方式写入第一个DataNode，该DataNode把该packet存储之后，再将其传递给在此pipeline中的下一个DataNode，直到最后一个DataNode，这种写数据的方式呈流水线的形式。

5）最后一个DataNode成功存储之后会返回一个ack packet（确认数据包），在pipeline里传递至客户端，在客户端的开发库内部维护着“ack queue（确认队列）”，成功收到DataNode返回的ack packet后会从“ack queue”移除相应的packet。

6）在传输过程中某个DataNode出现故障，那么当前的pipeline会被关闭，出现故障的DataNode会从当前的pipeline中移除，剩余的Block会在剩下的DataNode中继续以pipeline的形式传输，同时NameNode会分配一个新的DataNode，保持replicas设定的数量。

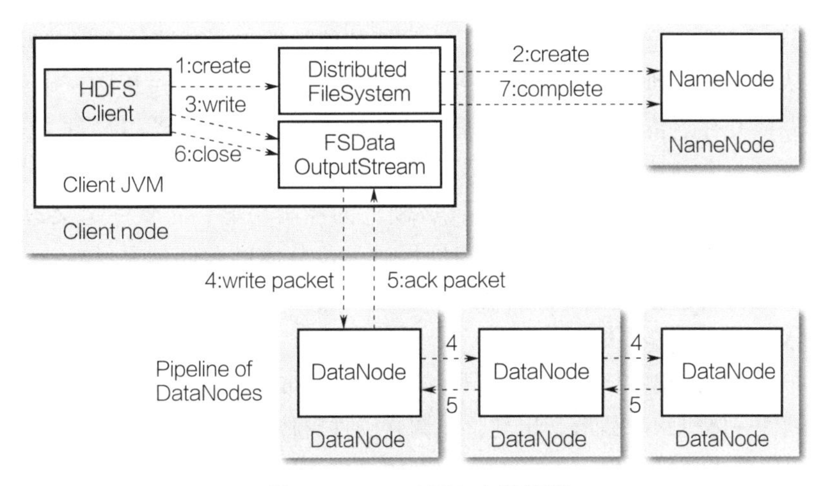

图3-9　HDFS写入文件流程

3.3　存储技术发展趋势

进入移动互联网时代，存储应用场景急剧变化，数据存储新技术、新方法层出不穷。下一代数据存储技术主要是在存储介质、存储架构、存储协议、应用模式及运维模式等方面迭代创新的一系列技术的集合，总体呈现出高性能、易于扩展、服务化和智能化等特点。表3-4将传统存储与下一代存储发展趋势从存储介质、存储架构、存储协议等多个角度进行对比。

表3-4　存储技术演进方向

对比项	传统存储	下一代存储
存储介质	机械硬盘、易失型存储	全闪存储、非易失型存储
存储架构	集中式存储	软件定义存储、超融合基础架构
存储协议	AHCI、SCSI	NVMe
应用模式	本地部署	云化服务
运维模式	人工运维	智能化运维

由于大数据、云计算和虚拟化等技术的出现，传统的 IT 架构难以满足企业日益增长的数据存储需求。为应对这一挑战，软件定义存储（Software Defined Storage，SDS）和超融合基础架构（Hyper - Converged Infrastructure，HCI）应运而生，打破了传统 IT 系统复杂和烦冗的现状，优化了网络的可扩展性和管理方式。

3.3.1 软件定义存储

“软件定义”是利用软件赋予事物应用功能和使用价值，满足日益复杂的多样化需求，最典型的就是软件定义产品的功能。在新型基础设施领域则体现为用软件来定义存储、网络、计算等。因此，软件定义存储（Software Defined Storage，SDS）即利用分布式和虚拟化等软件技术，将存储硬件资源按需进行分割和重新组合，实现灵活按需扩展、提高存储利用率等目标。

1. 软件定义存储的内涵

企业对数据服务需求变得日益复杂、精细和个性化，对数据存储的高可靠性、高性能、高扩展以及面向云架构的延伸能力等提出了更高要求。虚拟化和云技术的发展和成熟转变了数据中心的设计、建造、管理和运维方式，这种变革使软件定义存储越来越有吸引力。

SDS 实现从硬件定义到软件定义的历史跨越。在存储架构演进过程中，硬件定义、软件定义两条技术路线并存。传统集中式存储基于专用服务器，由控制器以硬件方式实现数据读写、备份、共享等一系列功能，是硬件定义存储的代表。分布式存储通过管理节点运行分布式存储软件替代传统存储控制器，用软件代替硬件的控制功能，向软件定义迈出关键一步。SDS 是一种立足分布式架构并将存储软件与硬件进一步分离的存储体系结构，可以在各种行业标准服务器上运行（包括第三方服务器），是分布式存储新的发展模式，标志着存储架构从硬件定义全面跨入软件定义时代。

SDS 与分布式存储的根本区别在于“硬件解耦”。分布式存储以分布式存储软件替代控制器，大多以软硬件一体机的产品形态出现，强调软硬件整体优化，但大多不兼容其他厂商的存储硬件，且不一定要求通用硬件，也可以基于专用硬件，扩容时需要选择原厂商。SDS 最重要的技术特性是实现了硬件解耦，并非以纯软件取代软硬件一体机这种产品形态上的差异。

2. 软件定义存储的架构

软件定义存储架构主要由存储介质、处理器平台、操作系统、分布式存储软件及云平台 + 应用构成，如图 3 - 10 所示。软硬解耦、易于扩展、自动化、基于策略或者应用的驱动是软件定义存储的特征。就业务应用而言，不限制上层应用，不绑定下层硬件；除了提供块存储外，也可以在同一平台提供文件、对象、HDFS 等存储服务，实现非结构化数据的协议互通，同时应具备完善的监控能力，实现应用感知。

硬件标准化和软件定制化是 SDS 根本特征。SDS 将存储硬件和存储软件高效分离和充分解耦，其技术本质是硬件的标准化和软件的定制化。所谓硬件的标准化是指 SDS 打破封闭的专有存储硬件架构，采用标准化硬件作为载体，同时横跨不同厂商的异构硬件，通过抽象化（虚拟化）、资源池化构建存储资源池，并提供标准化的基本存储功能。所谓软件的定制化是指通过管理软件控制存储硬件提供的基本存储功能并共享底层硬件资源，根据特定工作负载对存储容量、性能和功能等的需要，灵活定制、编排所需的存储资源和服务，实现与上层应用需求高度匹配的、敏捷的存储业务发放。

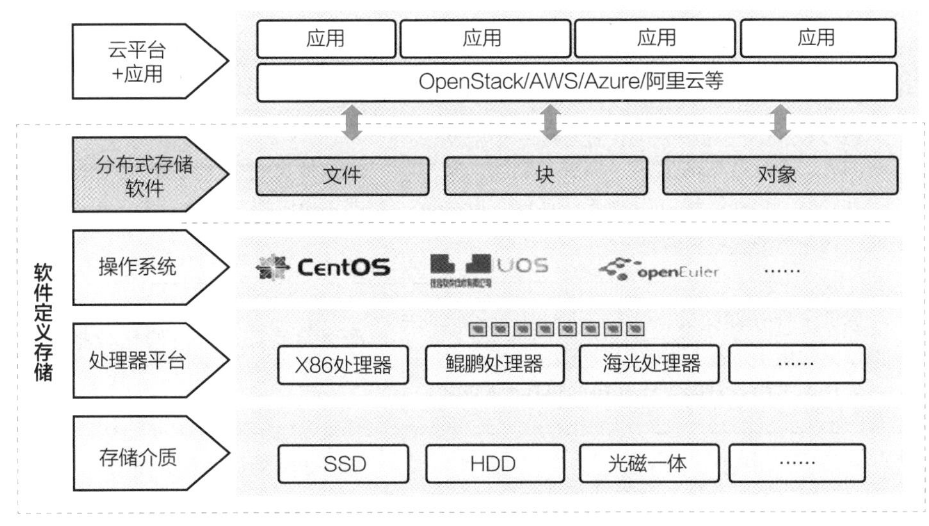

图3-10 软件定义存储架构示意图

存储软件是SDS架构的价值核心。SDS在架构上包括存储硬件和存储软件两个子集。在存储硬件方面，SDS可部署在低成本的标准商用存储服务器上，含存储介质、处理器平台和操作系统等组成部分，一般采用分布式部署架构，3个节点起步。在存储软件方面，分布式存储软件运行在存储硬件的标准操作系统之上，对存储节点、网络进行配置和管理，对内进行数据管理，对外提供存储服务。从数据类型划分又包括文件存储、对象存储、块存储三种不同的类型。由于SDS的技术本质是由存储软件驱动并控制标准化的存储硬件资源，因此存储软件是SDS架构的核心。

开放化和水平扩展是软件定义存储的两大特点。开放化意味着接口标准化、服务原子化，保证客户的应用系统能够以最顺畅的方式对接基础存储设施，可微调解决方案细节，达成高质量的服务。水平扩展是云计算弹性环境的必然要求，在移动互联网环境下，业务应用的负载量是突发式、潮汐式、难以精确预测的，应用要求存储的容量和性能都必须能够线性扩展以满足上层应用需求。

3. 软件定义存储应用场景

软件定义存储产品在提供高可靠和高可用服务能力的同时，集成了数据智能处理和分析能力，简化了海量数据处理所需的基础设施，帮助客户实现数据互通、资源共享、弹性扩展、多云协作，有效降低用户的使用成本。软件定义存储对全行业业务都具有适用性，可根据当前业务场景需要进行规划设计，实现块存储、对象存储、文件存储及统一数据平台等，具体分析详见表3-5。

表3-5 SDS存储模式

类型	功能	应用场景
块存储	提供块存储服务，多用于提供虚拟化、私有云、数据库等使用块存储资源的结构化数据业务，业务应用直接对磁盘块进行访问操作	虚拟化环境：VMware、KVM、OpenStack、容器等 云环境：CloudStack、ZStack、WinCloud等 数据库：Oracle、MySQL等

（续）

类型	功能	应用场景
对象存储	提供S3协议接口服务，支持通过Restful的访问方式进行数据的上传、下载、删除。常用于互联网、移动终端应用业务云存储，以海量非结构化类型数据为特征	流媒体文件、非结构化数据、内容管理、数据备份归档、网盘、电子单据
文件存储	提供文件存储功能，支持NFS/CIFS等访问协议，常用于传统局域网共享型的业务应用，以支持多个用户对同一文件协同操作为特征	高性能计算、非结构化数据、内容管理、数据归档
统一数据平台	同时提供块、文件、对象等多种协议	全业务场景的适配，支撑企业的各种各样的应用负载

SDS为多元化行业应用提供全协议、全场景支持。在数字化转型过程中，数字化业务纷繁复杂，不同应用场景涉及的数据特征有较大差异，需选用不同类型的SDS产品。块存储适用于高性能、时延敏感的数据库、虚拟化场景。文件存储适用于高性能计算、AI/ML、日志等文件方式访问的应用。对象存储适用于云存储、票据/影像、备份/归档、大数据分析、数据湖等大容量场景。整体看，SDS可以覆盖从非核心应用、准核心应用到核心应用的复杂应用场景，满足海量多源异构数据的存储及管理需求，如图3-11所示。

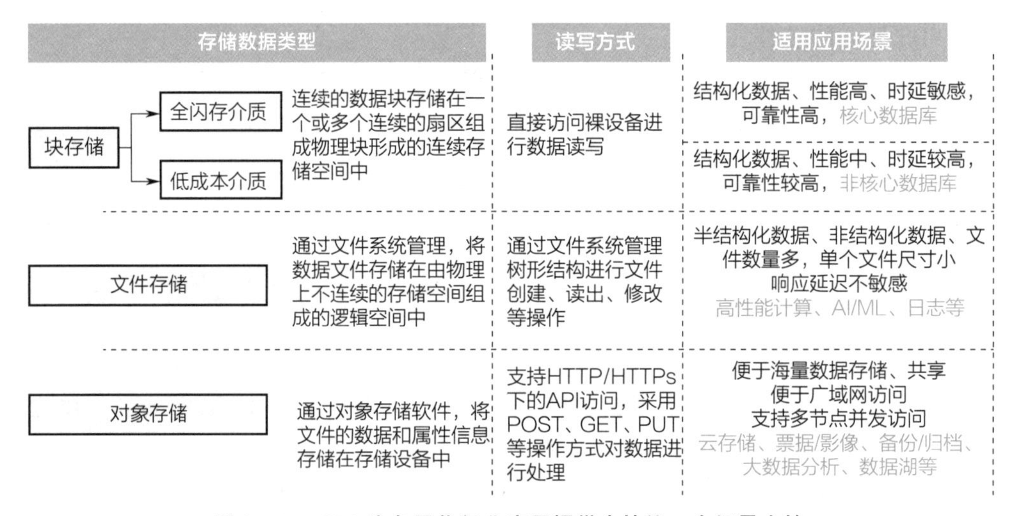

图3-11　SDS为多元化行业应用提供全协议、全场景支持

软件定义存储崛起为数据基础设施领域关键技术之一。存储设施是数据资源存放的最终物理载体，是国家、行业、企业一切数据资源的“家园”和“保险箱”，因此也是数据基础设施中的核心部件。当前，存储技术架构在业务需求变迁、硬件能力提升、网络技术升级等多重因素作用下向软件定义架构演进，国家《“十四五”软件和信息技术服务业发展规划》深刻研判了“软件定义”在赋能实体经济新变革中的突出价值，提出加快发展软件定义存储的宏观战略部署，为其在企业存储市场深度拓展提供难得的战略机遇。

3.3.2 超融合基础架构

超融合基础架构是一种软件定义的IT基础架构，它可虚拟化常见“硬件定义”系统的所有元素。超融合基础架构包含的最小集合是虚拟化计算、虚拟存储和虚拟网络；超融合系统通常运行在标准商用服务器上。

超融合存储是SDS的一种特殊形态。超融合（HCI）在SDS基础上同步配置了软件定义计算（SDC），是一种存算一体化架构，可以理解为SDS的一种特殊形态，因此广义上的SDS概念包括超融合（HCI）。但二者应用场景有所不同。SDS扩展性强，设备采购灵活，可用于各种不同规模需求的应用，适用场景广泛。HCI在轻业务量的业务场景下部署具有极强的便利性，适合在边缘节点、小型数据中心和分支机构部署构建IT基础设施。

超融合基础架构除对计算、存储、网络等基础元素进行虚拟化外，通常还会包含诸多IT架构管理功能，多个单元设备可以通过网络聚合起来，实现模块的无缝横向扩展，形成统一资源池，如图3-12所示。

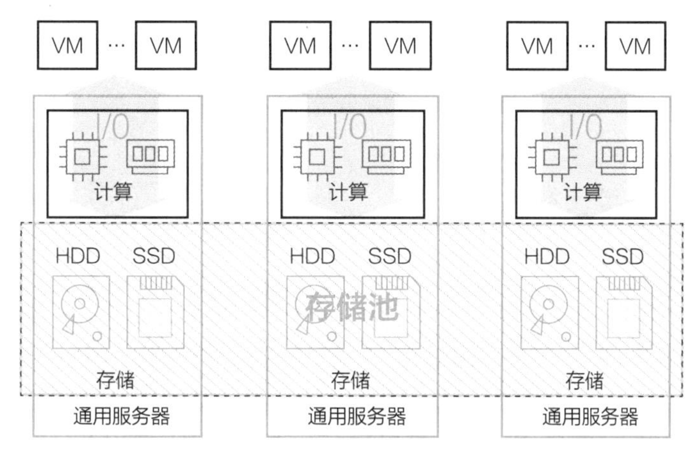

图3-12　超融合基础架构

超融合基础架构为企业客户提供一种基于通用硬件平台的计算存储融合解决方案，为用户实现可扩展的IT基础架构，提供高效、灵活、可靠的存储服务，如图3-13所示。对于用户来讲，超融合基础架构的主要价值如下：

1）以简洁的架构提供高可用方案。超融合由于其融合部署架构，可有效协调虚拟化和存储高可用联动的问题，从而以非常简洁的架构提供不同级别的高可用方案。

2）存储系统整体性能的大幅提升。分布式架构提升了系统整体的聚合性能，可以在不改变硬件配置下进一步降低访问延迟。

3）扩展性大幅提升。超融合基础架构的核心分布式存储在可扩展性上有了本质的提升，包括如下特点：支持少量节点起步、支持硬件部件及节点级扩容、容量自动均衡、异构节点支持、卷级别存储策略等。

4）采购成本和总体拥有成本降低。在成本方面，服务器+超融合软件（或超融合一体机）的采购成本有大幅度的降低。除采购成本外，超融合系统在总体拥有成本上有更大的优势。

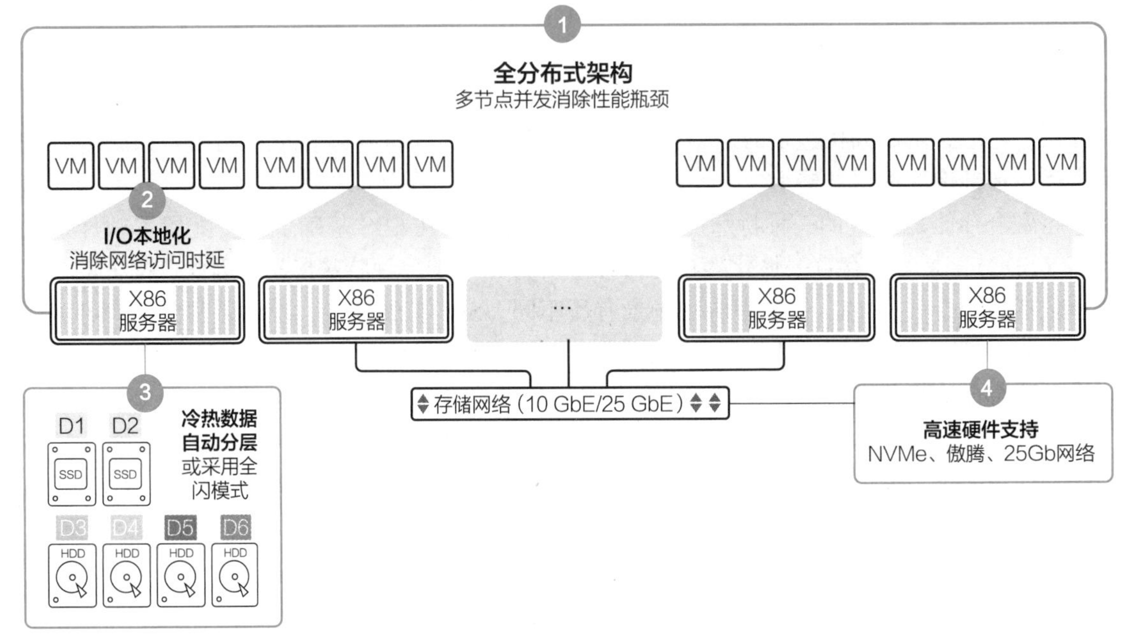

图 3－13　超融合基础架构特征

3.3.3　下一代存储关键技术演进

1. 存储协议演进

在存储系统中，HDD 磁盘和早期 SSD 磁盘的传输协议一般采用高级主机控制器接口（Advanced Host Controller Interface，AHCI）。AHCI 为单队列模式，主机和 HDD/SSD 之间通过单队列进行数据交互。对于 HDD 这种慢速设备来说，其主要瓶颈在存储设备，而非 AHCI 协议。不同于 HDD 的顺序读写特点，SSD 可以同时从多个不同位置读取数据，具有高并发性。AHCI 的单队列模式成为限制 SSD 并发性的瓶颈。随着存储介质的演进，SSD 磁盘的 IO（输入输出）带宽越来越大，访问延时越来越低。AHCI 协议已经不能满足的高性能和低延时 SSD 需求，因此，存储系统迫切需要更快、更高效的协议和接口，NVMe（NVM Express）协议应运而生。

NVMe 协议旨在提高吞吐量和 IOPS（每秒进行读写操作的次数），同时降低延迟。NVMe 的驱动器可实现高达 16Gbit/s 的吞吐量，且当前供应商正在推动 32Gbit/s 或更高吞吐量产品的应用。在 IO 方面，许多基于 NVMe 的驱动器，其 IOPS 可以超过 50 万，部分可提供 150 万、200 万甚至 1000 万。与此同时，延迟持续下降，许多驱动器的延迟低于 20μs，部分低于 10μs。

在网络协议层，近 30 年来，存储网络都是以小型计算机系统接口（Small Computer System Interface，SCSI）协议为基础框架，前端传输网络层一直以光纤通道（Fiber Channel，FC）网络为主，后端则以串行 SCSI 技术（Serial Attached SCSI，SAS）网络为主，构成了服务器间以 IP 为主要互联手段的 IP 存储网络，如图 3－14 所示。

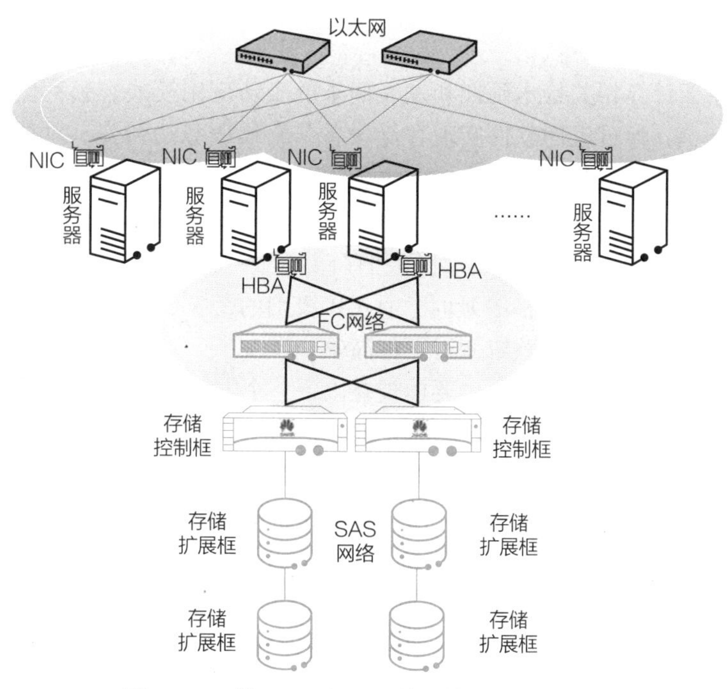

图3-14　基于FC和SAS协议的经典存储网络

自2010年开始，随着闪存介质的普及，SCSI协议框架对性能的限制越来越明显。NVMe和NVMe-oF（NVMe over Fabric）技术的出现打破了这些限制，面向高性能介质设计的多队列模型更能发挥闪存介质的性能。NVMe-oF推动IP化、低时延化，基于IP网络的NVMe-oF技术不但使前端存储网络可以通过IP直接与本地局域网连接，甚至还可以直连广域网；同时，利用NVMe-oF技术小于10μs的超低附加时延，使得替换后端SAS网络也成为可能，整个数据中心可以基于统一的以太网来构建；一方面降低整个数据中心的建设成本，另一方面降低独立存储网络的运维成本，同时有利于云及大数据应用环境下的数据共享。

华为NoF+存储网络是NVMe-oF技术的典型应用。在联机事务/分析处理过程（OLTP/OLAP）场景，IOPS最高提升85%，拥塞时延最大降低46%，端到端故障切换时间<1s，充分体现新协议对网络性能的显著提升。基于NVMe协议的IP存储网络如图3-15所示。

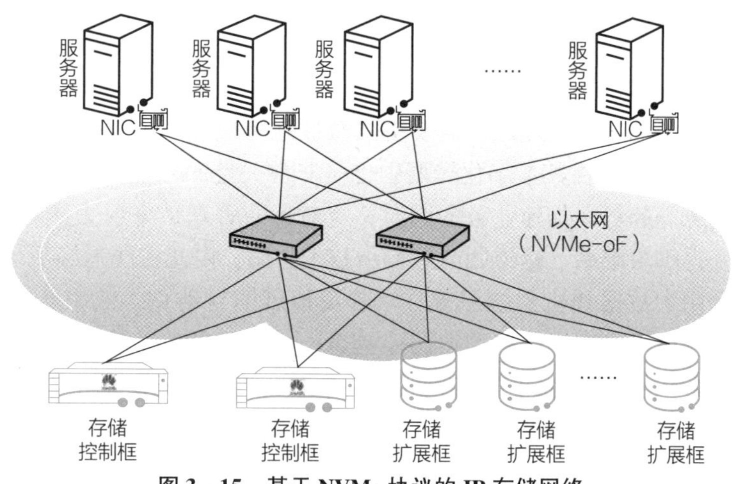

图3-15　基于NVMe协议的IP存储网络

2. 应用模式演进

云存储是基于云计算相关技术延伸和发展而来的全新应用模式。云存储的内核是应用软件与存储设备相结合，通过应用软件实现存储设备向存储服务的转变。本质上，云存储是一种服务，是由多个存储设备和服务器构成的集合体。

首先，计算与存储通过解耦可以在云数据中心独立扩展，提供调度和资源共享的灵活性，提高资源使用效率，降低成本。其次，计算和存储可以更加灵活地针对不同负载进行优化。网络技术的高速发展，个位数微秒的延时、百 GB 级别的带宽，使得计算和存储分离、分布式存储等架构在稳定性和性能等领域变得更加高效。

对行业用户而言，云存储的价值主要体现在以下三个方面：

1）提供诸如块存储和文件存储等标准化的存储方式。云存储提供标准化接口，使客户能够直接迁移数据，避免应用层的大量修改。

2）存储系统的服务化。在云计算时代，云存储将存储系统演化成一种云服务，用户只需要关心自己的业务逻辑即可。如百度云 BOS 服务，相较于传统存储服务，数据处理流程的易用性提升了 95.2%，满足了一站式存储和处理的诉求。

3）存储系统的开放化。云存储服务提供众多管理与控制的 API，通过开放接口，使得用户可以通过编程调用 API 管理与监控存储资源，实现跨平台的管理。

云存储在发展过程中面临诸多挑战，为满足云时代发展需求，新一代存储需要不断演进。未来云存储技术主要呈现以下三点趋势：

1）集成设计能力不断加强。数据库、大数据处理和分析、人工智能、容器等领域具有自身特点，存储技术针对以上典型场景需进行相应的集成设计，结合场景特点进行适配和优化，提高与场景结合的端到端优化能力和存储效率。

2）云上大规模运维能力不断提升。随着越来越多的企业不断上云，云服务商的运维方式发生了巨大变化，需要在大规模、高复杂度下，保障云服务的高可用。以阿里云对象存储 OSS 为例，在数据迁移、数据湖、数据备份及归档方面，可以提供 12 个 9 的数据持久性、99.995% 的数据可用性。

3）云存储产品形态不断丰富。由于数据访问方式以及业务场景不同，云存储不断丰富自身的产品形态。阿里云、腾讯云、百度云等头部厂商均构建了对象存储、块存储、文件存储、表格存储等多种形态产品。

3. 运维模式演进

随着数字化转型的加速，企业用户需要更加敏捷地响应快速变化的市场需求。不仅是业务模式，IT 基础架构的革新在其数字化转型中也是非常关键的一部分。现代化的应用、多数据中心、多云及边缘等趋势在加速业务的同时，也对运营管理带来巨大压力，靠人力投入完全管控存储系统变得不可维系。运维团队急需新技术协助，由此智能运维平台应运而生。

智能运维指利用大数据和机器学习等方法提高运维的自动化、效率及故障自愈的技术，同时利用机器智能从运维数据中持续挖掘深层信息，是一种结合工程能力与算法能力的综合性科学。智能运维常用于集群自动扩缩容、服务变更、库存管理等日常管理事务以及异常定位、原因分析、系统自愈等异常处理事务。

智能运维架构主要由众多传感器的服务器、存储设备和基于云端的智能运维平台构成。

它通过数据收集、转换及训练对基础架构中可能出现的故障问题做出预测并提供最优运维方式的建议。

智能运维技术的主要特点有：

1）主动式问题处理。智能运维平台能够自动处理简单问题；对于复杂问题，能够自动开具工单，通过支持中心分派工程师主动联系用户，帮助用户发现和解决问题。

2）智能需求预测。通过人工智能、机器学习等技术，实现对存储未来容量、性能的提前预测，便于客户提前规划。

3）智能风险预防。除预测分析外，领先的智能运维平台还能做到风险预防，主动优化 IT 基础架构，通过黑名单、白名单等功能特性预防已经发现的问题，并给予可行性建议。

4）云上管理。基于云创建的智能运维平台，可以让 IT 运营团队随时随地以任意终端访问智能运维平台，查看运行状态；云端自动升级，在新特性上线时，不会影响用户的日常使用。

随着下一代数据存储技术的发展和成熟，性能不再是困扰用户的首要难题，各存储供应商逐渐将注意力放到智能运维上，希望能够提供更丰富的功能、更好的使用体验。未来智能运维平台的发展呈现出以下两点趋势：

1）一站式分析。存储的智能运维平台将逐步成为整个 IT 基础架构运维平台的核心。通过将服务器、网络、虚拟化应用逐步接入智能运维平台，能够提供更丰富的 IT 运行状态数据，帮助智能运维平台判断故障和瓶颈。

2）离线智能。由于监管因素的限制，部分企事业单位无法使用基于云的智能运维平台。存储厂商开始考虑提供离线智能运维平台，通过集成智能运维平台知识库，提供基于本地的性能瓶颈分析、容量和性能的预测、硬盘故障预警等功能。

现今，智能运维已成为热门存储技术，并在实践中逐步应用，提供更好的用户体验。如新华三的 InfoSight 智能运维系统，企业用户通过使用智能运维系统，86% 的问题得到自动解决；平均给出解决方案的时间小于 1min；93% 的问题能够自动提交工单；用户满意度高达到 98.2%。

3.4 数据存储技术赋能社会经济数字化转型

数字经济时代，数字技术已经渗透到社会经济与人类生活的方方面面，数据存储系统作为数字基础设施的核心组件。同时，数据存储技术深刻地改变着存储产品形态，伴随着需求的不断变化，不断演进出了新特征、新指标，使得存储系统能够更好满足全行业客户需求。以数据湖、SDS 及超融合存储为核心的下一代数据存储技术对传统存储产品的存储、使用、备份等全流程带来革新，赋能企业数字化转型。

3.4.1 异构数据管理加速数据湖

随着数据量的爆发式增长，许多企业产生数据的量级由原有的 TB 级别迅速地提升到 PB 甚至 EB 级别。企业付出成本存储这些数据的同时也想通过挖掘数据信息辅助商业决策，提升管理效率。作为高度可扩展的数据存储区域，数据湖以原始格式存储大量原始数据，可以存储所有类型的数据，对账户大小或文件没有固定限制，也没有定义特定用途。数据来自不同的来源，可以是结构化的、半结构化的，甚至是非结构化的，数据可按需查询。数据湖的核心概念是允许收集和存储大量数据而无须立即处理或分析所有数据。数据湖的最终用户是数据科学家和工程师。

大数据经过了多年发展，存储需求的不断变化及以云存储、智能管理为代表的下一代数据存储技术的成熟，推动了数据湖的不断演进。不断变化的业务需求对数据湖提出了以下需求：

1）统一调度：构建统一数据底座，把数据放在合适的位置上，同时提供覆盖存储网络的发放自动化、拓扑自动化和性能分析自动化服务。

2）按需流动：数据冷热和应用负载分析使得数据按需流动，满足不同生命周期阶段性能及成本诉求。

3）多云对接：通过 API、脚本和插件等多种方式对接云管平台，确保融入客户流程不改变客户习惯。

4）存储与计算分离：存算分离能够有效降低计算资源与存储资源扩展需求不平衡场景下的运维成本与硬件成本，成为数据湖存储的必要选项。

5）数据全周期管理：提供基础的数据访问能力，同时根据实际的业务与成本提供数据分层管理与归档备份能力。

6）数据多协议支持：数据的存入与使用需要适配数据湖领域的各种应用场景，如支持 HDFS 协议、SQL 语义、对象存储 S3 协议等。

相较于传统解决方案，下一代数据存储技术为数据湖带来的最大改变就是企业用户无须关心存入数据的类型，系统自行选择一种最优形式进行存储。同时，智能化的统一运维管理平台使系统能够存储海量异构数据，构筑统一的数据底座，提供统一存储访问接口，解决系统间数据孤岛、各类应用统一访问问题，真正做到“一个数据中心一套存储”。

数字经济时代，万物互联并数据化，各类社会组织全面数字化，产业数字化应用的类型从传统的数据库、虚拟化走向大数据分析处理、AI、云原生等多样化应用，业务算法复杂度不断提高，数据爆炸式增长、数据类型异构多样。为适应数字化发展浪潮，数据基础设施在技术演进上呈现出云化、平台多样化、绿色化、智能化及融合化五大关键特征。

3.4.2 多级存储介质助力实时分析能力构建

大数据时代，海量数据的分析、推理模型的演进等均需要在内存进行大量数据的实时运算，并为用户提供实时的响应服务，支撑其高效数据价值的挖掘。

以非易失性存储为代表的存储级内存（SCM）和闪存介质的出现填补了实时大数据分析解决方案缺少大容量、高性能存储介质的空白。由 DRAM（动态随机存取内存）、SCM、SSD、内存型网络构成的多级存储架构，能够为上层业务提供极致性能的服务，在多节点间实现多级介质的全局共享及大内存容量的无感知扩展；SCM 介质层能够在近计算侧实现元数据/数据的高速本地化访问；在整个存储系统中实现多种介质的多级资源池并进行统一管理、调度，提供统一的访问接口，发挥企业级内存和闪存介质成本优势，达成存储系统总体拥有成本（TCO）最优。

以存储级内存为中心的数据存储，将为实时的海量数据分析、实时应用等提供大容量、高 TCO 的共享内存介质层，同时具备大规模扩展、高可靠等关键特性，为上层实时分析业务提供高效、可靠的数据底座。

3.4.3 云存储备份简化数据安全实践路径

数据备份是保证企业数据安全的重要手段，通常指为防止系统出现操作失误或系统故障导致数据丢失，而将全部或部分数据集合从应用主机的硬盘或阵列复制到其他的存储介质的过程。

随着数据量的急剧增长，企业陷入非结构化数据溢出的危险境地。问题不在于企业购置容量来存储全部数据，而是如何以低成本高效率的方式妥善管理数据，尤其是长期数据保留，以创造商业价值、释放数据潜能。如何在确保数据可访问性和安全性不受影响的同时，使企业获得更优的数据管理和可见性，是企业 IT 部门面临的主要难题。

云存储的出现为数据备份提供了新形式，通过将数据备份在云上，企业能够突破地域和设备的限制，实现对同一备份的获取。相较于传统备份，云存储的优势主要有：

1）备份场景多样，集中管控，实现多台云主机的集中配置管控。

2）简单易用，全自动运维。支持将备份数据托管到云上备份仓库，无须担心硬件配置、集群扩展等问题。控制台可自动推送备份代理，无须手动安装，实现全自动运维。

3）高重删压缩比，节省成本。备份服务多采用重删、压缩技术，可有效降低云端存储空间，减少成本投入。

4）备份数据安全可用。支持全量、增量以及日志备份，备份数据可实现快速恢复，恢复时间目标（RTO）大大降低，同时凭借全自动数据加密校验等优势，让备份数据更加安全。

总之，数字经济时代，信息技术已经渗透到生活的方方面面，数据存储系统作为信息化系统的基础设施，构建一套稳定、高效、满足未来业务发展需求的数据存储系统将是企业和组织夯实数据底座、挖掘数据价值、释放数据潜能的关键。人工智能、大数据、5G 等新技术发展使得数据量指数级增长，数据激增带来存储计算需求的飞速增长，为存储产业带来了新需求、新挑战和新机遇。

第4章 大数据计算

大数据的分析挖掘是数据密集型计算，需要巨大的计算能力。与传统“数据简单、算法复杂”的高性能计算不同，大数据对计算单元和存储单元间的数据吞吐率要求极高，对性价比和扩展性的要求也非常高。算力是激活数据要素潜能、驱动经济社会数字化转型、推动数字中国建设的新引擎，也是新型生产力，对实体经济影响日益深化。

4.1 大数据计算技术

存储和计算是大数据平台的两大核心基础。大数据计算是发现信息、挖掘知识、满足应用的必要途径，也是大数据从收集、传输、存储、计算到应用等整个生命周期中的核心环节，只有有效的大数据计算，才能满足大数据的上层应用需要，才能挖掘出大数据的内在价值，使大数据具有重要意义。

4.1.1 数据计算技术发展历程

自计算机诞生以来，计算技术一直以冯·诺依曼架构为基础，围绕数据处理、数据存储、数据交互三大能力要素不断演进升级。1945 年冯·诺依曼正式提出计算机体系架构，后被广泛称为“冯·诺依曼体系架构”，主要内容包括三方面：一是采用二进制进行计算；二是基于存储程序控制理念，计算机按照预先编制好的程序顺序执行完成计算过程；三是计算设备包括运算器、控制器、存储器、输入装置和输出装置五大组成部件。从每秒可进行数千次计算的埃尼阿克（ENIAC）起，至今每秒已达到数亿次运算的中国“神威·太湖之光”超级计算机，计算技术在遵循冯·诺依曼体系结构的前提下，围绕数据处理、数据存储和数据交互展开了快速创新迭代。

数据处理方面，集成了控制器和运算器功能的中央处理器 CPU 成为计算系统的核心，并逐渐引入图形处理器 GPU、数字信号处理器 DSP、现场可编程门阵列 FPGA 等多样化运算器单元。数据存储方面，随着汞延迟线、穿孔卡片、磁带、动态随机存取内存 DRAM、软盘、硬盘、闪存等存储介质的存储密度、读写效率不断发展的同时，整体存储架构也在快速变化，历经总线架构、交换式架构、矩阵直连架构、分布式架构、全共享交换式架构等多种，推动数据存储的高性能、高可靠和灵活扩展升级。数据交互方面，包括单计算设备内部的总线技术，以及多计算设备间数据互通的以太网技术等均围绕高速率、高带宽、低延时等方面升级数据交换能力，提升整体计算系统的效能表现。

数据计算并非特指某项具体的计算技术，而是面向未来的多种计算技术的统称。随着数字技术的发展，基于不同层面、不同角度、不同应用场景的计算技术创新层出不穷，各种计算技术、产品及概念不断涌现，从与技术创新相关的专业领域角度来看，先进计算技术创新是涵盖原理、材料、工艺、器件、系统、算法、网络架构、应用等在内的系统工程，在不同阶段具有不同的发展特征和发展重点。短期来看，基于冯·诺依曼架构的现代计算技术仍然构成先进计算的主体，面向不同应用需求的系统优化成为技术创新重点方向，器件及芯片、系统技术和应用技术等将同步发展。长期而言，因硅基集成电路的物理极限和冯·诺依曼架构的固有瓶颈，量子/类脑等非冯·诺依曼架构计算技术的突破和产业化将是支撑先进计算未来持续快速升级的重要动力。

现代计算技术演进至今，已形成相对清晰的技术分层体系，主要包括基础理论、器件技术、部件技术、系统技术和应用技术等部分，如图4-1所示。

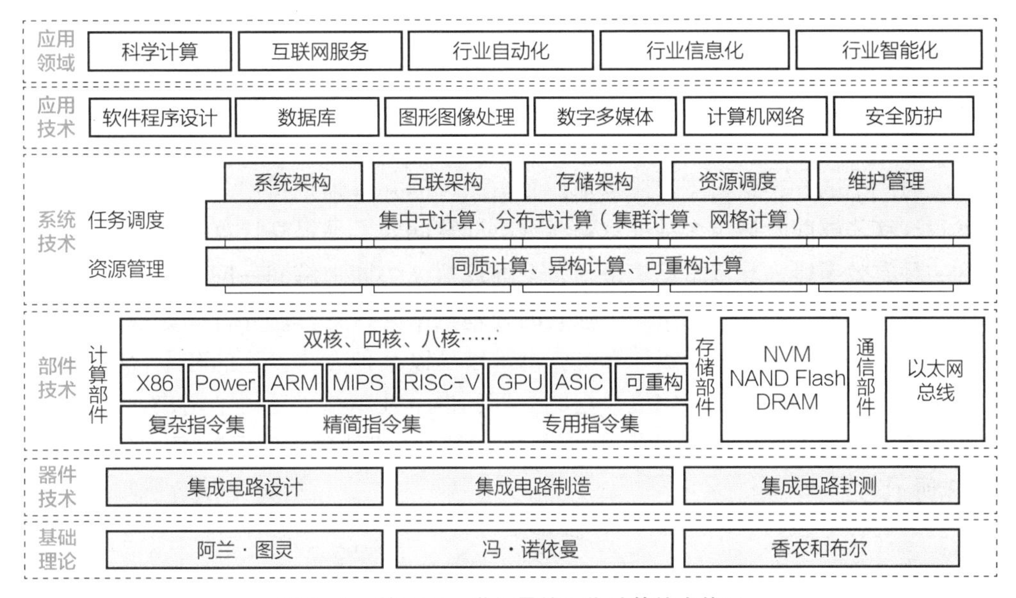

图4-1　基于冯·诺依曼的现代计算技术体系

其中，基础理论层是指奠定现代计算技术的理论基础，阿兰·图灵提出可计算理论和计算机通用逻辑模型——“图灵机”，到目前为止依然是评判可计算性的唯一模型；香农提出可运用布尔理论实现数学问题、逻辑问题和物理实现间的映射，是采用二进制实现计算技术的理论指导；冯·诺依曼提出计算机的构成要素及运作机制，成为实现现代计算机的核心架构。器件技术层是指构成计算设备和计算系统所需的电子器件技术，目前主要指与超大规模集成电路实现相关的设计、制造及封测技术。部件技术层包括构成计算设备和计算系统的芯片、模块等，主要分为计算部件、存储部件和通信部件等三大单元，计算部件指CPU、GPU和FPGA等数据处理硬件，存储部件指内存、外存等数据存储硬件，通信部件是计算部件和存储部件间实现数据交互的硬件。系统技术层是指面向不同应用场景需求构建多样化计算系统所需的系统架构、互联架构、存储架构等硬件技术和资源管理、任务调度等软件技术。现阶段计算系统的分类并无统一定义，根据任务调度模式的不同可分为集中式计算和分布式计算等，根据计算资源种类的不同可分为异构计算和可重构计算等，根据计算所需数据存储位置的不同可分为内存计算和存算一体化等，面向不同应用需求的计算系统技术不仅存在较大差异，且存在融合发展的趋势。应用技术层是指多类应用所需的通用功能性技术，目前主要包括数据库、图形图像处理、数字多媒体、安全防护等。

4.1.2 大规模分布式计算

随着数据体量与类型多样性日益复杂，为了能够提高数据分析挖掘速度，大数据技术采用并行计算代替传统的串行计算技术。谷歌在2004年公开的MapReduce分布式并行计算技术，是一个由廉价的通用服务器构成的MapReduce系统，通过添加服务器节点可线性扩展系统的总处理能力（Scale Out），在成本和可扩展性上都有巨大的优势。

作为大数据5V特征之一，数据速度（Velocity）特征除了表达数字经济时代大数据体量高速增长外，另一层含义是由信息时效性决定的数据价值特征，即数据分析挖掘的速度越快，分析挖掘出来的信息价值越高。无论是采用高性能计算机计算，还是采用随机抽样的数学统计方法的传统数据分析方法与理论，其主要目标都是提高数据分析处理速度。

相比于串行计算，并行计算是一种一次可执行多个指令的算法，目的是提高计算速度，及通过扩大问题求解规模，解决大型而复杂的计算问题。并行计算分为时间上的并行和空间上的并行，时间上的并行是指流水线技术，而空间上的并行则是指用多个处理器并发的执行计算。并行计算能够同时使用多种计算资源解决计算问题，是提高计算机系统计算速度和处理能力的一种有效手段。其基本思想是用多个处理器来协同求解同一问题，即将被求解的问题分解成若干个部分，各部分均由一个独立的处理机来并行计算。并行计算系统既可以是专门设计的、含有多个处理器的超级计算机，也可以是以某种方式互连的若干台的独立计算机构成的集群。通过并行计算集群完成数据的处理，再将处理结果反馈给用户。因此，根据数据类型和处理速度，大数据并行计算又可分为批处理、流处理、图形处理、交互式处理等，如图4－2所示。

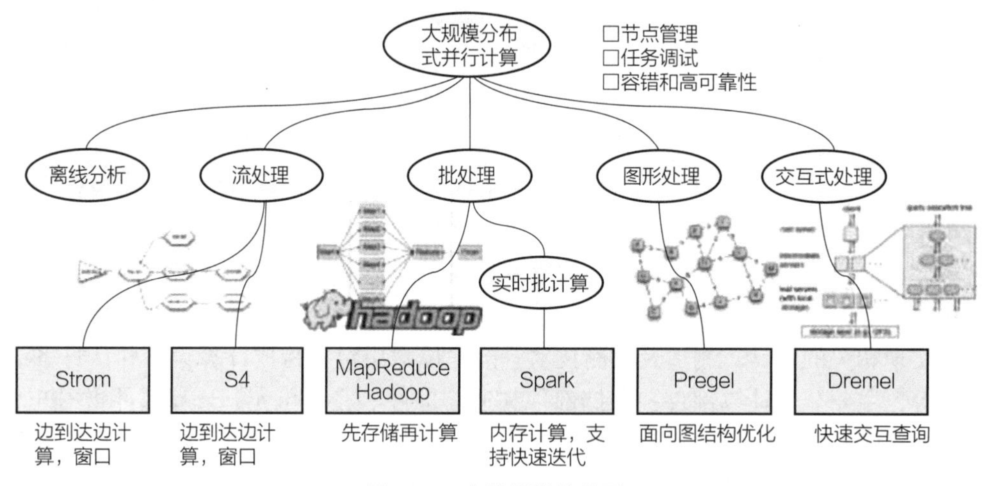

图4－2 大数据计算类型

批处理计算是针对大规模数据批量化处理的计算模式，处理时延通常以小时为单位，适用于对时间不敏感的大体量离线数据分析挖掘，典型代表是MapReduce、Spark等。MapReduce可以并行执行大规模数据处理任务，用于大规模数据集的并行运算（单输入、两阶段、粗粒度数据并行的分布式框架）。它将复杂的、运行于大规模集群上的并行计算过程高度抽象到了两个函数——Map和Reduce，并把一个大数据集切分成多个小数据集，分布到不同机器上进行并行处理，极大地方便了分布式编程工作。在MapReduce中，数据流从一个稳定来源进行一系列加工处理后，流出到一个稳定的文件系统（如HDFS）。MapReduce架构能够满足“先存储后处理”的离线批量计算需求，但也存在局限性，最大的问题是时延过大，难以适用于机器学习迭代、流处理等实时计算任务，也不适合针对大规模图数据等特定数据结构的快速运算。Spark是一个针对超大数据集合的低延迟的集群分布式计算系统。它启用了内存分布数据集，可以提供交互式查询、优化迭代工作负载。此处，Spark用内存替代HDFS或本地磁盘来存储中间结果，因此要快很多。

交互式计算，又称交互式查询，是终端用户最基本的需求，准确完备的检索条件可以更好地帮助用户从数据库获取最需要的信息，计算时延通常为分钟级别。目前，交互式查询的解决方案主要有两种，一种是实现交互式查询运算的工具，最通用的就是通过SQL语句，直接由数据库查询；另一种是进行交互式查询运算，也可以通过直接编写程序来实现。

流式计算是一种高实时性的计算模式，即数据以大量、快速、时变的流形式持续到达，需要对一定时间窗口内应用系统产生的新数据完成实时计算处理，避免造成数据堆积和丢失。流数据（或数据流）是指在时间分布和数量上无限的一系列动态数据集合体，数据的价值随着时间的流逝而降低，因此必须实时计算给出ms到s级响应。在大数据时代，数据格式复杂、来源众多、数据量巨大，对实时计算提出了很大的挑战。因此，针对流数据的实时计算——流计算，应运而生。业内有许多流计算框架与平台：第一类，商业级流计算平台（IBM InfoSphere Streams、IBM StreamBase等）；第二类，开源流计算框架（Twitter Storm、S4等）；第三类，公司为支持自身业务开发的流计算框架。

图计算是专门针对图形结构数据的处理，而图数据结构又能够很好地表达了数据之间的关联性，同时关联性计算是大数据计算的核心——通过获得数据的关联性，可以从噪声很多的海量数据中抽取有用的信息。因此，图计算技术解决了传统的计算模式下关联查询的效率低、成本高的问题，在问题域中对关系进行了完整刻画，并且具有丰富、高效和敏捷的数据分析能力，通常用于知识图谱、用户推荐等场合。

总之，大数据并行技术是数据密集型计算，需要巨大的算力资源。与传统“数据简单、算法复杂”的高性能计算不同，大数据的计算是数据密集型计算，对计算单元和存储单元间的数据吞吐率要求极高，对性价比和扩展性的要求也非常高。传统依赖大型机和小型机的并行计算系统不仅成本高，数据吞吐量难以满足大数据要求，同时靠提升单机CPU性能、增加内存、扩展磁盘等实现性能提升的纵向扩展的方式也难以支撑平滑扩容。

4.2 大数据计算主流技术

大数据计算主流技术以云计算为基础环境，以服务模式为总体架构，覆盖大数据应用全过程，支持多源异构海量数据的采集、存储、集成、处理、分析、可视化展现、交互式应用，涉及企业大数据产品体系的各个层面，为各层产品实现提供关键技术支撑。

4.2.1 大数据计算模式

大数据计算模式是指根据大数据的不同数据特征和计算特征，从多样性的大数据计算问题和需求中提炼并建立的各种高层抽象和模型。针对不同类型的数据，大数据计算模式也不同，其主流技术可分为批处理计算、流式计算、交互式查询计算、图计算以及内存计算等五种。

1）批处理计算。批处理计算是最常见的一类数据处理方式，主要用于对大规模数据进行批量的处理，其代表产品有 MapReduce 和 Spark 等。MapReduce 将复杂的、运行在大规模集群上的并行计算过程高度抽象成两个函数——Map 和 Reduce，方便对海量数据集进行分布式计算工作；Spark 则采用内存分布数据集，用内存替代 HDFS 或磁盘来存储中间结果，计算速度要快很多。

2）流式计算。如果说批处理计算是传统计算方式，则流式计算是近年来兴起的、发展非常迅猛的计算方式。流式数据是随时间分布和数量上无限的一系列动态数据集合体，数据价值随时间流逝而降低，必须采用实时计算方式给出响应。流式计算可实时处理多源、连续到达的流式数据，并实时分析处理。目前市面上已出现很多流式计算框架和平台，如开源的 Storm、S4、Spark Streaming，商用的 Streams、StreamBase 等，以及一些互联网公司为支持自身业务所开发的如 Facebook 的 Puma、百度的 DStream 以及淘宝的银河流数据处理平台等。

3）交互式查询计算。交互式查询计算主要用于对超大规模数据的存储管理和查询分析，提供实时或准实时的响应。所谓超大规模数据，其比大规模数据的量还要庞大，多以 PB 级计量，如谷歌公司的系统存有 PB 级数据，为了对其数据进行快速查询，谷歌开发了 Dremel 实时查询系统，用于对只读嵌套数据的分析，能在几秒内完成对万亿张表的聚合查询；Cloudera 公司参考 Dremel 系统开发了一套叫 Impala 的实时查询引擎，能快速查询存储在 Hadoop 的 HDFS 和 HBase 中的 PB 级超大规模数据。此外，类似产品还有 Cassandra、Hive 等。

4）图计算。图计算是以“图论”为基础的对现实世界进行的一种“图”结构的抽象表达，以及在这种数据结构上的计算模式。由于互联网中信息很多都是以大规模图或网络的形式呈现的，许多非图结构的数据也常被转换成图模型后再处理，不适合用批计算和流式计算来处理，因此出现了针对大型图的计算手段和相关平台。市面上常见的图计算产品有 Pregel、GraphX、Giraph 以及 PowerGraph 等。

5）内存计算。内存计算是以大数据为中心、依托计算机硬件的发展、依靠新型的软件体系结构，即通过对体系结构及编程模型等进行重大革新，将数据装入内存中处理，且尽量避免 I/O 操作的一种新型的以数据为中心的并行计算模式。在应用层面，内存计算主要用于数据密集型计算的处理，尤其是数据量极大且需要实时分析处理的计算。这类应用以数据为中心，需要极高的数据传输及处理速率。因此在内存计算模式中，数据的存储与传输取代了计算任务成为新的核心。

总之，大数据计算模式以计算引擎为核心，构建一种计算规则的高度抽象聚合体，用户按照指定的方式编写对应接口代码，在没有故障（bug）的情况下执行就能得到需要的结果。

4.2.2 批处理计算 MapReduce

MapReduce 是由 Google 公司的 Dean 和 Ghemawat 开发的针对大规模群组中海量数据处理的分布式编程模型，主要由廉价的 X86 通用服务器构成，通过添加服务器节点可线性扩展系统的总处理能力，在成本和扩展性上都有巨大的优势。其后出现的 Apache Hadoop MapReduce 是谷歌 MapReduce 的开源实现，目前已经成为大数据应用最广泛的计算组件之一。

1. MapReduce 核心思想

MapReduce 是一种编程模型，是 Hadoop 生态系统的核心组件之一，用于大规模数据集

（大于1TB）的并行运算。MapReduce采用“分而治之”的核心思想，把大规模数据集的操作，分发给一个主节点管理下的各个分节点共同完成，然后整合各个节点的中间结果，得到最终结果。其中，多节点计算涉及的任务调度、负载均衡、容错处理等，都由MapReduce框架完成。MapReduce的运作方式就像快递公司一样。物流部门会将发往各地的包裹先运送到各地的物流分站，再由分站进行派送；快递员等每个包裹的用户签单后会将数据反馈给系统汇总，完成整个快递流程。因此，每个快递员都会负责配送，所执行的动作大致相同，且只负责少量的包裹，最后由物流公司的系统进行汇总。

MapReduce模型能够满足“先存储后处理”的离线批量计算（Batch Processing）需求，但存在局限性，最大的问题是时延过长，难以适用于机器学习迭代、流处理等实时计算任务，也不适合针对大规模图数据等特定数据结构的快速运算。为此，在MapReduce基础上，更多的并行计算技术路线被提了出来。如雅虎（Yahoo）提出的S4系统、推特（Twitter）的Storm系统是针对“边到达边计算”的实时流计算（Real Time Streaming Process）框架，可在一个时间窗口上对数据流进行在线实时分析，已经在实时广告、微博等系统中得到应用。

2. MapReduce架构

如图4-3所示，用于执行MapReduce任务的机器角色有两个：一个是JobTracker；另一个是TaskTracker。JobTracker用于调度工作，TaskTracker用于执行工作。在一个Hadoop集群中，JobTracker有且只有一台，并与NameNode一起构成主节点Master。

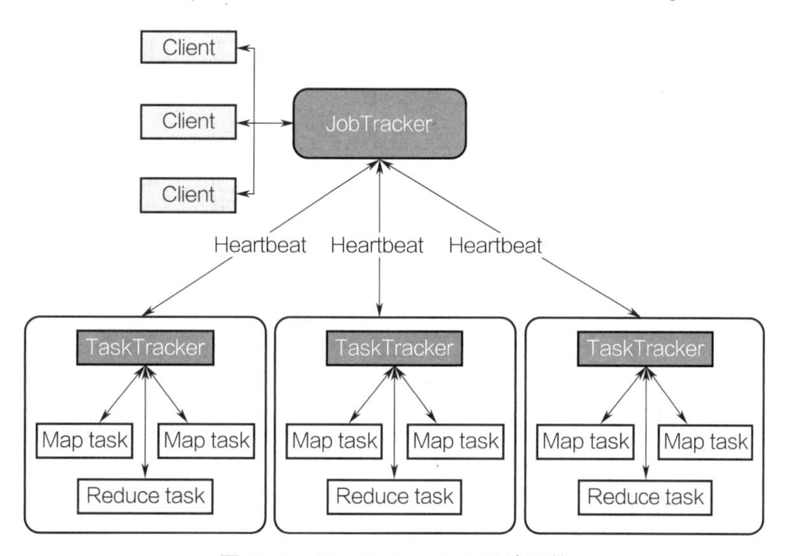

图4-3 MapReduce 1.0系统架构

在MapReduce运算层，担任Master节点的服务器负责分配运算任务，Master节点上的JobTracker程序会将Map和Reduce程序执行的工作指派给Worker服务器上的TaskTracker程序，由TaskTracker负责执行Map和Reduce工作，并将运算结果反馈给Master节点上的JobTracker。开发人员先分析需求所提出问题的解决流程，再找出数据可以并发处理的部分（Reduce），即能够分解为小段的可并行处理的数据，最后将这些能够采用并发处理的需求写成Map程序（Map）。

3. MapReduce 工作流程

在功能上，MapReduce 主要实现 Map 和 Reduce 两个功能。其中，Map 把一个函数应用于集合中的所有成员，然后返回一个基于这个处理的结果集；Reduce 是把两个或多个 Map 中，通过多个线程、进程或者独立系统并行执行处理的结果集进行分类和归纳。Map( ) 和 Reduce( ) 两个函数可能会并行运行。

如图 4－4 展示的是 MapReduce 词频统计的工作流程，一共分为 input、split、map、shuffle、reduce、output 六个阶段。MapReduce 的具体工作流程如下：

1）input 阶段：将数据源输入到 MapReduce 框架中。

2）split 阶段：将大规模的数据源切片成许多小的数据集，然后对数据进行预处理，处理成适合 map 任务输入的 <key，value>形式。

3）map 阶段：对输入的 <key，value>键值对进行处理，然后产生一系列的中间结果。通常一个 split 分片对应一个 map 任务，有几个 split 就有几个 map 任务。

4）shuffle 阶段：对 map 阶段产生的一系列 <key，value>进行分区、排序、归并等操作，然后处理成适合 reduce 任务输入的键值对形式。

5）reduce 阶段：提取所有相同的 key，并按用户的需求对 value 进行操作，最后也是以 <key，value>的形式输出结果。

6）output 阶段：进行一系列验证后，将 reduce 的输出结果上传到分布式文件系统中。

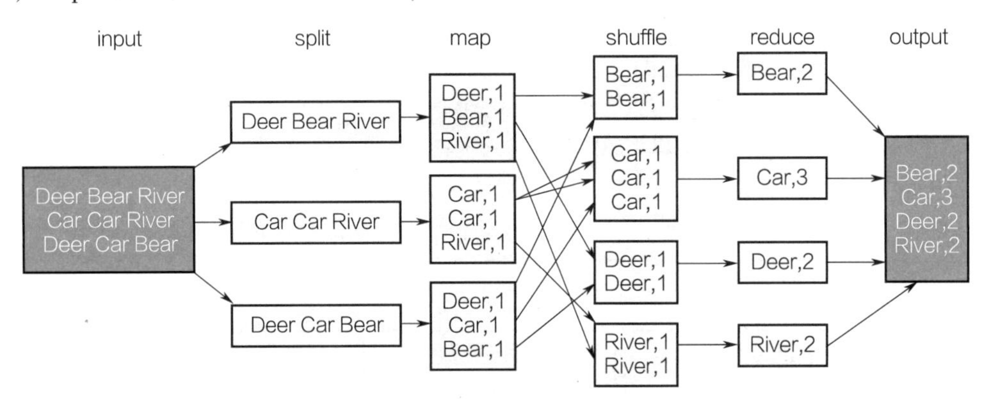

图 4－4　MapReduce 词频统计的工作流程

总之，MapReduce 改变了大规模计算的方式，它代表了一个有别于冯·诺依曼结构的计算模型，是在集群规模而非单个机器上组织大规模计算的新的抽象模型上的重大突破，是基于大规模计算资源的计算模型。尽管存在局限性，MapReduce 曾经是最为成功、广为接受和易于使用的大数据并行处理技术。其诞生给大数据并行处理带来了巨大的革命性影响，已经成为事实上的大数据处理的工业标准之一。

4.2.3　内存计算 Spark

MapReduce 的“先存储后处理”离线批量计算模型在获得成功的同时，也存在局限性。其每次读写，都需要序列化到磁盘，时延过长。一个复杂任务，需要多次处理，几十次磁盘读写。因此，MapReduce 难以适用于机器学习迭代、流处理等实时计算任务，也不适于针对大规模图数据等特定数据结构的快速运算。

面对以上问题，内存计算赋予主存端一定的计算能力，使其能直接处理一些形式单一且数据量大的计算，以缓解因数据量大以及数据局部性带来的总线拥堵和传输能耗高的问题。作为宏观的概念，内存计算技术是将计算能力集成到内存中的技术统称，典型代表有 Spark 等。它可对大规模海量的数据做实时分析和运算，不需要事先的数据预处理和数据建模。

Apache 开源项目 Spark 是专为大规模数据处理而设计的快速通用的内存计算引擎，能够在同一架构下实现批处理、流处理及交互处理等多种不同计算模型。作为内存计算引擎，Spark 是加州大学伯克利分校（UC Berkeley）的 AMP 实验室所开源的类 Hadoop MapReduce 的通用并行框架，拥有 Hadoop MapReduce 所具有的优点。但不同于 MapReduce 的是，其中间输出结果可以保存在内存中，从而不再需要读写 HDFS，因此 Spark 能更好地适用于数据挖掘与机器学习等需要迭代的 MapReduce 的算法。Spark 是在 Scala 语言中实现的，它将 Scala 用作其应用程序框架。与 Hadoop 不同，Spark 和 Scala 能够紧密集成，其中的 Scala 可以像操作本地集合对象一样轻松地操作分布式数据集。如图 4－5 所示，Spark 生态系统以层级方式展示了 Spark 的组件，其中应用层包括交互式计算的 Spark SQL、实时流式计算的 Spark Streaming、支持机器学习库的 MLBase 和用于图计算的 Graphx 等；计算层以 Spark 为其计算核心；资源层包括多种 Spark 支持的调度器与运行模式如 Hadoop YARN 和 Mesos；最后是数据层，Spark 支持从多达上百种的数据源中读取数据，最常用的数据源为 HDFS。

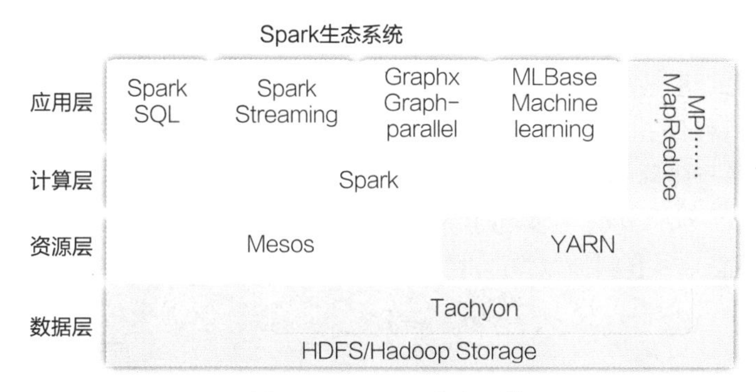

图 4－5 Spark 生态系统

其中，弹性分布数据集（Resilient Distributed Dataset，RDD）是 Spark 最基本的抽象，是对分布式内存的抽象使用，实现了以操作本地集合的方式来操作分布式数据集的抽象实现。首先，RDD 是一个数据集，不可改变，分布在集群上；通过有向无环图（DAG）来实现自动数据恢复；支持内存物化（Cache）和硬盘物化（Checkpoint）来保存中间结果；其次，RDD 表示已被分区，不可变的并能够被并行操作的数据集合，不同的数据集格式对应不同的 RDD 实现。RDD 必须是可序列化的。最后，Spark 所有的操作都是针对 RDD，每次对 RDD 数据集操作之后的结果，都可以存放到内存中，下一个操作可以直接从内存中输入，省去了 MapReduce 大量的磁盘 IO 操作。这对于迭代运算比较常见的机器学习算法、交互式数据挖掘来说，效率提升比较大。

尽管创建 Spark 是为支持分布式数据集的迭代作业，但是实际上是对 Hadoop 的补充，可以在 Hadoop 文件系统中并行运行。通过名为 Mesos 的第三方集群框架可以支持此行为。

4.2.4 流计算 Flink

流计算和批量计算是两种主要的大数据计算模式，适用于不同的大数据应用场景。数据流通常被定义为由不断到达的元组所构成的无限数据集，或是一个连续、无界、顺序、时变的元组序列，对它的应用大多是监控型的，即持续运行在连续数据流上的连续查询。在流式计算中，数据以数据流的形式，不间断地到达计算系统，本质是一种高效的增量数据处理机制，流处理系统每接收到一个事件数据后，就进行逻辑处理。对流式计算架构而言，数据流是没有边界的，因此不同的计算框架会采用不同的计算逻辑进行功能实现。其特点是无界、实时，无须针对整个数据集执行操作，是对系统传输的每个数据项执行操作，一般用于实时统计。目前主流的流式计算框架有 Storm、Spark Streaming、Flink 三种。

一个流计算处理流程主要包括如下 3 个部分：

1）流数据源。流数据源是一个与外部系统进行交互的接口，可以从外部系统获取到原始数据。流数据源种类繁多，如 HDFS 文件系统、数据库或消息队列。

2）流数据转换。从数据源获取流数据后，内部需要根据业务逻辑对数据流进行转换操作。一般来说，这些转换会将一个输入数据流转换成一个新的数据流。

3）流数据输出。流计算引擎从数据源获取数据，经过转换操作对数据进行处理后，需要将计算结果输出，以供外部系统使用。

与 Spark 类似，Flink 是一个分布式系统，只有有效分配和管理计算资源才能执行流应用程序。它集成了所有常见的集群资源管理器，例如 Hadoop YARN、Apache Mesos 和 Kubernetes，但也可以设置作为独立集群甚至库运行，如图 4-6 所示。在 Flink 架构中，Flink 运行时由两种类型的进程组成，即一个 JobManager 和一个或者多个 TaskManager。其中，Client 不是运行时和程序执行的一部分，而是用于准备数据流并将其发送给 JobManager。JobManager 具有许多与协调 Flink 应用程序的分布式执行有关的职责：它决定何时调度下一个 Task（或一组 Task）、对完成的 Task 或执行失败做出反应、协调 Checkpoint 并且协调从失败中恢复等。TaskManager（也称为 Worker）执行作业流的 Task，并且缓存和交换数据流。

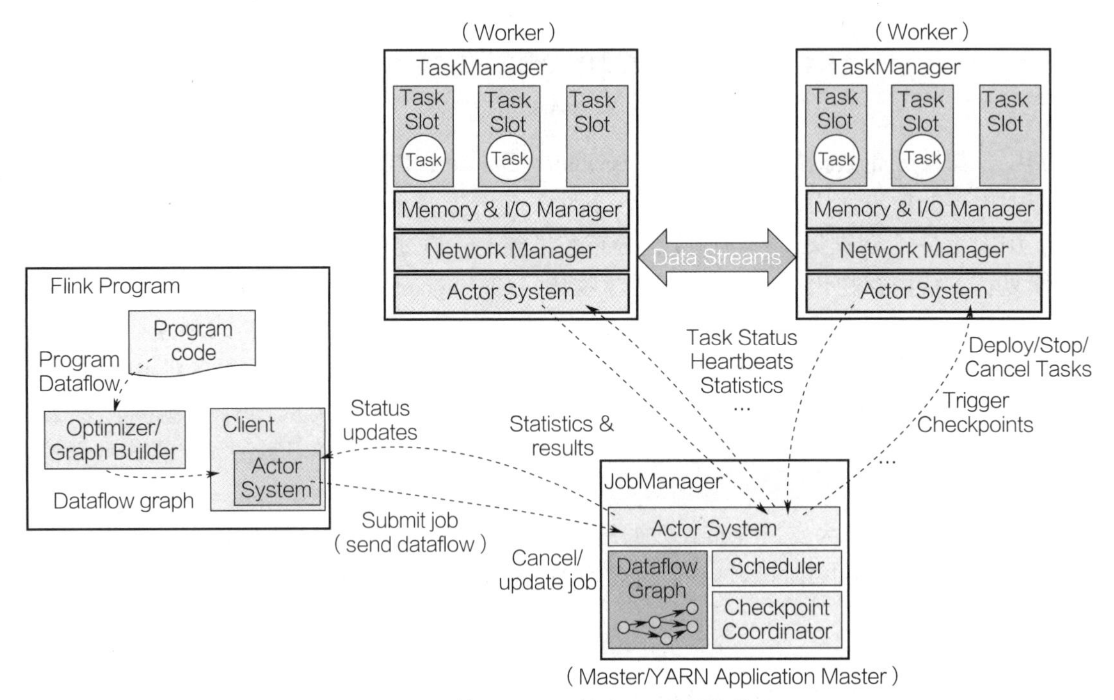

图 4-6　基于 YARN 的 Flink 集群架构

总之，Flink 是一个对无界和有界数据流进行状态计算的框架。Flink 自底向上在不同的抽象级别提供多种 API，并且针对常见的使用场景开发了专用的扩展库。

4.2.5 其他计算模型

1. 交互查询计算

交互式计算引擎是具备交互式分析能力的分布式大数据计算引擎，常用于在线分析处理（OLAP）场景。Hive 系统虽然提供了 SQL 语义，但由于底层执行使用 MapReduce 引擎，因此仍是一个批处理过程，难以满足查询的交互性需求。相比之下，Impala 的最大特点就是快速查询功能。

Impala 是 Cloudera 公司主导开发的新型查询系统，是一款开源的针对 HDFS 和 HBase 中的 PB 级别数据进行交互式实时查询（Impala 速度快），是参照谷歌 Dremel 系统实现而来。它提供 SQL 语义，能查询存储在 Hadoop 的 HDFS 和 HBase 中的 PB 级大数据。Impala 主要用于处理存储在 Hadoop 集群中的大量数据的大规模并行处理（MPP）SQL 查询引擎。它是一个用 C ++ 和 Java 编写的开源软件。与其他 Hadoop 的 SQL 引擎相比，它提供了高性能和低延迟。

换句话说，Impala 是性能最高的 SQL 引擎（提供类似 RDBMS 的体验），提供了访问存储在 Hadoop 分布式文件系统中数据的最快方法。

2. 图形计算

与一般数据结构不同，图形数据结构必须反映数据对应元素之间的几何关系和拓扑关系。它通常是指由若干个图形数据元素按一定关系组成的有序集，一般称为表。关系链接的实现是指图形数据中每一个数据项的存放无规则，其间的连接是通过数据元素中指示连接单元的指针来实现的。许多大数据都是以大规模图或网络的形式呈现，非图结构的大数据，也常常会被转换为图模型后再进行分析。

“图计算”是以“图论”为基础的对现实世界的一种“图”结构的抽象表达，以及在这种数据结构上的计算模式。在图计算中，基本的数据结构通常包含三部分，即顶点、边及边上的权重。其中顶点表达的是客观世界中的实体，边是实体之间的相互联系，权重往往是量化关系轻重的数值表达。

大型图的计算主要是基于整体同步并行（Bulk Synchronous Parallel，BSP）模型实现的并行图处理系统。BSP 计算模型，又称“大同步”模型，是由美国哈佛大学的 Valiant 教授在 1992 年作为一种并行计算模型提出的。BSP 模型迭代执行每一个超步直到满足终止条件或者达到一定的超步数强制终止。Pregel 是谷歌公司推出的一种基于 BSP 模型实现的并行图处理系统。为了解决大型图的分布式计算问题，Pregel 搭建了一套可扩展的、有容错机制的平台。该平台提供了一套非常灵活的接口，可以描述各种各样的图计算，主要用于求解最短路径、网页排序等问题。

4.3 算力重构大数据计算

在数字经济时代，算力作为数字经济时代的关键绩效指标（KPI），是支撑数字经济发展的坚实基础，对推动科技进步、促进行业数字化转型以及支撑经济社会发展具有重要作用。

当前，算力已成为全球战略竞争的新焦点，并且多样化态势日益凸显，是国民经济发展的重要引擎。

4.3.1 数据处理单元

数据处理单元（Data Processing Unit，DPU）作为一类新兴计算芯片，可加快网络数据处理能力，全面提升算力服务水平，成为数字经济时代算力竞争新赛道。

1. DPU 基本概念

随着 5G、云计算、大数据、人工智能等数字技术体系不断融合创新，传统基于 CPU、GPU 的算力技术满足计算需求的爆炸式增长。一方面，数据中心中的海量数据流动驱动网卡的端口速率从 10Gbit/s 快速向 25Gbit/s 甚至 100Gbit/s 及以上演进，无论是 CPU 串行计算模式还是 CPU 的算力增长速度都无法满足其要求，云化基础设施平台基于 CPU 完成网络数据转发的传统模式出现瓶颈。另一方面，越来越多的云上 AI 计算任务对网络和存储 I/O 的时延性能提出了更极致的需求，RDMA（Remote Direct Memory Access）和 NVMe（NVM Express）等高性能网络和存储协议在传统网卡架构下也难以满足云计算多租户的灵活需求场景。因此，为解决后摩尔时代 I/O 性能瓶颈和虚拟化技术发展限制等诸多问题，DPU 应运而生。

数据处理单元也称为数据处理器、数据中心处理器（Datacenter Processing Unit）以及以数据为中心处理器（Data - centric Processing Unit），是一种围绕数据处理提供网络、存储、安全、管理等数据中心基础设施虚拟化服务的专用处理器，基于 ARM/X86 等架构的 CPU 与 ASIC（Application Specific Integrated Circuit）/NP（Network Processor）/FPGA（Field Programmable Gate Array）等专用硬件加速引擎组成的计算架构，形成提供虚拟化功能的实体。作为应对数据流量指数级增长而带来性能问题的关键技术，它将部分计算任务从 CPU 转移至 DPU，进而释放 CPU 的资源，以进一步提升整体计算效率，如图 4 - 7 所示。

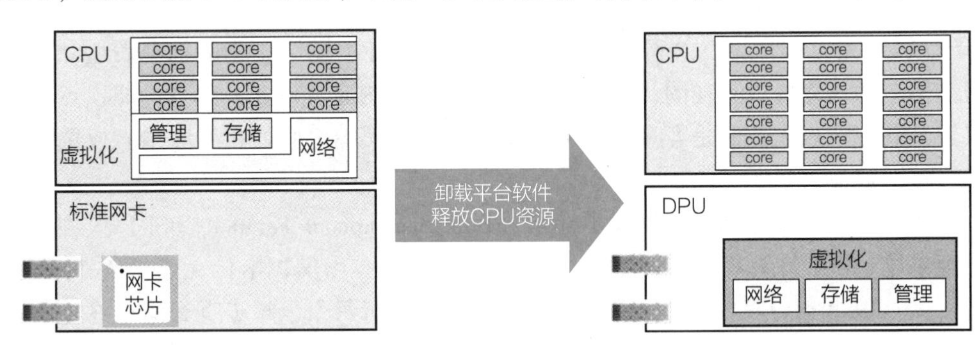

图 4 - 7 DPU 在云计算场景实现全卸载

作为主机的数据出入口，DPU 在具备标准网卡能力的同时，利用专用硬件完成网络和存储 I/O，释放主机 CPU 算力资源的同时可显著提升 I/O 性能。业务（主机 CPU）与虚拟化软件（DPU）的硬件载体分离，业务与云平台的隔离性以及主机的安全性进一步提高。运行在 DPU 中的管理软件可提供裸金属的云化管理能力，提升裸机业务灵活性，降低运维难度。

目前，全国一体化大数据中心、新型数据中心等政策文件的出台及“东数西算”工程的实施，推动 DPU 产业高质发展。在技术方面，DPU 架构不断演进，成为迈向“联接 + 计算”的关键技术，且软、硬件技术协同发展，全方位生态能力不断实现。在产业方面，网络、计算、存储、安全等多样化的场景需求快速涌现，为DPU产业发展提供了有效的市场牵引。未来DPU技术将不断迭代创新、应用场景趋于多元，以更好满足行业客户的需求。

2. DPU架构

作为继数据中心CPU、GPU之后的"第三颗主力芯片"，DPU可应对算力规模快速增长带来的挑战。芯片是算力供给的核心，现有芯片主要以CPU和GPU为主，分别提供通用和智算算力。此外，FPGA、ASIC等专用芯片也取得了快速发展。但是，无论是CPU、GPU，还是其他专用芯片，在计算过程中均将不可避免地被存储、通信等进程打断。

DPU具有网络数据传输和计算等功能，可使CPU、GPU能够专注于业务进程，全面提升计算效率，对于不断增长的算力需求和持续扩大的算力规模，其重要性不言而喻。当前，DPU技术与产业快速发展，DPU企业、通信设备厂商、互联网公司等都加入DPU的研发和应用。

随着算网一体化和云原生技术的发展落地，基于DPU的云化架构按需对网络、存储系统进行卸载加速，可以更高性价比获得极致性能。同时，DPU协同处理云化管理、计算和安全等任务是实现虚拟机、容器、裸金属服务管理方案统一以及云基础设施统一的关键。DPU云化技术架构是一种云化软件与DPU硬件相结合的新型云化架构，如图4-8所示。在DPU云化架构中，云平台管理组件从主机CPU上卸载到DPU上运行，将裸金属当作一个大规格的虚拟机来管理和发放，提供与虚拟机服务一致的弹性、灵活、安全的裸金属服务。云平台管理组件对CPU的计算性能要求不高，DPU上CPU核的计算性能足以满足需求。

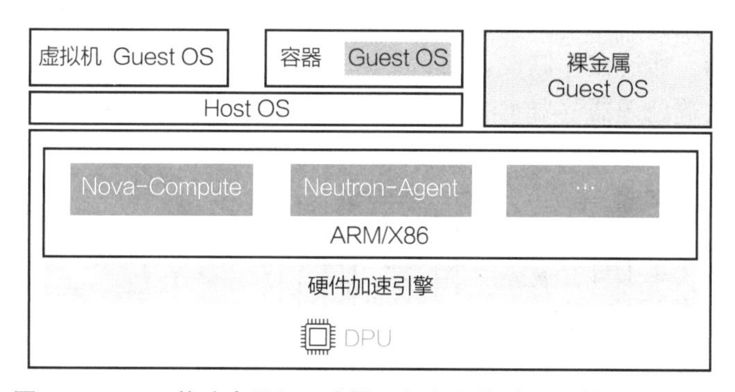

图4-8 DPU构建虚拟机、容器、裸金属的统一云基础设施底座

将云平台管理系统卸载到DPU上，提升了裸金属管理效率、降低了主机CPU管理资源开销、增强了虚拟机性能和稳定性，实现承载虚拟机、容器、裸金属实例的统一云基础设施底座以及提供一致的管理体验。

总之，DPU作为一类新兴计算芯片，能够将存储、安全、虚拟化等工作负载从CPU上卸载到自身，进而提升数据中心等算力基础设施的效率，减少能耗浪费，降低成本，是构建新型算力基础设施的重要基础，是国家由算力大国向算力强国演进的支撑，将成为未来全球算力产业竞争的焦点。

4.3.2 算存一体

算存一体作为一种新型算力，有望解决传统冯·诺依曼架构下的"存储墙""功耗墙"问题，是算力学科的突破性技术，已被确定为算力网络十大关键技术之一。算存一体将存储与计算有机融合，以其巨大的能效比提升潜力，有望成为数字经济时代的先进生产力。

1. 算存一体化概念

冯·诺依曼计算机体系架构，计算与存储一直相互分离。大数据时代，以数据为中心的数据密集型技术成为主流系统设计思路，不再仅限于数据的计算和加工，更看重对数据的“搬运”，从根本上消除不必要的数据流动，即计算与存储的融合（算存一体）。

作为一种新的计算架构，狭义的存算一体指计算与存储融合，利用存储介质进行计算。其核心是将存储与计算完全融合，有效克服冯·诺依曼架构瓶颈，并结合后摩尔时代先进封装、新型存储器件等技术，实现计算能效的数量级提升。根据存储与计算的距离远近，广义算存一体分为三大类，分别为近存计算（Processing Near Memory，PNM）、存内处理（Processing In Memory，PIM）、存内计算（Computing In Memory，CIM）。其中，存内计算即狭义的算存一体。

（1）近存计算　近存计算通过芯片封装和板卡组装等方式，将存储单元和计算单元集成，增加访存带宽、减少数据搬移，提升整体计算效率。近存计算仍是存算分离架构，本质上计算操作由位于存储外部、独立的计算单元完成，其技术成熟度较高，主要包括存储上移、计算下移两种方式。存储上移采用先进封装技术将存储器向处理器（如 CPU、GPU）靠近，增加计算和存储间的链路数量，提供更高访存带宽。典型的产品形态为高带宽内存，将内存颗粒通过硅通孔多层堆叠实现存储容量提升，同时基于硅中介板的高速接口与计算单元互联提供高带宽存储服务，如图 4－9a 所示。计算下移采用板卡集成技术将数据处理能力卸载到存储器，由近端处理器进行数据处理，有效减少存储器与远端处理器的数据搬移开销。典型的方案为可计算存储，通过在存储设备引入计算引擎，承担如数据压缩、搜索视频文件转码等本地处理，减少远端处理器（如 CPU）的负载，如图 4－9b 所示。

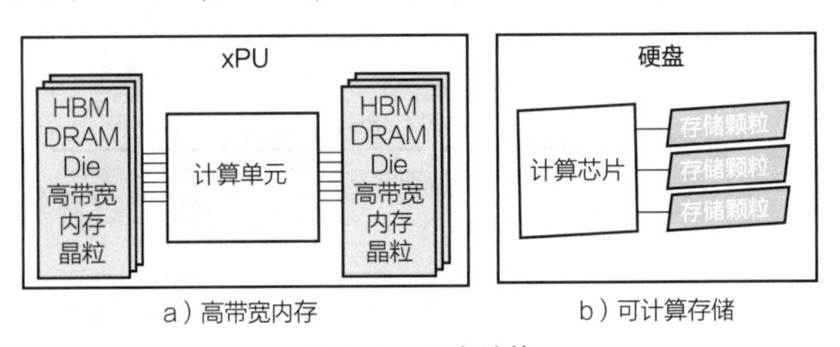

a）高带宽内存　　b）可计算存储

图 4－9　近存计算

（2）存内处理　存内处理是在芯片制造的过程中，将存和算集成在同一个晶粒中，使存储器本身具备了一定算的能力。存内处理本质上仍是存算分离，相比于近存计算，“存”与“算”距离更近。当前存内处理方案大多在内存芯片中实现部分数据处理，较为典型的产品形态为 HBM－PIM 和 PIM－DIMM，在内存晶粒（DRAM Die）中内置处理单元提供大吞吐、低延迟片上处理能力，可应用于语音识别、数据库索引搜索、基因匹配等场景，如图 4－10 所示。

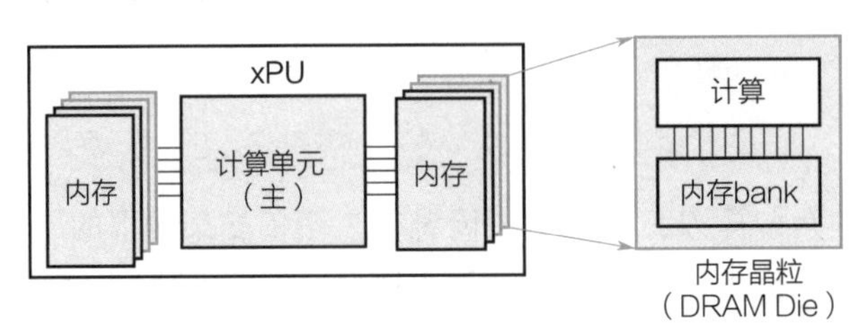

图 4－10　基于 DRAM 的存内处理

（3）存内计算　存内计算即狭义的算存一体，在芯片设计过程中，不再区分存储单元和计算单元，真正实现存算融合，如图 4－11 所示。存内计算是计算新范式的研究热点，其本质是利用不同存储介质的物理特性，对存储电路进行重新设计使其同时具备计算和存储能力，直接消除“存”“算”界限，使计算能效达到数量级提升的目标。

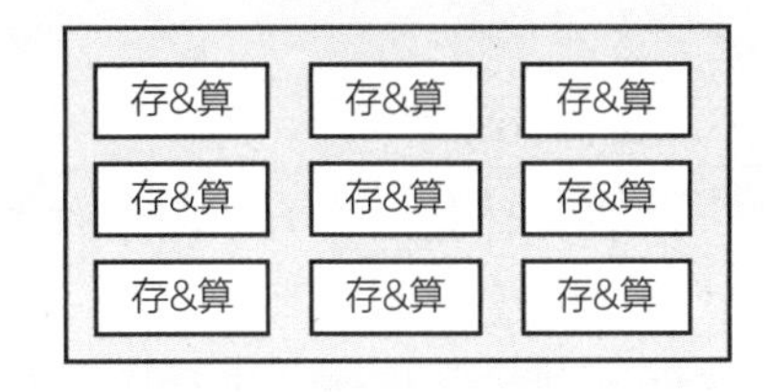

图 4－11　存内计算模型

存内计算最典型的场景是为 AI 算法提供向量矩阵乘的算子加速，目前已经在神经网络领域开展大量研究，如卷积神经网络（Convolutional Neural Network，CNN）、循环神经网络（Recurrent Neural Network，RNN）等。存内计算有望激发人工智能领域的下一波浪潮，是广义算存一体技术的攻关重点。

2. 存内计算方式

存内计算主要包含数字和模拟两种实现方式，二者适用于不同应用场景。模拟存内计算能效高，但误差较大，适用于低精度、低功耗计算场景，如端侧可穿戴设备等。相比之下，数字存内计算误差低，但单位面积功耗较大，适用于高精度、功耗不敏感的计算场景，未来可应用于云边 AI 场景。一直以来，主流的存内计算大多采用模拟计算实现，近两年数字存内计算的研究热度也在飞速提升。

模拟存内计算主要基于物理定律（欧姆定律和基尔霍夫定律），在存算阵列上实现乘加运算。阻变随机存储器（Resistive Random Access Memory，RRAM）又名忆阻器，它作为存内计算的关键介质材料，其电路可以做成阵列结构，与矩阵形状类似，利用其矩阵运算能力，可以广泛应用于 AI 推理场景中。在 AI 推理过程中，通过输入矢量与模型的参数矩阵完成乘加运算，便可以得到推理结果。由于整个运算过程无须再从存储器中反复读取大量模型参数，绕开了冯・诺依曼架构的瓶颈，能效比得到显著提升。除忆阻器外，其他存储介质也可通过不同的物理机制满足同样的并行计算需求。

数字存内计算通过在存储阵列内部加入逻辑计算电路，如与门和加法器等，使数字存内计算阵列具备存储及计算能力。数字存内计算的存储单元只能存储单比特数据，且需增加部分传统逻辑电路，一定程度上限制了面积及能效优势。因此，当前业界多采用可兼容先进工艺的静态随机存取存储器（SRAM）来实现数字存内计算。

3. 忆阻器

忆阻器是一种极具潜力的新型非易失存储器件，基本存储单元为金属－绝缘体－金属或者金属－绝缘体－半导体的三明治结构，上下为电极层，中间为绝缘的电阻转变层，如图 4－12 所示。通过在电极层施加电压/电流，电阻转变层的电阻值可以实现高阻态和低阻态的切换，且电阻转变层可以实现多级电阻状态，使其可存储多比特信息。

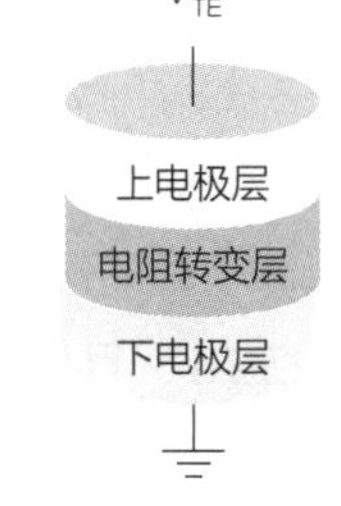

图 4－12　忆阻器结构图

基于忆阻器的存内计算芯片具有制备简单、工艺成本低、时延低、支持多比特存储、兼容先进工艺、支持 3D 堆叠等优点，被普遍认为拥有广阔的发展前景。当前业界主要利用可变电阻式存储器（RRAM）的模拟多比特特性进行模拟存内计算，可以达到较高的计算能效。然而，忆阻器目前在器件一致性和准确性等指标方面有待提高。

4.3.3 算网一体

算网一体是以算力和网络作为信息基础设施的两大核心要素，构建“连接+算力+能力”新型信息服务体系，经过“泛在协同”“融合统一”和“一体共生”三个发展阶段，通过相互促进、深度融合推动算力网络持续演进，提升跨区域算力调度水平，构建国家算力网络体系。

1. 算网一体概念

算网一体是算力网络发展的目标阶段，是计算和网络两大学科深度融合形成的新型技术簇，是融会贯通多要素的一体化服务，是实现算力网络即取即用社会级服务愿景的重要途径。算网一体的特征包括：

1）设备一体化。支持网络和计算相互感知、协同调度功能的新设备。通过外挂或者内嵌/内生的方式，形成支持“算力感知”“网络感知”或“转发即计算”等多种形态的设备硬件。

2）协议一体化。支持算力、网络、服务等多维资源信息感知和调度的新协议，包括算力感知协议、算力路由协议、算力配置协议和算力OAM协议等，可通过网络协议扩展并携带计算信息，或者定义新型协议实现。

3）调度一体化。网络和计算在管理调度层面打通，提供统筹考虑的序列调度能力，或“转发即计算”的原子化功能细粒度并行调度能力。网络支持考虑计算维度的全局调度，或者保障局部最优的信息调度。

4）服务一体化。网络和计算服务统一入口，通过能力的相互补充和调用，面向用户提供一体的网络和计算服务。

算网一体最基本的组成单元是计算设备和网络设备，最初从设备层面呈现技术要素的融合，并且随着技术要素、能力要素、资源要素的不断驱动，由设备一体向系统一体发展，最终实现服务一体，如图4-13所示。从整体来看，算网一体以多要素融合、多层次服务形式从设备一体化到服务一体化演进；分开来看，呈现以计算为主和以网络为主的两种发展路径和目标。

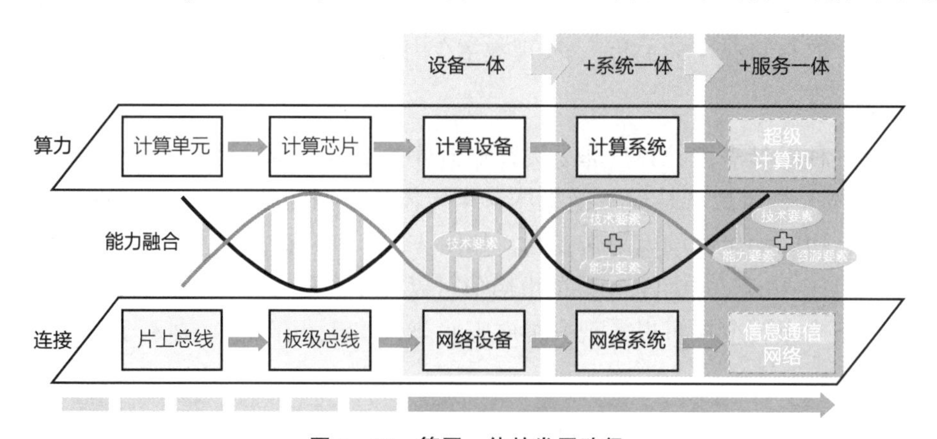

图4-13 算网一体的发展路径

2. 体系架构

算网一体的发展顺应产业、政策以及技术的多方面驱动，网络域和计算域将在广域网和局域网呈现不同的演进形态，从而催生出一系列技术体系，驱动新型算网一体设备体系的发展，新型设备之间的通信也将会构建新的协议体系。

算网一体参考体系架构主要包括形态体系、技术体系、设备体系、协议体系、能力体系、服务体系及生态体系共七个部分，共同打造算网一体基础设施，支撑新能力、新服务和新生态，如图 4－14 所示。

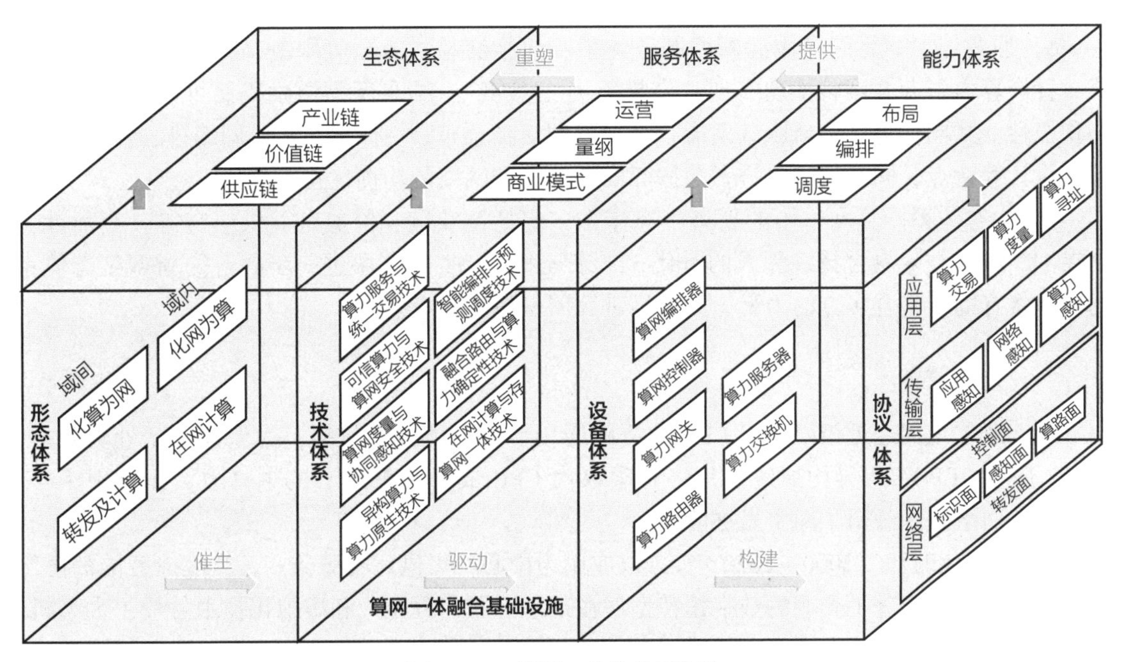

图 4－14　算网一体的体系架构

1）形态体系。根据算网一体的演进路线研判，算网一体包括以网为主和以算为主两种路线。当前网络主要包括域间的广域网连接和域内的局域网连接，广域网由于其连接范围广，计算要素相对稀疏，仍然主要保持“网”的特性；局域网由于其连接范围有限，计算要素相对密集，将更多呈现“算”的特性。所以，算网一体在面向域间和域内的演进中，将呈现“域内化网为算”和“域间化算为网”两种形态。

2）技术体系。基于形态体系的发展，算网一体将产生多个层面的基础性、前瞻性、挑战性技术，通过融合计算技术和网络技术构建核心的算网一体技术。算网一体核心技术以网络和计算的一体化服务为目标，研究算力度量、算力感知、算力路由、在网计算、算力交易、确定性服务、算网一体编排、通感算一体等技术。

3）设备体系。设备是技术的载体、能力的底座、服务的支撑。随着算网一体技术体系的发展，算网一体基础设施需要新型设备和系统承载，包括算力路由设备、算力网关设备、算网控制设备、算网编排器、算网调度器等以网为主的设备，以及包括云化用户面功能（User Plane Function，UPF）、云化小站等以算为主的设备，共同构建算网一体的设备体系。

4）协议体系。设备的功能实现以及设备之间的通信需要新的算网一体协议。算网一体协议主要作用在域间的算网一体演进，从开放式系统互连（OSI）七层协议模型演进而来，分层引入新信息、新能力，构建算网一体协议体系。算力和网络的融合可以发生在不同的层次，从网络层、传输层融合到应用层融合，其引入不同的信息，增加不同的能力，最终体现为算网一体协议体系创新。

5）能力体系。算网一体的新型能力体系，包括资源布局、编排、调度等能力。资源布局能力将泛在的网络和计算资源根据资源环境、用户需求的规模和特性进行部署；编排能力是对算网资源的统一纳管、算网融合类业务的一体化编排，以及算网业务的全生命周期管理；调度能力面向更加动态的业务请求进行调度，在提高资源利用率的同时，满足各类业务的差异化需求。

6）服务体系。算网一体的新型服务体系，包括交易、激励等服务，将催生新的商业模式。社会算力资源并网将推动实现“全局算力一盘棋”，结合新型激励机制可以提升各方参与积极性，共同促进算网新服务发展，呈现算网泛在分布、一体供给、协同编排、灵活取用、绿色设计等特点，同时通过多方参与博弈实现算力和网络的均衡优化。

7）生态体系。算网一体的新型生态体系，包括产业链、价值链、供应链等。当前社会处在 IT 与 CT 技术融合持续深入的时代，未来还将与 OT 等技术进一步融合。新型生态体系的构建将有助于整合多方的力量，共同推进算网一体走向成熟。

4.3.4 智算中心

随着摩尔定律逼近极限，以 CPU 为主的通用计算性能提升放缓，为保证数据处理效率，GPU、DPU、FPGA 等异构加速芯片将有望取代 CPU 成为数据中心的主算力。在过去十年，数据中心网络技术经历了两个发展阶段：

1）虚拟化时代（2000—2020 年），以应用为中心，提供远程服务。各类敏捷智能的微服务应用的发展，推进了企业的数字化转型。在这一阶段，分布式和虚拟化技术替代了大型机、小型机，满足了当时企业业务扩展带来的弹性需求，通过 ESXI/OPS/Docker 等虚拟化技术，实现生产系统上云，推动数据中心高速发展。

2）云化时代（2020 年至今），以多云为中心，提供云化服务。多云之间算力无损调度需求，推进了云化计算和算力网络发展。在这一阶段，出现了资源池化技术，把计算和存储资源分离，再规模化编排和调度，提供了超大规模的计算和存储资源池。GPU 高速发展、算力普惠，带来算力中心集约化建设，数据中心正从“云化时代”转向“算力时代”。

传统数据中心面向传统的计算处理任务或离线大数据计算，以服务器/VM 为池化对象，网络提供服务器/VM 之间连接，聚焦业务部署效率及网络自动化能力。智算中心是服务于人工智能的数据计算中心，包括人工智能、机器学习、深度学习等需求，以 GPU 等 AI 训练芯片为主，为 AI 计算提供更大的计算规模和更快的计算速度，以提升单位时间、单位能耗下的运算能力及质量为核心诉求。

智算中心将算力资源全面解耦，以追求计算、存储资源极致的弹性供给和利用，以算力资源为池化对象，网络提供 CPU、GPU、存储之间总线级的高速连接，如图 4－15 所示。智算中心网络作为连接 CPU、XPU、内存、存储等资源重要基础设施，贯穿数据计算、存储全流程，算力水平作为综合衡量指标，网络性能成为提升智算中心算力的关键要素，智算中心网络向超大规模、超高带宽、超低时延、超高可靠等方向发展。

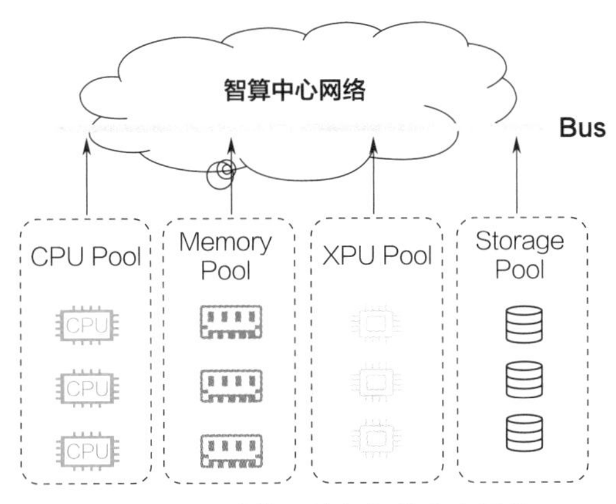

图 4-15　池化总线级智算中心网络

系统级端网协同体系创新是智算中心高性能网络性能提升关键，端侧通过智能网卡硬件卸载网络协议栈，提升网络规模及处理性能，网侧构建低时延、高吞吐的高速通道。如图 4-16所示，智能网卡与网络设备协同工作，优化拥塞控制算法、网络态势感知、动态路径切换、端到端带内遥测等能力，打造极致的网络性能与运营能力。

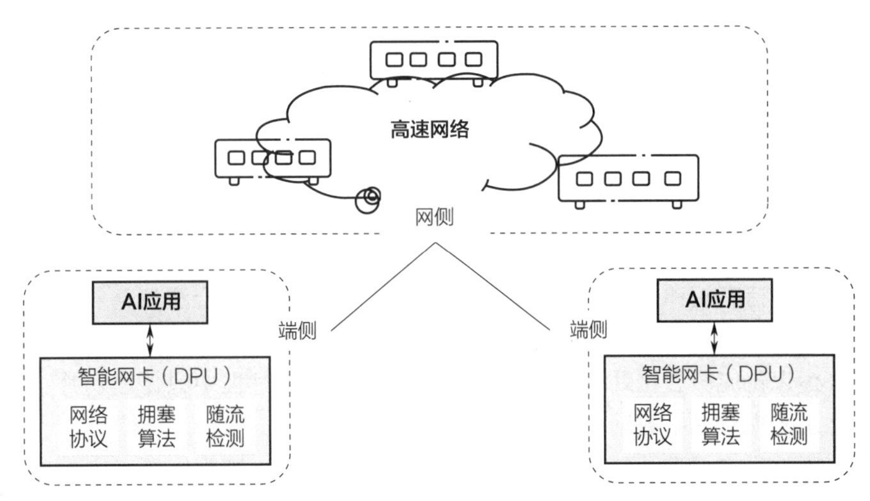

图 4-16　端网协同的高性能网络体系

总之，智算中心将从数据中心的内部做体系化创新，从以往的以云为中心，进入以 AI 为核心的智算中心体系架构。

4.4　隐私计算

大数据时代，数据成为国家基础性战略资源，在政策和市场的共同作用下，隐私计算技术、产业、应用迅速发展，已经从概念验证阶段开始逐步走向规模应用阶段。

4.4.1　隐私计算介绍

数字经济时代，如何在保护数据安全及个人隐私的前提下，实现大数据流通及数据价值深度挖掘，对快数字化发展、建设数字中国的远景目标具有重要意义。

隐私计算（Privacy-Preserving Computation），也称隐私保护计算，是指在提供隐私保护的前提下，实现数据价值挖掘的技术体系。隐私保护计算并不是一种单一的技术，它是一套包含人工智能、密码学、数据科学等众多领域交叉融合的跨学科技术体系，能够在不泄露原始数据的前提下，对数据进行加工、分析处理、分析验证，其重点提供了数据计算过程和数据计算结果的隐私安全保护能力。隐私保护计算能够保证在满足数据隐私安全的基础上，实现数据“价值”和“知识”的流动与共享，真正做到“数据可用不可见”。

广义隐私计算是面向隐私信息全生命周期保护的计算理论和方法，涵盖信息所有者、信息转发者、信息接收者在信息采集、存储、处理、发布（含交换）、销毁等全生命周期过程的所有计算操作，是实现隐私保护前提下数据安全共享的一系列技术，如图 4－17 所示。

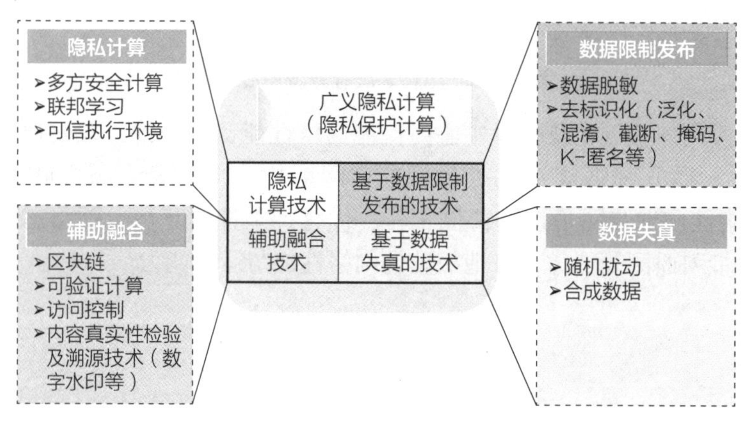

图 4－17　广义隐私计算技术体系

隐私计算通过对原始数据加密、去标识化或假名化处理，计算过程及结果只传递处理后的数据，实现了原始数据不出域，保证了原始数据持有权不变且不受损，仅让渡了数据使用权，实现了数据的持有权和使用权相互分离，保障了数据主体的合法权益。另外，隐私计算通过限定数据用法、用量，解决了原始数据无限复制、盗用、滥用的问题。同时，隐私计算利用加密、去标识化或假名化处理后的数据进行计算，计算过程中只传递切片、密文等非原始数据，有助于实现对原始数据的最小化使用。

在技术应用过程中，隐私计算尽管涉及需求方、供给方、监管方等多方的参与，仍然面临着安全性、合规性、可用性等方面的挑战，由此隐私计算技术如何“可信”应用成为大数据流通的核心问题。“可信”一词近年来主要出现在计算机领域的“可信计算（Trusted Computing，TC）”的概念中。可信计算主要强调的是计算机系统和其处理过程的可预测性、可验证性，保证全部计算过程的可测可控和不被干扰，从而保证计算结果与预期的一致性。与传统计算机领域不同，隐私计算是一个复杂的系统工程，包含技术、法律等多方面应用的考量，因此，隐私计算领域中可信的概念需要被重新诠释。

4.4.2　隐私计算架构

隐私计算架构主要包括数据方、计算方和结果方三类角色，如图 4－18 所示。数据方是指为执行隐私计算过程提供数据的组织或个人；计算方是指为执行隐私计算过程提供算力的组织或个人；结果方是指接收隐私计算结果的组织或个人。为实现数据资源的丰富、升维以及模型的智能化应用，在实际部署中参与实体至少为 2 个，每个参与实体可以承担数据方、计算方和结果方中的一个或多个角色。

原始数据
1
2
交互
数据
3
4
5
6
计算
结果
7
数据方
计算方
结果方

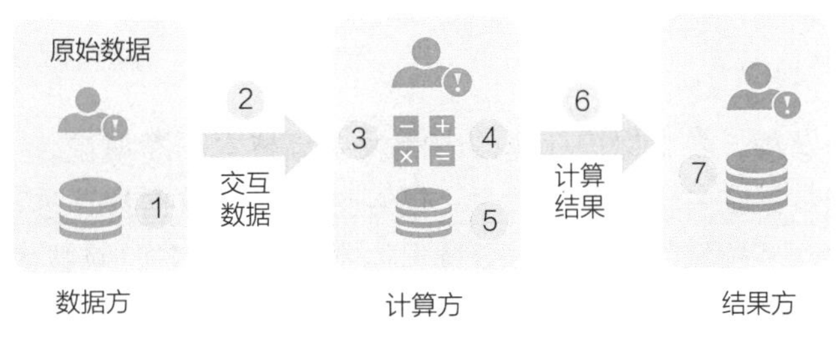

图 4-18　隐私计算架构

在应用过程中，隐私计算根据安全性、可用性和隐私保护能力等要求，以满足数据需求方、数据提供方和监管方等各方的需求，一般包含安全可证、隐私保护、流程可控、高效稳定、开放普适等基本特征，如图 4-19 所示。

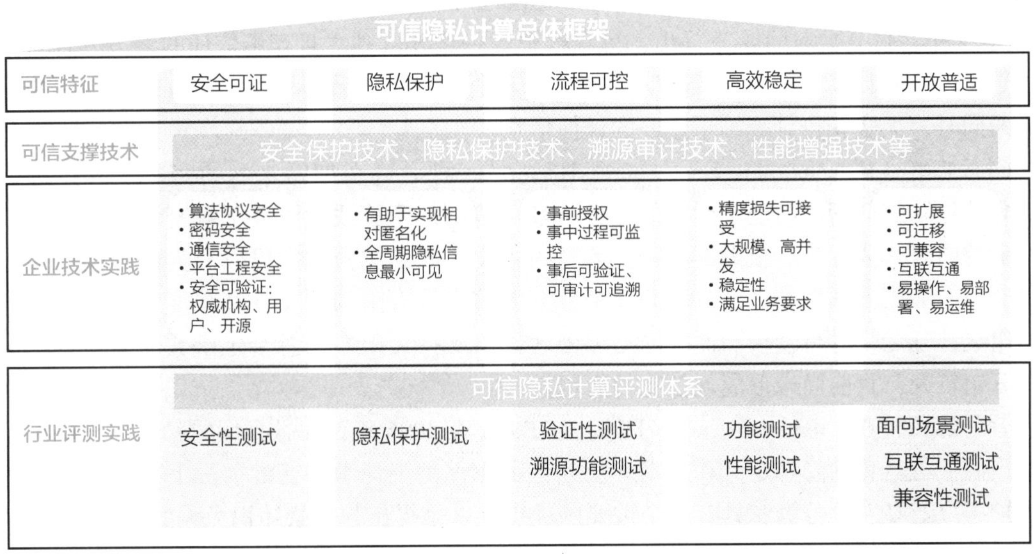

可信隐私计算总体框架
可信特征
安全可证
隐私保护
流程可控
高效稳定
开放普适
可信支撑技术
安全保护技术、隐私保护技术、溯源审计技术、性能增强技术等
企业技术实践
• 算法协议安全
• 密码安全
• 通信安全
• 平台工程安全
• 安全可验证：权威机构、用户、开源
• 有助于实现相对匿名化
• 全周期隐私信息最小可见
• 事前授权
• 事中过程可监控
• 事后可验证、可审计可追溯
• 精度损失可接受
• 大规模、高并发
• 稳定性
• 满足业务要求
• 可扩展
• 可迁移
• 可兼容
• 互联互通
• 易操作、易部署、易运维
行业评测实践
可信隐私计算评测体系
安全性测试
隐私保护测试
验证性测试
溯源功能测试
功能测试
性能测试
面向场景测试
互联互通测试
兼容性测试

图 4-19　可信隐私计算总体框架

可信支撑技术层面，围绕着安全可证、隐私保护、流程可控、高效稳定、开放普适等可信的基本特征，以理论研究为抓手，弥补当前技术的不足，缩小应用的差距。例如研究能抵抗恶意攻击、合谋攻击的安全保护技术、研究保证精度损失可接受条件下性能有效提升的技术方法、研究保证计算全流程可审计的技术方法等。

企业技术实践层面，隐私计算从概念验证到应用落地依赖于企业将技术产品化。因此，企业在可信隐私计算的应用实践是可信方法中至关重要的环节。同时，应该注意到没有完美的技术，关键在于如何正确地使用技术，需要在产品研发使用的全生命周期过程中贯彻可信特征的要求，从产品源头保证“可信”。

行业评测实践层面，可信隐私计算需要整个行业的参与，包括可信隐私计算标准体系的建设、可信隐私计算评估测试等，通过可度量、可验证的方式来减轻隐私计算技术和系统应用带来的风险。

随着社会各界对隐私计算信任问题的不断关注，可信隐私计算技术已成为研究领域的热点。研究的焦点主要围绕隐私计算系统的安全性、隐私保护能力、效率、稳定性、适用性、扩展兼容、场景易用等方面的特性展开，这些特性也构成了可信隐私计算的核心要素。

4.4.3 隐私计算关键技术

随着数字技术的发展，隐私保护计算的内涵及主流技术不断演进。主流的技术研究焦点从早期的数据扰动和数据匿名化等演进至今，已经能够实现数据计算过程和数据计算结果的保护，形成一套包含众多领域的跨学科安全技术体系。隐私保护计算技术通常涵盖联邦学习、安全多方计算、机密计算、差分隐私、同态加密等。

联邦学习（Federated Learning，FL）可被理解为是由两个或两个以上数据方共同参与，在保证数据方各自原始数据不出其定义的安全控制范围的前提下，协作构建并使用机器学习模型的技术架构。通常情况下，联邦学习需与其他隐私保护计算技术联合使用，才可在计算过程中实现数据保护。

安全多方计算（Secure Multi－Party Computation，SMPC）由中国科学院院士姚期智于1982年通过“百万富翁问题”提出，旨在解决“一组相互独立且互不信任的参与方各自持有秘密数据，协同计算一个既定函数”的问题。安全多方计算保证了各参与方在获得正确计算结果的同时，无法获得计算结果之外的任何信息。

同态加密（Homomorphic Encryption，HE）是一种允许在加密之后的密文上直接进行计算，且计算结果解密后与基于明文的计算结果一致的加密算法，可在不解密以实现数据机密性保护的同时完成计算。根据支持密文运算的程度，同态加密方案可以分为部分同态加密方案和全同态加密方案两类。部分同态加密方案能够支持有限的密文计算深度，常作为其他方案的组成部分之一进行使用。而全同态加密理论虽支持无限次任意给定函数的运算，但由于计算开销较大，目前尚未形成规模化的商用。

差分隐私（Differential Privacy，DP）是Dwork在2006年针对数据库的隐私问题提出的一种严格的、可量化的隐私定义和技术。差分隐私在保留统计学特征的前提下，去除个体特征以保护用户隐私。差分隐私具有两个重要的优点：一是提出与背景知识无关的隐私保护模型，实现攻击者背景知识最大化的假设；二是为隐私保护水平提供严格的定义和量化评估方法。

机密计算（Confidential Computing，CC）是指通过在基于硬件的可信执行环境中执行计算来保护数据应用中的隐私安全的技术之一。其中可信执行环境定义为可在数据机密性、数据完整性和代码完整性三方面提供一定保护水平的环境。其基本原理是将需要保护的数据和代码存储在可信执行环境中，对这些数据和代码的任何访问都必须经过基于硬件的访问控制，防止它们在使用中未经授权被访问或修改，从而提高机构管理敏感数据的安全水平。

第5章 大数据管理

强化数据“多样性”处理。提升数值、文本、图形图像、音频视频等多类型数据的多样化处理能力。促进多维度异构数据关联，创新数据融合模式，提升多模态数据的综合处理水平，通过数据的完整性提升认知的全面性。建设行业数据资源目录，推动跨层级、跨地域、跨系统、跨部门、跨业务数据融合和开发利用。

5.1 大数据管理技术

大数据管理通过规范数据采集、加工、使用等流程环节，在释放数据价值的过程中扮演了“承上启下”的关键角色，是丰富数据应用、打通数据要素流通的前序基础。

5.1.1 大数据结构类型

大数据对存储管理提出的另一个挑战是数据类型多样性特征，即数据存储格式多样化，这就决定了大数据存储管理系统应对各种数据类型进行高效存储与管理。大数据时代，数据类型多样性是数据要素的基本特征，为了方便管理，数据类型通常分为结构化数据、非结构化数据及半结构化数据。

1. 结构化数据

结构化数据也称作行数据，是由二维表结构来逻辑表达和实现的数据，严格地遵循数据格式与长度规范，主要通过关系型数据库进行存储和管理。在特点上，结构化数据具有完整的二维表结构规则，即数据以行为单位，一行数据表示一个实体的信息即记录，一列代表一个属性，每一列数据的属性是相同的；能够用数据或统一的结构加以表示，如数字、符号，并且结构变化不会经常性发生；能够用二维表结构来逻辑表达实现，包含属性和元组，如成绩单就是属性，90分就是其对应的元组。

结构化数据是遵循预定义数据模型的数据，任何一列数据都有相同的数据类型，符合具有不同行和不同列之间关系的表格格式，具有成熟的数据查询和分析工具，便于机器学习工具分析和SQL语句。同时，结构化数据存在数据结构复杂、扩展性不好等缺点，无法满足大数据多样性特征的需求。

2. 非结构化数据

非结构化数据是没有固定结构的数据，即数据结构不规则或不完整，没有预定义的数据模型，无法通过传统二维关系数据库存储和管理的数据。其本质是指未通过数据模型预先定义的数据，包括关系数据和模型数据。在整体数据架构中，非结构化数据往往是指不适合用数据库二维关系逻辑表来表现的数据，包括所有格式的办公文档、标准通用标记语言下的子集、各类报表、图像和音频视频文件以及工程图文档信息等，约占企业数据存储量的 80%。其主要类型包括所有格式的办公文档、文本、图片、XML、HTML、各类报表、图像和音频/视频信息等。非结构化数据一般直接进行整体存储，而且一般为二进制的数据存储格式。

存储在计算机系统中的数据分为结构化数据和非结构化数据。相较于结构化数据，非结构化数据在数据对象、数据格式、时间维度、存储占比、存储形式、增长速度、信息含量、数据价值等方面存在明显差异，具体见表 5－1。

表 5－1　结构化数据与非结构化数据特征差异

数据特征	结构化数据	非结构化数据
数据对象	结构化数据以关系型或单一数据属性作为数据对象，如：银行卡号、日期、财务金额、电话号码、地址、产品名称等	非结构化数据以内容或本体，如文件、图像图形、音视频、邮件、报表、网页、各种纸本等作为数据对象
数据格式	强调基于表格的关系型数据值格式类型，如字符型、整型、日期型、数值型等	由于非结构化数据较多体现在无模式、自描述的文件及内容，其数据格式更为多样，如 png、jpg、mp4、doc、pdf 等各种类型
时间维度	结构化数据以单一数据属性为主，需要构建关联，呈现分析结果，应用时效性较短	非结构化数据以文件和内容为主，信息量较大，应用时效性会更长
存储占比	在企业日常运营产生的数据中，结构化数据占存储数据总量的 20%	在企业日常运营产生的数据中，非结构化数据占存储数据总量的 80%
存储形式	结构化数据通常仅存储在软件应用系统和数据仓库中	非结构化数据的存储端多样，可以储存在个人电脑、服务器、应用系统、文件柜或档案室等终端以及数据湖为代表的大数据平台中
增长速度	通常结构化数据占业务数据增长量的 10%	通常非结构化数据占业务数据增长量的 90%
信息含量	结构化数据需要结合上下文语义呈现信息，信息量较小，体现在定量数据和关键的业务信息	非结构化数据所包含的信息量较大，可以扩展至情感性、描述性、文档性等更为广泛的信息
数据价值	结构化数据的价值主要体现在假设、明确或已知的数据分析价值	非结构化数据价值拥有更广泛的、探索性、数据挖掘等未知的数据洞察价值

结构化数据与非结构化数据之间最大的区别在于分析的便利性。结构化数据具有成熟的分析工具，但用于挖掘非结构化数据的分析工具正处于萌芽和发展阶段。相比于结构化数据，非结构化数据具有数据存储效率低、数据格式多样、结构复杂、信息量丰富、处理门槛高等特点。

3. 半结构化数据

半结构化数据是介于结构化和非结构化之间的数据，是结构化数据的一种形式。作为结构不规则的数据，半结构化数据并不符合关系型数据库或其他数据表的形式关联起来的数据模型结构，但包含相关标记，用来分隔语义元素以及对记录和字段进行分层，数据的结构和内容混在一起，没有明显的区分，不能够简单的建立一个表和它对应。典型的半结构化数据如 HTML 文档、JSON、XML 和一些 NoSQL 数据库等。

半结构化数据中结构模式附着或相融于数据本身，数据自身就描述了其相应结构模式。具体来说，半结构化数据具有下述特征：

1）数据结构自描述性。结构与数据相交融，在研究和应用中不需要区分“元数据”和“一般数据”（两者合二为一）。

2）数据结构描述的复杂性。结构难以纳入现有的各种描述框架，实际应用中不易进行清晰的理解与把握。

3）数据结构描述的动态性。数据变化通常会导致结构模式变化，整体上具有动态的结构模式。

常规数据模型如 E－R 模型、关系模型和对象模型刚好与上述特点相反，因此可以成为结构化数据模型。相对于结构化数据，半结构化数据的构成更为复杂和不确定，从而也具有更高的灵活性，能适应更广泛的应用需求。

5.1.2 CAP 定理

大数据管理系统依托分布式存储与计算架构，提供数据的存储与组织以及查询、分析、维护、安全性等管理服务，提升数据的一致性（Consistency）、可用性（Availability）和分区容错性（Partition－Tolerance）等管理性能，实现数据“分散存储，集中管理”。

分布式存储系统由多个标准 X86 架构服务器组成，利用每台服务器内部的存储与计算资源，通过部署存储功能软件使每台服务器转化为具有标准功能的存储节点，采用高速网络连接技术将所有节点互联，从而形成一个逻辑整体的存储资源池。分布式存储系统将业务数据分散到各个节点上，利用多台服务器的集群分担存储业务负载，为存储系统提供有效的可靠性、可用性与安全性。

大数据时代，作为数字经济的关键生产要素，数据价值化重构生产要素体系，是当前经济社会数字化转型的基础。其中，以分布式系统为基础架构的数据平台在数据价值化过程中发挥算力基础设施作用，有力支撑 5G 时代社会数字化转型。但分布式系统的最大难点在于数据管理如何实现一致性、可用性和分区容错性三者之间的动态平衡。CAP 定理（CAP Theorem）是在设计分布式系统的过程中，处理数据一致性与可用性问题时必须考虑的基本依据。

在计算机科学中，CAP 定理又被称作布鲁尔定理，它指出对于数据存储管理系统来说，不可能同时满足一致性、可用性、分区容错性。其中，一致性是（C）指更新操作成功后，所有节点在同一时刻的数据完全一致；从客户端角度来看，一致性主要指多个用户并发访问时更新的数据如何被其他用户获取的问题；从服务端来看，一致性则是用户进行数据更新时如何将数据复制到整个系统，以保证数据的一致。可用性（A）是指用户访问数据时，系统是否能在正常响应时间返回结果，其主要是指系统能够很好地为用户服务，不出现用户操作失败或者访问超时等用户体验不好的情况。在通常情况下，可用性与分布式数据冗余、负载均衡等有着很大的关联。分区容错性（P）是指分布式系统在遇到某节点或网络分区故障的时候，仍然能够对外提供满足一致性和可用性的服务。

作为数据存储与管理的基本规律，CAP 理论指出任何数据存储与管理系统中的数据一致性、可用性和分区容错性不可能同时达到最佳，在设计存储系统时，需要在 C、A、P 三者之间做出权衡，如图 5－1 所示。CAP 理论可用于不同的层面，可以根据 CAP 原理定制局部设计策略。例如，在分布式系统中，每个节点的数据是能保证 CA 的，但在整体上要兼顾 AP 或 CP，只要在某一时刻，C、A、P 不是同时实现即可满足。

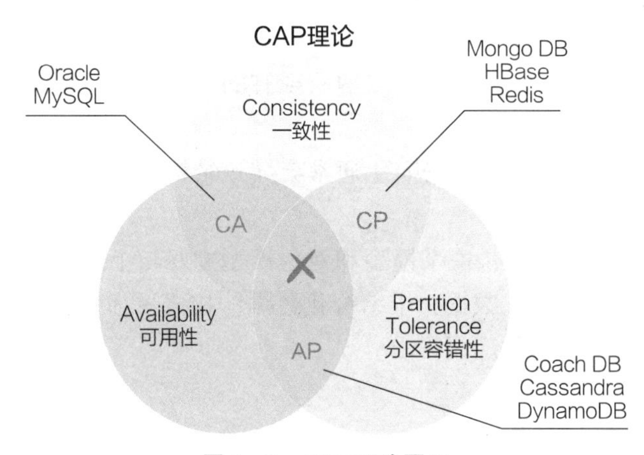

图 5－1　CAP 理论图示

CAP 理论认为数据存储管理系统只能兼顾其中的两个特性，即出现 CA、CP、AP 三种情况：CA（无 P），即不允许分区，则强一致性和可用性是可以保证的，如 MySQL、Oracle 等传统关系数据库；CP（无 A），即牺牲可用性，相当于每个请求都需要在各服务器之间强一致，而分区容错性会导致同步时间无限延长，如此 CP 也是可以保证的，如 HBase、Redis 等；AP（无 C），即放弃一致性满足高可用性并允许分区，一旦分区发生，节点之间可能会失去联系，为了实现高可用性，每个节点只能用本地数据提供服务，但这样会导致全局数据的不一致性。

对于分布式系统，分区容错性 P 是基础前提，因为分布式系统架构中存储与计算都是通过网络分区存在的，只要有网络交互就一定会有延迟和数据丢失，必须保证系统的分区容错性能。所以分布式系统只剩下一致性 C、可用性 A 可以选择，即要么保证数据一致性 C，要么保证可用性 A。当选择了 C（一致性）时，如果由于网络分区而无法保证特定信息是最新的，则系统将返回错误或超时。当选择了 A（可用性）时，系统将始终处理客户端的查询并尝试返回最新的可用信息版本，即使由于网络分区而无法保证其是最新的。

5.1.3　数据管理系统

从数据库到数据湖，传统的关系型数据库管理系统无法满足现在以数据为中心的大数据管理的需求，数据管理技术经历了以软件为中心到以数据为中心的数据管理的代际跃迁。

自计算机诞生以来，数据管理依赖人工操作带来居高不下的人力成本。数据管理系统包括数据集成、元数据、数据建模、数据标准管理、数据质量管理和数据资产服务，通过汇聚盘点数据和提升数据质量，增强数据的可用性和易用性，进一步释放数据资产的价值。

数据管理系统的功能是伴随着对数据的组织和管理以及应用的需求而不断发展起来的。第一代系统的功能主要集中在数据的组织与存储，数据的组织以层次和网状模型为代表，多种链表结构作为存储方式。这个时期的数据库系统可以看作一种数据组织与存取的工具。第二代系统主要围绕在线事务处理过程（OLTP）应用展开，在关系模型和存储技术的基础上，重点发展了事务处理子系统、查询优化子系统、数据访问控制子系统。第三代系统主要围绕在线分析处理（OLAP）应用展开，重点在于提出高效支持 OLAP 复杂查询的新型数据组织技术，包括数据立方体（CUBE）和列存储等技术以及 OLAP 分析前端工具。第四代系统主要围绕大数据应用展开，重点在分布式可扩展、异地多备份高可用架构、多数据模型支持以及多应用负载类型支持等特性。目前以上技术多集成于数据管理系统，作为开展数据管理的统一工具。但是数据管理系统存在自动化、智能化程度低的问题，实际使用中需要人工进行数据建模、数据标准应用、数据剖析等操作。

随着数字技术的快速发展，传统的关系型数据库系统无法满足以数据类型多样性特征为中心的数据管理的需求。同时，大数据管理系统实现由以软件为中心到以数据为中心的分布式系统架构迁移，加速推动算力网络基础设施建设与发展。但由于大数据管理属于投入多、见效较慢的基础性工作，前期仅资源充足的数字原生企业对于数据管理工作的推进速度较快。近年来，在政策支持下，越来越多的企业开始从顶层统筹规划数据管理工作，我国数据管理能力建设呈现大规模落地态势。

数字经济时代，大数据管理技术是一种以数据资源为中心、数字技术体系为手段，实现全方位的数据资产治理服务的管理系统，能够实施线上线下关系型数据库、MPP 数据库、NoSQL 数据库、大数据平台数据仓库的统一管理，提供数据地图、数据质量、数据血缘分析能力。通过大数据管理解决金融、政府等行业数据孤岛、数据质量、数据合规流通和使用问题，掌握数据全景，打通采数、识数、取数、用数全流程，实现数据管理无死角。

5.2 数据库

数据库（Data Base，DB）是长期存储在计算机内、有组织的、统一管理的相关数据的集合。作为承载数据存储和计算功能的专用软件，经过半个多世纪的发展演进，数据库系统综合成本低、处理能力高，扮演各类信息系统的核心角色，已成为主流数据管理工具，是各企业数据工作流程的核心。

5.2.1 数据库的发展历程

数据库是支持一个或多个应用领域，按概念结构组织的数据集合。其概念结构描述这些数据的特征及其对应实体间的联系。数据库中的数据按一定的数据模型组织、描述和存储，具有较小冗余度、较高数据独立性和易扩展性，并可为各种用户共享。作为数据库的技术演进，大数据与数据库有着本质上的差别。大数据的出现必将颠覆传统的数据管理方式，在数据来源、数据处理方式和数据思维等方面都会对数据库及管理带来革命性的变化。

首款企业级数据库产品诞生于20世纪60年代，在60余年发展过程中，数据库共经历前关系型、关系型和后关系型三大阶段，如图5-2所示。前关系型阶段数据库的数据模型主要基于网状模型和层次模型，代表产品为IDS和IMS，该类产品在当时较好地解决了数据集中存储和共享的问题，但在数据抽象程度和独立性上存在明显不足。关系型阶段以IBM公司研究员Codd提出关系模型概念，论述范式理论作为开启标志，并诞生了一批以DB2、Sybase、Oracle、SQL Server、MySQL、PostgreSQL等为代表的广泛应用的关系型数据库，该阶段技术脉络逐步清晰、市场格局趋于稳定。谷歌公司的Bigtable分布式的结构化数据存储系统开启后关系型数据库阶段，该阶段由于数据规模爆炸增长、数据类型不断丰富、数据应用不断深化，技术路线呈现多样化发展。

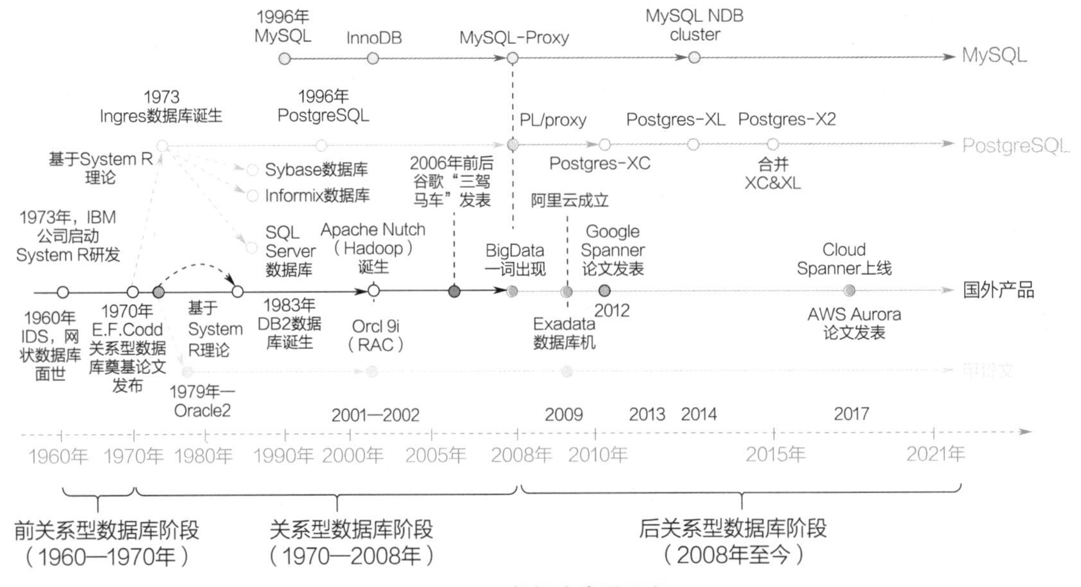

图5-2　数据库发展历程

随着各行业数字化转型不断深入，5G、物联网、云计算等数字技术体系快速发展与深度融合，传统数据库的应用系统纷纷迭代升级。全球市场格局剧烈变革，我国数据库产业进入重大发展机遇期。特别是云计算技术的大规模应用，各类传统软件产品都开始由独自部署模式向云服务模式转变。其中关系型数据库作为信息系统核心软件，逐渐被数据库企业附加云化能力，形成关系型云数据库，以服务或产品形式对外提供技术支撑。

1. 前关系型数据库阶段（1960—1970年）：网状层次数据库初尝探索

1963年，通用电气公司的Bachman等人开发出世界上第一个数据库管理系统（以下简称DBMS）也是第一个网状DBMS——集成数据存储（Integrated Data Store，IDS）。网状DBMS的诞生对当时的信息系统产生了广泛而深远的影响，解决了层次结构无法建模更复杂的数据关系的建模问题。同时期为解决“阿波罗登月”计划处理庞大数据量的需求，北美航空公司（NAA）开发出GUAM（Generalized Update Access Method）软件。其设计思想是将多个小组件构成较大组件，最终组成完整产品。这是一种倒置树的结构，也被称之为层次结构。随后IBM加入NAA，将GUAM发展成为IMS（Information Management System）系统并发布于1968

年，成为最早商品化的层次DBMS。

2. 关系型数据库阶段（1970—2008年）：关系型数据库大规模应用

第一阶段的DBMS解决了数据的独立存储、统一管理和统一访问的问题，实现了数据和程序的分离，但缺少被广泛接受的理论基础，同时也不方便使用，即便是对记录进行简单访问，依然需要编写复杂程序，所以数据库仍需完善理论从而规模化应用落地。第二阶段开启的标志性事件为1970年IBM实验室的Codd发表了一篇题为《大型共享数据库数据的关系模型》论文，提出基于集合论和谓词逻辑的关系模型，为关系型数据库技术奠定了理论基础。此处，该篇论文弥补了之前方法的不足，促使IBM的San José实验室启动验证关系型数据库管理系统的原型项目System R，数据库发展正式进入第二阶段。

1974年，Ingres原型诞生，为后续大量基于其源码开发的PostgreSQL、Sybase、Informix和Tandem等著名产品打下坚实基础。1977年，Oracle前身SDL成立。1978年，SDL发布Oracle第一个版本。

20世纪80年代，关系型数据库进入商业化时代。1980年，关系型数据库公司RTI（现名Actian）成立并销售Ingres，同年，Informix公司成立。1983年，IBM发布Database2（DB2）for MVS，标志DB2正式诞生。1984年，Sybase公司成立。1985年，Informix发布第一款产品。1986年，美国国家标准局（ANSI）数据库委员会批准SQL作为数据库语言的美国标准并公布标准SQL文本。1987年，国际标准化组织（ISO）也做出了同样决定，对SQL进行标准化规范并不断更新，使得SQL成为关系型数据库的主流语言。此后相当长的一段时间内，不论是微机、小型机还是大型机，不论是哪种数据库系统，都采用SQL作为数据读写语言，各个公司纷纷推出支持SQL的软件或接口。同年5月，Sybase发布首款产品。20世纪90年代，Access、PostgreSQL和MySQL相继发布。至此，关系型数据库理论得到了充分的完善、扩展和应用。在后关系型阶段，关系型数据库仍在发展演进，从未中止。

3. 后关系型数据库阶段（2008年至今）：模型拓展与架构解耦并存

进入21世纪，随着信息技术及互联网不断进步，数据量呈现爆发式增长，各行业领域对数据库技术提出了更多需求，数据模型不断丰富、技术架构逐渐解耦，一部分数据库走向分布式、多模处理、存算分离的方向演进，如图5-3所示。谷歌在2003—2004年公布了关于GFS、MapReduce和BigTable三篇技术论文，为分布式数据库奠定基础。Stonebraker提出“一种方法不能解决所有问题（one size does not fit all）”并依照此理念推出多种数据模型、存储介质的数据库，标志着数据库发展正式进入第三阶段。

在移动互联网时代，许多互联网应用表现出高并发读写、海量数据处理、数据结构不统一等特点，关系型数据库并不能很好地支持这些场景。此外，非关系型数据库有着高并发读写、数据高可用性、海量数据存储和实时分析等特点，能较好地支持这些应用需求。因此，一些非关系型数据库也开始兴起。为了解决大规模数据集合和多种数据类型带来的挑战，NoSQL数据库应运而生。其访问速度快，适宜处理互联网时代容量大、多样性高、流动性强的数据。

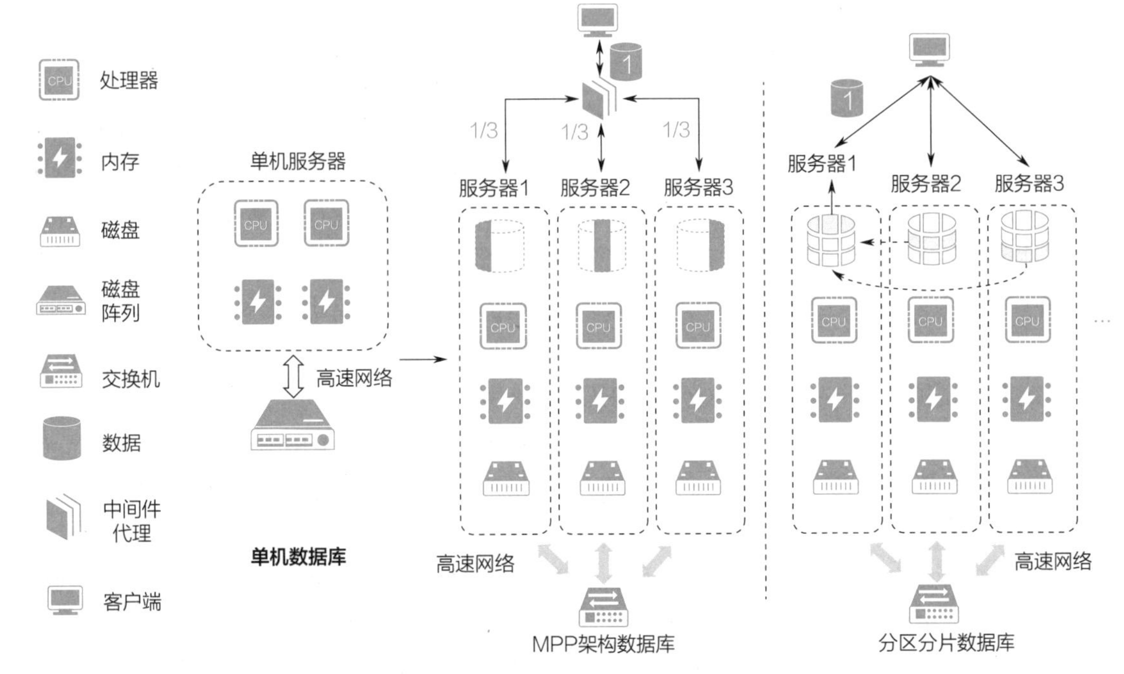

图 5-3　集中式与分布式数据库架构

由于传统的基于集中式数据库在应对海量数据及复杂分析处理时，存在数据库的横向扩展能力受限、数据存储和计算能力受限、不能满足业务瞬时高峰的性能等根本性的架构问题。利用分布式计算和内存计算等新技术设计的分布式数据库能够解决上述遇到的性能不足等问题。分布式数据库的数据分散在网络上多个互联的节点上，数据量、写入读取的负载均衡分散到多个单机中，集群中某个节点故障整个集群仍然能继续工作，数据通过分片、复制、分区等方式实现分布存储。每个数据节点的数据会存在一个或者多个副本，提供数据冗余。当某个数据节点出现故障时，可以从其副本节点获取数据，避免数据的丢失，进而提升了整个分布式集群的可靠性。

为保障分布式事务在跨节点处理时事务的原子性和一致性，一般使用分布式协议处理。常用两阶段提交、三阶段提交协议保障事务的原子性；使用 Paxos、Raft 等协议同步数据库的事务日志从而保障事务的一致性。分布式数据库技术架构大致可分为如下三类：

1）以 Apache Cassandra、Apache HBase 为代表的分布式存储为基础的数据库，底层存储基于分布式文件系统具备了分片或者分区存储的能力，扩大了普通存储设备的存储系统的上限。

2）以 Greenplum 为代表的 Shared－Nothing 架构，通过多节点协同工作扩大分布式存储能力的同时，相应的通过 MPP 架构可以支持多级并行计算处理，增强查询和分析能力。

3）以 Kylin 为代表的多维数据库产品，以及以 OpenTSDB 为代表的时序数据库，使用其他分布式数据库作为后台存储，通过构建相应的数据模型和索引技术，扩展成为新的数据库。其他还包括分库分表等中间件解决方案，严格来说不属数据库系统，但是提供类分布式数据库解决方案，适用于合适的业务场景对分布式数据库的需求。

5.2.2 数据库管理系统架构

数据库管理系统由于不同产品实现细节不完全相同，此处仅对部分主流数据库产品做抽象处理，得出架构如图 5－4 所示。数据库大致可以由内核组件集与外部组件集共同组成，其中外部组件集以数据库配套的独立支撑软件为主，例如数据库驱动。内核组件集则一般可以分为管理组件、网络组件、计算组件、存储组件四大模块。

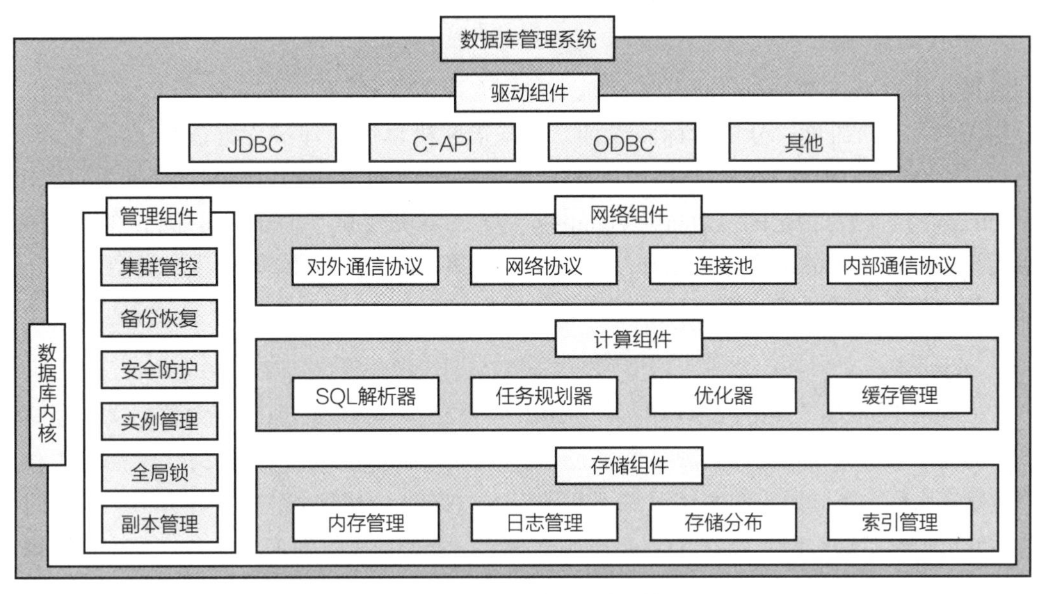

图 5－4 数据库管理系统架构图

存储组件是负责数据持久化存储的组件，对数据库的日志、索引、堆数据等内容进行管理。在新一代的存算分离体系下，数据库堆数据的存储可能是由外部的分布式存储系统承担；计算组件又可以称为协调组件、服务组件，负责响应数据库访问请求，并将 SQL 语言解析成为数据库对应的内部任务。计算组件在分布式、集群等架构下也承接大部分的计算任务，例如排序、联接等。管理组件用于对数据库全生命状态的管理，例如心跳管理、集群管理等，以及各类中心化任务承接，如死锁仲裁、存储映射管理、元数据管理、事务号管理等。网络组件管理整个数据库管理系统的网络通信的组件。数据库的网络通信有内部和外部之分。内部一般指在集群环境或者分布式环境下的各节点之间的高速数据交换。外部一般指的是各个数据库通过对外访问协议与存在于客户端的驱动进行互联的网络交换。驱动组件是支撑数据库能正常提供服务的配套独立组件，数据库管理系统基于其通用特性，往往可以对不同语言开发的软件提供数据服务。但是由于数据库本身只对外提供网络通信协议，对协议的封装则由客户端侧的不同驱动组件完成。通常有支持 JAVA 语言的 JDBC 接口、支持 C 语言的 ODBC 接口和 C－API 接口等。

5.2.3 数据库关键技术

作为用户定义、创建、维护和控制访问数据库的软件系统，数据库管理系统的整体架构与技术路线不断深化发展，目前主要包括分布式、湖仓一体、内存技术、云原生等技术。

1. 结构化查询语言

结构化查询语言（Structured Query Language，SQL）是一种数据库查询和程序设计语言，具有数据操纵和数据定义等多种功能和交互特点，用于存取数据以及查询、更新和管理关系数据库系统，能为用户在数据管理方面提供极大的便利。SQL 不仅能独立应用于终端，还可以作为子语言为其他程序设计提供有效助力。此外，SQL 可与其他程序语言一起优化程序功能，为用户提供更全面的信息，进一步提高计算机应用系统的工作质量与效率。

2. 数据仓库

数据仓库（Data Warehouse，DW）是由数据仓库之父恩门（Inmon）于 1990 年提出，依照分析需求、分析维度、分析指标而设计，是基于联机事务处理过程（On - Line Transaction Processing，OLTP）的关系型数据库。数据仓库是一个面向主题的（Subject Oriented）、集成的（Integrate）、相对稳定的（Non - Volatile）、反映历史变化（Time Variant）的数据集合，用于支持企业或组织的决策分析处理。它为企业决策制定过程提供所有数据类型的集合，是企业决策支持系统和联机分析应用的结构化数据环境。

3. 数据湖

数据湖由 Pentaho 公司的 CTO Dixon 于 2010 年提出，其核心思想源于大数据文件存储管理系统中的通用廉价分布式集群实现海量多元异构数据存储，可以直观理解为“未经处理和包装的原生状态水库，不同源头的水体源源不断地流入数据湖，为企业带来各种分析、探索的可能性”。数据湖推崇读时建模（Schema on Read）模式，强调数据无须加工整合，可直接堆积在平台上，最终由用户根据需要进行数据处理。与传统数据架构要求整合、面向主题、固定分层等特点不同，数据湖为企业全员独立参与数据运营和应用创新提供了极大的灵活性，并可优先确保数据的低时延、高质量和高可用，给拥有数据资源企业的数据架构优化提供了很好的参考思路。

4. 湖仓一体

湖仓一体是一种新型的开放式数据管理架构，打通了数据仓库和数据湖，将数据仓库的高性能及管理能力与数据湖的灵活性融合起来。底层支持多种数据类型并存，能实现数据间的相互共享，上层可以通过统一封装的接口进行访问，可同时支持实时查询和分析，为企业数据治理带来更多便利。

5. 数据库安全

数据库安全是指在数据库系统运行安全的前提下，通过一系列工具、控制和措施实现数据库的数据信息安全，核心是保护数据库的机密性、完整性、可用性与安全性。数据库安全防护技术包括数据库加密（核心数据存储加密）、数据库防火墙（防漏洞、防攻击）、数据脱敏（敏感数据匿名化）等。常见数据安全措施主要包括以下几点：

1）用户标识与身份鉴别。身份鉴别是数据库安全的基础，通过验证用户身份判断其能否连接至数据库。数据库应支持口令验证、操作系统验证等多种鉴别方式，并提供完备的口令管理体系。

2）访问控制。数据库访问控制要求用户在对数据库进行操作前必须先获得授权，是保护数据的前沿屏障。常见的访问控制模型包括自主访问控制、强制访问控制等。

3）数据存储安全。攻击者可能绕过数据库应用，直接窃取存储在硬盘中的数据，因此保护数据存储安全是重中之重，其中数据加密（包括数据文件、备份、日志等）是保护数据安全的最佳手段。

4）数据通信安全。保护数据的通信安全要求数据在传输过程中加密，能够发现传输数据是否被篡改。

5）安全审计。数据库安全审计确保管理者能监控用户对数据库的操作，并快速检测出数据库中的漏洞。

6. 数据库中间件

中间件（Middleware）是一种独立的系统软件服务程序，通常处于操作系统、数据库与应用系统之间，用来屏蔽、扩增强、扩展底层技术细节及能力，为应用系统提供更为简洁、友好的应用访问能力。它使用系统软件提供的基础服务（功能），衔接网络应用系统的各个部分或不同的应用，达到资源共享、功能共享的目的。广义中间件的定义非常宽泛，包括解决系统间网络通信的消息中间件、提供分布式环境下统一配置的注册配置中心、应用服务访问的网关、访问数据库的数据库中间件、集成平台等。中间件的功能特点及其自身定位决定了其类型多样，大致分为基础支撑类、应用集成类、平台类以及数据类，如图5-5所示。

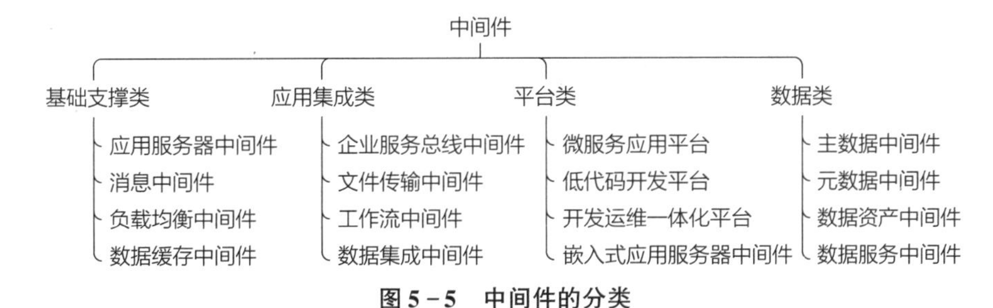

图5-5　中间件的分类

作为一种重要的中间件产品，数据库中间件随着互联网应用的兴起而发展起来，帮助很多互联网企业有效解决了分布式、大规模、经济性、可用与管理中的诸多问题，同时也诞生了很多优秀的中间件产品。这类技术在本质上是基于数据库产品，通过增强、扩展其能力以解决原有数据库短板的应用方案。尽管其中会用到一些数据库实现技术，但并不是一个数据库系统。

当前中间件产品的发展仍处于快速发展阶段。随着数字化转型深化，企业对底层数据基础设施提出了更高要求。中间件产品位于底层基础设施与应用系统之间，起到承上启下的作用。随着云计算、大数据、物联网、数据治理等各类新兴技术的快速发展，中间件产品的应用范围和功能快速扩展，使用价值得以快速提升，具有重要的产业价值。

特别随着数据库碎片化的发展趋势，中间件不再拘泥于单一业务、单一功能，而是快速扩展并外延功能。中间件不仅能提供数据安全、流量治理、接入网关、异构混算等能力，还逐步将数据库中间件平台打造为企业的数据基础服务，形成“一个数据库（OneDB）”概念，满足企业对异构数据库乃至异构数据基础平台的统一纳管、治理、服务等诉求。

5.3 非关系型数据库

大数据时代，传统关系型数据库难以适应数据类型多样性、体量巨大等新变化，导致数据管理与分析效率低下，难以满足移动互联网的大带宽、高并发等主流业务需求。因此，旨在解决大数据的存储与管理难题，非关系型数据库（NoSQL）概念于2009年被提出来。

5.3.1 NoSQL 基本原理

非关系型数据库，顾名思义就是打破了传统关系型数据库的范式约束。很多NoSQL从数据存储的角度看不是关系型数据库，而是键-值（Key-value）数据格式的Hash数据库。由于放弃了关系数据库强大的SQL查询语言和事务一致性以及范式约束，NoSQL在很大程度上解决了传统关系型数据库面临的诸多挑战。因此，NoSQL不再保证传统关系数据的ACID（原子性、一致性、隔离性、持久性）特性，实现数据管理的高可用、大并发等优点，满足大数据的管理与业务需求，得到了市场的高度认可。

NoSQL不一定遵循传统数据库的一些基本要求，如遵循SQL标准、ACID属性、表结构等。与传统数据库相比，NoSQL被称为分布式数据管理系统更准确，对数据存储简化更灵活，重点放在分布式数据管理上。因此，NoSQL具备非关系型、分布式、开源、可水平扩展、模式自由、支持复制（Replication）、简单的API以及最终一致性等诸多优点。

NoSQL以CAP（Consistency、Availability、Partition tolerance）理论为基准，即一个分布式系统不可能同时满足一致性、可用性和分区容错性，只能在某一时刻满足其中两个。根据CAP原理，NoSQL分成CA、CP和AP三大类：CA——单点集群，满足一致性、可用性，其可扩展性差；CP——满足一致性、分区容错性，但可用性能不高；AP——满足可用性、分区容错性，对一致性要求低。例如谷歌BigTable和Hadoop HBase等非关系型数据库，使用“键-值”二元组、文件等非二维表结构，具有较强的分区容错性，适应了非结构化数据多样化的特点。此外，这类NoSQL主要面向分析型业务，对一致性要求降低，但要保证最终一致性。

NoSQL数据具有易扩展、大数据量、高性能、灵活的数据模型及高可用性等优点。

1）易扩展。NoSQL种类繁多，但它们共同的特点是去掉关系型特性后，数据之间无关系约束，非常容易扩展，同时使架构层面也具有可扩展的能力。

2）大数据量，高性能。NoSQL具有非常高的读写性能，尤其在大数据量情况下，也表现非常优秀。这源于它的无关系性与数据库结构简单。

3）灵活的数据模型。NoSQL无须为要存储的数据先建立字段，随时可以存储自定义的数据格式。

4）高可用性。NoSQL采用分布式存储架构，能够在不影响性能的情况下实现高可用的架构，如Cassandra、HBase等。

5.3.2 NoSQL 关键技术

作为一种非关系型数据库，NoSQL旨在为大规模数据存储和处理提供更高的性能和更灵活的数据模型，适用于非结构化数据或半结构化数据的场景。在相关技术中，分布式数据库、内存数据库、混合型关系数据库及云原生数据库等技术在NoSQL中发挥重要作用。

1. 分布式数据库

数据库管理系统是一种非常复杂的软件系统。它的形态和边界是不停变化的，在适应持续迭代的硬件环境和不断变化的用户需求的过程中，数据库系统也不停地变化。分布式数据库是利用分布式技术，在多个同构或异构的物理节点上构建一个在逻辑上统一的分布式数据库系统，存储和计算能力不再受单一服务器的限制，具有高性能、拓展性等优势。基于多台服务器集群，分布式数据库可利用更多硬件资源提供更强大的数据分析能力。

分布式数据库系统是在集中式数据库系统的基础上发展起来的，实现应用程序可以对数据库进行透明操作，是计算机技术和网络技术结合的产物。在分布式数据库系统中，数据在不同节点数据库中存储，由不同的数据库管理系统（DBMS）进行管理，在不同机器上运行，支持不同操作系统，通过通信网络连接在一起。它在逻辑上是统一的整体，在物理上分别存储在不同的物理节点上。从用户的角度看，一个分布式数据库系统在逻辑上和集中式数据库系统一样，用户可以在任何一个节点执行全局应用。

与集中式数据库系统尽量减少节点冗余度不同，分布式数据库系统通过增加适当的数据冗余，具有可扩展性与可用性。在分布式数据库系统中，当某一节点发生故障时，系统可以对另一节点上的相同副本进行操作，不会因一处故障而造成整个系统的瘫痪，实现系统的高可靠性。同时，系统可以就近选择离用户最近的数据副本进行操作，减少通信需求，提升可用性。因此，分布式数据库系统适用于单位分散的部门，允许各个部门将其常用的数据存储在本地，实施就地存放、本地使用，从而提高响应速度，降低通信费用。

2. 内存数据库

内存数据库主要依靠内存来存储数据的数据库管理系统，把整个数据库放进内存中。相比之下，传统数据库使用磁盘读写机制，通过增加内存缓冲池或者共享内存技术，实现最小化磁盘访问。内存数据库减少磁盘操作，具有更极致的读写速度，性能上实现质的提升。

内存数据库与传统数据库对数据访问有明显区别。内存数据库的查询无须判断数据是否已经在内存中，无须在内存和磁盘之间换入、换出数据，如图5-6所示。传统磁盘数据库系统的数据组织、访问方法、查询处理算法的设计都为减少磁盘访问次数与有效利用磁盘存储空间，甚至牺牲CPU时间来减少I/O次数（如查询和处理大量中间数据），而内存数据库的设计主要考虑如何有效利用CPU时间和内存空间。

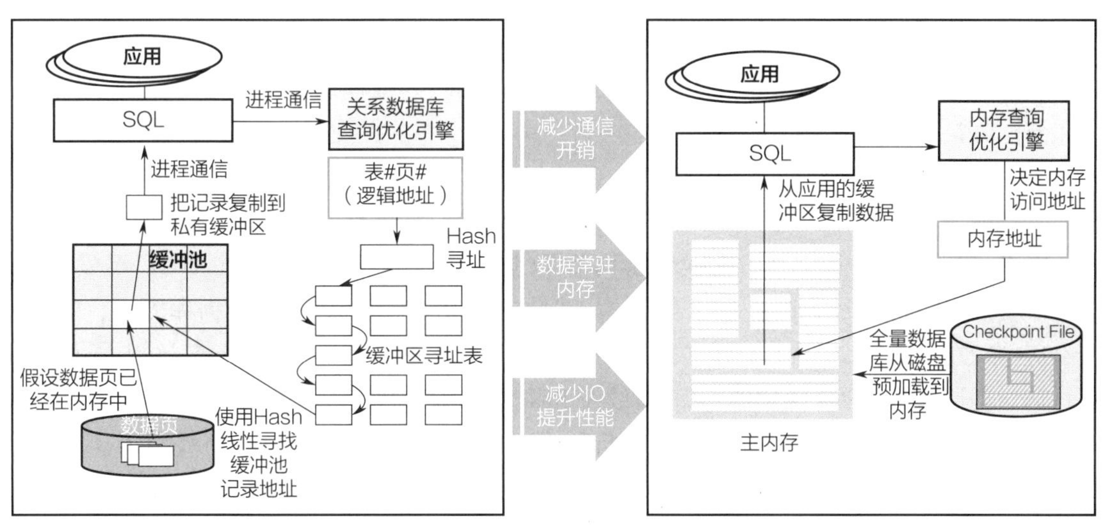

图5-6　内存数据库工作原理

内存数据库充分利用内存技术，显著降低 CPU 访问存储的时延。内存数据库和传统数据库一样，在异常掉电时可以保证数据的持久化。因为，内存数据库仍使用持久性存储并在发生故障时提供回退。日志按数据库事务捕获所有更改，数据和撤销日志信息在常规保存点（Save Point）自动保存到磁盘。在数据库事务的每个 COMMIT（等待磁盘写入操作结束）之后，日志也会连续同步保存到磁盘。发生电源故障后，内存数据库可以像基于磁盘的数据库一样，通过重播自上次保存点以来的日志，重新启动数据库，正常返回到上一个状态。目前，内存数据库技术发展很快并趋向成熟。

内存数据库特有的内存计算机制可以确保数据库核心事务处理延时短、交易稳定，从而更加适应交易型关系数据库，但这也是国产化数据库的核心难点所在。相比于目前市场常见的分析型数据库，交易型关系数据库技术门槛更高。金融、电信、能源交通等行业的核心场景或应用都离不开交易型关系数据库，且这些领域直接关系到我们国家的信息安全。

总之，随着移动互联网的飞速发展，高并发、低时延的应用需求强劲。同时，由于内存硬件价格在不断下降，内存变得更加“平民化”，已经不再是“奢侈品”。内存数据库由于省去了磁盘读写的开销，在性能上比传统的数据库有质的提升，今后革命性创新的高速互联技术（CXL）协议将使内存数据库的发展优势更加凸显。

3. 混合型关系数据库

根据数据处理方式不同，数据管理环境通常分为两类，一类是联机事务处理（OLTP），另一类是联机分析处理（OLAP）。OLTP 是传统关系型数据库的主要应用，如日常事务处理，如创建、替换、更新、删除等操作。OLAP 是数据仓库系统的主要应用，需要运行复杂分析过程的历史数据，支持复杂的分析操作，侧重决策支持，并且提供直观易懂的查询结果。业务需求和数据库技术的发展，使得数据库产品需要具有同时处理 OLTP 和 OLAP 的能力，并由统一的系统对外提供。

混合型关系数据库（Hybrid Transaction and Analysis Processing，HTAP）依托列存技术、内存计算、可扩展架构、数据压缩及分层存储架构等关键技术，能同时提供 OLTP 和 OLAP 的混合型关系数据库。广义的 HTAP 在关系数据模型上进行 OLTP 时具有强一致性保证，融合了分布式能力并且具有高扩展性。狭义的 HTAP 采用行列混存或行列转化技术支持事务能力和分析功能。

HTAP 的兴起和发展始于 2010 年，主要有三条技术路线，分别为单机数据库、云数据库、NewSQL，主流 HTAP 大事件如图 5 - 7 所示。典型的单机数据库主要包括 SAP HANA 和 MySQL Heatwave，其中，SAP HANA 以内存数据库为主，而 MySQL 在 2021 年发布的 Heatwave 在分析能力上是基于 MPP 架构的，但本身是单机版的。在云数据库方向，Google AlloyDB 参考了 AWS Aurora 架构，做到青出于蓝的效果。NewSQL 的分支鼻祖是 Google Spanner，但同为 NewSQL 架构的 TiDB 持续在 Real Time HTAP 投入巨大，且 TiDB 早期解决了 MySQL 分库分表所面临的用户的在线分析需求问题。2018 年，NewSQL 路线引入 TiSpark；2020 年，TiFlash 完成了 HTAP 架构的闭环；2021 年，5.0 版本 MPP 能力通过 TiDB Cloud 向所有云上用户输出，在 5 年时间完成了 Real Time HTAP 产品能力的四连跳。

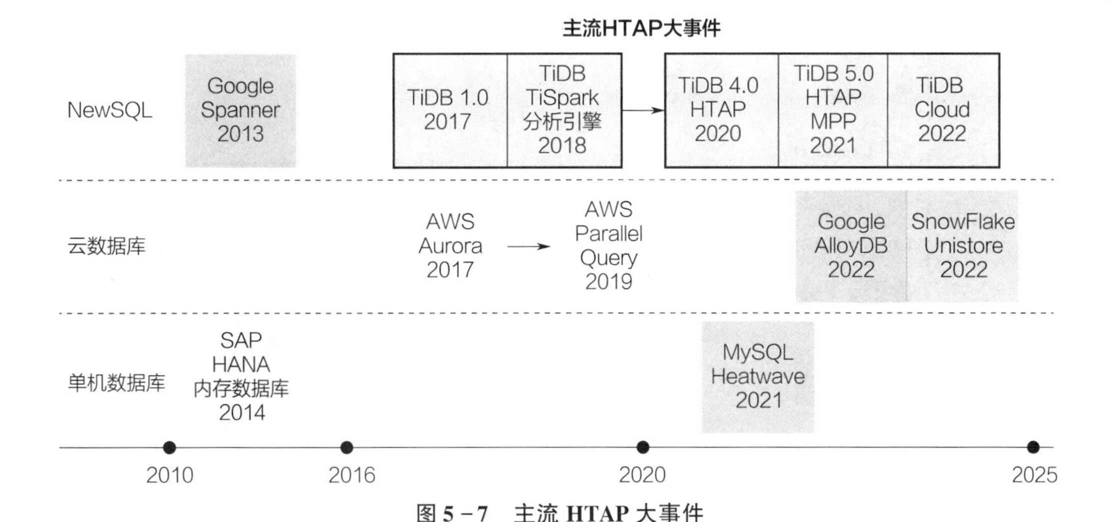

图 5-7　主流 HTAP 大事件

总之，HTAP 面临互联网和数字化催生的更大数据量、更低延迟、更低成本的需求。无论路径如何，它们都采用了分布式架构、行列混存、低延迟的 Log 复制机制，并通过云端的扩展获得了准 PB 级别的扩展性，很多还借助机器学习来提升查询效率，最终实现以全托管模式给用户提供一个简单而强大数据库的使用体验。

4. 云原生数据库

大数据时代，云化是数据库领域最大的发展趋势。2019 年，云上数据库服务（Database as a Service）不到传统数据库的一半，但到 2022 年已接近持平，可以预见 2023 年云数据库的占比一定会超过传统数据库。相比于传统私有部署的数据库，云原生数据库通过存储计算分离实现资源池化和弹性，具有高扩展性、高可用性、低成本等优势。在存算分离架构基础上，云原生数据库引入 Serverless 技术，为用户提供真正具备秒级智能弹性扩容能力、随需而动。

Serverless 指构建和运行应用程序不需要管理服务器的概念。它描述了一种更细粒度的部署模型，即将应用程序打包为一个或多个功能并上传到平台，然后执行、扩展和计费，以响应准确的需求。其核心思想是将应用程序解耦至“Function”并自动伸缩，让用户无须关注服务器，包括托管或发生在服务器上的所有内容，进一步提高云的效率，降低运营的工作量和成本，有效解决资源浪费与成本高的问题。广义的 Serverless 是指构建和运行软件时不需要关心服务器的架构思想。

总之，Serverless 让数据库开始真正从用户角度出发，融入到现代的开发应用过程中，帮助用户更快、更流畅的构建应用。

5.3.3　NoSQL 的数据库类型

根据数据存储类型，NoSQL 细分为键 - 值数据库、列族数据库、文档数据库及图数据库等，具体如图 5-8 所示。

图 5-8 NoSQL 分类

1. 键-值数据库

键-值数据库应用于云环境下的典型云存储系统，是一种以键值对存储数据的一种数据库，类似 Java 中的 map，即整个数据库可视为一个 map，每个键都会对应唯一值。其主要思想来自哈希表，即有一个特定的键（Key）和一个值（Value）指针，指向特定的数据。键-值数据存储可以理解为 < Key，Value > 二元键值对，即一个 Key 对应一个 Value 值，其中 Key 值和 Value 值的数据类型不限。若 Key 值为一个文件名，则 Value 取值可以是相应的文件。对于整个数据库系统而言，数据存取层并不关心这个 Value 值是什么。

键-值分布式存储系统查询速度快、存放数据量大、支持高并发，非常适合主键查询，但不能进行复杂的条件查询。基于键-值模型的高性能海量数据存储系统的主要特点是具有极高的并发读写性能，具有出色的系统效率。大数据存储系统的最大优势是数据模型简单、易于实现，非常适合通过 Key 对数据进行查询和修改等操作，见表 5-2。

表 5-2 键-值数据库模型

实例	Dynamo、Redis、Voldemort
应用场景	内容缓存，主要用于处理大量数据的高访问负载，也用于一些日志系统
数据模型	Key 与 Value 间建立的键-值映射，通常用哈希表实现
优点	查找迅速
缺点	数据无结构化，通常只被当作字符串或者二进制数据

Redis 是一个应用广泛的键-值型内存数据库，采用 C 语言编写，每一个 Key 都与一个 Value 关联。Redis 与其他键-值数据库的不同是 Redis 的每一个 Value 都有一个类型（Type）。目前 Redis 支持 5 种数据类型：String、List、Set、ZSet 和 Hash。

2. 列族数据库

列族数据库主要以"列"为单位进行存储，使用类似"表"的传统关系数据模型。它以列为单位对二维表进行存储，不支持多表的操作，如关系数据库二维表连接。在传统关系数据库中，数据是按行存储的，没有索引查询使用大量 I/O，建立索引和物化视图需要花费大量时间和资源满足查询的需求。数据库必须大幅度膨胀才能满足性能要求，如图 5-9a 所示。而列族数据库是革命性变革，数据按列存储，每一列单独存放。数据即是索引，只访问查询相关列，显著降低系统 I/O。每列由一个线索来处理、查询的并发处理，数据类型一致，列数据特征相似，能够提供数据压缩比，如图 5-9b 所示。

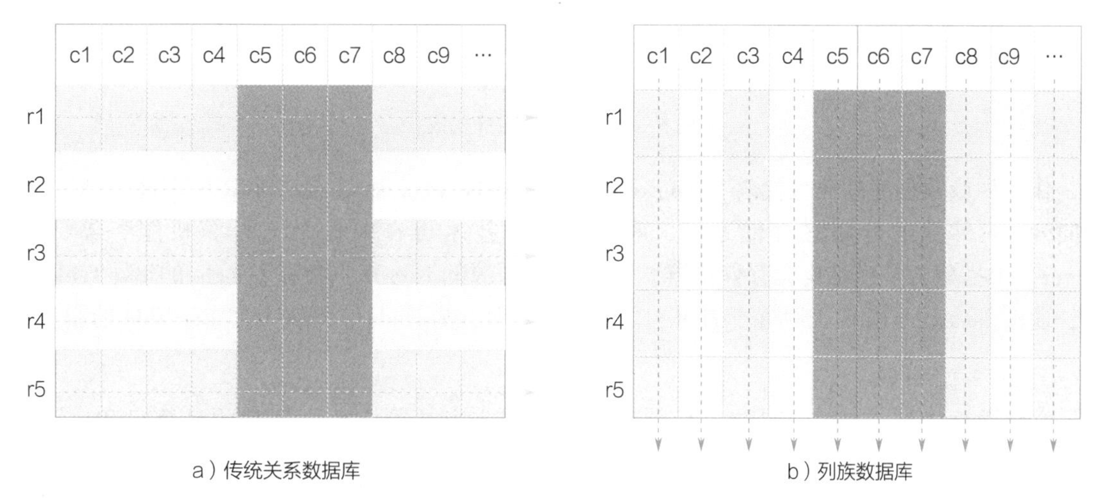

图 5-9 传统关系数据库与列族数据库的存储方式对比

列族数据库是一类使用表、行和列进行数据存储的 NoSQL。与关系数据库不同，列的名称和格式在同一表中的行与行之间可以不同，见表 5-3。

表 5-3 列族数据库模型

实例	Bigtable、Cassandra、HBase
应用场景	分布式文件系统
数据模型	以列存储，将同一列数据存在一起
优点	查找迅速、可扩展性强，更容易进行分布扩展
缺点	功能相对有限

列族数据库是由列（Column）、超列（SuperColumn）、列族（ColumnFamily）及行键（Row Key）构成，如图 5-10 所示。列是最基本单元，主要由列名（Name）、列值数据（Value）、时间戳（Timestamp）三要素组成。以列作为基本单元构成超列，多个超列一起构成列族，最后多个列族加上行键一起构成一个基本存储文件。行键是用于检索记录的主键，可以是任意字符串（最大长度是 64KB，实际应用中长度一般为 10～100B）。在 HBase 内部，行键保存为字节数组。时间戳的类型是 64 位整型，用于保存同一份数据的多个版本。时间戳可以由 HBase（在数据写入时自动）赋值，是精确到 ms 的当前系统时间，可以由客户显式赋值。因此，列族数据库可以视为一种二维键值存储。

Row Key	ColumnFamily1	ColumnFamily2	ColumnFamily3	ColumnFamily N
ColumnFamily	SuperColumn1	SuperColumn2	SuperColumn3	SuperColumn N
ColumnFamily	Column1	Column2	Column3	Column N
SuperColumn	Column1	Column2	Column3	Column N
Column	Name	Value	Timestamp	

图 5－10　列族数据库构成

作为列族数据库的典型代表，HBase 全称为 Hadoop Database，是一个高可靠性、高性能、面向列、可伸缩的分布式存储系统，利用 HBase 技术可在廉价个人计算机服务器（PC Server）上搭建大规模结构化存储集群。它是一个开源的 NoSQL，参考 Google 的 Big Table 建模，通过 Java 语言实现，运行于 HDFS 文件系统之上，为 Hadoop 提供类似 BigTable 的服务。

3. 文档数据库

文档数据库是一种用于存储、检索和管理文档或半结构化数据信息的计算机程序，见表 5－4。与文档数据库的区别在于数据处理方式上，键－值数据库的数据对数据库不透明；而面向文档的数据库系统依赖于文件的内部结构，它获取元数据以用于数据库引擎进行更深层次的优化。文档编码包括 XML、YAML、JSON 和 BSON，以及 PDF 和 Microsoft Office 文档（MS Word、Excel 等）等二进制形式。

表 5－4　文档数据库模型

实例	CouchDB、MongoDB
应用场景	Web 应用
数据模型	与键－值模型类似，Value 指向结构化数据
优点	数据要求不严格，不需要预先定义结构
缺点	查询性能不高，缺乏统一查询语法

作为介于关系数据库和非关系数据库之间的产品，MongoDB 是非关系数据库中功能最丰富、面向集合且模式自由的文档数据库。它支持的数据结构非常松散，类似 JSON 的 BJSON 格式，因此可以存储比较复杂的数据类型。MongoDB 最大的特点是它支持的查询语言非常强大，语法类似于面向对象的查询语言，几乎可以实现类似关系数据库单表查询的绝大部分功能，而且还支持对数据建立索引。

4. 图数据库

图数据库是一种使用图结构对数据进行查询和存储的数据库，见表 5－5。它以图论为理论基础，使用图模型，将关联数据的实体作为顶点存储，关系作为边存储，解决数据复杂关联查询的问题。

表 5-5 图数据库模型

实例	Neo4J
应用场景	社交网络、推荐系统、关系图谱
数据模型	图结构
优点	利用图结构相关算法提高性能
缺点	功能相对有限，不好做分布式集群解决方案

图数据库是利用计算机将点、线、面等图形基本元素按一定数据结构存储的数据集合，将地图与其他类型平面图中的图形描述为点、线、面等基本元素，并将这些图形元素按一定数据结构（通常为拓扑数据结构）建立数据集合，包括两个层次：第一层次为拓扑编码的数据集合，由描述点、线、面等图形元素间关系的数据文件组成，包括多边形文件、线段文件、结点文件等。文件间通过关联数据项相互联系。第二层次为坐标编码数据集合，由描述各图形元素空间位置的坐标文件组成。图数据库仍是目前地理信息系统中对矢量结构地图数据存储的主要形式。

按照数据模型，主流图数据库可分为资源描述框架（RDF）图数据库和属性图数据库。其中，RDF 图数据库表达方式简洁、具有极强的灵活性和可扩展性，并且采用万维网联盟（W3C）定义的终极本体语言（OWL）和 SPARQL 国际标准体系来进行知识表示和查询，非常适合知识图谱的应用以及知识推理的场景，典型 RDF 图数据库有 Virtuoso、gStore、Jena 等。属性图数据库对知识表示更加直观且更接近 Redis 数据库（RDB），非常适合大图分析等场景，典型属性图数据库有 Neo4j、Tigergraph 等。

按照底层存储模式，图数据库又分为原生图数据库和非原生图数据库两种。原生图数据库专门针对图存储进行了底层设计和优化，支持高效的图分析算法和查询，底层数据结构包括链表、B+树、日志结构合并（LSM）树等，典型图数据库有 Neo4j、Tigergraph、gStore 等。非原生图数据库大部分依赖关系型数据库等来存储数据，然后用存储引擎对数据以图数据的逻辑进行管理，典型图数据库有 Titan、JanusGraph 等。

第6章 大数据安全与治理

由于数据本身具有流动性、多样性、可复制性等不同于传统生产要素的特性，数据安全风险在数字经济时代被不断放大，数字经济对数据安全治理的要求也越来越高。2021 年《中华人民共和国数据安全法》和《中华人民共和国个人信息保护法》正式颁布，与《中华人民共和国网络安全法》共同构成数据安全领域的三驾马车，明确提出在坚持总体国家安全观基础上，建立健全数据安全与治理体系，提高数据安全保障能力，标志着数据安全与治理的法律架构搭工作已完成。我国大数据安全进入有法可依、依法建设的新时代。

6.1 数据安全与治理

数据是数字经济发展的关键要素，其在不同应用场景间的流动为数字经济持续健康发展提供了强劲动力。筑牢数字安全屏障、保障国家数据安全是实现数字经济健康发展、建设网络强国和数字中国的题中应有之义，也是适应经济社会网络化、数字化、智能化发展趋势的必然要求，更是提升国家治理体系和治理能力现代化水平的重要内容。推动数字经济持续健康发展，必须把数据安全与治理放在突出位置。

6.1.1 信息安全

“每个硬币都有两面”。信息技术造福人类、改造世界的同时，也引发了信息窃听、泄露等安全风险。信息安全起源于通信安全的密码学，历史悠久，内涵范围广。随着计算机、大数据、云计算等数字科技的发展，信息安全有网络安全、数据安全等不同的描述。信息安全范围宽泛，大到国家军事政治等机密安全，小到如防范商业机密泄露、防范青少年对不良信息的浏览、防范个人信息的泄露等。具有价值的信息资产面临诸多威胁，如黑客渗透、木马后门、病毒和蠕虫、拒绝服务、社会工程、流氓软件、地震、失火等，如图 6-1 所示。

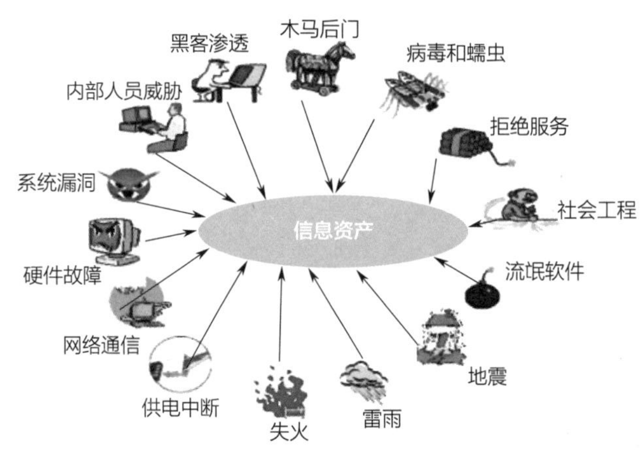

图 6-1 信息安全威胁场景

信息安全是一个包括信息本身安全（信息内容安全）、信息载体安全（网络安全）、信息程序安全，以及影响和危害信息安全的因素和信息安全保障维护等信息安全问题。它是通过技术或管理手段保护信息系统硬件、软件、数据不会遭到破坏、更改和泄露，涉及信息的保密性、完整性、可用性、真实性、可控性等相关技术和理论。其目标是保护信息资源及其载体不会遇到内外各种危险、威胁和侵害。在本质上，信息安全通过技术、管理等不同层面防止外部用户的非法入侵和内部员工的教育和管理，保护信息系统的硬件、软件、数据，防止系统和数据遭受破坏、更改、泄露，保证系统连续可靠正常地运行，服务不中断。它是一门涉及计算机科学、网络技术、通信技术、密码技术、信息安全技术、应用数学、数论、信息论等多种学科的综合性学科。

在构成上，信息安全根据计算机体系架构分为物理层面、网络层面及应用层面上的物理安全、传统通信安全、网络与系统安全、数据安全、业务安全、内容安全，如图 6－2 所示。信息安全体系是保证信息安全的关键，包括计算机安全操作系统、各种安全协议、安全机制（数字签名、信息认证、数据加密等）与安全系统。其中任何一个安全漏洞都可以威胁全局安全。信息安全服务至少包括支持信息网络安全服务的基本理论，以及基于 5G 网络体系结构的网络安全服务体系结构。

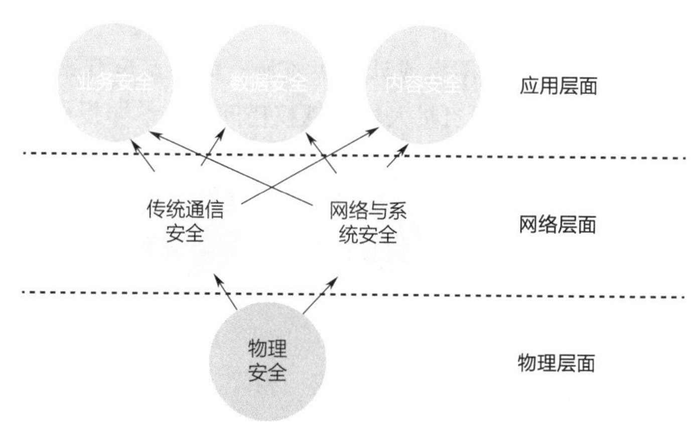

图 6－2　信息安全层次化结构

大数据时代，信息安全是国家安全体系中的重要组成部分，贯穿于政治、经济、军事、文化安全。无论信息安全以何种形式出现，它对国家安全的影响总是通过政治、经济、军事、文化等层面发生作用，也就是通过数字技术体系实现对国家基础设施的攻击、破坏或保护，危害或保护国家安全。

总之，信息系统的安全性越高，可用性越低，需要付出的成本就越大。因此，需要在安全性、可用性、成本投入之间权衡。

6.1.2　网络安全

网络是新型基础设施的重要组成部分，以网络空间为核心的数字原生空间是国家安全和数字经济发展的关键领域。网络空间主权是国家主权在网络空间中的自然延伸和表现。没有网络安全就没有国家安全，没有信息化就没有现代化。网络安全和信息化是事关国家安全、国家发展与广大人民群众工作生活的重大战略问题。网络安全已经成为我国面临的最复杂、最现实、最严峻的非传统安全问题之一。

网络安全采取必要措施防范对网络的攻击、侵入、干扰、破坏和非法使用以及意外事故，使网络处于稳定运行的状态，以及保障网络数据完整性、保密性、可用性的能力。网络安全的本质在于对抗，对抗的本质在于攻防两端能力的较量。网络安全主要涉及网络、设备的安全，线路、设备、路由和系统的冗余备份，网络及系统的安全稳定运行，网络及系统资源的合理使用等。网络安全威胁分为被动攻击与主动攻击，包括网络信息被窃听、重传、篡改、拒绝服务攻击，导致的网络行为否认、电子欺骗、非授权访问、传播病毒等，如图 6 - 3 所示。

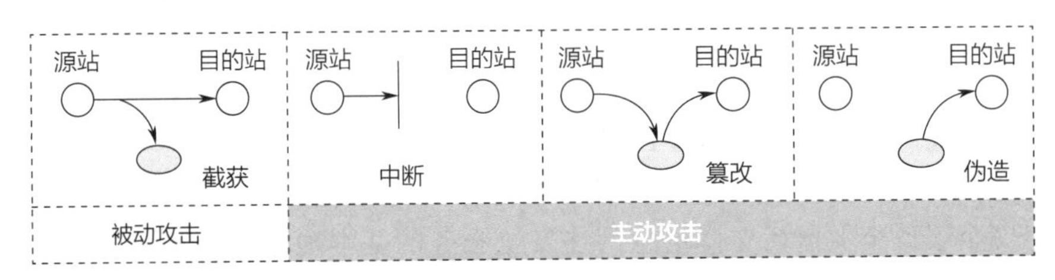

图 6 - 3 对网络的被动攻击和主动攻击

网络威胁主要表现在以下 5 个方面：

1）非授权访问是没经同意使用网络或计算机资源，如有意避开系统访问控制机制对网络设备及资源进行非正常使用，或擅自扩大权限越权访问信息。非授权访问的主要形式包括假冒、身份攻击、非法用户进入网络系统进行违法操作、合法用户以未授权方式进行操作等。

2）信息泄露或丢失指敏感数据有意或无意泄露、丢失，通常包括信息在传输或存储中丢失或泄露以及通过建立隐蔽隧道等窃取敏感信息等。如黑客利用电磁泄漏或搭线窃听等方式截获机密信息，或通过对信息流向、流量、通信频度和长度等参数分析推测出重要信息，如用户口令、账号等。

3）破坏数据完整性指非法窃取数据的使用权，删除、修改、插入或重发某些重要信息，以获取有利于攻击者的响应，如恶意添加、修改数据，以干扰用户的正常使用。

4）拒绝服务攻击通过对网络服务系统进行干扰，改变其正常的作业流程，执行无关程序，使系统响应减慢甚至瘫痪，影响正常用户的使用，甚至使合法用户被排斥而不能进入计算机网络系统或不能得到相应的服务。

5）传播病毒通过网络传播计算机病毒，其破坏性远高于单机病毒，用户很难防范。

由于信息系统和软件设计存在缺陷、通信协议不完备、技术实现不充分、配置管理和使用不当等安全漏洞，网络攻击通过攻击软件、网络命令、专用网络软件、自己编写攻击软件等进行攻击，非法获取、修改或删除用户系统信息、在用户系统增加垃圾、色情或有害信息，破坏系统，网络攻击流程如图 6 - 4 所示。网络攻击核心要素包括攻击者、工具、访问、结果和目标五大要素。首先一个完整的攻击流程调查、收集和判断目标系统网络拓扑结构信息，制订攻击策略，并确定攻击目标；其次，扫描目标系统，攻击目标系统；最后，发现目标系统在网络中的信任关系，对整个网络发起攻击。网络攻击可分为拒绝服务、侵入攻击、信息盗窃及信息篡改等类型。

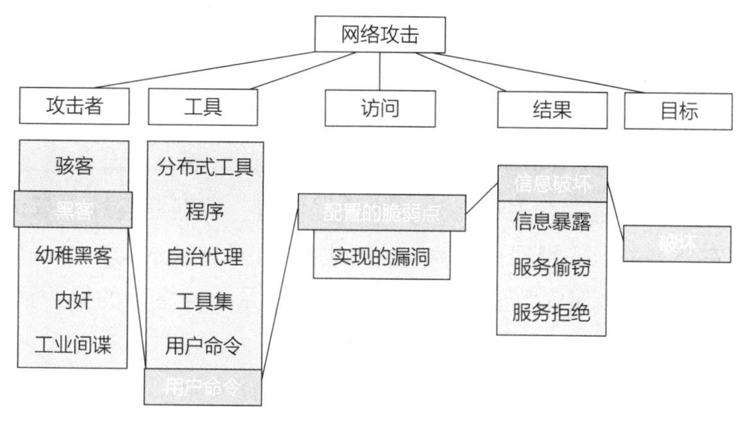

图 6-4 网络攻击流程

网络安全是以网络为核心的安全体系，主要涉及网络安全域、防火墙、网络访问控制、抗分布式阻断服务（DDOS）等，更多指向整个网络空间环境。信息和数据都可存在于网络空间。网络安全与信息安全的区别主要体现在以下几点：

1）包含和被包含的关系。信息安全包含网络安全、操作系统安全、数据库安全、硬件设备和设施安全、物理安全、人员安全、软件开发、应用安全等。

2）对象不同。网络安全侧重于研究网络环境下的计算机安全，信息安全侧重于计算机数据和信息安全。

3）侧重点不同。网络安全更注重于网络层面，如通过部署防火墙、入侵检测等硬件设备实现链路层面的安全防护。相比之下，信息安全比网络安全的覆盖面大很多，是从数据角度来实现安全防护。通常采用的手段包括防火墙、入侵检测、审计、渗透测试、风险评估等，安全防护不仅仅在网络层面，更注重应用层面，因此信息安全更贴近于用户的实际需求及想法。

网络安全与我们生活越来越密切。每天通过手机、电脑、智能终端在网络上参与各种活动，包括聊天、学习、购物、浏览网页等，都会留下痕迹。因此，人或组织会利用网络安全漏洞窃取信息，侵害到我们的个人利益、国家利益，所以加强网络安全是十分必要的。国家建设网络与信息安全保障体系，提升网络与信息安全保护能力，加强网络和信息技术的创新研究和开发应用，实现网络和信息核心技术、关键基础设施和重要领域信息系统及数据的安全可控；加强网络管理，防范、制止和依法惩治网络攻击、网络入侵、网络窃密、散布违法有害信息等网络违法犯罪行为，维护国家网络空间主权、安全和发展权益。网络安全和信息化是一体之两翼、驱动之双轮，必须统一谋划、统一部署、统一推进、统一实施。

6.1.3 数据安全

大数据时代，互联网和传感器生成、记录、传播和运用的数据成指数型增长，且原本难以运用的非结构化数据通过机器学习等数字技术手段挖掘出新的价值功能，信息和数据的联系变得更为紧密，因此，信息安全更多地被转化为数据安全。信息安全与数据安全不仅关注信息分级保护机制，还要注重信息原始数据的保护。

数据安全是在数据的整个生命周期中保护数据免受未经授权的访问、损坏或盗窃，采取必要措施以确保数据处于有效保护和合法利用的状态。该定义涵盖了信息安全的各个方面，从硬件和存储设备的物理安全到管理和访问控制，以及软件应用程序的逻辑安全，同时还包括组织政策和程序。

在对象上，数据安全主要关注数据本身和数据防护两方面：一是数据本身的安全，主要指采用现代密码算法对数据进行主动保护，如数据保密、数据完整性、双向强身份认证等；二是数据防护的安全，主要采用现代信息存储手段对数据进行主动防护，如通过磁盘阵列、数据备份、异地容灾等手段保证数据的安全。数据安全是一种主动的保护措施，主要有对称算法与公开密钥密码体系。

在构成上，数据安全可分为数据处理安全与数据存储安全。数据处理包括数据收集、存储、使用、加工、传输、提供、公开、销毁等。数据处理安全指如何有效防止数据在录入、处理、统计或打印过程中因硬件故障、断电、死机、人为误操作、程序缺陷、病毒或黑客等造成的数据库损坏或数据丢失现象。防止某些敏感或保密数据因非法人员或设备员接触而导致数据泄密等严重后果。数据存储安全指数据库在系统运行之外的可读性。一旦数据库被盗，即使没有原来的系统程序，可以编写程序对盗取的数据库进行查看或修改。因此，不加密的数据库是不安全的，容易造成商业泄密，所以便衍生出“数据防泄密”的概念，涉及计算机网络通信保密、安全及软件保护等问题。

数据作为一种新型关键生产要素，已成为数字经济社会发展的核心驱动力，但日益严峻的数据安全风险为数字化转型的持续深化带来严重威胁。从国家宏观政策角度来看，围绕数据安全保障能力建设，“十三五”规划中明确提出要强化信息安全保障，加快数据资源安全保护布局，如建立大数据管理制度、实行数据分类分级管理，加强数据资源在采集、存储、应用和开放等各环节的安全保护，加强公共数据资源和个人数据保护等。关于“十四五”规划和 2035 年远景目标建议明确提出建设网络强国、数字中国，发展数字经济，建立数据安全保护基础制度和标准规范，保障国家数据安全。从行业应用角度来看，我国数字经济获得了新的发展空间，并深刻融入国民经济的各个领域。如直播带货、在线游戏、在线教育和在线办公等新业态迅速成长，数字经济呈现了拉动内需、扩大消费的强大带动效应，促进了我国经济的复苏与增长。在数字经济蓬勃发展的过程中，数据安全是关键所在。除了数据本身的安全，数据的合法合规使用也是数据安全的重要组成部分。滥用数据或进行数据垄断，不合法合规地使用数据，将会大大削弱数字经济的发展活力与动力。

6.1.4 数据治理

数据治理是对数据生产要素展开一系列的具体化工作，包括数据全生命周期管理、评估指导和监督，提供创新的数据应用与服务，实现数据要素价值化。数据安全治理是数据治理的过程，对保护个人信息权益，维护国家安全和社会公共利益、促进数据跨境安全与自由流动具有重要意义。

数据治理是通过一系列的信息相关过程实现决策权和职责分工。这些过程依据达成共识的模型执行。该模型描述了谁（Who）能根据什么信息、在什么时间（When）和情况（Where）下，用什么方法（How），采取什么行动（What）。作为数据化资产管理的基石，数据治理从数据质量和使用出发，以数据质量提升和数据安全共享为目标，强调数据处理与过程管理，保障数据完整性、准确性、一致性和时效性。

数据作为原始资源，在信息积累、知识沉淀、智慧决策的过程中实现价值增值。如图 6－5所示，数据治理流程从数据资源到数据要素市场化，需要经历业务数据化、数据资产化、资产产品化、要素市场化四个阶段，从而实现数据要素价值化。其中，数据资产化是通过数据资产管理体系，对数据进行信息积累、知识沉淀、智慧决策，实现价值增值的过程，是进入要素市场化中最关键的一步。

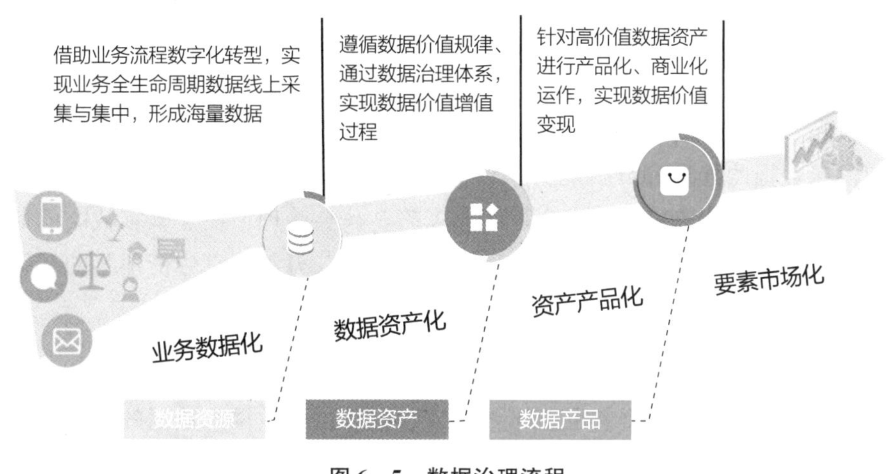

图 6－5　数据治理流程

数据治理的目标是提升数据价值，是实现数字战略的基础。它是一个管理体系，包括组织、制度、流程、工具。从范围来讲，数据治理涵盖了从前端事务处理系统、后端业务数据库到终端数据分析，从源头到终端再回到源头的一个闭环负反馈系统。从目的来讲，数据治理是对数据的获取、处理、使用进行监管，而监管的职能主要通过发现、监督、控制、沟通、整合五方面的执行力来保证。

从国家治理视角出发，数据治理的核心目标是释放数据价值，在当前技术产业和法律政策背景下，构建完善数据要素市场制度的基础设施。其职能主要体现在决策尺度和具体活动两个方面。一是从决策尺度，数据治理的职能是"决定如何做决定"，这意味着数据治理必须回答数据相关事务决策过程中遇到的问题，即为什么、什么时间、在哪些领域、由谁做决策以及应该做哪些决策；二是从具体活动的角度，数据治理的职能是"评估、指导和监督"，即评估数据利益相关者的需求、条件和选择以达成一致的数据资源获取和管理目标，基于优先排序和决策机制来设定数据管理职能的发展方向，监督数据资源的绩效与合规。

数据治理应该严格遵守相关规范。在数据治理的生命周期中，过程和规范相辅相成，缺一不可，只有这样数据治理才能具有较强的约束性和纪律性，才会拥有源源不断的动力，并始终坚持正确的方向。

总之，没有数据治理体系作为保障，数据不能转变为企业资产，还很容易让企业陷入"数据沼泽"的陷阱。良好的数据治理体系可为数据资产管理打下坚实的基础，是实现数据资产经营和变现的重要前提和保障。

6.2 大数据安全

大数据时代，数据要素成为数字经济社会发展的核心驱动力，对经济运行机制、社会生活方式和国家治理能力产生重要影响。大数据因其蕴藏的巨大价值和集中化的存储管理模式成为网络攻击的重点目标，因此勒索攻击和数据泄露问题日趋严重，全球大数据安全事件频发，大数据安全已上升到国家安全的高度。大数据安全是涉及技术、法律、监管、社会治理等领域的综合性问题，影响范围涵盖国家安全、产业安全和个人合法权益等多个领域。

6.2.1 大数据安全技术

大数据资源、技术、应用相辅相成，以螺旋式上升的模式发展。大数据技术赋予人类前所未有的对海量数据的处理和分析能力，促使数据成为国家基础战略资源和创新生产要素，其战略价值和资产价值急速攀升。无论是商业策略、社会治理，还是国家战略的制定，都越来越重视大数据的决策支撑能力。但大数据技术是一把双刃剑，它分析预测的结果对社会安全体系产生的影响力和破坏力是无法预料的。

1. 大数据安全形势

大数据不仅意味着海量数据，也意味更复杂、更敏感的数据。数据的大量聚集，使得黑客一次成功的攻击能够获得更多数据，无形中降低了黑客的攻击成本，提升了“收益率”。因此数据会吸引更多的潜在攻击者，成为更具吸引力的目标。大数据安全威胁渗透在数据生产、采集、处理和共享等产业链的各个环节。风险成因复杂交织，既有外部攻击，也有内部泄露；既有技术漏洞，也有管理缺陷；既有新技术、新模式触发的新风险，也有传统安全问题的持续触发。

虽然大数据安全继承了传统数据安全的保密性、完整性和可用性等特性，但也有其特殊性。大数据存储、计算、分析等技术的发展，已催生出很多新型高级的网络攻击手段，使得传统的检测、防御技术暴露出严重不足，无法有效抵御外界的入侵攻击。传统的安全威胁检测是基于单个时间点进行的实时匹配检测，但针对大数据的高级可持续攻击（APT）采用长期隐蔽的攻击方式，不具有被实时检测的明显特征，检测难度较大。

APT 攻击又称为定向威胁攻击，指某组织对特定对象展开持续有效的攻击活动。这种攻击活动具有极强的隐蔽性和针对性，通常会综合运用受感染的各种介质、供应链和社会工程学等多种手段实施先进的、持久的且有效的威胁和攻击。APT 攻击与传统攻击的不同之处在于：它的攻击目的非常明确，但传统攻击选择的目标计算机是随机的，例如著名的“极光”攻击，在 Google 中攻击目标是源代码，而在索尼中攻击目标则是个人验证信息（PII）；提供精心策划，对特定目标完成预定任务；建立长期的攻击点，等待时机完成预定任务；由专业人员精心组织，长期监控，攻击过程随着防御弱点动态调整，更有效地实现攻击目的；通常采用专门设计、攻击方法复杂的、传统攻击检测技术难以检测到的方法。

数字经济时代，APT 攻击目标呈现多元化趋势，涉及汽车、电器、家居等诸多行业。更加危险的是，这些新型的攻击和威胁主要围绕国家重要的基础设施和单位进行，包括能源、电力、金融、国防等关系国计民生或国家核心利益的网络基础设施，使大数据安全形势变得更加复杂。

2. 大数据安全技术体系

作为大数据时代的网络炸弹，防御 APT 攻击同样也离不开大数据分析技术。无论是网络系统产生的大量日志数据，还是安管平台（SOC）产生的大量日志信息，都可以利用大数据分析技术进行再分析，运用数据统计、数据挖掘、关联分析、态势分析等技术从记录的历史数据中发现 APT 攻击的痕迹，以弥补传统安全防御技术的不足。

安全是发展的前提，必须全面提高大数据安全保障能力。从技术体系角度构建贯穿大数据应用云 – 边 – 端的综合立体防御体系，满足国家大数据战略和数字经济的需求。大数据安全技术体系分为大数据平台安全、数据安全和个人隐私保护三个层次，自下而上为依次承载的关系。大数据平台不仅要保障自身基础组件安全，还要为运行其上的数据和应用提供安全保障机制；数据安全防护技术为业务应用中的数据流动过程提供安全防护手段；隐私安全保护是在数据安全基础上对个人敏感信息的安全防护。

大数据安全技术体系需要站在总体安全观的高度，构建大数据安全综合防御体系，从平台防护、数据保护、隐私保护等多方面切实促进大数据安全保障能力的全面提升，具体措施包括以下三点：一是建立覆盖数据收集、传输、存储、处理、共享、销毁全生命周期的安全防护体系，综合利用数据源验证、大规模传输加密、非关系型数据库加密存储、隐私保护、数据交易安全、数据防泄露、追踪溯源、数据销毁等技术，与系统现有网络信息安全技术设施相结合，建立纵深的防御体系；二是提升大数据平台本身的安全防御能力，引入用户和组件的身份认证、细粒度的访问控制、数据操作安全审计、数据脱敏等隐私保护机制，防止数据的未授权访问和泄露，同时增加对大数据平台组件配置和运行过程中潜在的安全问题的关注，加强对平台紧急安全事件的响应能力；三是实现从被动防御到主动检测的转变，借助大数据分析、人工智能等技术，实现自动化威胁识别、风险阻断和攻击溯源，从源头上提升大数据安全防御水平，提升对未知威胁的防御能力和防御效率。

总之，必须从“大安全”的视角审视大数据安全问题，必须站在国家总体安全观的高度，打破传统重技术的安全保护思维模式，构建涉及经济、法律、技术等多角度、全方位的大数据安全保障体系。

6.2.2 大数据平台安全

作为通用基础支撑技术，大数据平台能够推动人工智能、虚拟现实等数字技术应用创新，加速平台经济与实体经济的深度融合，促进传统制造业向数字化、网络化、智能化发展。大数据安全将成为数字经济安全的重要影响因素。

大数据平台为大数据提供计算和存储能力，使得海量静态数据“活动”起来，并释放出自身价值。一旦缺少平台安全，数据价值的释放将会受到阻碍。如果将大数据平台比作大厦，其价值的释放能力和安全能力分别是大厦的地面建筑和地基，地基的深度决定了大厦地面建筑的高度，地基不稳的大数据平台，注定只能是“空中楼阁”。

大数据时代，针对大数据平台的网络攻击手段正在悄然变化，攻击目的已经从单纯地窃取数据、瘫痪系统转向干预、操纵分析结果，攻击效果已经从直观易察觉的系统宕机、信息泄露转向细小难以察觉的分析结果偏差，造成的影响可能从网络安全事件上升到工业生产安全事故。目前，基于监测、预警、响应的传统网络安全技术难以应对上述攻击变化，需要进行理念创新，设计建构更加完善的大数据平台安全保护体系，为上层跨行业、跨领域的业务应用提供基础性安全保障。此外，大数据的价值低密度性，使安全分析工具难以聚焦在价值点上，黑客的攻击可隐藏在大数据中，造成传统安全检测存在较大困难。因此，大数据平台的 APT 攻击时有发生，且大数据平台遭受的大规模分布式拒绝服务 DDoS 攻击屡见不鲜。

大数据平台的复杂性以及企业对大数据平台安全建设和管理的不到位造成了大数据平台的安全隐患，主要体现在以下几点：基于 Hadoop 的开源大数据平台安全配置复杂度较高、配置文件集中管理难、排查配置问题困难、不安全配置易出现等；安全漏洞修复对平台运行影响较大，大多数组件配置安全隐患的修复可以根据检测结果对错误的配置参数进行修改，而安全漏洞类安全隐患的修复相对复杂很多；大数据平台建设过程中安全投入不足，面临着安全基线模糊、人员安全能力弱、安全配置修改困难等问题。由于缺少整体安全规划，仅能通过“补丁”方式对平台进行修补；大数据平台重视边界防护但忽视内部安全，长期处于“防御空心”的状态；部分企业缺少大数据平台安全管理制度，或者安全管理制度不完善，导致企业大数据平台安全管理制度滞后；企业技术人员安全能力不足。大数据平台的安全防护需要专业的大数据组件知识，对大数据平台缺乏了解导致安全部门难以开展安全保护工作。

大数据平台安全是对大数据平台传输、存储、运算等资源和功能的安全保障，包括传输交换安全、存储安全、计算安全、平台管理安全以及基础设施安全。传输交换安全是指保障与外部系统交换数据过程的安全可控，需要采用接口鉴权等机制，对外部系统的合法性进行验证，采用通道加密等手段保障传输过程的机密性和完整性。存储安全是指平台数据设置备份与恢复机制，并采用数据访问控制防止数据的越权访问。计算组件应提供相应的身份认证和访问控制机制，确保只有合法用户或应用程序才能发起数据处理请求。平台管理安全包括平台组件的安全配置、资源安全调度、补丁管理、安全审计等内容。此外，平台软硬件基础设施的物理安全、网络安全、虚拟化安全等是大数据平台安全运行的基础。

总之，大数据平台安全是大数据系统安全的基石，需要从攻防两方面入手，强化大数据平台的安全保护。大数据平台的网络攻击手段正在发生变化，企业面临愈加严峻的安全威胁和挑战，传统的安全监测手段难以应对上述攻击变化，未来大数据平台安全技术的研究不仅要解决运行安全问题，还要进行理念创新，针对不断演进的网络攻击形态，设计大数据平台安全保护体系。在安全防护技术方面，无论是开源还是商业化大数据平台，都处于高速发展阶段，在大数据平台安全机制方面依然存在不足之处，新技术、新应用的发展为大数据平台安全带来未知的安全隐患，需要产业各方在大数据平台安全方面加大投入，密切关注大数据攻击和防御两方面的技术发展趋势，建立适于大数据平台的安全防护和系统安全管理机制，构筑更加安全可靠的大数据平台。

6.2.3 大数据安全技术

分布式计算存储架构、数据深度发掘及可视化等新型技术、需求及其应用场景大大提升了数据资源的存储规模和处理能力，也给安全防护工作带来巨大挑战。大数据安全技术是通过采取必要措施，保障数据得到有效保护和合法利用，并使数据持续处于安全状态的能力。

大数据促使数据生命周期由传统的单链条逐渐演变为复杂多链条形态，增加了共享、交易等环节，数据应用场景和参与角色愈加多样化。在复杂的应用环境下，保证国家重要数据、企业机密数据以及用户个人隐私数据等敏感数据不发生外泄，是大数据安全的首要任务。海量多源数据在大数据平台汇聚，数据资源池同时服务于多个数据提供者和数据用户，强化数据隔离和访问控制，实现数据“可用不可见”，是大数据环境下数据安全的新需求。基于大数据技术对海量数据挖掘分析的结果可能包含涉及国家安全、经济安全、社会治理等敏感信息，需要对分析结果的共享和披露加强安全管理。

大数据安全技术是从数据产生（采集）、传输、存储、使用、共享、销毁等数据生命周期关键环节梳理总结需要具备的技术手段和工具，包括但不限于身份认证、访问控制、安全审计、异常行为监测预警、数据加密、数据脱敏、数据防泄漏等数据安全技术。大数据安全防护是指平台为支撑数据流动安全所提供的安全功能，包括数据分类分级、元数据管理、质量管理、数据加密、数据隔离、防泄露、追踪溯源、数据销毁等内容。

总之，大数据安全技术是采取必要措施，保障数据安全和合法利用，并使数据持续处于安全状态。数据作为新型生产要素，正深刻影响着国家经济社会的发展，促进了数字基础设施的发展与产业的迭代升级。

6.2.4 隐私保护

在大数据应用场景下，数据利用和隐私保护是矛盾的两端，其中，个人隐私保护已成为备受关注的议题。隐私保护是指利用去标识化、匿名化、密文计算等技术保障个人数据在平台上处理、流转过程中不泄露个人隐私或个人不愿被外界知道的信息。隐私保护是建立在数据安全防护基础上的保障个人隐私权更深层次的安全要求。大数据时代隐私保护不再是狭隘地保护个人隐私权，而是在个人信息收集、使用过程中保障数据主体的个人信息自决权利。实际上，个人信息保护已经成为涵盖产品设计、业务运营、安全防护等在内的体系工程，不再是单纯的技术问题。

在隐私保护相关技术中，隐私计算（Privacy-Preserving Computation）是在保护数据安全及个人隐私的前提下，实现数据流通及数据价值深度挖掘的一系列方法。它是一套包含人工智能、密码学、数据科学等众多领域交叉融合的跨学科技术体系。它能够在不泄露原始数据的前提下，对数据进行加工、分析处理、分析验证，其重点提供了数据计算过程和数据计算结果的隐私安全保护能力。随着数字技术的发展，隐私保护计算的内涵及主流技术不断演进。主流的技术研究焦点从早期的数据扰动和数据匿名化等演进至今，已经能够实现数据计算过程和数据计算结果的保护，形成一套包含众多领域的跨学科安全技术体系。隐私保护计算涵盖了安全多方计算、联邦学习、同态加密、差分隐私和机密计算等技术。

在实际应用中，根据数据流通方式、数据集中程度、模型复杂度等差异化的业务场景，基于隐私保护计算技术的数据流通模式可分为可信、可度量和可证三类，如图6-6所示。

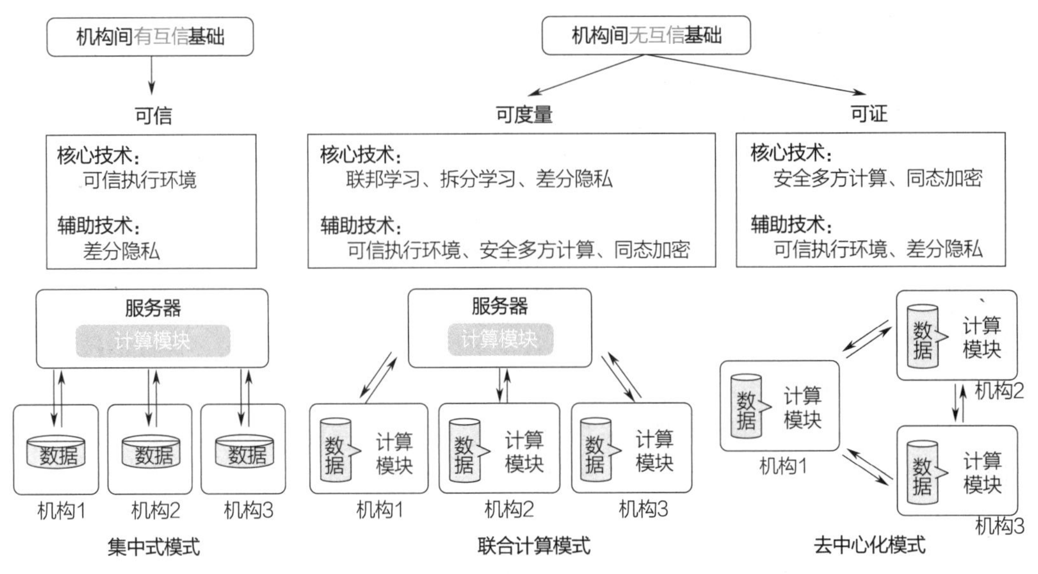

图 6-6　基于隐私保护计算技术的数据流通模式

其中，可信是以机密计算技术为核心，在硬件的可信执行环境中执行计算，保护数据应用中的隐私安全集中式计算模式。该模式本质上是一种集中式的数据计算模式，以各参与方的强信任关系为前提，将各参与方的数据集中式汇总并进行模型训练。可证以安全多方计算和同态加密等密码技术为核心，在无可信第三方的情况下，支持各参与方协同计算既定函数的分布式计算模式。在此计算模式下，中间数据均以密态呈现。可度量以差分隐私技术为核心，可对数据计算过程中的隐私泄露风险进行量化评估的数据流通模式，该技术通常与联邦学习等其他技术结合使用。所谓可证指数据运算态或结果态的安全性可由其使用的密码算法的理论安全性来证明。

目前，数据已成为国家基础性战略资源。在政策和市场的共同作用下，隐私保护的研究必然会推动大数据的应用发展。在日趋严格的合规监管、日渐强化的政策引导以及日益旺盛的市场需求等多重背景下，隐私保护计算兼顾数据利用和隐私保护双重需求，实现二者良好的平衡，是解决大数据应用过程中隐私保护问题的理想技术。但是因隐私计算涉及需求方、供给方、监管方等多方参与，面临安全性、合规性、可用性等方面的挑战，故隐私计算技术的“可信”应用仍存在很多问题。

6.3　大数据安全防护

大数据时代，数据在数量规模、处理方式、应用理念等方面的革新，不仅导致大数据平台自身安全需求发生变化，还带动数据安全防护理念更新，同时引发对高水平隐私保护技术的需求。数据在流动过程中实现价值最大化，需要重构以数据为中心并适应数据动态跨界流动的安全防护体系。

6.3.1　大数据安全防护目标

大数据时代下，数据的产生、流通和应用更加普遍和密集。从国家层面来看，大数据安全是保障国家安全，维护国家网络空间主权，强化相关国际事务话语权的工作重点；从企业层面来看，大数据安全关系到商业秘密的规范化管理和合理保护与支配，是企业长久发展不可回避的新阶段任务；对个人而言，大数据安全与个人生活息息相关，直接关系到每一位公民的合法权益。新技术、新需求和新应用场景都给数据安全防护带来全新的挑战。

国家层面的大数据安全防护目标根据数据属性类型和重要敏感程度可分为三个层次：基础层是数据自身安全，维护网络数据的完整性、保密性和可用性，防止网络数据泄漏或者被窃取、篡改；中间层是个人信息保护，保障目标是在保障数据自身安全的同时，保障信息主体对个人信息的控制权利，维护公民个人合法权益；最上层是国家层面的数据安全，保障目标是在保障数据自身安全的同时，强化国家对重要数据的掌控能力，防止国家重要数据遭到恶意使用，对国家安全造成威胁。

企业或组织层面的大数据安全防护目标可分为两个层次：一是保护数据自身安全，为保障商业秘密和业务的正常运行，必须保障数据的机密性、完整性、可用性；二是满足国家相关法律法规提出的合规性要求，包括对个人信息和国家重要数据的保护要求。

尽管国家层面和企业层面的大数据安全防护目标稍有差异，但不可分割。作为数据控制者，企业或组织首先需要强化自身的大数据安全防护能力，实现大数据安全防护目标，然后，才能进一步实现国家层面的大数据安全防护目标。

总之，对于不同安全责任主体，大数据安全防护工作的目标和侧重点有所不同。国家需要建设系统完善的数据安全保障体系；企业或组织也需要从保护商业秘密、业务正常运行、客户合法权益等方面开展大数据安全防护工作。

6.3.2 大数据防护理念

传统数据安全理念是城防式网络与信息安全，主要保护被物理网络多层包围的数据与信息，属于静态数据防护体系。大数据时代，数据已成为新生产要素，需要充分共享流转才能产生价值。但传统城防式网络与信息安全难以满足数字经济的业务需求，必须构建以技术为手段、大数据安全防护为核心、网络与数据并重的立体纵深防御理念。

在大数据立体纵深防御理念中，数据与“网络、主机、数据库、应用”是正交关系，本质是以大数据安全防护为中心、网络与数据安全并重的立体防御思想，如图6－7所示。在数据生命周期中，大数据立体纵深防御是通过业务流程重构，对数据采取主动式、多层次安全防护，直接对数据采用加密、访问控制、安全审计等多层次安全技术。

以网络为中心的安全体系是保证数据安全的前提和基石，而大数据立体纵深防御是以数据安全防护为抓手实施深度防御，有效增强数据的立体防护能力。因此，网络与数据并重是大数据立体纵深防御的着力点。“以网络为中心的安全”与“以数据为中心的安全”是相互关联、彼此依赖、叠加演进的。由于应用系统、安全产品、基础设施都隐藏着漏洞，或存在安全设计缺陷，因此安全应该是以网络与数据并重，通过联动协同的纵深安全机制构建有效防护机制。

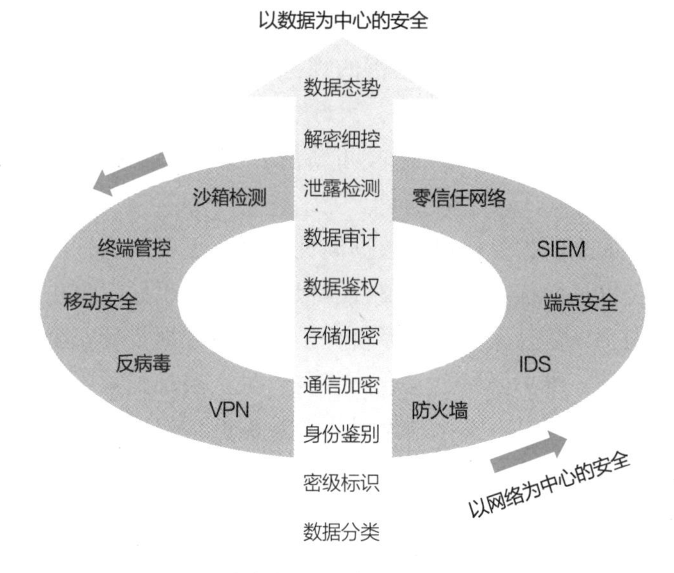

图6－7　以网络与数据并重的大数据立体纵深防御理念

6.3.3　大数据安全防护框架

传统的网络与信息安全侧重于硬软件加固，依赖网络流量解析和攻击特征分析，基于点式防护并堆积可复制化设备来实现安全，通常不考虑业务特性。大数据时代，新技术、新业务、新模式加剧了业务系统的复杂性，如网络架构变化中的虚拟化、边缘化、能力开放、切片等技术给5G带来多种安全风险；人工智能培训数据污染会导致人工智能决策错误，即所谓的“数据中毒”；物联网设备的处理能力和内存通常较差，导致缺乏完善的安全解决方案和加密协议；云计算模式下的数据传输会因网络自身的缺陷和技术故障，导致在非法操作时，易被黑客入侵产生数据泄露。传统安全技术需要构建以业务流和数据为中心的主动式立体纵深防御模型与技术架构，用于探索大数据安全防护的技术创新与应用场景。

1. 大数据安全技术框架

网络安全框架是由美国国家标准与技术研究所（National Institute of Standards and Technology，NIST）制定，旨在为寻求加强网络安全防御的组织提供技术指导，目前已成为全球权威的安全评估体系。该体系由标准、指南和管理网络安全风险的最佳实践组成，其核心内容可以概括为经典的IPDRR能力模型，即风险识别能力（Identify）、安全防御能力（Protect）、安全检测能力（Detect）、安全响应能力（Respond）和安全恢复能力（Recover）五大能力，实现了网络安全“事前、事中、事后”的全过程覆盖，可以主动识别、预防、发现、响应安全风险。

大数据时代，安全技术侧重于攻防对抗的ATT&CK框架，难以覆盖“主动式保护数据”的各种技术。作为大数据安全技术框架，以数据为中心的战术、技术和通用知识（Data－centric Tactics，Techniques And Common Knowledge，DTTACK）更强调数据本身的安全性，从数据的应对式防护向主动式防护转变，为防护模式打造通用技术库。DTTACK数据安全框架是以NIST安全能力模型和安全滑动标尺模型为参考，并进行整合与精简，如图6－8所示。该框架以六大战术为基本结构：Identify（识别）、Protect（防护）、Detect（检测）、Respond（响应）、Recover（恢复）、Counter（反制）。

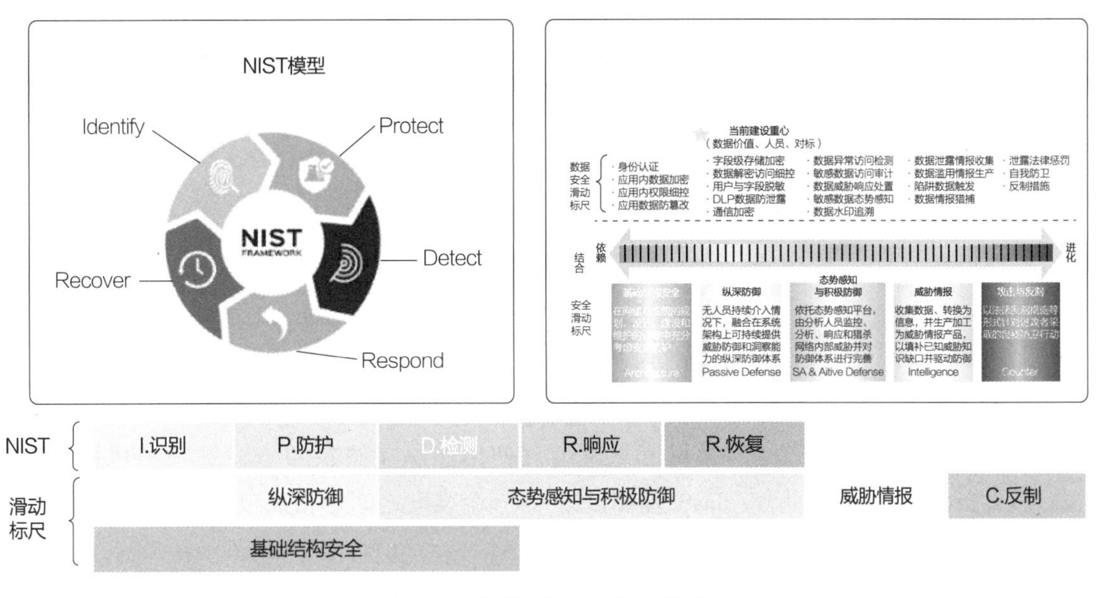

图 6－8　典型网络安全框架模型

安全滑动标尺模型对企业威胁防御措施、能力及资源投资进行分类，可用于大数据安全技术框架。该模型包含基础结构安全、纵深防御、态势感知与积极防御、威胁情报、攻击与反制五大类。这五大类是一个非割裂的连续体，从左到右，具有明确的演进关系。左侧是右侧的基础，如果没有左侧基础结构安全和纵深防御能力的建设，实际中很难使右侧的能力得到有效发挥。从左到右是逐步对更高级网络威胁的过程。研究发现，NIST 安全能力模型、安全滑动标尺模型具有交集，但侧重点不同。DTTACK 融合两大模型中的安全能力，并施加至流转数据上，为纵深防御策略夯实技术基础，是提升数据安全建设的关键之举。

2. 大数据安全立体纵深防御模型

“纵深防御”遵循 DTTACK 网络安全架构，是面向失效防御理念的大数据立体安全防御体系，而不是“可以独立堆叠形成的解决方案”。面向失效的理念是纵深防御的关键，实现从传统静态方式转向积极防御纵深模式。面向失效的理念是指任何安全措施都可能随时失效，需要考虑前一道防御机制失效时，后一道防御机制如何补救，在系统所有可能发生故障、不可用的情况下，设计出足够健壮的系统。分析入侵者的进入路径，基于面向失效的设计原则，打造多样化多层次递进式的防御“后手”。

大数据安全立体纵深防御模型（见图 6－9）综合利用多样化手段构建纵深防御，从几个重要维度层层切入。当一种保护手段失效时，有后手安全机制兜底，打造纵深协同而非简单堆叠模型。

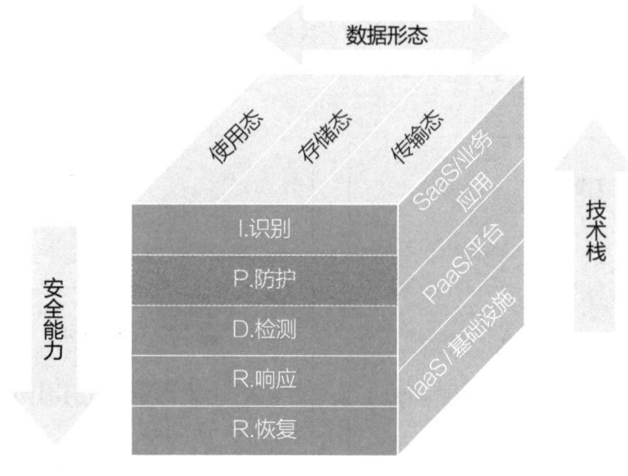

图 6-9 大数据安全立体纵深防御模型

大数据安全立体纵深防御模型由三个维度构成，即安全能力维度（I. 识别、P. 防护、D. 检测、R. 响应、R. 恢复）、数据形态维度（使用态、存储态和传输态）和技术栈维度（SaaS/业务应用、PaaS/平台、IaaS/基础设施）。三个维度之间是相互独立并正交的，三者叠加即可形成大数据安全立体纵深防御体系。

在安全能力维度上，大数据安全立体纵深防御模型能够基于时间维度构建“IPDRR”数据保护的多种安全机制。在数据识别与分类分级以及身份识别的前提下，数据安全威胁的事前防护、事中检测和响应、事后恢复和追溯反制等多种安全机制环环相扣、协同联动，有效构建面向失效的纵深防御机制。在数据形态维度上，大数据安全立体纵深防御模型能够根据传输态、存储态和使用态等“数据三态”构建数据纵深防御机制，由此延伸出数据全生命周期。围绕数据形态，可以构建多种安全机制有机结合的防御纵深。在技术栈维度上，大数据安全立体纵深防御模型体现了空间维度，在典型 B/S 三层信息系统架构（终端侧、应用侧、基础设施侧）的多个数据处理流转点，综合业内数据加密技术现状，构建适用于技术栈不同层次的数据保护技术。

综上所述，大数据安全立体纵深防御模型从安全能力、数据形态、技术栈等多个不同维度有机结合多种安全技术并构建纵深防御机制，形成兼顾实战与合规、协同联动体系化的数据安全理念。数据安全技术的“排兵布阵”可利用先发优势，基于面向失效的设计布置层层防线，综合利用多样化手段，构造层层递进式的纵深防御战线，并在一定程度上实现安全与业务的动态平衡。

6.3.4 大数据安全防护体系

在企业或组织层面，大数据安全防护体系由数据安全组织管理、制度规程、技术手段“三驾马车”构成，形成数据安全防护的闭环管理链条，实现数据安全防护目标，防范批量数据泄漏以及敏感信息非授权访问等风险，如图 6-10 所示。其中，数据安全组织是落实数据安全实践工作的首要环节。企业成立专门的数据安全管理团队，自上而下地构建从领导层至基层员工的管理组织架构，保证数据安全管理方针、策略、制度的统一制定和有效实施。着眼全局，把握细节，以完善而规范的管理组织体系架构保障每个数据流通环节的安全管理工作。数据安全规范/流程是数据安全实践工作的制度保障。在数据安全防护实践中，数据安全规范/流程提供具体方法，以规范化的流程指导数据安全管理工作的具体落实，避免实际业务流程中“无规可依”的情况发生，是数据安全管理工作实际操作中的办事规程和行动准则。数据安全工具是数据安全实践工作的保障。作为数据安全管理的辅助手段，数据安全技术手段提供了数据收集、具体场景的安全工具，为落实数据安全制度规程、实现数据安全防护的总体目标提供技术支持，保证管理制度要求在实际工作中切实得到执行。

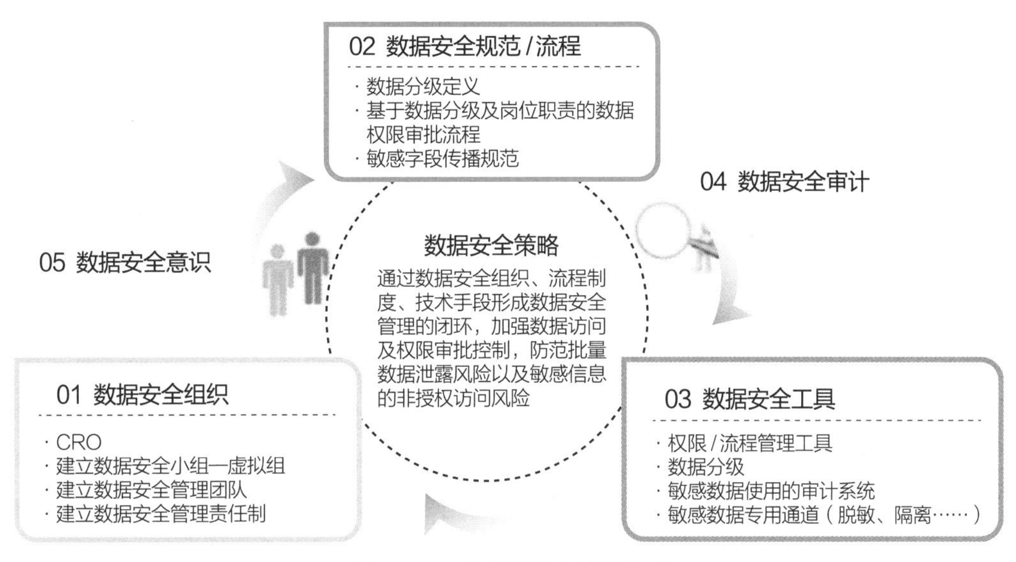

图6-10　大数据安全防护体系

总之，大数据安全防护体系是以数据为中心、技术为手段的网络与数据安全并重的立体纵深防御理念，聚焦数据和数据生态。明确数据的来源、形态、应用场景，针对性地建立防护措施；梳理数据生态体系的参与主体、生产数据、加工数据、消费数据的具体承担者，构建全面的安全防护体系。

6.4　大数据安全关键技术

大数据安全技术框架和模型中，“IPDRR”包括风险识别、安全防护、安全检测、安全响应、安全恢复、反制等关键环节，实现大数据安全“事前、事中、事后”的全过程覆盖，做到主动识别、预防、发现、响应安全风险。如图6-11所示，“IPDRRC”在时间维度上表明安全价值与成本成反比，为构建大数据安全立体纵深防御机制提供关键技术支撑。

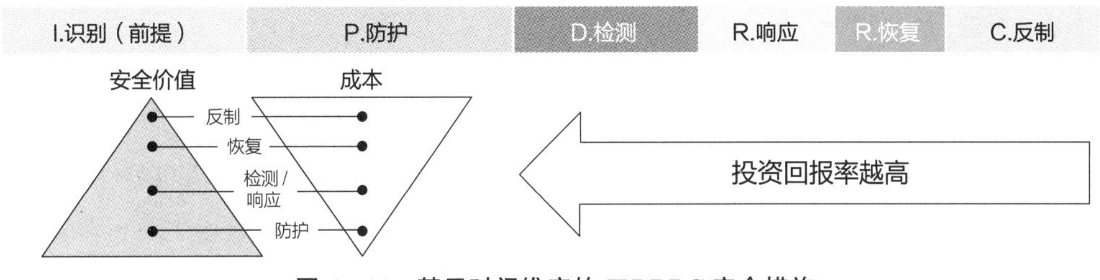

图6-11　基于时间维度的IPDRRC安全措施

6.4.1 风险识别

大数据风险识别（Identify）是基于系统、人员、资产等关键要素的脆弱性与安全威胁性，对网络和数据安全相关风险源与风险事件的管理与监控，主要包括数据资源发现、数据资产识别、数据资产处理（分析）、数据分类分级、数据资产打标等关键技术，是大数据安全防护体系与立体纵深防御的起始环节。只有在充分理解组织业务、支持组织业务、资源以及网络安全风险时，组织才能根据风险管理策略和业务需求将资源集中投入到优先级高的工作中。

1）数据资源发现。数据资源发现指识别不同类型的数据资源技术，识别网络协议、应用接口、网页、文本、图片、视频、脚本等数据源，主要包括网络流量分析、应用接口探测和业务锚点监测等。

2）数据资产识别。数据资产指拥有数据权属（勘探权、使用权、所有权）、有价值、可计量、可读取的网络空间中的数据集，一般归类为无形资产。数据资产识别是结合组织的行业属性，利用文本识别、图像识别等关键技术，基于关键字匹配、正则表达式匹配以及其他自动化识别技术，对数据资源信息、构成等进行资产属性挖掘。数据资产识别为数据资源发现后置动作，通常为数据资产处理、数据分类分级的前置动作。数据资产识别的主要实现方式为基于自动化技术手段对企业数据进行筛选与分析，找到符合数据资产定义的数据集。数字资产识别技术主要包括关键字、正则表达式、基于文件属性识别、精准数据比对、指纹识别技术和支持向量网络等。

3）数据资产处理（分析）。数据资产处理（分析）是在数据清洗的基础上，对已采集和识别的重要数据资产和个人信息进行合规和安全处理。通常情况下，数据资产处理（分析）首先要对数据内容进行识别，然后再进行安全性分析、合规性分析、重要性分析等。

4）数据分类分级。数据分类分级需要分为两个步骤。数据分类指根据组织数据的属性或特征，按照一定的原则和方法进行区分和分类，并建立一定的分类体系和排列顺序，以便更好地管理和使用数据。数据分级指根据分级原则对分类后的数据进行定级，为数据的开放和共享安全策略提供支撑。数据分类分级的主要实现方式为依据标签库、关键词、正则表达式、自然语言处理、数据挖掘、机器学习等内容识别技术。根据数据分类结果，依据标签对敏感数据进行划分，最终实现数据分级。

5）数据资产打标。数据资产打标是依据国家相关规定或企业自身管理需求，在产品生产过程中，通过各种技术进行文字、图片等标识，产品不局限于实体。数据资产打标的主要实现方式包括基于关键字的敏感数据打标、基于正则的敏感数据打标、基于机器学习的敏感数据打标及对账号字段打标等。

6.4.2 安全防护

大数据安全防护（Protect）指采取必要措施和技术手段确保数据与信息处于有效保护和合法利用的状态及保障数据持续安全的能力。大数据安全防护应保证数据生产、存储、传输、访问、使用、销毁、公开等全过程的安全，并保证数据处理过程的保密性、完整性、可用性。

其关键技术包括数据加密、数据脱敏、隐私计算、身份认证、访问控制、数字签名、数据泄露防护、数据销毁、云数据保护和大数据保护等，具体介绍如下：

1）数据加密技术。数据加密指采用加密算法和加密密钥将明文转变为密文，而解密是指利用解密算法和解密密钥将密文恢复为明文。在实际操作中，加密技术利用加密算法、加密协议以及加密产品，对存储、传输、使用中的数据实现从密文到明文相互转化。根据数据生命周期，加密技术分为存储加密、传输加密、使用加密等类型。

2）数据脱敏技术。数据脱敏又被称为数据漂白、数据去隐私化或数据变形，指从原始环境向目标环境转变的过程中进行敏感数据交换，采取手段消除原始环境数据中的敏感信息，并保留目标环境业务所需的数据特征或数据处理过程。数据脱敏技术既能保障数据中的敏感数据不被泄露，又能保证数据的可用性，已成为解决数据安全与数据经济发展的重要工具。数据脱敏技术主要包括动态脱敏、静态脱敏、隐私保护等技术。

3）隐私计算技术。隐私计算是在保护数据不对外泄露的前提下，实现数据分析计算的信息技术，是数据科学、密码学、人工智能等多种技术体系的交叉融合。隐私计算可分为密码学和可信硬件两大类。目前密码学技术以多方安全计算等技术为代表；可信硬件技术则主要指可信执行环境。此外，隐私计算还包括基于以上两种技术路径衍生出的联邦学习等相关应用技术。

4）身份认证技术。身份认证技术是对实体和其身份之间的绑定关系进行充分确认的过程，目的是解决网络通信双方身份信息是否真实的问题，保障各种信息可以在一个安全的环境中进行交流。身份认证技术可以提供某个人或事物身份的保证。这意味着当某人（或事物）声称具有一个身份时，认证技术将提供某种方法来证实这一声明是正确的。在网络安全甚至数据安全中，身份认证技术作为第一道并且是极其重要的一道防线，具有重要的地位。可靠的身份认证技术可以确保信息只被正确的“人”访问。身份认证技术经历了从软件实现到硬件实现、从单因子认证到多因子认证、从静态认证到动态认证的过程。目前发展流行的身份认证技术包括口令认证技术、无口令认证、生物特征认证等。

5）访问控制技术。访问控制（Access Control）指系统对用户身份及其所属预先定义的策略组限制其使用数据资源能力的手段，通常采用系统管理员控制用户对服务器、目录、文件等网络资源的访问。访问控制的主要目的是限制访问主体对客体的访问，从而保障数据资源在合法范围内得以有效使用和管理。访问控制的功能实现一般分为两步：一是识别和确认访问系统的用户；二是利用技术手段决定该用户可以对某一系统资源进行何种类型及权限的访问。技术实现方式可分为网络访问控制、权限管理控制、风险操作控制和数据访问控制等衍生技术。

6）数字签名技术。数字签名（Digital Signature）是签名者使用私钥对签名数据的杂凑值进行密码运算得到的结果。该结果只能用签名者的公钥进行验证，用于确认签名数据的完整性、签名者身份的真实性和签名行为的抗抵赖性。数字签名使用公钥加密技术鉴别数字信息。通常一套数字签名定义两种互补的运算，一个用于签名，另一个用于验证。每种公钥加密体系都能设计实现相应的数字签名，典型代表有非对称加密算法（RSA）签名和数字签名算法（DSA）签名。

7）数据泄露防护技术。数据泄露防护（Data Leakage Prevention，DLP），又称为“数据丢失防护”（Data Loss Prevention，DLP），是防止企业的指定数据或信息资产以违反安全规定的形式流出企业的一种策略。DLP 技术核心是识别结构化、非结构化等数据资产，根据安全规定执行相关动作，实现对数据资产的保护。DLP 技术的内容识别方法包括关键字、正则表达式、文档指纹、向量学习等；规定包括拦截、提醒、记录等。DLP 技术可部署在终端、电子邮件、云和网络等各种出口通道，为其提供 DLP 功能的工具，包括邮件安全和邮件网关（SEG）解决方案、Web 安全网关（SWG）、云访问安全代理（CASB）、终端保护平台以及防火墙等。

8）数据销毁技术。数据销毁指将数据存储介质上的数据不可逆地删除或将介质永久销毁，从而使数据不可恢复、还原的过程。作为数据生命周期中的最后一环，数据销毁的目的是使被删除的敏感数据不留踪迹、不可恢复，主要分为硬销毁和软销毁。

9）云数据保护技术。云数据保护技术指基于云资源和虚拟化技术实现云平台海量数据的保护技术，通常包括数据分级存储、多租户身份认证等。在数据安全领域，云安全保护技术呈现“百花齐放”，主要包括云密码服务、云身份鉴别服务、云身份管理和访问控制等已在云计算领域得到充分验证的安全技术。

10）大数据保护技术。大数据保护技术指在大数据环境下对大数据自身安全特性，施加安全增强的数据保护技术。常见的大数据保护技术包括数据隔离、分层访问、列数据授权、批量授权等。

6.4.3 安全检测

安全检测（Detect）是基于数据动态流转特性制订计划并采取适当措施识别网络安全事件的发生，通过“异常事件跟踪”“安全持续监控”以及“检测流程”，及时发现网络安全事件。其关键技术包括威胁检测、流量监测、数据访问治理、安全审计、共享监控等。

1）威胁检测。威胁检测指采用威胁情报、机器学习、沙箱、大数据技术计算资产历史行为等多种检测方法，对网络流量和终端进行实时监控、深度解析、发现与成分分析，对 IT 资产进行精细化识别和重要评估，帮助信息系统管理者精准检测失陷风险，追溯攻击链，定位攻击阶段，防止攻击进一步破坏系统或窃取数据的主动安全排查行为。威胁检测通过对全流量常态化威胁监测，提取行为模式和属性特征，创建异常行为基线，智能检测分析如内网横移行为、漏洞利用行为、隐蔽通信行为等 APT 高级威胁攻击行为，提前发现隐藏在流量和终端日志中的可疑活动与安全威胁因素。

2）流量监测。网络流量指单位时间内通过网络设备和传输介质的信息量（如报文数、数据包数或字节数）。流量检测是对网络流量以及其他流量进行检测分析。流量检测需要对网络中传输的实际数据进行分析，包括从底层的数据流一直到应用层的数据分析，目前包括网络流量分析、高级安全分析、文件分析、传输层安全性（TLS）解密等技术。

3）数据访问治理。数据访问治理包括政策、流程、协议和监督等职能，是对数据存储单位中的数据分级分类访问权限进行实时跟踪、合规审核与风险评估的治理过程。该技术通常对存储在数据库中的数据，采用实时检测、用户访问行为分析、业务风险评估、动态风险评估、安全影响评估、优化管理等措施来保障数据安全治理整体工作的有效开展。

4）安全审计。安全审计主要指检测组织对数据平台的日常服务和运维是否开展安全审计，并验证安全审计是否具有自动分析和报警功能的行为。安全审计主要内容分为两项：一是检查是否对数据平台部署独立、实时的审计系统；二是验证数据平台的安全审计系统是否具有日志自动分析功能。安全审计主要包括主机安全审计、网络安全审计、数据库安全审计、业务安全审计和数据流转审计等环节。

5）共享监控。共享监控是一种基于应用特征的终端识别方法，是指在业务系统之间流转或对外提供服务的过程中 API 接口调用未授权或调用异常的监测。数据共享过程需要采取相应的共享安全监控措施以实时掌握数据共享后的完整性、保密性和可用性。HTTP 报文“User-agent”字段识别网络接入终端，可对网络中用户私接设备共享上网的行为进行识别和控制，共享数据的监测管控可防止数据丢失、篡改、假冒和泄漏。

6.4.4 安全响应

安全响应（Respond）是对网络与数据安全威胁或攻击进行的应对措施。当网络系统遭受攻击或出现安全漏洞时，安全响应的目的是及时检测、识别并响应这些威胁或攻击，最大限度地减少或避免损失，并在攻击发生后尽快恢复系统的正常运行。安全响应主要包括事件发现、事件处置、应急响应、事件溯源四个环节。

1）事件发现。事件发现是数据安全事件响应的第一步，通过主动和被动发现来确认入侵检测机制或可信站点警告已入侵，以及主动监测数据可能泄露的点，第一时间定位并实行紧急预案。安全事件发现的主要实现方式包括对信息网络系统进行初始化快照、采用应急响应工具包等。

2）事件处置。事件处置是在安全事件发生之后，采取常规技术处理应急事件，包括事件还原和流量分析等技术。事件处置的主要原因包括以下两点：一方面分析安全事件发生的原因，另一方面减小安全事件造成的影响或者损失。事件处置的主要实现方式为及时抑制。抑制指对攻击所影响的范围、程度进行扼制，采取各种方法控制、阻断、转移安全攻击。抑制阶段主要针对前面检测阶段发现的攻击特征如攻击利用的端口、服务、攻击源、系统漏洞等，采取有效的安全补救措施，防止攻击进一步加深和扩大。抑制阶段的风险是可能对正常业务造成影响，如系统中蠕虫病毒后要拔掉网线，遭到 DDoS 攻击时会在网络设备上做一些安全配置，因口令简单遭到入侵后要更改口令时会对系统业务造成中断或延迟，所以在采取抑制措施时必须充分考虑相关风险。

3）应急响应。应急响应指一个组织为了应对各种意外事件的发生所做的准备以及在事件发生后所采取的措施，主要方式为准备、检测、遏制、根除、恢复跟踪等。

4）事件溯源。安全事件溯源是对入侵者的入侵痕迹进行全方位的追踪和分析，是应急响应的重要一环，如高置信度行文审计，定责的数据访问审计可以记录识别到的主客体信息，在记录操作行为的同时能够对每条审计日志进行签名，不仅独立于应用系统的第三方审计，还能够通过数字签名技术确保审计日志的不可篡改，并在事后追溯过程中提供重要依据。安全事件溯源的主要实现方式为攻击源捕获、溯源反制等。

6.4.5 安全恢复

安全恢复（Recover）指安全事件发生后的主要补救手段，通常包括灾难恢复、数据备份、数据迁移、双机热备等，具体介绍如下：

1）灾难恢复。灾难恢复指自然或人为灾害后重新启用信息系统的数据、硬软件设备，并恢复正常商业运营的过程。其核心是对企业或机构的灾难性风险做出评估、防范，特别是对关键业务的数据、流程给予记录、备份及保护，尽可能地将平台恢复到正常运营状态。

2）数据备份。数据备份指将全部或部分数据集合从当下存储单位复制到其他存储介质，用于避免系统出现操作失误或系统故障而导致数据丢失。传统的数据备份主要采用内置或外置的磁带机进行冷备份。随着技术不断发展，目前不少企业开始采用网络备份。网络备份通常都是通过专业的数据存储管理软件与相应的硬件和存储设备来实现。

3）数据迁移。数据迁移是一种将离线存储与在线存储融合的技术，是将很少使用或不用的文件移到辅助存储系统的存档过程。这些文件通常是需在未来任何时间可随时进行访问的图像文档或历史信息。迁移工作与备份策略相结合，并要求定期备份。数据迁移包括3个阶段：数据迁移前的准备、数据迁移的实施和数据迁移后的校验。充分周到的准备是完成数据迁移工作的关键前提，具体是对待迁移数据源进行详细说明（包括数据存储方式、数据量、数据的时间跨度）；建立新旧系统数据库的数据字典；对旧系统的历史数据进行质量分析；对新旧系统数据结构进行差异分析；对新旧系统代码数据进行差异分析；建立新老系统数据库表的映射关系，找到无法映射字段的处理方法；开发、部署ETL工具，编写数据转换的测试计划和校验程序；制定数据转换的应急措施等。

4）双机热备。双机热备是解决服务器故障问题最可靠、最高效的灾难恢复技术，能有效降低设备故障、操作系统故障、软件系统故障引起的数据丢失或业务宕机的概率。双机热备特指基于Active/Standby方式的服务器热备。服务器数据包括数据库数据同时在两台或多台服务器执行写操作，或者使用一个共享的存储设备。共享方式和软同步数据是双机热备的两种主流实现方式。

6.4.6 反制

反制（Counter）指安全事件发生后应积极应对，同时考虑实施积极的反制技术威慑对手，其关键技术包括数字水印技术、数据溯源技术、版权管理技术等。

1）数字水印技术。数字水印技术是利用数字内嵌方法将特制的、不可见的标记隐藏在数字图像、声音视频等数字内容中，由此确定版权拥有者、认证数字内容来源的真实性、识别购买者、提供关于数字内容的其他附加信息，确认所有权认证和跟踪侵权行为的水印技术包括图像水印、媒体水印、数据库水印、屏幕水印等。

2）数据溯源技术。数据溯源技术指原始数据记录在整个生命周期内（从产生、传播到消亡）的演变信息和演变处理内容，根据追踪路径可以重现数据的历史状态和演变过程，实现数据历史档案的追溯。数据溯源指对目标数据的源头数据以及其在流转过程中的变动加以追溯、确认、描述和记录保存的过程，主要包含三部分内容：①追溯与描述对产生当前数据项的源头数据；②追溯、捕获或记录对源头数据如何演变为当前数据状态的过程信息；③追溯、描述和记录对所有能够影响数据状态的因素（比如影响数据的实体、工具等）。

3）版权管理技术。版权管理技术特指数字版权管理（Digital Right Management，DRM），即采用密码技术、去标识化技术、水印技术防止对数字内容的非法复制和非法使用。数字版权管理具有对数字内容安全分发、权限控制和运营管理的能力，使数字内容相关权益方能对每个数字内容定义不同的使用权限、每个权限对应不同的商业价值和价格。相关用户只有得到授权后才能按照相应的权限消费数字内容。

6.5 大数据安全治理

《中华人民共和国数据安全法》于 2021 年 6 月正式颁布，标志着我国数据安全进入有法可依、依法建设的新发展阶段。其中,《中华人民共和国数据安全法》明确提出在坚持总体国家安全观基础上，建立健全数据安全治理体系，提高数据安全保障能力。

6.5.1 数据安全治理的概念

大数据时代，发展数字经济、加快培育发展数据要素市场，必须把保障数据安全放在突出位置。这要求我们着力解决数据安全领域的突出问题，有效提升数据安全治理能力，实现以数据要素价值化流程为核心的数字治理与数据安全治理达到动态平衡。

数据安全治理不仅是一套用工具组合的产品级解决方案，还是从决策层到技术层、从管理制度到工具支撑、自上而下贯穿整个组织架构的完整链条。从广义上说，数据安全治理是在国家数据安全战略指导下，为形成全社会共同维护数据安全、促进开发利用和产业发展的良好环境，国家有关部门、行业组织、科研机构、企业、个人共同参与和实施的一系列活动集合。具体内容主要包括完善相关政策法规、推动政策法规落地、建设标准体系、研发应用关键技术、培养专业人才等。从狭义上说，数据安全治理指在数据安全战略的指导下，为确保数据处于有效保护和合法利用的状态，多个部门协作实施的一系列活动集合，包括建立和组织数据安全治理团队、制定数据安全相关制度规范、构建数据安全技术体系、建设数据安全人才梯队等。它以保障数据安全、促进开发利用为原则，围绕数据全生命周期构建相应安全体系，组织内部多利益相关方统一共识、协同工作、平衡数据安全与发展。

数据安全治理具有以下三点特征：

1）以数据为中心。数据的高效开发和利用，涵盖了数据全生命周期的各个环节。由于不同环节的特性不同，数据面临的安全威胁与风险也大相径庭。因此，必须构建以数据为中心的数据安全治理体系，根据具体业务场景和生命周期各环节，有针对性地解决安全问题，防范数据安全风险。

2）多元化主体共同参与。对国家和社会而言，面对数据安全领域的诸多挑战，政府、企业、行业组织、甚至个人都需要发挥各自优势，紧密配合，承担数据安全治理主体责任，共同营造满足数字经济时代要求的协同治理模式。因此，数据安全治理必然涉及多元化主体共同参与。

3）兼顾发展与安全。随着国内数字化建设的快速推进，无论是政府部门，还是其他组织（如企业）都沉淀了大量数据。在数字经济时代的应用场景下，数据只有在流动中才能充分发挥价值，而数据流动又必须以保障数据安全为前提。因此，必须要辩证地看待数据安全治理，离开发展来谈数据安全毫无意义。

6.5.2 数据安全治理的内容

作为推动数据安全合规建设、数据安全风险防范、数据业务健康发展的重要抓手，数据安全治理的内涵不再局限于技术层面或管理层面，而是围绕数据全生命周期安全，涉及组织内多部门协作、全流程制度制定、体系化技术实现、专业化人才培养等一系列工作。

数据安全治理从治理目标、治理体系、治理维度、治理实践四个方面构建数据安全治理总体视图，分别从三项治理目标、三层治理体系、四项治理维度、四步实践路线角度描绘数据安全治理的建设蓝图和实践路线，如图 6－12 所示。

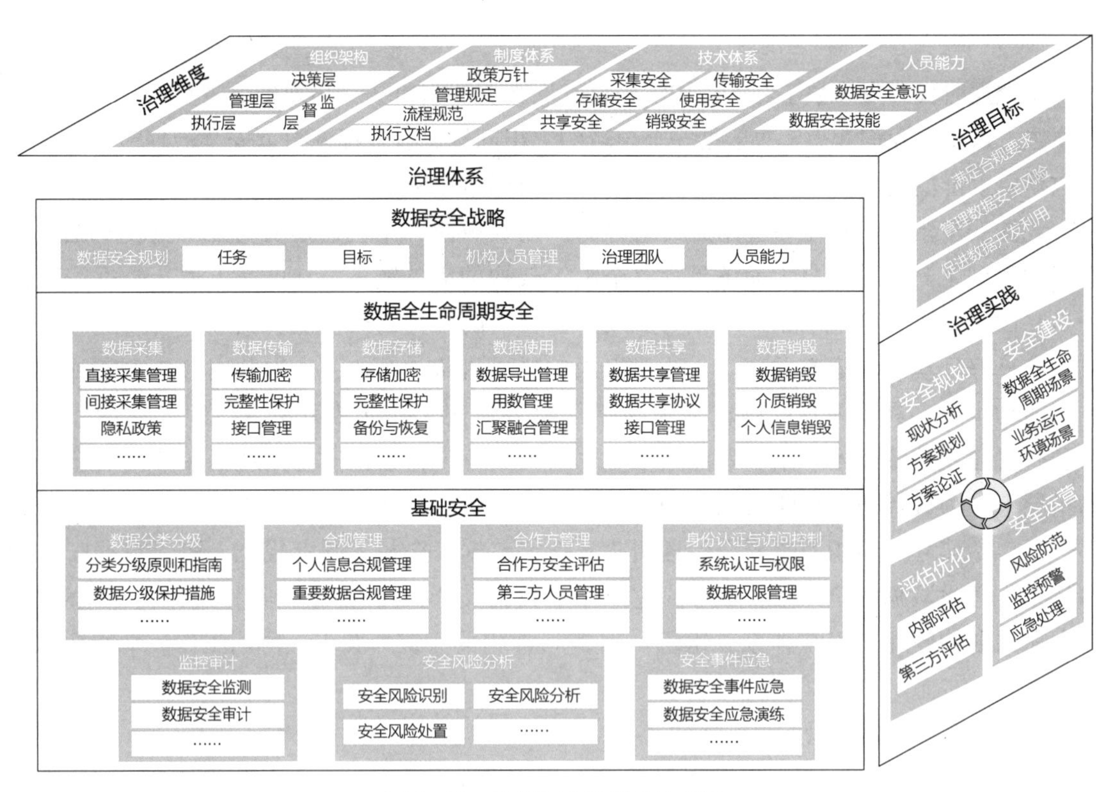

图 6－12　数据安全治理总体视图

1. 数据安全治理目标

数据安全治理目标是数据安全治理工作开展的方向，主要包括满足合规要求、管理数据安全风险、促进数据开发利用三方面。

1）满足合规要求。逐渐细化的数据安全监管要求，为组织数据安全合规工作提出了更高要求。及时发现合规差距，协助组织履行数据安全责任义务，为业务的稳定运行和规范化开展筑牢根基，是数据安全治理工作的首要目标。

2）管理数据安全风险。不断产出的海量数据在动态实时流转过程中，面临着较大的风险暴露面，数据安全威胁与日俱增。叠加数据安全边界较为模糊、数据安全基础不够强韧等问题，组织数据安全风险的有效管理成为数据安全治理的重要使命。

3）促进数据开发利用。数字经济的高速发展离不开数据价值的充分释放，而数据安全是保障数据价值释放的重要基石。数据安全治理通过体系化建设完善组织的合规管理和风险管理工作机制，提升数据安全保护水平，促进数据开发利用。

2. 数据安全治理体系

数据安全治理体系是组织达成数据安全治理目标需要具备的能力框架，组织应围绕该体系进行建设。数据安全治理体系包括数据安全战略、数据全生命周期安全和基础安全。数据安全战略是推进数据安全治理工作的战略保障模块，要求组织应在启动各项工作之前，制定相应的战略规划。数据安全战略从数据安全规划、机构人员管理两方面入手，数据安全规划确立任务目标，机构人员管理组建治理团队。

1）数据安全规划由国家政策、组织业务发展需要以及数据安全需求等多方面因素确定。

2）机构人员管理要求组织内部数据安全工作的部门、岗位和人员，并与人力资源管理部门进行联动，防范管理过程中存在的数据安全风险。

数据全生命周期安全是评估数据安全合规与风险管理等工作下沉至各业务场景的重要模块，要求组织以数据采集、数据传输、数据存储、数据使用、数据共享、数据销毁等环节为切入点，设置管控点和管理流程，保障数据安全。具体包括：

1）数据采集安全是根据组织对数据采集的安全要求，建立安全管理措施和安全防护措施，规范数据采集相关流程，从而保证数据采集的合法、合规、正当和诚信。

2）数据传输安全是根据组织对内和对外的数据传输需求，构建不同的数据加密保护策略和安全防护措施，防止传输过程中的数据泄露等风险。

3）数据存储安全是根据组织内部的数据存储安全要求，提供有效的技术和管理手段，防止因存储介质的不当使用而引发数据泄露风险，并规范数据存储的冗余管理流程，保障数据可用性，实现数据存储安全。

4）数据使用安全是根据数据在使用过程中面临的安全风险，建立有效的数据安全管控措施和数据处理环境的安全保护机制，防止数据处理过程中的风险。

5）数据共享安全是根据组织对外提供或交换数据的需求，建立有效的数据交换安全防护措施，降低数据共享场景下的安全风险。

6）数据销毁安全是通过制定数据销毁机制，实现有效的数据销毁管控，防止因对存储介质中的数据进行恢复而导致的数据泄露风险。

作为数据全生命周期安全能力建设的基本支撑模块，基础安全可以在多个生命周期环节内复用，是整个数据安全治理体系建设的通用要求，能够实现建设资源的有效整合，主要包括以下几点：

1）数据分类分级是根据法律法规以及业务需求，明确组织内部的数据分类分级原则及方法，并对数据进行分类分级标识，以实现差异化的数据安全管理。

2）合规管理是根据组织内部的业务需求和业务场景，明确相关法律法规要求，制定管理措施以降低组织面临的合规风险。

3）合作方管理是指建立组织的合作方管理机制，防范组织对外合作的数据安全风险。

4）监控审计是指建立监控及审计的工作机制，有效防范不正当的数据访问和操作行为，降低数据全生命周期未授权访问、数据滥用、数据泄露等安全风险。

5）身份认证与访问控制是根据组织安全合规要求，建立用户身份认证和访问控制的管理机制，防止对数据的未授权访问。

6）安全风险分析是根据组织业务场景建立数据安全风险分析体系，将风险控制在可接受的水平，最大限度地保障数据安全。

7）安全事件应急是建立数据安全应急响应体系，确保在发生数据安全事件后及时止损，保障业务的安全和稳定运行，最大限度地降低数据安全事件带来的影响。

3. 数据安全治理维度

以数据安全治理目标为指引，围绕数据安全治理体系框架，从组织架构、制度体系、技术体系和人员能力四个维度开展治理能力建设工作，以解决“谁来干”“怎么干”“干的如何”“有没有能力干”等关键问题。

（1）组织架构　数据安全组织架构是数据安全治理体系建设的前提条件。建立数据安全组织，落实数据安全管理责任，确保数据安全相关工作能够持续稳定的贯彻执行。同时，因数据安全治理是一项多元化主体共同参与的复杂工作，明确的组织架构有助于划分各参与主体的数据安全权责边界，促进协同机制的建立，实现组织数据安全治理一盘棋。

在一个组织内部，安全部门、合规部门、风控部门、内审部门、业务部门、人力部门等都需要参与到数据安全治理的具体工作中，相互协同，共同保障组织的数据安全。数据安全治理组织架构一般由决策层、管理层、执行层与监督层构成，如图 6－13 所示。各层之间通过定期会议沟通等工作机制实现紧密合作、相互协同。决策层指导管理层工作的开展，并听取管理层关于工作情况和重大事项的汇报。管理层对执行层的数据安全提出管理要求，并听取执行层关于数据安全执行情况和重大事项的汇报，形成管理闭环。监督层对管理层和执行层各自职责范围内的数据安全工作进行监督，并听取各方汇报，形成最终监督结论并同步汇报至决策层。

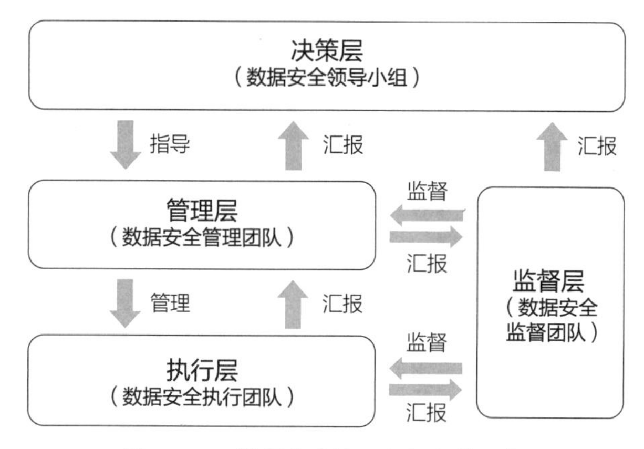

图6－13　数据安全治理组织架构示例

（2）制度体系　数据安全制度体系一般会从业务数据安全需求、数据安全风险控制需要以及法规合规性要求等方面进行梳理，最终确定数据安全防护的目标、管理策略及具体的标准、规范、程序等。数据安全治理制度文件可分为四个层面，一级文件、二级文件作为上层的管理要求，应具备科学性、合理性、完备性及普适性。三级文件、四级文件则是对上层管理要求的细化解读，用于指导具体业务场景工作。数据安全治理制度体系示例如图6－14所示。

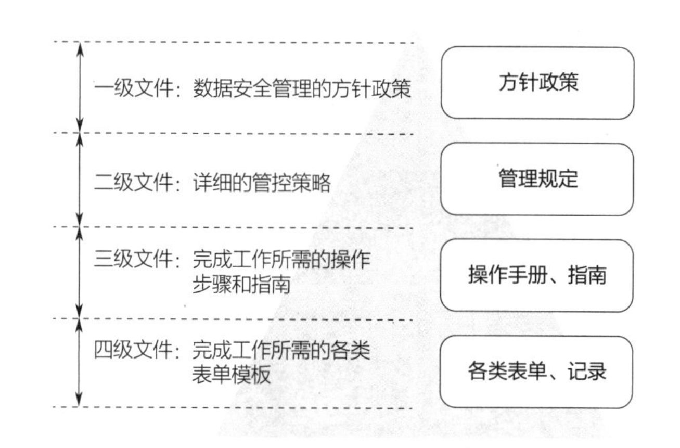

图6－14　数据安全治理制度体系示例

一级文件是由决策层明确面向组织的数据安全管理方针、政策、目标及基本原则。二级文件是管理层根据一级文件制定的通用管理办法、制度及标准。三级文件一般由管理层、执行层根据二级管理办法确定的各业务、各环节的具体操作指南、规范。四级文件属于辅助文件，是各项具体制度执行时产生的过程性文档，一般包括工作计划、申请表单、审核记录、日志文件、清单列表等。数据全生命周期安全要求可以参考图6－15完善组织各级制度文件内容。

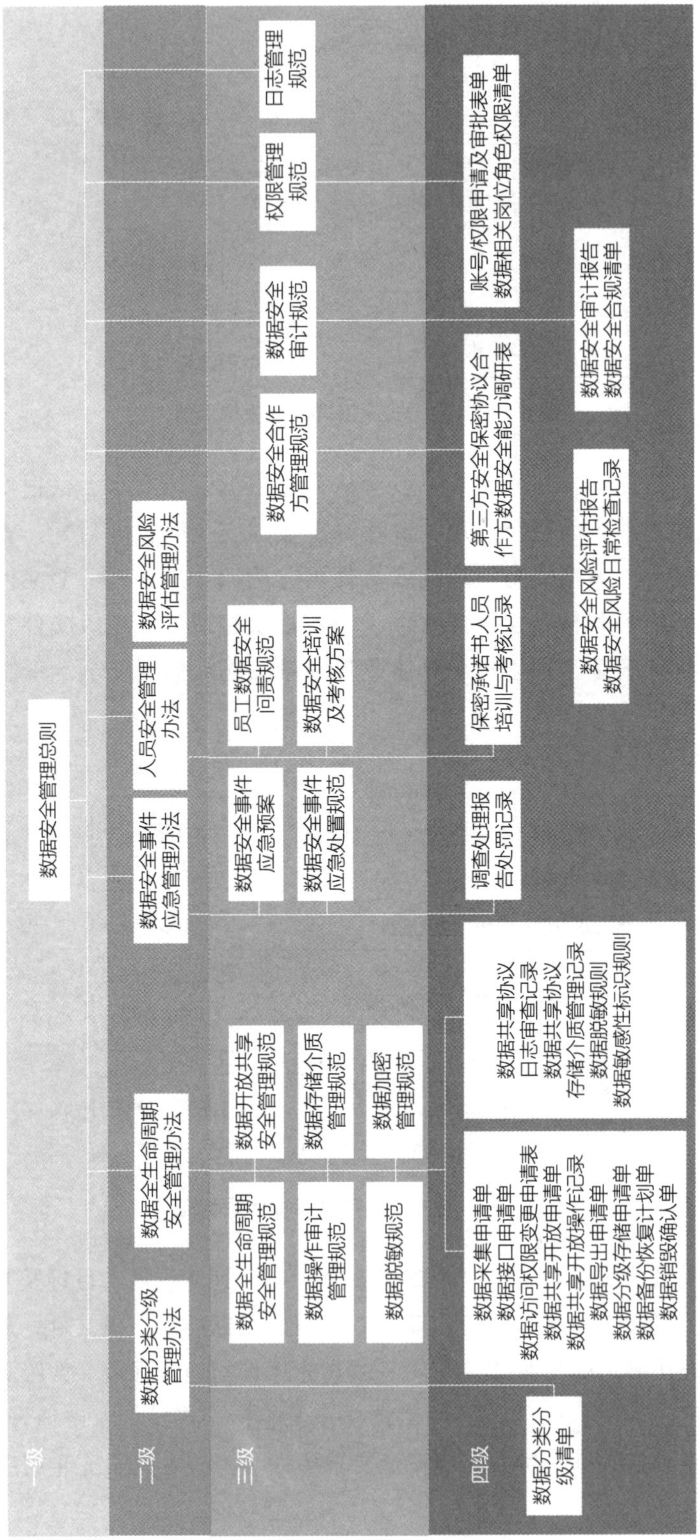

一级
数据安全管理总则

二级
数据分类分级管理办法
数据全生命周期安全管理办法
数据安全事件应急管理办法
人员安全管理办法
数据安全风险评估管理办法

三级
数据全生命周期安全管理规范
数据开放共享安全管理规范
数据操作审计管理规范
数据存储介质管理规范
数据脱敏规范
数据加密管理规范
数据安全事件应急预案
数据安全事件应急处置规范
员工数据安全问责规范
数据安全培训及考核方案
数据安全合作方管理规范
数据安全审计规范
权限管理规范
日志管理规范

四级
数据分类分级清单
数据采集申请单
数据接口申请单
数据访问权限变更申请表
数据共享开放申请单
数据共享开放操作记录
数据导出申请单
数据分级存储申请单
数据备份恢复计划单
数据销毁确认单
数据共享协议
日志审查记录
数据共享协议
存储介质管理记录
数据脱敏规则
数据敏感性标识规则
调查处理报告处罚记录
保密承诺书人员培训与考核记录
第三方安全保密协议合作方数据安全能力调研表
账号/权限申请及审批表单
数据相关岗位角色权限清单
数据安全风险评估报告
数据安全风险日常检查记录
数据安全审计报告
数据安全合规清单

图6－15　数据安全管理制度体系

（3）技术体系　数据安全技术体系并非覆盖单一产品或平台，而是整个数据全生命周期。根据组织数据安全建设的方针总则，围绕数据全生命周期各阶段的安全要求，建立与制度流程相配套的技术和工具。数据安全治理技术体系如图 6－16 所示。

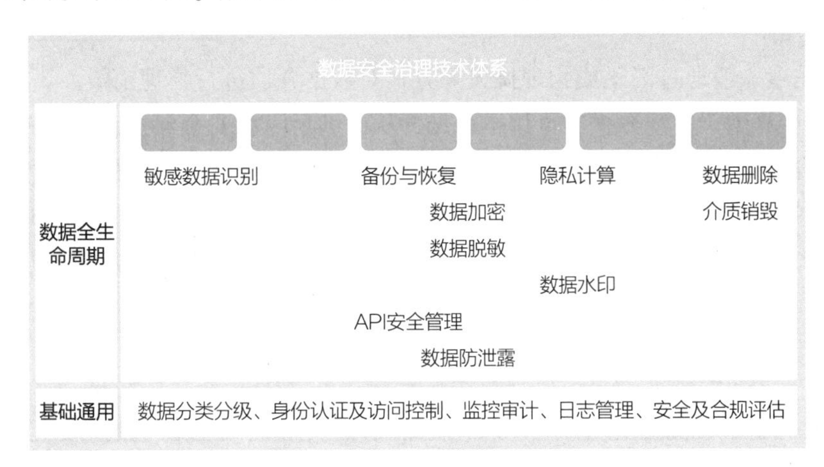

图 6－16　数据安全治理技术体系

基础通用技术工具为数据全生命周期的安全提供支撑。

1）数据分类分级相关工具主要用于实现数据资产扫描梳理、数据分类分级打标和数据分类分级管理等功能。

2）身份认证及访问控制相关工具主要用于数据全生命周期各环节相关业务系统和管理平台的身份认证和权限管理。

3）监控审计相关工具接入业务系统和管理平台，用于数据安全风险的实时监控，并进行统一审计。

4）日志管理平台用于收集、分析所有业务系统和管理平台的日志，并统一日志规范以支持后续的风险分析和审计等工作。

5）安全及合规评估相关工具主要用于综合评估数据安全现状和合规风险。

数据全生命周期安全技术为生命周期中特定环节面临的风险提供管控技术保障。数据全生命周期可以组合或复用以下多种技术以实现数据安全。

1）敏感数据识别是对采集的数据进行识别和梳理，发现敏感数据，并进行安全管理。

2）备份与恢复技术是防止数据破坏、丢失的有效手段，用于保证数据的可用性和完整性。

3）数据加密相关工具具有加密模块及密钥管理能力，可满足数据加密需求。

4）数据脱敏是基于一定规则对特定数据对象进行变形的一类技术，用于防止数据泄露和违规使用等。

5）数据水印技术是对数据进行处理并使其承载特定信息，具备追溯数据所有者与分发对象等信息的能力，起到威慑及追责的作用。

6）数据防泄露技术包括终端防泄露技术、邮件防泄露技术、网络防泄露技术，防止敏感数据在违反安全策略规定的情况下流出企业。

7）API安全管理相关平台具有内部接口和外部接口的安全管控和监控审计能力，保障数据传输安全。

8）数据删除是一种逻辑删除技术，为保证删除数据的不可恢复，一般会采取数据多次覆写、清除等操作。

9）介质销毁一般通过消磁或物理捣毁等方式对数据介质进行物理销毁。

10）隐私计算用于实现数据的可用不可见，从而满足隐私安全保护、价值转化及释放。

（4）人员能力　数据安全治理离不开相应人员的具体执行，人员的技术能力、管理能力等都影响到数据安全策略的执行效果。因此，加强对数据安全人才的培养是数据安全治理的应有之义。组织需要根据岗位职责、人员角色明确相应的能力要求，并从意识和能力两方面着手建立适配的数据安全能力培养机制。不同类型人员的数据安全能力要求和培养机制见表6-1。

表6-1　不同类型人员的数据安全能力要求和培养机制

人员类型	数据安全能力要求	培养机制
会员	数据安全意识、员工安全操作规范	宣贯
领导层	数据安全意识、法律法规政策	宣贯
专业技术人员	数据安全技术、业务能力、合规能力	宣贯、能力认证结合

数据安全能力培养机制主要包括以下内容。一是意识能力培养。结合业务实际场景与数据安全事件实际案例，采用数据安全事件宣导、数据安全事件场景还原、数据安全宣传海报、数据安全月活动等方式，定期为员工开展数据安全意识培训，纠正工作中的不良习惯，降低因意识不足带来的数据安全风险。二是技术能力培养。一方面，构建组织内部的数据安全学习专区，营造培训环境，通过线上视频、线下授课相结合的方式，按计划定期开展数据安全技能培训，夯实理论知识。另一方面，开展数据安全攻防对抗等实战演练，将以教学为主的静态培训转为以实践为主的动态培训，提高人员参与积极性，有助于理论向实践转化，切实提高人员的数据安全技能。

为保障培训效果，形成人员能力培养的管理闭环，还需要结合能力考核的管理机制。结合人员角色及岗位职责，构建数据安全能力考核试题库，通过考核平台分发日常测验及各项考核内容，评估人员数据安全理论。同时将实战演练中的实际操作能力作为重要考核指标，综合评估数据安全人员能力水平。

4. 数据安全治理实践

数据安全治理体系给出了组织数据安全治理建设框架，如何将整套框架切实应用于建设过程，离不开实践路线的制定。基于当前行业发展现状，数据安全治理体系践行“全局体系规划、场景有序落地、运营持续加强、评估助力优化”的数据安全治理实践理念，进一步丰富“规划—建设—运营—优化”闭环路线，用于推进各行业组织数据安全治理工作的落地。

6.5.3　数据安全治理实践过程

数据安全治理实践过程分为两种方式，即自顶向下和自底向上。一方面，组织自顶向下。

以数据安全战略规划为指导，以规划、建设、运营、优化为主线，围绕数据安全治理体系这一核心，从组织架构、制度体系、技术工具和人员能力四个维度构建全局建设思路。另一方面，组织自底向上。针对各业务场景落地相关数据的安全能力点，快速满足业务场景的数据安全需求，降低数据安全治理的长期性对业务开展的影响。建设与完善各个场景，全面覆盖组织的所有数据处理环节。

1. 数据安全规划

数据安全规划阶段主要确定组织数据安全治理工作的总体定位和愿景。根据组织整体发展战略，结合实际情况进行现状分析，制定数据安全规划并对规划进行充分论证。

（1）现状分析　组织应通过现状分析找到数据安全治理的核心诉求与差距项，为规划设计提供依据。现状分析可以从数据安全合规对标、数据风险现状分析、行业最佳实践对比入手。一是数据安全合规对标。数据安全合规是组织履行数据安全相关责任义务的底线要求。不同组织应对适用的外部法律法规、监管要求、标准规范等进行梳理，将重要条款与现有情况进行对比，分析差距并确定合规需求。二是数据安全风险现状分析。数据安全风险管理是组织业务发展的重要保障。不同组织需结合业务场景，根据数据全生命周期安全防护要求，基于数据安全风险评估等方式识别数据面临的安全威胁及所在环境的脆弱性，形成风险问题清单，提炼数据安全建设需求。三是行业最佳实践对比。行业对比是组织经营决策的主要参考。分析同行业的数据安全建设先进案例，并与组织现状进行横向对比，有助于提炼更加合适的数据安全建设方向和建设思路。

（2）方案规划　组织应根据现状分析结果，结合数据安全治理目标，构建可落地实施的数据安全治理规划方案，并提炼重点目标和任务，分阶段落实到工程实施中。方案规划可以从前文所述的四个数据安全治理维度入手，通过对组织架构、制度体系、技术工具、人员能力的不断建设与完善达成建设目标。一般来说，数据安全规划可分为三个阶段，如图 6－17 所示。

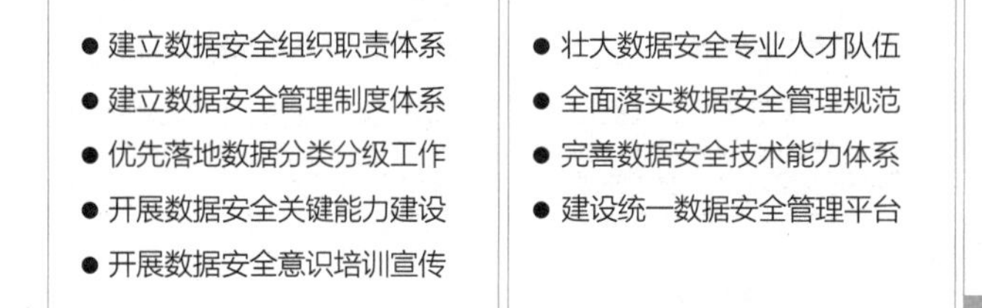

图 6－17　数据安全规划

第一阶段，组织尚处于数据安全治理建设初期，急需在内部明确职责分工和管理要求，因此建议完成初步的数据安全治理体系建设工作，包括数据安全组织机构的建立、数据安全制度体系的编制、数据安全基础能力建设以及数据安全意识培训宣传。同时，数据分类分级作为实施数据安全管理和技术措施的前提，是一个需要提前布局且长期推进的工作。

第二阶段，组织有了一定的数据安全治理基础，在这一阶段可以着重完善数据安全技术体系。建设统一的管理平台，全面落实数据安全管理规范与策略要求，并基于常态化数据安全运营，实现持续的数据安全保障。同时，应加强数据安全能力培训体系的构建，培养复合型数据安全专业人才，壮大数据安全人才队伍。

第三阶段，组织已经初步建成数据安全治理体系，这一阶段以持续优化为主要目标，重在建立数据安全治理的量化评估体系，定期开展数据安全评估评测，监测各项指标的达标情况。根据评估评测结果及时优化建设内容，最终达到较高的数据安全治理水平。同时，提炼并输出成功经验，促进整个行业共同进步。

（3）方案论证　为评估规划方案在建设过程的可行性，应从以下三个方面进行论证分析。一是可行性分析。根据组织现状，明确人力、物力、资金的投入与产生的效益对比，协调数据安全管理机制和技术能力建设与业务系统，确保在业务发展与安全保障之间达到平衡。二是安全性分析。方案在正式实施前，要进行详细的方案论证分析，确保在业务稳定运行时可实施治理建设，同时考虑治理过程中可能遇到的新风险，避免引入未知风险。三是可持续性分析。数据安全治理是持续性过程，随着业务拓展和技术进步，规划方案在保证与当前组织现有体系兼容的同时，也要考虑与后续的发展相适应。因此数据安全治理方案不仅要考虑当下，还要着眼于未来，满足当前数据安全需求的同时，还要兼顾后续的持续发展。

2. 数据安全治理建设

数据安全治理建设主要是对数据安全规划进行落地实施，形成与组织相适应的数据安全治理能力，包括组织架构的建设、制度体系的完善、技术工具的建立和人员能力的培养等。

通过数据安全规划，组织对如何从零开始建设数据安全治理体系有了一定认知，同时也应意识到数据安全治理建设是一项需要长期开展并持续投入的工作，无法一蹴而就。为快速响应不同业务场景下的数据安全策略要求，应基于场景需要选择性部署技术工具，编制三级操作指南文件，形成四级记录模板。数据安全治理建设最终推动数据安全治理体系在组织内的全面落地。场景化数据安全治理建设的总体路线如图 6－18 所示。

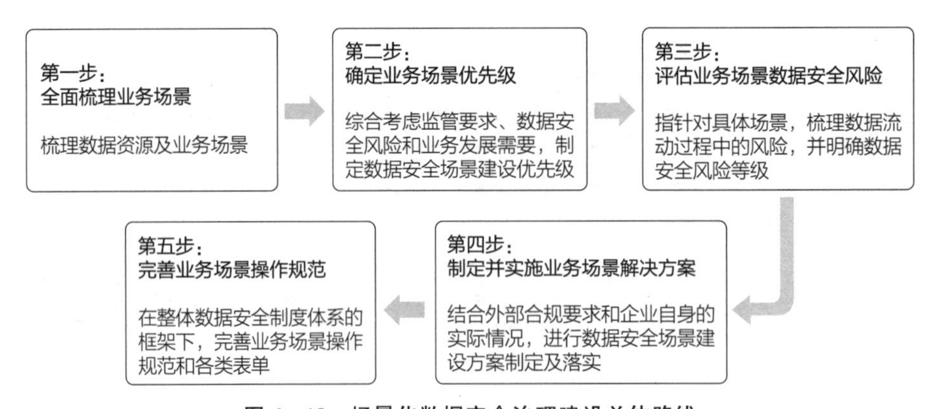

图 6－18　场景化数据安全治理建设总体路线

第一步：全面梳理业务场景是组织进行场景化数据安全治理建设的前提，可以帮助组织全面了解数据安全治理对象，为组织场景化数据安全治理提供行动地图。目前，业务场景的划分尚未有统一标准。根据对数据安全供应侧及需求侧的调研，将场景划分方法归类为基于数据全生命周期和基于业务运行环境两种方法。

1）基于数据全生命周期的场景划分。该方法是分别在数据采集、数据传输、数据存储、数据使用、数据共享、数据销毁各环节抽象出典型应用场景，如图 6－19 所示。

①数据采集环节主要有个人信息主体数据采集、外部机构数据采集、数据产生等场景。

②数据传输环节主要有内部系统数据传输、外部机构数据传输等场景。

③数据存储环节主要有数据加密存储、数据库安全等场景。

④数据使用环节主要有应用访问、数据运维、测试和开发、网络和终端安全、数据准入、数据分析与挖掘等场景。

⑤数据共享环节主要有内部共享和外部共享等场景。

⑥数据销毁环节有逻辑删除、物理销毁和数据退役等场景。

此外，一些基础性工作如数据分类分级，应该作为单独的场景纳入到整体场景视图中。

基于数据全生命周期

数据采集	数据传输	数据存储	数据使用		数据共享	数据销毁
个人信息主体数据采集	内部系统数据传输	数据加密存储	应用访问	数据运维	内部共享	逻辑删除
外部机构数据采集	外部机构数据传输	数据库安全	测试、开发	网络、终端安全	外部共享	物理销毁
数据产生			数据准入	数据分析与挖掘		数据退役
数据分类分级						

图 6－19　基于数据全生命周期的场景划分

基于数据全生命周期的场景划分方式，不仅能更好地契合当前法律法规关于数据全生命周期的安全要求，还能更加匹配当前主流的数据安全治理体系框架。

2）基于业务运行环境的场景划分组织业务虽然各有不同，但其业务运行环境的划分基本相同，可以将业务场景划分为办公场景、生产场景、研发场景、运维场景等。基于业务运行的环境可进一步细分为云场景、终端场景等，如图 6－20 所示。

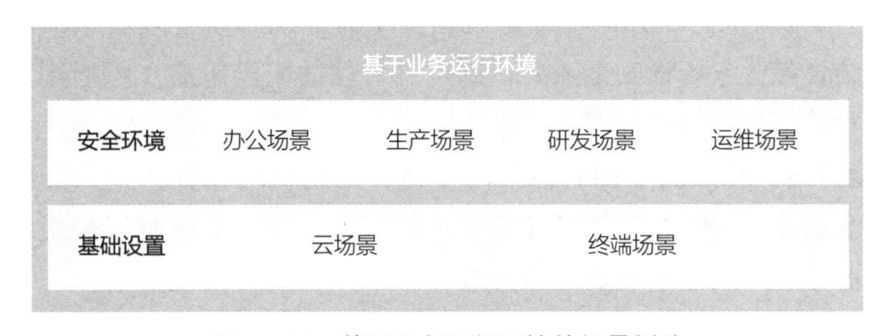

图 6－20　基于业务运行环境的场景划分

基于业务运行环境的场景划分方式，不仅与业务研发紧密关联，有利于场景识别，还兼容组织安全域的划分，有利于充分利用原有的网络安全能力。

第二步：确定业务场景优先级。在业务场景梳理完成后，组织需要综合考虑监管要求、数据安全风险和业务发展，明确业务场景治理的优先级。以基于数据全生命周期的场景划分方式为例，数据分类分级是数据安全基础性工作基本已经成为行业共识。随着数据分类分级指南的不断建立和完善，组织应跟紧行业发展步伐，前置数据分类分级工作的优先级。数据采集环节中个人信息主体数据采集、外部机构数据采集等场景均涉及个人信息权益保护，是当前数据安全合规出现问题的高危场景，容易影响组织品牌形象，因而需要优先治理。此外，数字经济的繁荣发展离不开数据的流通共享，但随之而来的风险也不断显现，因此数据流通的安全保护势在必行，应着重进行相关场景的安全建设。

第三步：评估业务场景数据安全风险。该环节指针对具体场景，综合考虑合规要求、数据资源重要性、面临的数据安全威胁等因素，将数据流动过程的风险点梳理出来，并明确数据安全风险等级。业务方应根据此项评估结果，确定需进行整改的风险点并作为数据安全治理建设的需求输入，为制定场景化数据安全解决方案提供依据。

第四步：制定并实施业务场景解决方案。基于业务场景的数据安全风险评估结果，组织根据相关政策及标准要求，可以申请充分的资源保障，并制定可落地的解决方案。目前，业界已经形成一些公认的部分场景典型解决方案，例如在数据加密存储场景中使用加解密系统、在终端场景下部署终端数据泄密防护（DLP）等。但多数情况下，组织需要根据实际情况研究针对性解决方案或者甄选适宜的供应侧解决方案。

第五步：完善业务场景操作规范。组织应规范业务场景日常的数据安全管理和运营工作，督促业务部门在实施具体技术措施后，及时完善整体数据安全制度体系中关于三级与四级的制度文件，如《远程访问操作规范》《数据备份操作规范》《数据防泄露操作规范》《堡垒机操作规范》等，以保持制度流程和技术落地的一致性。

3. 数据安全运营

数据安全运营阶段要不断适配业务环境和风险管理需求，持续优化安全策略，强化整个数据安全治理体系的有效运转。

（1）风险防范　数据安全运营的目标之一是降低数据安全风险，因此建立有效的风险防范手段非常重要，可以从数据安全策略制定、数据安全基线扫描、数据安全风险评估三方面入手。

1）数据安全策略制定。一方面，根据数据全生命周期各项管理要求，制定通用安全策略。另一方面，结合各业务场景安全需要，制定针对性的安全策略。将通用策略和针对性策略相结合，实现对数据流转过程的安全防护。

2）数据安全基线扫描。基于面临的风险形势，定期梳理、更新相关安全规范及安全策略，并转化为安全基线，同时在监控审计平台进行定期扫描。安全基线是组织数据安全防护的最低要求。各业务的开展必须满足此项要求。

3）数据安全风险评估。将日常化定期开展的数据安全风险评估结果与安全基线进行对比，对不满足基线要求的评估项，进行业务方案改进或安全技术手段强化以实现风险防范。

（2）监控预警　数据安全保护以了解数据在组织内的安全状态为前提，需要组织在数据全生命周期各阶段开展安全监控和审计，以实现对数据安全风险的防控。可以通过态势监控、日常审计、专项审计等方式对相关风险点进行防控，从而降低数据安全风险。

1）态势监控。根据数据全生命周期的各项安全管理要求，建立组织内部统一的数据安全监控审计平台，对风险点的安全态势进行实时监测。一旦出现安全威胁，能够实现及时告警及初步阻断。

2）日常审计。针对账号使用、权限分配、密码管理、漏洞修复等日常工作的安全管理要求，基于监控审计平台开展审计工作，发现问题并及时处置。审计内容包括但不限于表6－2所示内容。

表6－2 日常审计项目示例

审计项目	活跃度异常账号、弱口令、异常登录
	敏感数据是否加密存储
	敏感数据是否加密传输
	个人信息采集是否得到授权
	异常/高风险操作行为
	敏感数据是否脱敏使用
	漏洞是否定期修复
	分类分级策略是否正确落实
	接口安全策略的落实情况
	销毁过程的日常监督

3）专项审计。以业务线为审计对象，定期开展专项数据安全审计工作。审计内容包括数据全生命周期安全、隐私合规、合作方管理、鉴别访问、风险分析、数据安全事件应急等多方面内容，全面评价数据安全工作执行情况，发现执行问题并统筹改进。

（3）应急处理　风险防范及监控预警措施一旦失效，将导致数据安全事件发生。组织应立即进行应急处置、复盘整改，并在内部进行宣贯宣导，防范安全事件的再次发生。

1）数据安全事件应急处置。根据数据安全事件应急预案对正在发生的各类数据安全攻击警告、数据安全威胁警报等进行紧急处置，确保第一时间阻断数据安全威胁。

2）数据安全事件复盘整改。应急处置完成后，应尽快在业务侧组织复盘分析，明确事件发生的根本原因，做好应急总结，沉淀应急手段，跟进落实整改，并完善相应应急预案。

3）数据安全应急预案宣贯宣导。根据数据安全事件的类别和级别，在相关业务部门或全线业务部门定期开展应急预案的宣贯宣导，降低发生类似数据安全事件的风险。

4. 数据安全评估优化

数据安全评估优化阶段主要通过内部评估与第三方评估相结合的方式，对组织的数据安全治理能力进行评估分析，总结不足并动态纠偏，建立数据安全治理的持续优化及闭环工作机制。

（1）内部评估　组织应形成周期性的内部评估工作机制。内部评估应由管理层牵头，执行层和监督层配合，确保评估工作的有效执行，并应将评估结果与组织的绩效考核挂钩，避免评估流于形式。常见的内部评估手段包括评估自查、应急演练、对抗模拟等。

评估自查通过评估问卷、调研表、定期执行检查工具等形式，在组织内部开展评估。评估内容应至少包括数据全生命周期的安全控制策略、风险需求分析、监控审计执行、应急处置措施、安全合规要求等内容。

应急演练通过构建内部人员泄露、外部黑客攻击等场景，验证组织数据安全治理措施的有效性和及时止损的能力，并通过在应急演练后开展复盘总结，不断改进应急预案及数据安全防护能力。应急演练可采用实战、桌面推演等方式，旨在验证数据安全事件应急的流程机制是否顺畅、技术工具是否实用、安全处置是否及时等，进一步完善应急预案，补足能力短板。

对抗模拟通过搭建仿真环境开展红蓝对抗，或模拟黑产对抗，帮助组织面对内外部数据安全风险时实现以攻促防，沉着应对，并在这个过程中不断挖掘组织数据安全可能存在的攻击面和渗透点，尤其是面对组织内部数据泄露风险，可以有针对性的完善数据安全治理工作机制和技术能力。

（2）第三方评估　除内部评估外，组织应引入第三方评估。第三方评估以国家、行业及团体标准等为执行准则，能客观、公正、真实地反映组织数据安全治理水平，实现对标差距分析。

第7章 大数据资产管理与流通

大数据时代，“数据即资产”的理念已深入人心，但拥有数据并不等于掌握数据资产，资产的自然属性决定了只有合法拥有的数据才有可能成为资产，而其经济属性决定了只有满足可控制、能够创造未来经济利益的数据才有可能发展为数据资产。良好的数据资产管理与流通是释放数据要素价值的基础。

7.1 数据与资产

数据是对客观事件进行记录并存储在媒介物上的可鉴别符号，是对客观事物性质、状态以及相互关系等进行记载的物理符号或物理符号的组合，是一种客观存在的资源。作为数字经济时代与土地、劳动力、资本和技术并列的五大生产要素之一，大数据作为数据资产如何通过确认和计量程序入表一直是困扰社会的难点问题。

7.1.1 资产与无形资产

资产是资本和财产的统称，通常由企业过去经营交易或事项形成的、由企业拥有或控制的、预期会给企业带来经济利益的资源。其中，“过去经营交易或事项形成”指资产必须是现实存在的，还在预期中的事物与资源不能够被称为资产；“企业拥有或控制”指企业享有某项资源的所有权，或者虽然不享有某项资源的所有权，但该资源能被企业所控制；“预期会给企业带来经济利益”指直接或间接导致现金与现金等价物流入企业的潜力。

作为资产的一种存在形式和重要组成部分，无形资产指企业拥有或者控制的没有实物形态的可辨认非货币性资产。无形资产在使用和形成过程中，“可辨认”指一方面需要能够从企业中分离或者划分出来，并能单独或者与相关合同、资产或负债一起，用于出售、转移、授予许可、租赁或者交换；另一方面源自合同性权利或其他法定权利，无论这些权利是否可以从企业或其他权利和义务中转移或者分离。无形资产有广义和狭义之分。广义的无形资产包括货币资金、应收账款、金融资产、长期股权投资、专利权、商标权等。因为它们没有物质实体，所以表现为某种法律权利或技术。

无形资产表现为无实物性与依附性、垄断性、不确定性、共享性，以及价值增值性等，具体介绍如下。

1）无实物性与依附性。无实物性指没有独立实体、不占用物质空间，而且要依附一定载体存在。在使用过程中，无形资产也不存在有形损耗，报废时也无残值。

2）垄断性。有些无形资产在法律制度的保护下，禁止非持有人无偿取得；排斥他人的非法竞争。如专利权、商标权等；有些无形资产的独占权虽不受法律保护，但只要能确保秘密不泄露于外界，实际上也能独占，如专有技术、秘方等；还有些无形资产不能与企业整体分离，除非整个企业产权转让，否则别人无法获得。

3）不确定性。一方面无形资产在价值评估方面存在不确定性。无形资产在确认与计量方面不容易做到全面和准确，特别是无形资产形成取得的成本，可以计量但不容易全面、准确地确定；另一方面无形资产在有效期限方面存在不确定性。无形资产的有效期受技术进步和市场变化的影响很难准确确定，由于有效期不稳定，其实际价值也不容易确定。

4）共享性。无形资产被某一特定主体所拥有或控制，在不影响其拥有者或控制者使用该无形资产的同时，该主体还可以通过转让使用权的方式许可其他人同时使用该无形资产。

5）价值增值性。无形资产能给企业带来远远高于其成本的经济效益。企业无形资产越丰富，则其获利能力越强，反之，企业的无形资产短缺，则企业的获利能力就弱，市场竞争力也就越差。

7.1.2 数据价值表现形式

数据作为对客观事物性质、状态以及相互关系的载体，在资产化视角下，可以看作一种创造性成果与经营性标记，或者是主体生产经营能力的体现，具有知识类财产权及资信类财产权。

作为数字经济时代的关键生产要素，深入分析与理解数据的特征，对数据资产的范围界定与概念解析具有重大意义。在结构上，数据类型具有多样性，主要体现在结构化、半结构化、非结构化数据类型，如图表、图片、视频、网页浏览记录、日志、财务系统、邮件等。在特征上，数据的特性表现为无形性、更新速度快与无限复制性、价值不确定性等。具体表现为以下几点：无形性，数据本身是依附于媒介物的一种客观记录，不存在实物形态，虽然必须依附于实体，但真正体现数据价值的只有其内在的无形信息；数据总量不断扩大、更新速度快，随着互联网、物联网的飞速发展，各个领域的数据量呈现几何型增长、总量大幅度扩张；无限复制性，数据可以被低成本无限复制，并在同一时间为多方使用，不会因一方占用而影响他人使用；价值不确定性，数据的价值具有很大不确定性，取决于数据的数量、质量、实效性和风险等，需要综合多因素进行估量。

实际上，数据本身并不具备价值，而在于基于数据技术分析所得的可以用于指导决策的知识。数据的社会和经济价值主要通过数据的价值链实现，如图 7－1 所示。在数据价值链条中，通过数字技术将数据转换为信息、知识，然后将信息和知识用于生产、组织与运营方面的企业决策，实现价值增值过程。同时，这种基于数据驱动的决策反过来又能够进一步指导数据的搜集与采集，进而实现数据存量与企业价值的持续提升，形成良性循环。

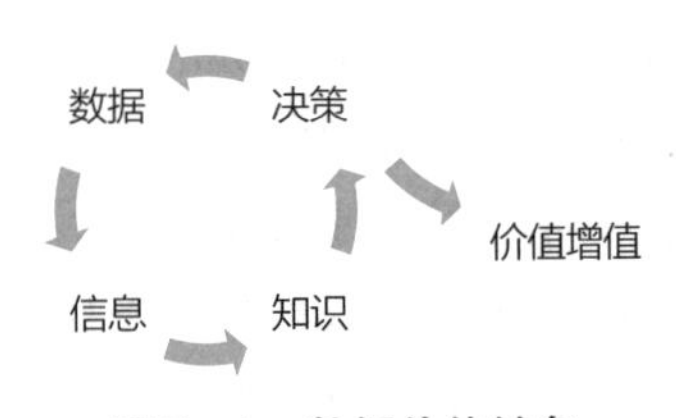

图 7－1 数据价值链条

7.1.3 数据资产概念

数据资产概念起源于 1977 年 Kaback 提出的“信息资产”一词，先后经历了“信息资产”“数字资产”再到“数据资产”的历程。尽管不具备实物形态，数据资产与专利、著作、商标等无形资产存在显著差异。而商誉是主体收益水平与行业平均收益水平差额的资本化价格，不可独立存在，也不具备可辨认性，与数据（可辨认）具有截然不同的特征。

结合“数据”“资产”与“无形资产”的概念，数据作为一项资产进行确认和计量时，可以被视作无形资产的一种新类别，其概念可界定为企业在生产经营活动中产生的或从外部渠道获取的、具有所有权或控制权的、预期能够在一定时期内为企业带来经济利益的数据资源。数据与资产、无形资产的转换如图7－2所示。无论规模大小和类型，符合以上标准的数据资源均应视作数据资产，并纳入会计计量与核算范围。

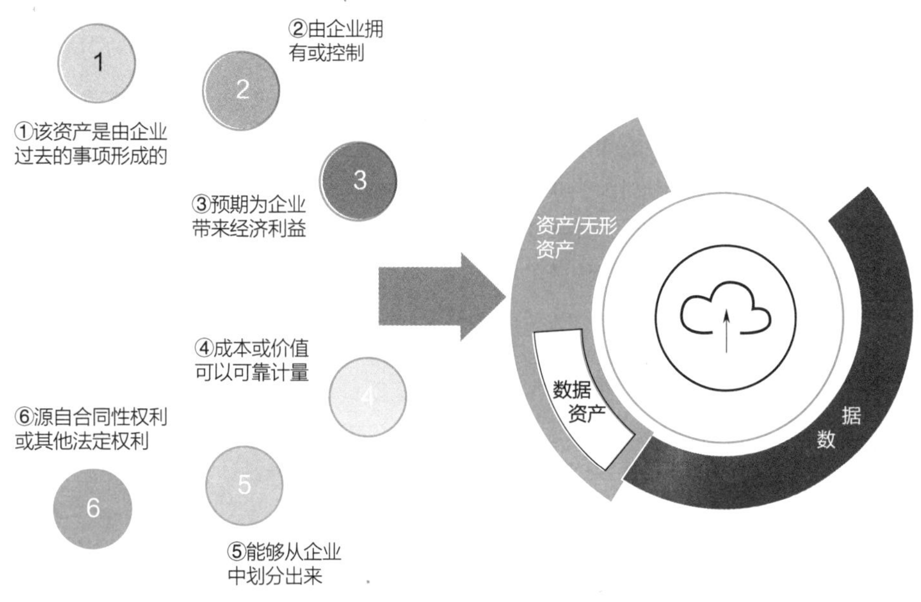

图7－2　数据与资产、无形资产的转换

在本质上，数据资产与数据存在着较大区别。首先，数据分别作为一项“资源”与一项“资产”存在时，在基本概念、基础属性方面表示的意义截然不同。资源反映的是客观存在的事物，具有天然属性，表现为对实物或数量方面的管理；资产是一种价值化储藏手段，具有经济属性，代表所有者在一段时期内通过持有或使用该实体所生产的一项或系列经济收益。因此，数据资源与数据资产虽然在物质内涵方面具有一致性，但是，二者实际分属不同的价值与管理范畴。其次，数据资产管理与数据资产化分属于不同研究与实操范畴。数据资产管理是规划、控制和提供数据及信息资产的一组业务职能，是一种技术性的概念与实操过程，包括开发、执行和监督有关数据的计划、政策、方案、项目、流程、方法和程序，从而控制、保护、交付和提高数据和信息资产的价值。数据资产管理是数据从泛在无序的资料变为资源，并进一步上升为资产的前提和必经之路。数据资产化是将数据资源确认为经济意义上资产的过程，是一种经济性的概念与合规过程。目前，许多企业和组织拥有巨量的数据，但由于缺乏必要的技术与数据资产管理意识，这些无序的数据还并未上升到“有价值资源”的程度，也无法进行资产化。再次，数据资产是对于符合会计意义资产标准的数据资源的资产化，而并非对于广义数据的资产化。从泛在无序的符号、资料到数据资源，再从数据资料转变为数据资产，一般意义上的数据需要经过一定程度的采集、处理与存储之后才能转变为数据资产——大而杂的数据在未被认识和发现前只是作为资料存在；发现了数据资料的价值，但并未按照一定的流程进行处理，这时数据只是一项数据资源。只有基于一定的分析工具、按照一定的标准模式进行分析处理后的数据资源才能够成为会计计量意义上数据资产。这种反复的处理与提纯过程也意味着，实际上仅有一小部分数据资源能够被确认为数据资产。

另外，会计意义上数据资产的概念进一步的具象化，明晰数据资产与数据的概念区别、内容边界，以及确认原则进一步的明晰，明确了数据资产是无形资产的一种新类别，在一定阶段、一定时期的会计价值相对稳定，可以通过会计计量方法的创新实现有效衡量。但是，这种通过计量方法创新而实现的数据资产价值计量仍然面临着一定的难点，特别是，由于很大一部分的数据是企业组织、生产、运营的伴生数据，而非由专门性的研发产生，在会计确认及价值评估时成本、收益与其他一般性业务的分离难度较大。

在以价值创造为导向的数据思维中，数据资产基于价值高低分为基础型数据资产和服务型数据资产，如图 7－3 所示。基础型数据资产主要企业通过合法合规直接或间接采集，经过企业沉淀、加工，能够形成可复用、可获取、可应用的数据资源，预期能够带来经济收益。服务型数据资产是在基础型数据资产基础上，通过丰富使用场景，更有目的性地采集数据，加速数据产品化，形成高价值、多场景的数据资产。服务型数据资产由“数据 + 算法”驱动，结合“场景”形成知识与智慧，已经能为企业带来经济利益。

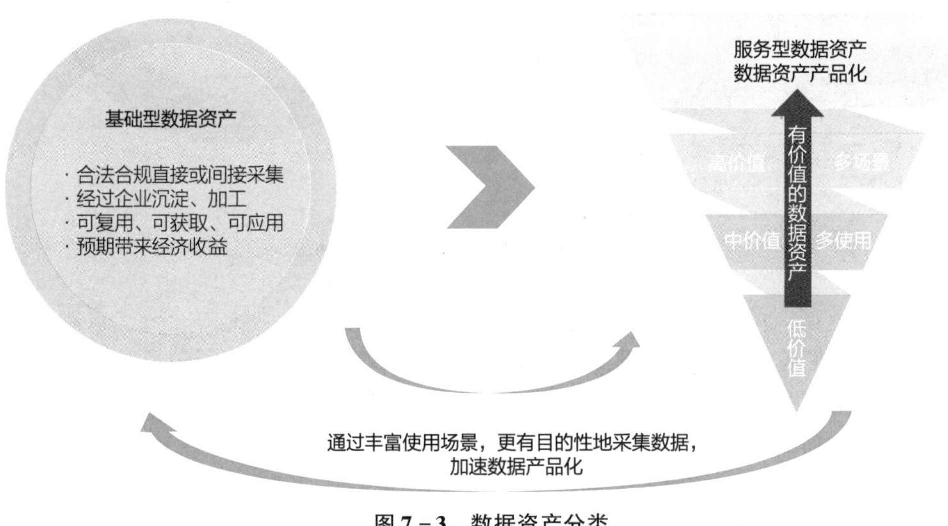

图 7－3　数据资产分类

根据数据资产概念的界定，在进行会计确认与入表的过程中，同时满足可变现、可控制、可量化三个确认原则时，数据资源才能被视作为数据资产。一是可变现性。数据资产需要能够为企业带来持续的经济收益，包括能够证明运用该数据资产生产的产品存在市场或数据资产自身存在市场；数据资产在内部使用时，则应证明其有用性。二是可控制性。数据资产必须是企业能够合法合规进行控制和管理的数据资源。企业非法获取的数据、在相应产权方面存在巨大争议的数据资源不能确认为数据资产。三是可量化性。数据资产需要能够从企业实际生产与运营中分离或划分出来，并可用货币进行可靠计量。实际上，通过对无形资产会计确认与计量方法的研究与分析，本书认为通过计量方法的创新与完善，特别是，在充分考虑到“数据获取成本与数据实际价值”“数据价值影响因素”的基础上，数据资产的价值可以相对较为准确的衡量。

7.1.4 数据资产特征与属性

数据资产是由特定主体合法拥有或者控制，能持续发挥作用并且能带来直接或者间接经济利益的数据资源。不同于实物资产，数据资产具有非实体性、非消耗性、依托性、多样性、可加工性、价值易变及共享性等核心特征，展开以下几点。

1）非实体性。非实体性指数据资产不同于其他实物资产有具体的形状，它没有具体的实物形态，这一特点也决定了数据资产不会像其他的实物资产具有物理性损耗。

2）非消耗性。数据资产的无实体性同时也造就了其无消耗的特征，同一个数据资源在合适的环境中可以被重复使用无限次，不会有较大的耗损。因此，数据资产价值取决于其自身，在进行价值评估的时候，需要更多地从数据资产自身的质量、规模等方面进行评估。

3）依托性。正是因为数据资产没有具体的实体，它的存在必定依托于一定的载体，这种载体就是数据的储存介质。存储介质可以是纸、磁带光盘，也可以是化学或生物物质。

4）多样性。即数据有不同的表现形式，可以是单纯的视频、数字、表格、文字等，也可以是其中的组合形式。

5）可加工性。完成收集的数据对生产经济并不具有较大的意义，这就赋予数据具备可加工这一特性。可加工性指收集到的数据可以经过清洗、整理、分析，经处理后会使得数据的价值得到提升，发挥出较大的经济价值。

6）价值易变。即数据资产的价值并不固定，会受到许多因素的影响，导致价值发生改变。对于一般的数据而言，随着时间的流逝，数据资产的价值就可能减弱甚至毫无价值。同样的数据对于不同的使用者，也会发挥不同的作用。处理技术得到改进后，改进前的数据对于新技术处理后的数据而言，价值就会严重贬值。

7）共享性。数据资源作为一种数字化的信息资源，虽然需要依托于具有实体形态的介质进行存储，但同时它与实体介质又有着相互独立性，这意味着同一种数据资源可以同时存在于多种不同的实物载体之中，不同的用户可以同时在不同的空间使用同一种数据资产。与无形资产相比较，可以发现使用数据资产的客户类型更加广泛，处在不同行业之中的企业同样可以使用同一种数据资产为企业带来价值。

数据资产除了上述特征外，还具有物理属性、存在属性和信息属性等三种属性。物理属性指数据在存储介质中以二进制形式存在，占有物理空间。数据的物理存在确实占用了存储介质的物理空间，是数据真实存在的表现，并且可以度量。数据的物理存在可以直接用于制作数据复本和数据传输。存在属性指数据可读取性，以人类可感知（通常为可见、可听）的形式存在。在计算机系统中，物理存在的数据需要通过I/O设备以日常的形式展现出来，才可以被人感知、认识。人通过I/O设备感知到的（比如看见的）数据被认为是在数据界中存在的数据。信息属性是数据资产价值所在，即数据所蕴含的信息量大小。通常数据经过解释就会有含义，数据的含义就是信息；也有一些数据是没有含义的，例如，随意输入一个字符串“ad31298-21ada”就没有含义，但它是数据自然界中的一个数据。

数据的物理属性是数据的数字形态、物理形态，是有形的；数据的存在属性是数据的感知性，数据在存在属性上能够被人感知到，如果感知不到，就可以认为数据不存在。因此，数据的物理属性和存在属性是相互依附的，物理上存在的数据必须能够被感知到，感知到存在的数据必须在物理上存在。数据的信息属性其实就是数据的价值体现，数据可以没有价值，但作为资产的数据必须有价值。根据资产概念特征，信息资产、数字资产、数据资产是从不同的数据属性看待数据价值，数据的信息属性对应着信息资产，数据的物理属性对应着数字资产，数据的存在属性对应着数据资产。数据资产属性如图 7－4 所示，4 个数据集在物理属性、存在属性和信息属性上具有非常清晰的差异性，都属于数字资产和数据资产，但数据集 4不是信息资产。

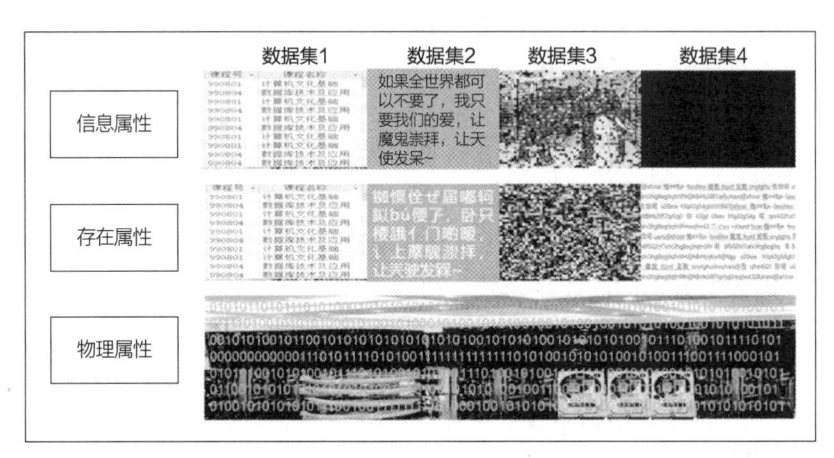

图 7－4　数据资产属性

7.2　大数据资产管理

作为一种规模大到在获取、存储、管理、分析方面超出了传统数据库软件工具能力范围的数据集合，大数据历经信息化管理到体系化发展阶段，实现了由“数据管理”逐渐转向“数据价值管理”。作为大数据的集中描述，数据在 2020 年首次被纳入生产要素范畴，对数据管理提出了更高的要求，如数据价值释放、数据安全合规、产业链融合发展及企业数字化转型方面均需要匹配更加完备、有效的数据资产管理体系，数据资产管理体系急待升级改进。

7.2.1　数据资产管理发展历程

最初，数据资产管理是伴随数据库技术发展和数据存储访问需求而出现的，是为了交付、控制、保护并提升数据和信息资产的价值，在其整个生命周期中制定计划、制度、规程和实践活动，并执行和监督的过程。大数据时代，随着人们对数据价值认知的不断深化，数据资产管理的内容边界持续延伸，资产化、要素化的管理诉求逐步显性化，数据资产管理体系也在持续地发展演进。

自“数据资产管理”这一概念被引入以来，数字资产管理先后经历了信息化管理、数据治理和体系化发展三个阶段，目前正在向“数据要素化、资产化”方向演进。

1）信息化管理阶段。2010 年以前，国内实体经济领域企业数据管理水平大多处于“信息化管理阶段”，尚未建立“数据需要被管理”的概念认知，数据被看作信息化工作的附属产品。企业的主要关注点仍是信息化系统的建设，数据的应用价值大多局限于内部的业务统计和事实描述层面，数据资产管理职责归于 IT 建设管理部门。以南方电网公司为例，在信息化管理阶段，开展了信息化发展和信息资源的规划，制定了信息分类和编码标准，并开发建设了电力行业企业公共信息模型（ECIM）。

2）数据治理阶段。根据数据治理范围，本阶段可以分为两个阶段，即局部治理阶段（2011—2015年）和全局治理阶段（2015—2017年）。在局部治理阶段，随着企业信息化建设的深入与专业化分工的推进，数据的重要性和价值逐步显现。数据经过分析挖掘与应用，可以帮助企业拓展业务、识别防范经营风险以及提升决策能力，数据质量与标准逐步受到关注，数据质量等重点领域的治理工作顺利展开，数据的管理职能逐步独立，并由IT部门向业务部门渗透。以南方电网公司为例，建立了全网统一的企业级信息管理系统，针对关键业务领域和流程，开展了数据质量治理工作，数据与系统紧密融合，实现了从业务驱动到战略驱动、从分散建设到集中建设、从局部应用到企业级应用的转变，公司信息化实现了跨越式发展。在全局治理阶段，“数据资产管理”这一概念被提出，并将“数据资产管理”定义为“以数据价值释放为导向，对数据进行治理、应用、运营以及数据资产化的过程”。这标志着，数据正在成为企业的重要“资产”，是企业经营管理的重要内容之一。业务部门在数据管理工作中的作用逐步凸显，初步形成了技术部门与业务部门协同管理的体制机制。随着数字化转型以及数据交易业务的开展，企业开始尝试与外部进行数据的开放合作与融合应用，实现数据价值的直接变现。以南方电网公司为例，通过明确数据管理的定位，将数据管理与企业数字化转型相结合，建立了“三横五纵”的数据管理工作框架，建设了数据资源管理系统。

3）体系化发展阶段。2018年至今，随着数据资产管理相关理论体系与能力架构的逐步成熟，数据成为企业创新发展的重要动能，“数据战略”上升为企业核心战略之一，逐渐得到企业高层的高度关注。企业纷纷成立专业的数据管理部门，一些领先企业开始尝试设置CDO（首席数据官），初步形成技术部门和业务部门紧密合作、综合共治的数据管理格局。数据跨领域、跨专业合作模式多元化发展，内、外部数据流通加速，数据应用“百花齐放”，数据价值从各个层面得到了广泛认同，为企业带来经济、社会等方面的显著收益。以南方电网公司为例，在此阶段南网云、底座式数据中心、人工智能、物联网等各种技术平台上线投入使用，为企业数字化转型提供了全栈式的技术支撑；网络安全综合防护体系全面构建，大幅提升了公司网络安全防护水平；创新构建了具有数据要素化、资产化特征的“数据资产管理体系”，数据管理能力全面提升，在数据资产管理成熟度评估中被评为稳健级。

大数据时代，数据意识与数据价值逐步提升，数据规模持续增加，技术成本投入下降，越来越多的组织搭建大数据平台，实现数据资源的集中存储和管理，组建数据管理团队，数据管理的重要性和必要性日益凸显，数据管理推动组织业务发展的作用逐步显现。数据要素化时代，数据作为资产的理念正在成为共识，数据管理演变为对数据资产的管理，以提升数据质量和保障数据安全为基础要求，围绕数据全生命周期，统筹开展数据管理，以释放数据资产价值为核心目标，制定数据赋能业务发展战略，持续运营数据资产。

7.2.2 大数据资产与管理

大数据资产（Data Asset）指由政府机构、企事业单位等组织机构合法拥有或控制的数据，以电子或其他方式记录，包括文本、图像、语音、视频、网页、数据库、传感信号等结构化数据或非结构化数据，可进行计量或交易，能直接或间接带来经济效益和社会效益。其中，并非所有的数据都构成数据资产，大数据资产是能够为组织产生价值的数据，数据资产的形成需要对数据进行主动管理并形成有效控制。在大数据资产的基础上，大数据资产管理指对数据资产进行规划、控制和供给的一组职能活动，包括开发、执行和监督有关数据的计划、政策、方案、项目、流程、方法和程序，从而控制、保护、交付和提高数据资产的价值。数据资产管理需充分融合政策、管理、业务、技术和服务，确保数据资产保值、增值。

数据作为关键要素资源，需要经历业务数据化、数据资产化、资产产品化、要素市场化四个阶段，在信息积累、知识沉淀、智慧决策的过程中实现价值增值。在数据资产管理架构中，数据资产管理主要分为数据资源化、数据资产化两个环节，将原始数据转变为数据资源、数据资产，逐步提高数据的价值密度，为数据要素化奠定基础，如图 7－5 所示。

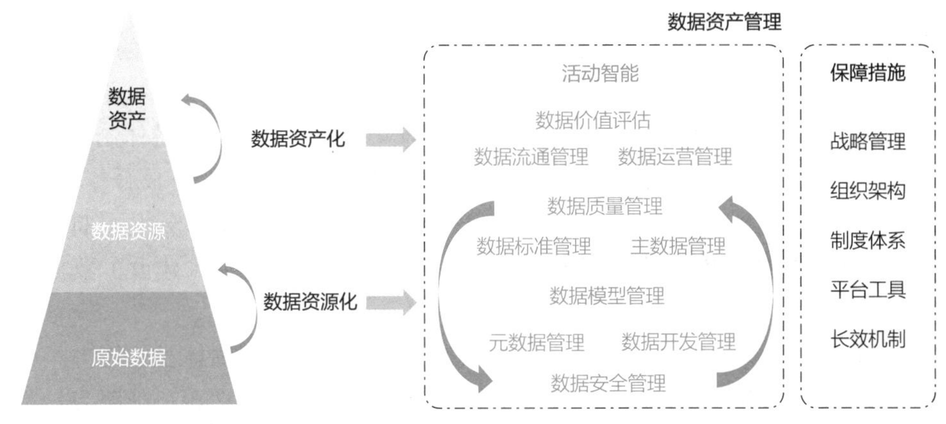

图 7－5　数据资产管理架构

数据资源化通过将原始数据转变为数据资源，使数据具备一定的潜在价值，是数据资产化的必要前提。数据资源化以提升数据质量、保障数据安全为工作目标，确保数据的准确性、一致性、时效性和完整性，推动数据内外部流通。数据资源化包括数据模型管理、数据标准管理、数据质量管理、主数据管理、数据安全管理、元数据管理、数据开发管理等活动职能。

数据资产化通过数据资产管理体系，将数据进行信息积累、知识沉淀、智慧决策，实现价值增值，将数据资源转变为数据资产，使数据资源的潜在价值得以充分释放，是进入要素市场化中最关键的一步。数据资产化以扩大数据资产的应用范围、理清数据资产的成本与效益为工作重点，并使数据供给端与数据消费端之间形成良性反馈闭环。数据资产化主要包括数据资产流通、数据资产运营、数据价值评估等活动职能。

良好的数据资产管理是实现数据要素化的关键环节，是释放数据要素价值、推动数据要素市场发展的前提与基础，如图 7－6 所示。数据资产管理通过构建全面有效的、切合实际的管理体系，一方面规范数据资产采集、加工、使用过程，提升数据质量，保障数据安全，另一方面丰富数据资产应用场景，建立数据资产生态，持续运营数据资产，为政府机构与企事业单位进行资产计量确认提供了良好的数据条件和能力基础，进一步推动数据要素流通，加速要素市场化。同时，数据资产管理通过数据资产计量、数据资产确认及数据资产计价等方式加速数据要素市场化，推动可信流通清单、流通模式与场所、公平竞争界定、市场准入条件、流通结果审计及监管手段形式等关键措施落地。

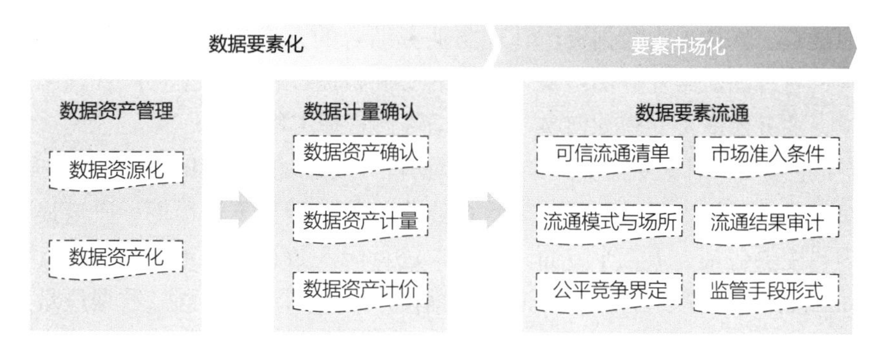

图7-6 数据资产管理推动数据要素市场构建

经过多年发展，数据资产管理逐步进入深化落地时期。政府部门、金融机构、通信运营商、互联网企业等政企机构纷纷提出数字化转型路线，发布数据资产管理框架，在数据资源化方面积累了实践经验，并探索开展数据流通、价值评估、资产运营等数据资产化工作。

7.2.3 大数据资产管理难点

当前，作为一个新生事物，大数据资产管理仍然面临一系列的问题和挑战，涉及数据资产管理的理念、效率、技术、安全等方面，阻碍了组织数据资产能力的持续提升，如图7-7所示。

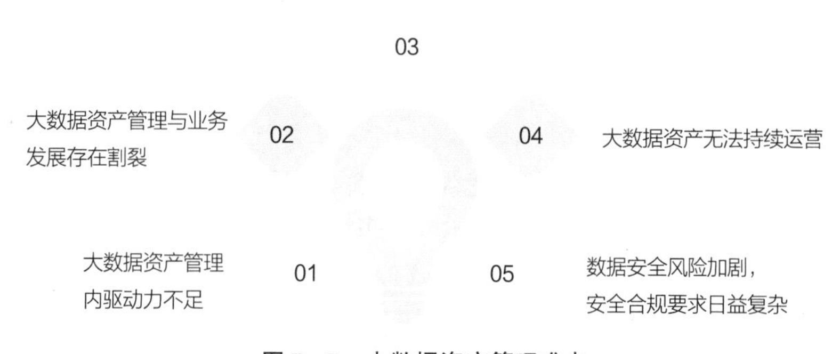

图7-7 大数据资产管理难点

1）大数据资产管理内驱动力不足。组织管理大数据资产的动力主要来自外在动力和内在动力两个方面。随着鼓励组织开展数字化转型的国家和行业政策陆续发布，监管和行业主管部门对企业数据管理提出更高要求，数据分析和应用对于同业竞争的优势日趋显著，组织开展大数据资产管理的外部动力逐渐增强。但是，对于多数组织而言，仍面临大数据资产管理价值不明显、大数据资产管理路径不清晰、数据文化不完善等问题，管理层尚未达成数据战略共识，业务部门等数据使用方缺少有效的数据应用方法，短时期内大数据资产管理投入产出比较低，导致组织开展大数据资产管理内驱动力不足。

2）大数据资产管理与业务发展存在割裂。现阶段企业开展大数据资产管理主要是为经营管理和业务决策提供数据支持，大数据资产管理应与业务发展紧密耦合，数据资产也需要借助业务活动实现价值释放。然而，很多组织的大数据资产管理工作与实际业务存在“脱节”情况。战略层面不一致，多数企业并未在企业发展规划中给予大数据资产管理应有的组织地位和资源配置，未体现大数据资产管理与业务结合的方式与路径。同时，组织层面不统一，大数据资产管理团队与业务团队缺乏有效的协同机制，使大数据资产管理团队不清楚业务的数据需求，业务团队不知道如何参与大数据资产管理工作。

3）数据质量难以及时满足业务预期。大数据资产管理的核心目标之一是提升数据质量，以提高数据决策的准确性。但是，目前多数企业面临数据质量不达预期、质量提升缓慢的问题。究其原因，主要包括以下三个方面：一是未进行源头数据质量治理，“垃圾”数据流入大数据平台；二是大数据资产管理人员未与数据使用者之间形成协同，数据质量规则并未得到数据生产者或数据使用者的确认；三是数据质量管理的技术支持不足，手工操作在数据质量管理中占比较高，导致数据质量问题发现与整改不及时。

4）大数据资产无法持续运营。数据资产运营是推动数据资产管理长期、持续开展的关键。但是，由于多数组织仍处于大数据资产管理的初级阶段，尚未建立数据资产运营的理念与方法，难以充分调动数据使用方参与大数据资产管理的积极性，大数据资产管理方与使用方之间缺少良性沟通和反馈机制，降低了数据产品的应用效果。

5）数据安全风险加剧，安全合规要求日益复杂。《中国政企机构数据安全风险分析报告》（2022）显示数据泄露已经超越数据破坏成为数据安全最大风险，2021 年全球数据安全大事件中涉及数据泄露的占总量的 41.2%。2022 年，数据泄露事件占比攀升至 51.7%。此外，对个人信息交易需求的增加扩大了数据安全风险来源，从交易信息类型来看，涉及个人信息数据买卖的交易占比达到 55.6%（其余两大类交易信息包括商业机密数据、内网管理信息数据，占比分别为 19.3% 和 11.7%）。如何有效应对数据安全风险事件、满足国家行业数据安全合规要求，是当前企业面临的难点之一。

7.2.4 大数据资产管理发展趋势

大数据时代，数据由记录业务逐渐转变为智能决策，成为组织持续发展的核心引擎。大数据资产管理将朝着统一化、专业化、敏捷化的方向发展，提高数据资产管理效率，主动赋能业务，推动数据资产安全有序流通，持续运营数据资产，充分发挥数据资产的经济价值和社会价值。

1. 管理理念：从被动响应到主动赋能

随着组织数字化转型的不断深入推进，大数据资产管理占组织日常经营管理的比重日渐增加，传统以需求定制开发为主要模式的被动服务形式，已难以满足组织数据服务响应诉求，组织逐步在各业务条线设置数据管理岗位，定期采集数据使用方诉求，构建大数据资产管理需求清单，解决大数据资产管理难点，跟踪数据应用效果，加深数据人员对业务的理解和认识，主动赋能业务发展。

此外，随着数据素养和数字技能的不断提升，数据使用者培养了主动消费意识和能力，以数据资产目录为载体、以自助式数据服务为手段、以全流程安全防护为保障的数据主动消费和管控模式正在形成，在提升数据服务水平的同时，进一步提升数据应用的广度和深度。

2. 组织形态：向专业化与复合型升级

区别于信息化阶段作为 IT 部门的从属部门，大数据资产管理组织与职能已逐步独立化。

对于政府，由专门的政府机构承担，在业务部门设立数据管理兼职岗位，首席数据官制度也出现在了深圳、浙江等地的规划中。深圳市印发的《深圳市首席数据官制度试点实施方案》提出在市政府和有条件的区、部门试点首席数据官制度，明确职责范围，健全评价机制，创新数据共享开放和开发利用模式，提高数据治理和运营能力，覆盖决策、管理、设计、维护等数据资产管理的专业组织形态已逐步显现。对于企业，广东、上海等地发布相关政策推动企业设置首席数据官。广东省工业和信息化厅于2022年出台了《广东省企业首席数据官建设指南》，鼓励在企业决策层设施CDO角色，以制度形式赋予CDO对企业重大事务的知情权、参与权和决策权，统筹负责企业数据资产管理工作，加强企业数据文化建设，提升企业员工数据资产意识，建立正确的企业数据价值观。

大数据资产管理组织形成以CDO或首席信息官（CIO）主导、业务部门与IT部门协同参与的模式。Gartner 2021年报告显示，75%的公司将CDO视为与IT、HR和财务同样关键的职务。此外，在业务部门与IT部门设置专职或兼职数据管理员，推动数据资产管理有效开展。

3. 管理方式：敏捷协同的一体化管理

传统的数据资产管理建设往往由多个分散的管理活动和解决方案组成，造成数据资产管理各个环节之间的脱节（包括开发与管理、管理与运营），使得数据从生产端到消费端的开发效率降低。例如，在开发阶段应遵循的数据标准规范，在管理阶段需要强依赖专业数据管理角色和过程监控才可能实现。同时，由于多数企业忽视了数据运营，使数据消费端未向数据资产生产端反馈有效的用户体验。

DataOps倡导协同式、敏捷式的数据资产管理，如图7－8所示。它通过建立数据管道，明确数据资产管理的流转过程及环节，采用技术推动数据资产管理自动化，提高所有数据资产管理相关人员的数据访问和获取效率，缩短数据项目的周期，并持续改进数据质量，降低管理成本，加速数据价值释放。例如，通过标准设计、模型设计指导数据开发，前置化数据质量管理，并建立服务等级协议（SLA）开展数据资产运维，实现开发与管理的协同；数据资产管理成果通过被业务分析人员、数据科学家等角色自助使用，支撑业务运营，同时，运营结果反向指导数据资产管理工作，实现管理与运营的协同。

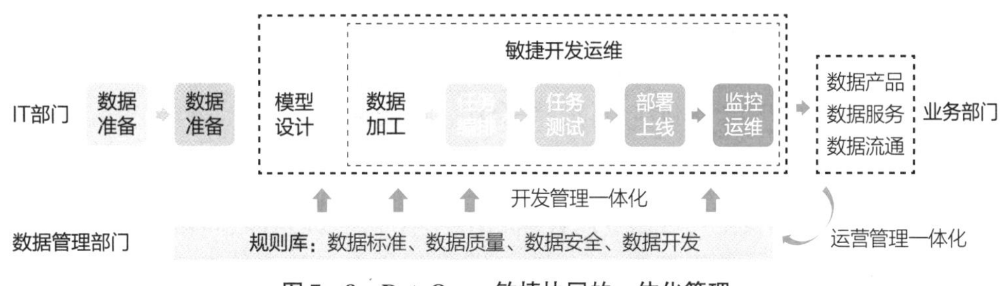

图7－8 DataOps：敏捷协同的一体化管理

4. 技术架构：面向云的Data Fabric

随着数据技术组件日益丰富，数据分布日趋分散，Gartner认为Data Fabric已成为支持组装式数据分析及其各种组件的基础架构，通过在大数据技术设计上复用数据集成方式，Data Fabric可缩短30%的集成设计时间、30%的部署时间和70%的维护时间。

Data Fabric是一种新型、动态的数据架构设计理念，是综合利用元数据、机器学习和知识图谱等技术，打造一个更加自动化、面向业务、兼容异构的企业数据供应体系，以支撑更加统一、协同、智能的数据访问，有分析师称之为将“恰当”的数据在“恰当”的时间提供给“恰当”的人。

目前，IBM、Informatica 和 Talend 等推出了针对 Data Fabric 的解决方案。以 IBM 为例，其于 2021 年 7 月发布的 Cloud Pak for Data4.0 的软件组合增加了智能化的 Data Fabric 功能，其中 AutoSQL（结构化查询语言）可以通过 AI 进行数据的自动访问、整合和管理，使分布式查询的速度提升 8 倍，同时节约 50% 的成本。

5. 管理手段：自动化与智能化广泛应用

随着数据复杂性持续增加，依靠“手工人力”的数据资产管理手段将逐步被“自动智能”的“专业工具”取代，覆盖数据资源化、数据资产化的多个活动职能，在不影响数据资产管理效果的同时，极大地降低了数据资产管理成本。

具体来说，智能管理是指利用 AI、机器学习（ML）、机器人流程自动化（RPA）、语义分析、可视化等技术，自动识别或匹配数据规则（包括数据标准规则、数据质量规则、数据安全规则等），自动执行数据规则校验，或是自动发现数据之间的关联关系，并以可视化的方式展现。此外，可利用虚拟现实（VR）、增强现实（AR）等技术，帮助数据使用者探索数据和挖掘数据，提升数据应用的趣味性，降低数据使用门槛，扩大数据使用对象范围。

6. 运营模式：构建多元化的数据生态

运营数据是持续创造数据价值的有效方式，多元化的数据生态通过引入多维度数据、多类参与方、多种产品形态，进一步拓展数据应用场景和数据合作方式，为数据运营提供了良好的环境。

充分借力行业数据资源优势，创新数据生态多种模式。能源行业以广东电网能源投资有限公司为例，通过成为首批“数据经纪人试点单位”，积极参与数据要素生态体系，打造电力大数据品牌，实现电力数据资产合规高效流通，获取电力数据资产价值收益。对于银行业而言，“开放银行”是数据生态的典型代表，本质是一种平台化商业模式，以 API 作为技术手段，实现银行数据与第三方服务商的共享，从而为金融生态中的客户、第三方开发者、金融科技企业以及其他合作伙伴提供服务，并最终为消费者创造出新价值。随着“开放银行”的生态体系不断完善，银行将丰富与合作伙伴共建共享方式，充分运用数据智能，实时感知用户需求并精准匹配，有利于提供全方位、综合化、泛金融服务。

7. 数据安全：兼顾合规与发展

首先，应意识到数据安全与数据资产合理利用并不冲突。两者之间存在着互相促进的关系。数据安全是合理利用的前提条件，合理利用是数据安全保护的最终目的。只有做好数据安全保护，才能让数据所有者愿意授予组织或其他主体对数据的使用权利，进一步推动数据资产流通。《通用数据保护条例》（GDPR）倡导平衡“数据权利保护”与“数据自由流通”的理念，在赋予数据主体权利的同时，强调个人数据的自由流通不得因为在个人数据处理过程中保护自然人权利而被限制或禁止。

其次，应从数据安全管理和数据资产流通两方面同步寻找平衡点。在数据安全管理侧，通过建立数据安全管理机制，制定数据安全分类分级标准和使用技术规范，提升数据安全治理能力；在数据资产流通侧，将数据安全合规、个人信息保护等要求作为基本“红线”，将其潜在风险作为成本指标，在不触碰“红线”的前提下，进行数据资产流通的收益分析，探索数据安全与资产流通的均衡方案。

7.3 大数据资产管理体系

大数据时代，在价值思维的指导下，数据价值链指数据资源经过采集加工、资产化形成数据资产，再经过产品化包装成数据产品的一系列过程。数据资产化作为其中的关键一环，需建立一套完整的、体系化的管理框架，通过长效的管理活动、贯穿始终的管理法则和运营能力建设，促进数据要素资源共享，实现数尽其用。其关键在于围绕数据管理活动、管理法则和运营支撑等核心环节，构建以“促进数据共享，实现数据价值创造”为愿景的数据资产管理体系。

7.3.1 大数据资产管理体系构成

大数据资产管理体系主要由管理活动、价值增值、运营支撑及管理法则等关键部分组成。其中，运营支撑是价值创造的保障，管理活动是价值传递的载体，价值增值是价值创造的指导规则，共同推动数据资产管理愿景落地，如图7－9所示。

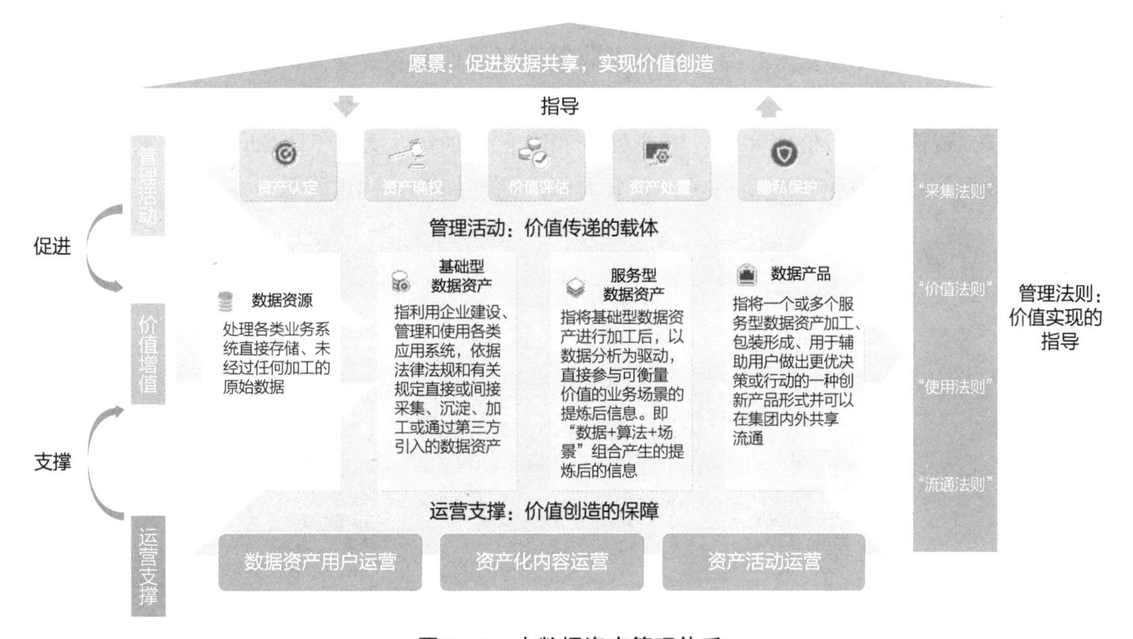

图7－9 大数据资产管理体系

1. 管理活动：价值传递的载体

管理活动是有效推动数据价值链演化的工具，为保证数据价值链演化的顺利推进，企业需要建立一系列数据资产的管理活动，保障企业数据资产管理有序开展。

2. 管理法则：价值实现的指导

大数据资产的管理，因政策、监管和市场环境的复杂性，在管理和运营上都会受到多重制约和影响，因此，清晰的原则和依据将帮助企业管理者在数据采集、使用、管理和流通的资产化全过程中做到合法、合理，为崭新的数据资产管理框架制定“游戏规则”。

3. 运营支撑：价值创造的保障

大数据资产的管理体系落地需要运营手段来推动和保障，在具体的落地实践中，从用户运营、内容运营和活动运营三方面，构建全方位的运营能力支撑，保障大数据资产管理体系的运转。

7.3.2 大数据资产管理活动

大数据资产管理活动以基础型数据资产的形成阶段为起点，贯穿服务型数据资产全部生命周期。它能有效推动数据价值链演化的工具，为保证数据价值链演化的顺利推进，企业需要建立一系列大数据资产的管理活动，保障企业数据资产管理有序开展。

不同于传统资产管理，大数据资产的管理活动是相对较新的领域。其核心问题在于如何有效生产高价值的数据资产？如何保护企业及个人数据隐私？如何正确评估企业数据资产价值？如何合法合理控制数据资产的内外部流通？大多数企业沉淀了大量的复杂数据资产，并且业务链条各成体系，造成数据分割、共享困难，且数据资产在形成后需要考虑安全隐私、监管合规诸多因素，这都是数据资产管理者需要解决的问题，也是“从 0 到 1”建立大数据资产管理活动的过程。

在大数据资产管理体系中，管理活动以数据保值增值和资产变现为目标，以数据资产价值评估为抓手，将数据作为一种全新的资产形态，以资产管理的标准和要求来进行管理，包括资产认定、资产确权、价值评估、资产处置和隐私保护等主要管理活动，构建基于“无形资产”的数据资产价值化管理新模式，其五大管理活动如图 7－10 所示。

图 7－10 大数据资产五大管理活动

1）资产认定：通过认定帮助管理者明确基础型数据资产和服务型数据资产的管理范围，包括资产盘点、资产审核、资产发布、资产维护等。

2）资产确权：通过明确数据资产权属划分，保障数据资产相关方的权利；在内部和外部两方面明确所有权、控制权、使用权、收益权、处置权等。

3）价值评估：针对资产的内在价值、成本价值、业务价值、经济价值和市场价值，围绕数据潜能、效能和产能对基础型数据资产和服务型数据资产进行评估。

4）资产处置：当数据资产满足触发处置条件时，进行数据资产下架退出或销毁。

5）隐私保护：围绕数据生命周期，数据资产保护应依法依规保护个人金融信息，确保信息安全，防止信息泄露和滥用。

掌握大数据资产管理能力要比理解数据资产概念显得更为重要。如果缺少恰当的管理手段，拥有的一堆数据资产反倒会成为“负债”。相反，即使不拥有数据资产，但掌握了有效的管理能力，就可以去寻找拥有数据资产的相关方，借助“杠杆”，为企业创造附加价值。

7.3.3 大数据资产管理法则

随着数据应用水平日益提升，企业对自身经营的认知、业务规律的探索以及未来趋势的判断也达到了一个全新的高度。数据资产的多少、采集能力的强弱，对业务支撑、管理决策的程度将直接影响企业经营与创新服务能力。其中，以采集法则、价值法则、使用法则及流通法则为核心的四大管理法则厘清数据要素背景，为数据资产管理框架制定“游戏规则”，为社会经济数字化转型保驾护航。

1. 采集法则

采集法则以资产化场景出发，遵行“合理合法、按需采集”的原则。作为数据密集型企业，以互联网、银行、电信运营商为代表的企业拥有海量的高价值数据，对数据资产的多来源、多样性采集意识在某种意义上也将决定未来新的竞争优势，大有“得数据”就能“睥睨天下”之意。根据中国青年报社会调查中心联合问卷网关于数据过度采集的调查可以看出，近六成的受访者对于数据过度采集表示反对。因此建议数据采集以合理合法为原则，按需采集，通过数据外购、数据交换、数据合作扩大数据资产规模。

在资产化过程中，通过数据资产价值评估，找出数据资产的价值分布情况，从资产化场景出发，以目标为导向监测数据资产的采集过程。对于空白领域，判断是否缺乏数据或者数据在“沉睡”中，这样可以使得数据采集变得更有针对性，也保证了我们采集数据资产的可用性。如果数据在“沉睡”，我们可以通过监测定位后唤醒它。要做到数据资产采集和使用价值评估“两手抓”，不要盲目追求数据规模而沦为数据资产的附庸。采集个人信息，也应当告知采集的目的、信息来源和信息范围等，采集非公开的企业信用信息，应当取得企业同意，保护客户的合法权益。

2. 价值法则

“资产”从来都离不开“价值”，价值法则是数据资产的挖掘、促活、变现的基础。数据资产的管理本质上就是数据资产价值的管理。数据资产价值评估从价值管理理念出发，提供了一个可靠的度量衡，按照“发掘——促活——变现”的路径，强化了数据资产管理的全面性、针对性和可行性。

数据资产价值评估主要包括内在价值、成本价值、业务价值、经济价值、市场价值五个维度，如图7-11所示。价值评估结果的展现方法包括划分价值等级、形成价值报告等。企业可以从积累的海量数据中通过评估内在价值，识别高质量、高覆盖度、高可用性的数据集，作为后续加工、算法处理、共享、流通使用乃至产品化的基础原料。在这一步骤中，保证了对高质量数据资产的发掘和优先纳入。在业务价值、经济价值的衡量过程中，数据资产价值评估与具体应用场景的业务衡量指标直接挂钩，并且通过多种测算方式计算数据资产对业务场景的贡献程度。通过这两个价值维度，可以直接架接数据资产与应用场景的桥梁，实现数据资产价值的直接转换。在这一过程中，价值评估实现了三方面的促活。

1）内生促活：通过价值评估结果，筛选出对业务场景价值高的数据资产，后续针对此部分数据资产进行针对性的运营促活，持续提升其价值。例如不断优化预测模型，提高预测的准确度。

2）外扩促活：对高价值、高可用性的数据资产，可以考虑向其他场景进行推广，对其他应用场景进行提升，实现外扩型的价值增长。例如交易行为分析结果应用于营销、风控等多个场景。

3）场景促活：在对全场景数据资产的价值进行分析后，识别适合发展的场景，并在此场景中积极开发利用各类数据资产，实现了应用场景的扩展。例如经过分析发现内部运营领域存在较多的数据分析需求，但目前未进行足够的投入。

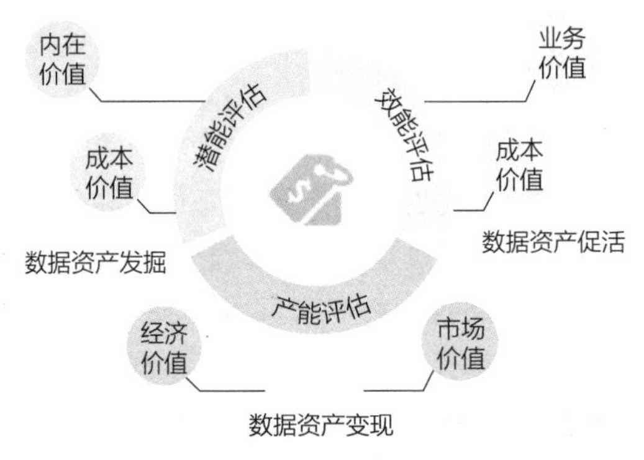

图 7－11　数据资产价值评估

对数据资产经济价值、市场价值评估的最终目的是希望可以获得公允的货币化计量结果，作为产品设计、交易定价、收益核算的起点，支持数据资产价值变现。

3. 使用法则

使用法则的核心是实现“数尽其用”。数据作为资产层面来讲，只有被最大限度地不断使用才能衍生或积聚更大的价值，这是数据成为资产的核心要求，而数据共享就是实现这一要求的最优途径。

1）数据共享：让数据资产“活”起来进入共享经济，数据的所有权被使用权代替，交换价值被使用价值代替。数据使用权的让渡并不会导致数据的价值有所折损，反而因为数据使用权的不断流转使用让该数据所蕴含的内在价值获得传递、外溢、增值，实现数据快速产生价值及价值最大化。让数据共享起来，现下已经成为决定领先企业未来数字经济发展前景的关键。传统的数据应用，重技术，轻场景，甚至没有应用场景，封存起来的数据资产犹如无源之水，永远沉积没有活力。

数据是客观世界的测量与记录，需要在适当的场景应用中才能发挥出价值，就如同人在不同平台下其身价有天壤之别，合适的数据也需要找到合适的场景。如果有价值的场景复制给更多的数据消费者，那么数据的价值也就会随之倍增。每一个场景的落地，都是一个锚点，合适的场景是数据释放出价值的基础和土壤。服务型数据资产的认定即场景创新，针对各类业务管理中数据使用场景的痛点、难点，规划数据资产共享模式与方案，形成完整的数据资产服务与共享场景规划。既是鼓励业务多场景落地，也是鼓励更多主体参与数据资产建设。场景的突破和落地，才能真正实现数据要素产业的兴起，实现国家战略，引领时代浪潮。

2）隐私保护：文明社会基本共识在共享使用数据的道路上必须面对的一个问题是数据隐私。随着国内《中华人民共和国网络安全法》《信息安全技术个人信息安全规范》《中华人民共和国民法典》《中华人民共和国个人信息保护法》等法律法规出台，可帮助厘清隐私保护的边界以及个人数据的归属权的问题。数据资产保护的主要环节如图 7 - 12 所示。

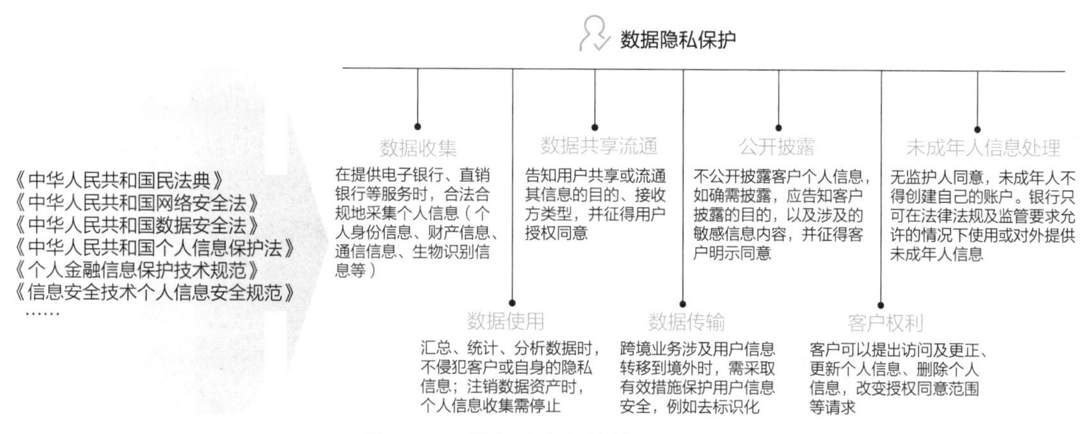

图 7 - 12　数据资产保护的主要环节

隐私保护可分为三个层级：第一层，自然人的姓名、身份证件号码、电话号码等敏感的身份信息是法律保护最高等级，任何人触犯都将受到刑事法律最严格的处罚，未经用户允许不得采集、使用和处置具有可识别性的身份信息；第二层，对于除个人身份信息之外的不可识别的数据信息，按照商业规则和惯例，以“合法性、正当性和必要性”的基本原则进行处理；第三层，明确个人数据所有权，保证客户充分享有对自己数据的控制权和处置权。厘清隐私保护的边界后，数据隐私保护还应覆盖数据全生命周期，包括数据收集、数据使用、数据共享和流通、公开披露、数据传输、客户权利、未成年人信息处理七个控制点。

4. 流通法则

流通法则的核心原则是权属确立，保证数据资产流通的唯一性。合法性数据资产管理终极方向就是流通，流通则是把数据资产产品化，让产品所包含的交换价值、使用价值，可以被买卖、转让和使用。对数据资产进行确权，是为了确保数据资产流通的唯一合法性，这样才有助于形成新的数据要素市场，开启新的财富活动，是数据要素市场化的前提。

目前约定俗成的规则是“谁采集，谁拥有”和“谁加工，谁拥有”。然而数据资产的“增、删、改、查”操作不受空间限制，存储、传输和应用也没有实际的信息损耗，再加上数据天然具有共享性质，导致数据资产权属关系边界模糊，出售和利用个人数据获利，侵犯用户数据权现象时有发生。

数据资产的确权机制还处于探索阶段，并逐步引起学术界和政策制定者的广泛关注。但是，对于数据权利和权属问题，显然认识还不统一，未能形成共识。目前法学界对于“数据权利与权属”的典型的观点有新人格权、知识产权、商业秘密和数据财产权四种。数据的权利体系是一种双层权利体系。底层是原始数据权利，顶层是合法的数据或数据集持有人或者控制人的数据财产权。目前数据权属仍停留在法律法规探讨层面，2020 年 5 月 28 日通过的《中华人民共和国民法典》已开始探讨数据资产的法律地位，未来各企业可以结合法律法规、司法案例库，探索企业内部的权属确立，促进数据资产价值获得最大限度的释放。同时，未来区块链技术利用数据溯源和记账的手段，也将为数据权属的确认和管理提供新思路。

7.3.4 大数据资产运营支撑体系

结合数据资产用户、数据资产内容、资产化活动三方面，形成数据资产运营机制的闭环建设相较于零售的概念通过三大核心零售要素——人、货、场维持消费产业链供需两端的平衡，数据资产运营同样需要维持数据供给者和数据消费者的生态平衡，保障数据资产化过程中涉及的数据资产用户、数据资产内容、资产化活动能有效地被衔接和管理，构建链接数据资产用户和企业数据资产内容的“数据资产目录”，确保各类数据资产在企业内部高效和准确地传递，最大化提高企业资产化运营效率。数据资产运营支撑体系如图 7－13 所示。

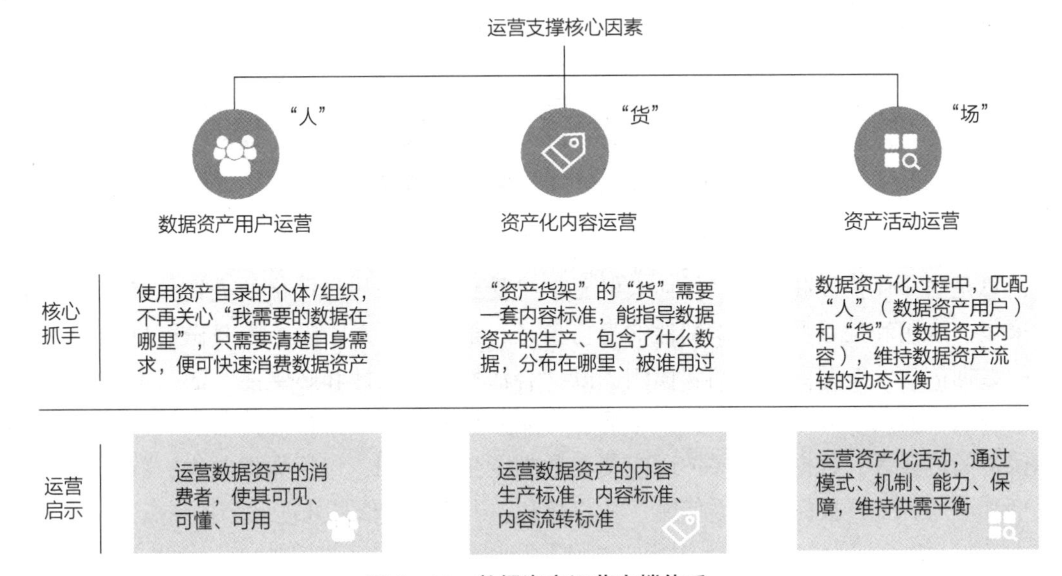

图 7－13　数据资产运营支撑体系

1）人——数据资产用户运营。数据资产用户即数据消费群体，基于业务场景的需要提出数据消费需求，他们既是数据资产加工制造的促成者，也是数据资产的消费者。

2）货——资产化内容运营。数据资产内容是数据资产价值链的核心，由资产分类、资产属性、资产血缘关系等一系列集合组成，构成数据资产运营管理的内容。

3）场——资产活动运营。资产化活动是数据资产得以健康、持续运转的基础。资产化活动可以是物理存在的数据管理平台，抑或是数据资产生命周期管理的模板和工具，通过平台式的工具和能力，来规范流程监督、监管资源占用，提升资产化的效率等。

结合数据资产用户、数据资产内容、资产化活动三方面，形成数据资产运营机制的闭环建设，在数据资产生命周期的各个环节不断丰富供给和服务能力，逐步成为完整的数据资产运营体系。

1. 数据资产用户运营

数据资产用户作为数据资产加工制造的促成者和消费者，他们走进数据资产库，是为了寻找和体验。数据资产用户运营需遵循用户的诉求和期望，通过运营优化的正向循环，让用户和数据资产的关系更加紧密，让数据资产真正为用户所需。数据资产用户运营以用户为中心，运营工作围绕用户的获取、激活、留存来展开，如图7－14所示。

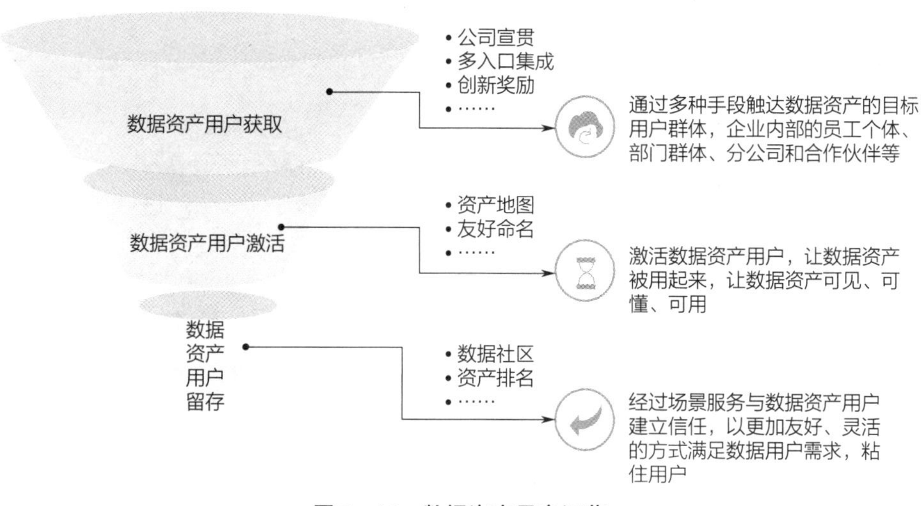

图7－14　数据资产用户运营

1）数据资产用户获取：数据资产用户的获取是数据资产的起点，在“数据要素市场化”的理念指导下，数据资产需要触达更多的个人和群体。与互联网C端用户的运营不同，企业数据资产的目标群体更加复杂，既包括企业内部的员工个体、部门群体、分公司和合作伙伴等，也需要满足不同种类客户的需求。因此，在数据资产用户的获取上，可以通过公司总体宣贯、企业门户网站、内部OA系统、合作伙伴网络等方式让更多目标群体关注到数据资产库；同时，需要通过一些手段唤醒用户的数据意识，例如充分嘉奖数据使用和创新的部门，设立企业“数据创新奖”。

2）数据资产用户激活：运营的一大目标是让数据资产被用起来，但在很多企业，数据资产因为无法被业务人员理解而被废弃。因此，数据资产用户的激活，需要从数据资产用户的角度来理解和呈现数据资产，让数据资产可见、可懂、可用。数据资产的可见，需要有一个通俗易懂的数据资产地图，以数据资产用户的理解方式来呈现地图。数据资产的可懂，所有的数据资产在命名和描述上，要以数据资产用户理解的方式来阐述。使用“信用卡精准营销”相比“营销KNN分类预测模型”更加容易被业务人员所理解。数据资产的可用，使用方法要简单快速，例如通过参数设置就可以快速适配数据资产的不同业务逻辑和要求，降低业务试错成本。

3）数据资产用户留存：让数据资产用户持续性的“使用”数据资产需要持续的创新和运营，可以通过设立创新数据社区等手段，鼓励数据资产用户贡献优秀实践，分享数据资产的使用心得。

2. 资产内容运营

企业的数据资产都将汇聚到数据资产库，各部门从数据资产库中可以寻找所需的数据资产，因此为了让数据资产能够在企业内部高效流转，需要通过一套数据资产目录，统一的标准语言，让数据资产用户对数据资产做到可见、可懂、可用。

数据资产目录是企业数据资产内容开放共享的目录化管理工具，是数据资产的“台账”信息，包括数据资产目录分类、资产卡片及血缘追溯等信息，如图 7－15 所示。

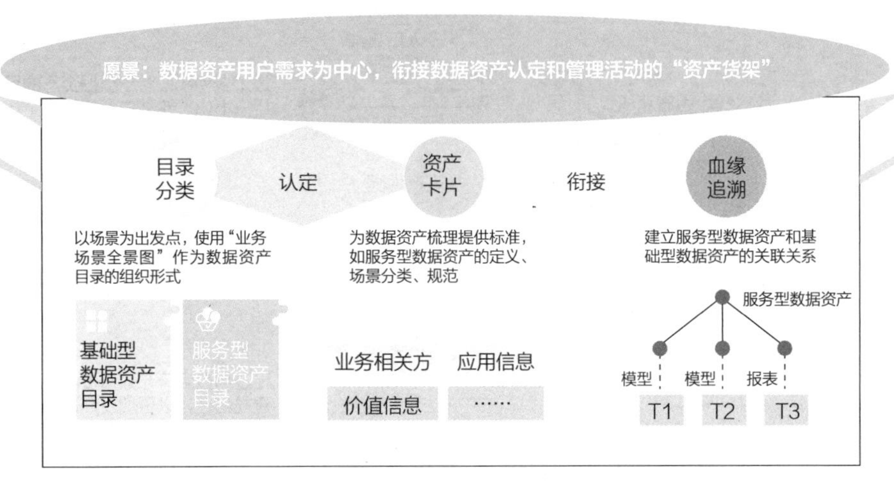

图 7－15　数据资产内容运营

数据资产内容运营以数据资产目录为抓手，通过制定一套资产属性标准规范，帮助用户快速定位与自己相关的数据资产，了解需使用的数据资产包含什么数据、分布在哪里、被谁使用过，也在一定程度上促进数据治理水平。

1）数据资产目录分类定义：以场景为出发点，使用“业务场景全景图”作为数据资产目录的组织形式，为数据资产用户提供最佳的查询和搜索视角，也作为数据资产产生的“抓手”，从“业务场景全景图”中挖掘数据创新的空白区域。

2）数据资产属性定义：定义服务型数据资产和基础型数据资产的基本信息和共同遵守的流程和规则，形成企业内部对数据资产的共同理解。

3）数据资产血缘关系定义：建立服务型数据资产和基础型数据资产的关联关系，了解数据资产用了哪些数据，助力数据治理的持续推进。

3. 资产化活动运营

数据资产的供方和需方之间数据生态的平衡依赖于数据资产化的运营。所谓数据资产的供方指数据的采集方、存储方、加工方；数据资产的需方指数据的需求方、使用方。在大多数情况下，企业的科技部门作为数据供方的角色，为数据资产需方的各业务部门提供数据。数据资产供方希望依托先进的技术手段，发掘数据中所蕴藏的价值，但苦于不清楚如何做才能长期增值；数据资产需方一方面认可数据价值，另一方面纠结于不知在哪里能够获取所需数据、数据是否可以拿来直接用、数据质量如何。而数据资产化运营是构建数据生态平衡的关键，通过建立数据资产运营体系，让数据资产在企业内被有效地共享使用，为后续对外的经营流通奠定基础。

数据资产化活动运营体系整体建设包括数据资产化运营模式、运营机制、运营能力和运营保障四个方面，如图 7 - 16 所示。数据资产化运营模式有两种，一种是服务于日常资产化工作的常态模式，以达到对数据资产的可知与可用；另一种是探索型的孵化模式，以数据赋能为目的，提供多样化的数据产品。确立数据资产化运营模式仅是数据资产化运营之旅的第一步，接下来还需建立数据资产收益分配的运营机制。将数据资产产生的价值，按照贡献参与分配方案进行分配，激励数据资产供方和数据资产需方主动参与到数据资产化的进程中。运营模式和运营机制在宏观上给出了工作的方针，在实际的工作中还需具备稳固资产规模、提升资产价值和保证运营效率的能力。这需要企业具备专业的数据资产化运营团队，建立职责清晰、保证运营质量的管理规范和实用高效的工作流程等保障机制。

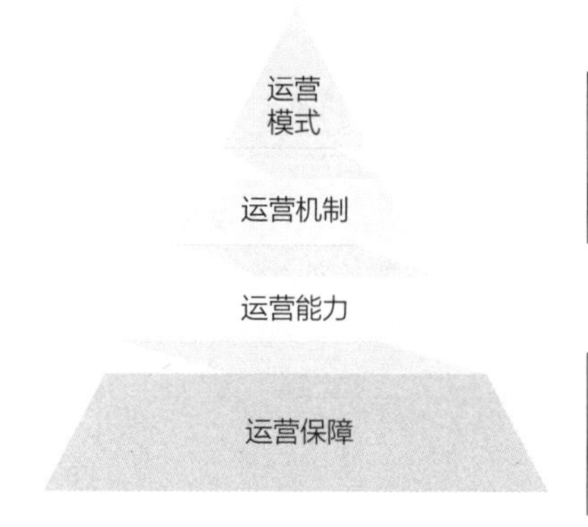

图 7 - 16　数据资产化活动运营

7.4　大数据资产流通

大数据时代，要充分实现数据要素价值，推动数字经济高质量发展，急需统筹推进数据产权、流通交易、收益分配、安全治理，加快构建数据基础制度体系，形成数据资源大循环。

7.4.1　数据要素流通

数据要素流通是释放数据要素价值的关键一环。一方面，数据具有外部性，即同一组数据可以在不同的维度上产生不同的价值和效用。借助数据流通数据可以在不同的数据接受者一方与自有数据汇聚，不断开拓使用维度，数据价值也将在社会面层层放大。另一方面，数据存在分布不均衡的问题，企业采集的数据通常具有较强的行业属性，特征不够全面，同时中小型企业收集的数据样本量较少，难以支撑业务。

由于数据产权制度的空白、企业数据与个人信息数据的确权授权机制的不健全等制度原因影响，数据要素流通市场的构建受到很大的限制。数据要素流通的关键前提是从制度和流程上明晰数据归属于谁，这对保持交易的稳定预期、促进数据要素市场有效流通具有重要的意义。另外，由于数据要素流通存在技术依赖、非标准化的特点，面向多元数据主体和多样数据流转形态，参与流通的供需双方需要科学、可靠且共识的规则体系，才能建立信任。目前，从政策指引到应用实践，各方均在积极探索建立健全数据要素流通规则。在政策指引方面，2022 年内发布的一系列政策文件中均提出了建立数据要素流通规则的相关内容，见

表7－1。在实践探索方面，各地方、各行业、各类市场主体也在实践过程中积极探索数据要素流通配套规则。例如，贵阳大数据交易所于2022年5月发布一系列数据交易规则，为交易主体权责划分提供依据，并依据规则为数据产品、数据商、第三方数据服务中介机构等提供登记凭证，以确认数据和主体具备进入市场交易的条件，探索解决市场主体互信难的问题。

表7－1　2022年数据要素流通规则建设相关政策清单

时间	文件	内容
2022.01	国务院 《要素市场化配置综合改革试点总体方案》	探索“原始数据不出域、数据可用不可见”的交易范式，在保护个人隐私和确保数据安全的前提下，分级分类、分步有序推动部分领域数据流通应用。探索建立数据用途和用量控制制度，实现数据使用“可控可计量”。规范培育数据交易市场主体，发展数据资产评估、登记结算、交易撮合、争议仲裁等市场运营体系，稳妥探索开展数据资产化服务
2022.04	国务院 《中共中央国务院关于加快建设全国统一大市场的意见》	加快培育数据要素市场，建立健全数据安全、权利保护、跨境传输管理、交易流通、开放共享、安全认证等基础制度和标准规范，深入开展数据资源调查，推动数据资源开发利用
2022.12	中央深改委 《关于构建数据基础制度更好发挥数据要素作用的意见》	要建立合规高效的数据要素流通和交易制度，完善数据全流程合规和监管规则体系，建设规范的数据交易市场

在数据要素流通的基础上，大数据资产流通按照数据性质完善产权性质，建立数据资源产权、交易流通、跨境传输和安全等基础制度和标准规范，健全数据产权交易和行业自律机制。其中，数据要素流通以数据或数据中蕴含的价值（信息内容）作为对象，按照一定规则从数据提供方传递到数据需求方的过程，即数据资源先后被不同主体获取、掌握或利用的过程。

统筹推进数据产权、流通交易、收益分配、安全治理，加快构建以数据基础制度为核心的大数据资产流通体系，关键在于落实以下两点。一是建立数据要素价值体系。制定数据要素价值评估框架和评估指南，包括价值核算的基本准则、方法和评估流程等。在互联网、金融、通信、能源等数据管理基础好的领域，开展数据要素价值评估试点，总结经验，开展示范。二是健全数据要素市场规则。推动建立市场定价、政府监管的数据要素市场机制，发展数据资产评估、登记结算、交易撮合、争议仲裁等市场运营体系。培育大数据交易市场，鼓励各类所有制企业参与要素交易平台建设，探索多种形式的数据交易模式。强化市场监管，健全风险防范处置机制。建立数据要素应急配置机制，提高应急管理、疫情防控、资源调配等紧急状态下的数据要素高效协同配置能力。

总之，大数据资产流通能够以统一的制度规范为顶层指导，以合规监管为保障，以集约高效、安全可信的数据流通基础设施为载体，以推动数据资源在跨地区、跨部门与跨层级之间的生产、流通、消费为目标，最终实现数据资源充分流通、数据价值充分发挥的数据资源大循环体系。大数据资产流通涵盖从数据产权制度设计到数据资产管理、数据定价、数据流动、数据要素交易、数字技术再开发等全部过程的创新活动。

7.4.2 数据要素市场

数据要素市场是数据要素在交换或流通过程中形成的市场。要素指构成事物的必要因素或系统的组成部分，生产要素是生产系统的组成部分，是维持企业生产经营活动所必须具备的基本因素，市场则包含两种含义，其一是交易场所，其二为交易行为的总称。数据要素市场既包括数据价值化过程中的交易关系或买卖关系，也包括这些数据交易的场所或领域。

目前，由于欧洲各国之间以及欧美之间的数据贸易活动起步较早且较为频繁，欧美国家对相关问题的探索较早，并出台了一系列措施促进数据的共享开放。各国逐渐建立起“以数据资源型企业为主导、以重点行业为切入点、以数据流驱动和优化业务流”的数据要素市场生态。

在我国，国家及各地政府正加快完善数据要素流通相关政策法规，创新数据开发利用机制，推动数据要素市场流通。国家层面，2020年国务院发布《关于构建更加完善的要素市场化配置体制机制的意见》，将数据与土地、劳动力、资本和技术四大生产要素并列，并明确提出加快培育数据要素市场。2021年《“十四五”数字经济发展规划》提出要鼓励市场主体探索数据资产定价机制，培育规范的数据交易平台和市场主体，建立健全数据资产评估、登记结算、交易撮合、争议仲裁等市场运营体系；地方层面，深圳、广东、上海等省市陆续出台政策法规，促进数据要素市场化流通，包括《深圳经济特区数据条例》《广东省数据要素市场化配置改革行动方案》《上海市数据条例》等。

在政策利好大背景下，全国数据要素交易市场建设如火如荼，目前已经形成四类主要数据要素市场发展主体。第一类是政府主导运营。主要由政府机构提供统一的公共数据运营服务，以各省市建立的政务数据开放平台为代表。目前我国正在大力推进政务公共数据资源的开放与开发利用。然而由于平台建设运营时间较短，目前存在开放数据覆盖范围较窄、部分平台数据质量差、数据时效性难保障、平台的开放标准不一等问题。第二类是政府主导企业市场化运营，如贵阳大数据交易所、上海大数据交易中心等。这类主体在政府指导下建立，具有一定的权威性。自2014年开始，我国多地开始探索建设数据交易平台，形成了两次建设热潮，第一次热潮是2014—2017年，先期成立的这批数据交易平台发展情况不及预期，目前绝大多数已停运或转型。第二次热潮开始于2020年，在中央提出推动“数据要素市场化配置”后，各地继续将设立数据交易平台作为促进数据要素流通的主要抓手，再次掀起建设数据交易平台的建设热潮。山东、山西、广西北部湾、北京和上海先后成立了一批数据交易平台，深圳数据交易所、西部数据交易中心等10家也陆续启动建设。新成立的这批大数据交易所，由传统的交易撮合服务延伸至数据加工、数据价值服务和数据运营等领域，在数据交易模式、交易权益分配、数据定价方面初步探索出了简单可操作模式，但目前尚处于探索阶段。第三类以数据服务商为代表，如数据堂、爱数据、美林数据等。这类主体对数据进行采集、挖掘生产和销售等“采产销”一体化运营。目前该类企业受采集成本、监管政策与行业竞争等影响，发展日益艰难。第四类是以大型互联网公司建立的交易平台为代表。该类主体主要以服务本公司发展战略为目标，积极赋能以自身为核心的供应链上下游企业，如京东建立的京东万象数据服务商城，阿里推出的API市场和品牌数据银行。

总之，完善数据要素市场是建设统一开放、竞争有序市场体系的重要部分，是坚持和完善社会主义基本经济制度、加快完善社会主义市场经济体制的重要内容。深化数据要素市场化配置改革，促进数据要素自主有序流动，破除阻碍数据要素自由流动的体制机制障碍，推动数据要素配置依据市场规则、市场价格、市场竞争实现效益最大化和效率最优化，有利于进一步激发市场创造力和活力，贯彻新发展理念，最终形成数据要素价格市场决定、数据流动自主有序、数据资源配置高效公平的数据要素市场，推动数字经济发展质量变革、效率变革、动力变革。

7.4.3 数据确权

数据权属讨论数据属于谁的问题，数据权益讨论数据收益的分配问题。确定数据资产权属和权益分配有利于提高市场主体参与资产交易的积极性，降低资产流通的合规风险，推动数据要素市场化进程。现阶段，数据资产的权属确认问题对全球而言仍是巨大挑战，各国现行全国性法律尚未对数据确权进行立法规制，普遍采取法院个案处理的方式，借助隐私保护法、知识产权法及合同法等不同的法律机制进行判断。

我国法律尚未对数据权属做出清晰规定，难以形成规则共识。现有法律多是从保护和监管的角度出发，通过《中华人民共和国网络安全法》《中华人民共和国数据安全法》《中华人民共和国个人信息保护法》等规范数据的利用，但还没有一部法律对各种场景下数据应归谁所有做出明确界定，现行法律也较少涉及数据本身所承载的其他权益关系。司法过程中，目前主要以《中华人民共和国反不正当竞争法》等作为数据权益保护的权宜之计，承认数据具有竞争性利益，但具体的界权规则尚未达成共识，具有较大不确定性，各经营者仍容易频繁陷入因权属不清引发的纠纷之中。

面对数据权属相关障碍，应结合顶层设计与实践经验，逐步形成中国特色的数据产权制度体系。《关于构建数据基础制度更好发挥数据要素作用的意见》中提出“建立公共数据、企业数据、个人数据的分类分级确权授权制度”“建立数据资源持有权、数据加工使用权、数据产品经营权等分置的产权运行机制”，健全数据要素权益保护制度。考虑到数据种类、内容和流转形态的复杂性，应结合具体实践经验，对“数据分类分级确权”和“产权分置运行机制”的制度设计进行优化。

定义数据主体的权益在一定程度上可以缓解由数据资产难以确权带来的困境。我国通过明确了自然人、法人和非法人组织的数据权益，保障了包括自然人在内各参与方的财产收益，起到了鼓励企业在合法合规的前提下参与数据资产流通的作用。《关于构建数据基础制度更好发挥数据要素作用的意见》提出推动建立企业数据确权授权机制，健全个人信息数据确权授权机制和数据要素各参与方合法权益保护制度，尊重数据采集、加工等数据处理者的劳动和其他要素贡献，充分保障数据处理者使用数据和获得收益的权利。此外，《深圳经济特区数据条例》《广东省数字经济促进条例》《上海市数据条例》《四川省数据条例》均规定了自然人、法人和非法人组织对其以合法方式获取的数据，以及合法处理数据形成的数据产品和服务依法享有相关权益。我国涉及自然人、法人和非法人数据权益的法规及其定义见表7-2。

表 7－2　我国涉及自然人、法人和非法人数据权益的法规及其定义

文件名	发布时间	涉及自然人、法人和非法人数据权益相关内容
《关于构建数据基础制度更好发挥数据要素作用的意见》	2022. 12	推动建立企业数据确权授权机制、建立健全个人信息数据确权授权机制、建立健全数据要素各参与方合法权益保护制度
《四川省数据条例》	2022. 12	自然人、法人和非法人组织可以依法使用、加工合法取得的数据；对依法加工形成的数据产品和服务，可以依法获取收益 自然人、法人和非法人组织在使用、加工等数据处理活动中形成的法定或者约定的财产权益，以及在数字经济发展中有关数据创新活动取得的合法权益受法律保护
《深圳经济特区数据条例》	2021. 7	自然人对个人数据依法享有权益，包括知情同意、补充、更正、删除、查阅、复制等权益 自然人、法人和非法人组织对其合法处理数据形成的数据产品和服务享有法律、行政法规及条例规定的财产权益，可以依法自主使用，取得收益，进行处分
《广东省数字经济促进条例》	2021. 7	明确自然人、法人和非法人组织对依法获取的数据资源开发利用的成果所产生的财产权益受法律保护，并可以依法交易
《上海市数据条例》	2021. 11	自然人对涉及其个人信息的数据，依法享有人格权益 自然人、法人和非法人组织对其以合法方式获取的数据，以及合法处理数据形成的数据产品和服务，依法享有财产权益、数据收集权益、数据使用加工权益、数据交易权益

7.4.4　数据评估

综合成本法、收益法和市场法，考虑数据自身特性，构建包含内在价值、成本价值、经济价值、市场价值等多个维度的数据价值评估体系，如图 7－17 所示。了解数据资产真正

图 7－17　数据价值评估体系

的潜能、效能和产能，需要定制具体的价值维度、价值指标和价值计算方式，即结合价值应用场景设计指标，适应数据资产的多维度价值评估内在价值，支持潜能评估企业所累积的海量基础型数据资产，即使未被积极地使用，我们仍需对其潜在价值进行“潜能发掘”与“价值勘探”。

1. 内在价值

数据资产的潜能评估体系首先考虑数据所蕴含的信息量、其反映现实世界的能力，我们称为数据资产的内在价值。内在价值指数据本身所蕴含的潜在价值，通过数据规模、数据质量等指标进行衡量。评估数据资产内在价值是评估数据资产能力的基础，对数据资产其他维度价值评估具有指导作用。

核心计算公式：内在价值 =（数据质量评分 + 服务质量评分 + 使用频度评分）/3 × 数据规模。

内在价值需要评估：数据质量，即数据的完整性、准确性、规范性、时效性；数据规模，即数据内容的规模；使用频度，即数据在一定时间内被使用的次数；服务质量，即数据对数据使用者需求的覆盖程度。

数据质量评分是从数据的完整性、准确性、规范性等质量维度统计数据的通过率情况，服务质量评分是从业务应用角度统计数据覆盖度和使用友好性情况，使用频度评分是统计数据资产的使用频度情况，数据规模是统计企业累计数据资产总量。

2. 成本价值

数据资产的成本价值指数据获取、加工、维护和管理所需的财务开销。数据资产的成本价值包括获取成本、加工成本、运维成本、管理成本、风险成本等。评估数据资产成本价值可用于优化数据成本管理方案，有效控制数据成本。

核心计算公式：成本价值 = 获取成本 + 加工成本 + 运维成本 + 管理成本 + 风险成本。

获取成本指数据采集、传输、购买的投入成本；加工成本指数据清洗、校验、整合等环节的投入成本；运维成本指数据存储、备份、迁移、数据维护与 IT 建设的投入成本；管理成本指围绕数据管理的投入成本；风险成本指因数据原因导致数据泄露或外部监管处罚所带来的风险损失。

数据资产的成本价值评估以数据项目为单元进行核算。需要说明的是，数据资产成本价值评估各项指标可能与传统项目成本或 IT 成本有所重叠，因此，可参考数据资产管理的标准化流程，进一步界定成本价值评估各类指标的数据资产贡献比例，提升成本价值评估的准确性。

3. 经济价值

数据资产经济价值指对数据资产的运用所产生的直接或间接的经济收益。此方法通过货币化方式计量数据资产为企业做出的贡献。

核心计算公式：经济价值 = 业务总效益 × 数据资产贡献比例。

业务总效益指提升营业收入和降低经营成本。由于“数据资产贡献比例”的计算存在一定难度，可考虑利用业务流和价值流对业务总效益进行拆解，并对应数据流，进一步界定该业务价值环节的数据资产贡献比例。

4. 市场价值

市场价值指在公开市场上售卖数据产品所产生的经济收益，由市场供给决定数据资产价值。随着数据产品需求的增加以及数据交易市场规则的建立，该方法可行性与准确性逐步提升。

核心计算公式：市场价值 = 数据产品在对外流通中产生的总收益。

评估业务价值、成本价值，支持效能评估"场景"是"数据 + 算法"的价值出口。在评估数据资产的真实效能时，有如下关注点：

1）关注场景分析：选定某一既定应用场景，并评估数据资产在其中的综合效能。

2）关注以终为始：从应用场景的提升反推数据资产价值。

3）关注变量控制：分析出仅由数据资产的增量效益。

4）关注综合考量：结合收益及过程中所产生的各项成本，评估数据资产的综合效能。

由于应用场景的灵活性，我们可以设计场景矩阵以进行计算方法的统一及分析内容的降维，例如纵向按照商业银行价值链，横向按照业务分类的价值链——业务类型场景矩阵。针对每一场景大类，设计大类中普遍适用的价值计算口径，计算场景总价值。

成本价值方面，需要考虑数据从采集到应用的生命周期中所发生的成本，可以对数据资产形成中的采集、清洗加工、开发、运维、管理等过程的成本进行归集，以测算其成本价值。

业务价值方面，通过业务关键绩效指标，计算数据资产的增量效益，衡量数据资产对业务的赋能效果。其计算因子有交易量、成交额、客户总数等。例如，可通过产品销售额，即"推荐位引流成交金额 × 产品费率"计算出业务价值。

评估经济价值、市场价值，支持产能评估。数据资产的产能评估主要服务于货币化度量的需求，考虑：

1）数据资产的效能中可以用货币化计量的部分，体现为数据资产的经济价值。

2）服务型数据资产/数据产品在开放市场中进行交易，所获得的实际经济收益，体现为数据资产的市场价值。

在计算数据资产的经济价值过程中仍需要结合应用场景，计算场景价值中的可货币化收益，并拆分出归属数据资产的部分。在计算数据资产的市场价值时参考"交易单价 × 交易量"进行归集计算。例如，手机银行产品精确推荐清单，其场景货币收益的计算方式为"名单内成交额 × 产品费率 × 应用该清单后提升的效率"，假设应用"手机银行产品精准推荐清单"后约可以提升 60% 的成交率，则可以计算出清单的经济价值。同时，比较市场上同类算法或者营销洞察的交易情况，可以测算出市场价值。

7.4.5 数据交易

数据交易所作为可信任的数据交易"中介"，为企业探索数据交易提供了一个统一的可信任"窗口"。北京国际大数据交易所于 2021 年 9 月上线了数据交易平台 IDeX 系统，与北京市公共数据开放平台互通，扩大吸纳公共数据资源的范畴，具备数据资产交易多项功能，并利用隐私计算、区块链、智能合约、数据确权标识、测试沙盒等技术，实现全链条交易服务。贵阳大数据交易所先后制定了《数据确权暂行管理办法》《数据交易结算制度》《数据源管理办法》《数据交易资格审核办法》《数据交易规范》《数据应用管理办法》等一系列交易规则，为推动数据交易良性发展奠定了制度基础。

以原始数据到数据资产过程作为主线，创新数据交易标的形式。传统数据交易标的多是API、统计报告等形式，实际上，数据加工的投入技术（如管理工具、算法模型等技术服务）和中间产物（数据模型、数据规则库、数据价值链、运营策略、定价机制、交易合同等数据解决方案）也可作为数据产品。此外，可引入数据生态多方参与，推动数据生态与数据交易相互促进，如图 7－18 所示。根据深圳数据交易所最新产品形态分类估计，在已备案登记的数据交易标的中，数据产品数量居多，约占登记备案交易总数量 56%；数据服务位居第二，约占 25%。从金额上看，数据工具金额最高，占比达 42%，数据产品位居第二，占比 36%。

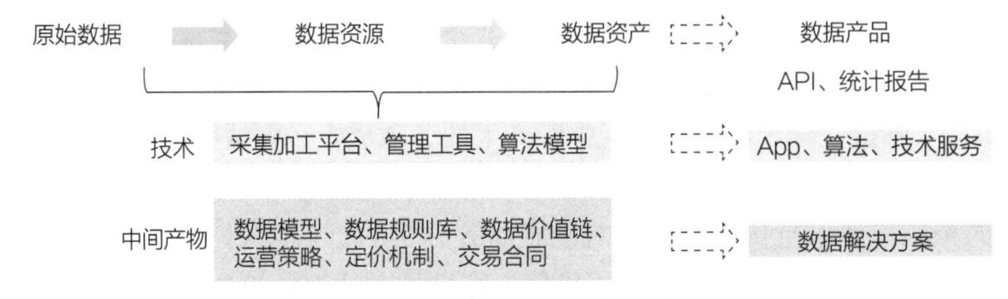

图 7－18　数据资产交易标的物形式示意图

气象数据作为关键要素的气象服务，可以广泛赋能各行各业，成为数据交易所构建数据产品的优先选择。贵州省气象局于 2022 年印发《贵州省气象数据流通交易管理办法（试行）》（以下简称《办法》），将为规范气象数据在对外服务中的流通交易活动，为保障气象部门和参与气象数据生产加工主体的权益提供重要支撑。上海市气象局数据产品“海洋气象传真图”于 2022 年 12 月在上海数据交易所完成挂牌，为用户提供准确的海平面气压场、风场、卫星云图、台风路径图等预报产品，有助于保障船舶安全航行，减少因灾害性天气影响导致货轮延误造成的财产损失。

7.4.6　大数据资产流通挑战与发展

当前，数据流通尚未充分激活，主要原因在于我国数据要素市场培育的基础还不扎实，在数据流通相关的权利关系、价格机制、行为规则、技术支撑等方面仍存在诸多障碍，使得数据的供给和需求都存在一定障碍。一是数据权属界定的场景与问题复杂，对于参与数据流通的主体权利关系，理论、制度和产业实践层面均尚未形成共识。二是数据的估值定价尚缺乏科学、标准的评价方法，传统的估值定价方法很难完全适用于数据流通的特点。三是数据流通的准入、竞争等行为约束没有清晰的法律界定，配套的激励和监管规则也不完善，相关市场主体顾虑很多、动力不足。四是隐私计算等数据流通关键技术应用还不成熟，数据安全流通的技术方案仍需持续探索。

因此，对参与数据流通的企业而言，需重点关注两大问题。一方面，如何稳定本企业的数据供应链。外部数据如何持续、稳定地被获取，如何不断提升数据的质量，如何管理好引入的外部数据，成为企业在数据流通中关注的重点。中国信通院云大所构建的外部数据源评估标准和外部数据管理标准，就试图为这一领域提供值得借鉴的经验。另一方面，如何深刻地参与到国家数据要素市场建设之中。数据如何对外提供，需要满足哪些责、权、利方面的程序，如何更高效、更低成本地参与到统一大市场中的数据流通环节，成为企业面临的新命题。

未来，数据流通领域呈现以下三点趋势。一是公共数据开放带动数据流通供给。“以高价值公共数据为突破口、强化政府的引领作用、带动商业数据供给”已成为解决数据供给不充足，激活市场主体内在动力的最为紧迫的任务之一。近年来各地方政府在政务数据开放平台建设方面积极推进，取得了良好成效。未来，针对已有的公共数据开放，应明确公共数据开放规则，建立公共数据开放的社会需求受理渠道，基于公共数据开发利用清单，结合应用需求建立公共数据开放动态调整机制，推动公共数据有序开放。针对各地正在积极推进的非个人数据授权运营，应在规范的基础上持续创新，加快规则建设，鼓励市场主体参与，强化数据安全保障。此外，还需持续探索创新思路，推动公共数据产品通过数据交易场所挂牌上市，探索公共数据资产登记，创新公共数据供给形式等。

二是场景化的技术分级框架将促进数据安全流通实践落地。各类安全流通技术的使用往往会带来数据应用价值的损失。一般来说，随着数据可控程度的提升，数据应用价值的损失也会进一步增大，两者之间难以兼顾。在数据流通过程中，各应用场景对应的参与方信任程度不同、数据类型不同，这造成了需要达到的数据可控程度也是不同的。一味地追求高安全水平可能会造成数据流通价值无法达到预期，降低各主体的参与积极性。在未来的数据流通实践中，参与主体也应结合实际业务需求，基于场景选取适当分级条件下的技术方案，实现数据可控程度和数据流通价值的最大化。

三是可信流通体系将为数据有序流通提供条件。可信流通体系旨在为有序的数据流通提供信任，全面提高数据可信、可用、可流通、可追溯水平。近几年，以数据为主要驱动的行业，特别是金融和互联网行业的头部企业，都在构建自己的可信流通生态圈。一方面，根据业务需求划定数据供方，确保数据源的合法合规、持续供应、安全可靠；另一方面，提升数据引入后的应用管理水平，通过构建组织架构、明确各部门职责要求、建立和实施系统化制度、流程和工具等方式，全面统筹外部数据的需求和使用。未来阶段，企业与行业间的可信流通生态需要融合打通，形成规范的可信流通体系，重塑数据流通规则，重组数据流通资源，重建数据流通渠道，在提高数据流通效率的同时实现对数据流通全流程的动态可控。

第8章 大数据分析

作为大数据的核心技术之一，大数据分析技术是在深度融合 IT 技术和业务领域知识的基础上，本着需求牵引、技术驱动的原则，结合统计学、机器学习、信号处理等技术手段，结合业务知识对社会生活生产过程中产生的数据进行处理、计算、分析并提取其中有价值的信息、规律的过程。大数据分析与挖掘以资源优化为目标、数据建模为关键、知识转化为核心，赋能大数据相关产品具备海量数据的挖掘能力、多源异构数据的集成能力、多类型知识的建模能力、多业务场景的分析能力、多领域知识的发掘能力等，对驱动企业业务创新和转型升级具有重大的作用。

8.1 大数据分析基本概念

大数据是社会经济生产、生活活动相关数据集的总称，是数据要素的核心，是数字经济的关键生产原料。大数据分析作为大数据的核心基础技术之一，是数字经济发展的重要基础和关键支撑。与大数据计算偏向数据高效计算机制不同，大数据分析在高效计算基础上，重点研究数据分析与挖掘算法与模型。

8.1.1 数据分析与挖掘

数据分析的数学基础在 20 世纪早期就已确立，但直到计算机的出现才使得实际操作成为可能，并使得数据分析得以推广，它是数学与计算机科学相结合的产物。随着数字技术的快速发展，我们面临着“数据爆炸、知识贫乏”的信息时代，如图 8－1 所示。在人类全部数字化数据中，仅有非常小的一部分（约占总数据量的 1%）数值型数据得到了深入分析和挖掘（如回归、分类、聚类）。大型互联网企业对网页索引、社交数据等半结构化数据进行了浅层分析（如排序），占总量近 60% 的语音、图片、视频等非结构化数据还难以进行有效的分析。

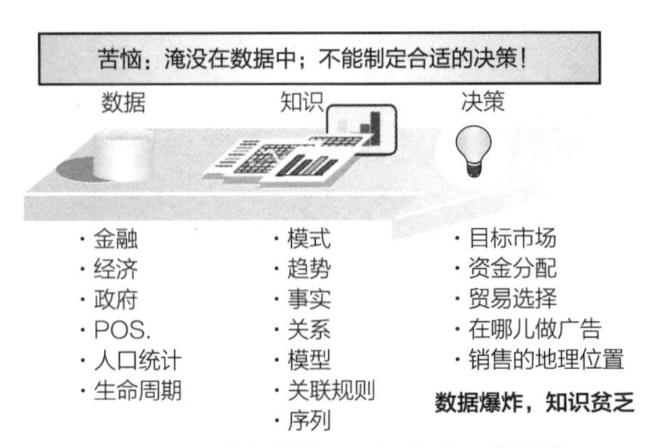

图 8－1 “数据爆炸、知识贫乏”的矛盾

1. 数据分析

数据分析是从数据到信息的过程，即采用适当的统计分析方法对收集来的大量数据进行分析，将它们加以汇总和理解并消化，以求最大化地开发数据的功能，发挥数据的作用。数据分析是为了提取有用信息和形成结论而对数据加以详细研究和概括总结的过程，其目的是解决现实生活中的某个问题或者满足现实中的某个需求。因此，一个完整意义上的数据分析活动应具备目的性、严谨性和落地性三个要素。

业务目标不同，所需要的条件、对数据分析的要求和难度就不一样。根据业务目标的不同，数据分析可以分成四种类型。

1）描述型分析。描述型分析用来回答“发生了什么”、体现的“是什么”知识。工业企业总的周报、月报、商务智能（BI）分析等，就是典型的描述型分析。描述型分析一般通过计算数据的各种统计特征，把各种数据以便于人们理解的可视化方式表达出来。

2）诊断型分析。诊断型分析用来回答“为什么会发生这样的事情”。针对生产、销售、管理、设备运行等过程中出现的问题和异常，找出问题的原因所在，诊断分析的关键是剔除非本质的随机关联和各种假象。

3）预测型分析。预测型分析用来回答“将要发生什么?”。针对生产、经营中的各种问题，根据现在可见的因素，预测未来可能发生的结果。

4）处方型（指导型）分析。处方型（指导型）分析用来回答“怎么办”的问题。针对已经和将要发生的问题，找出适当的行动方案，有效解决存在的问题或把工作做得更好。

四种类型的难度是递增的，描述型分析的目标只是便于人们理解；诊断型分析有明确的目标和对错；预测型分析不仅有明确的目标和对错，还要区分因果和相关；而处方型分析，则往往要进一步与实施手段和流程的创新相结合。同一个业务目标可以有不同的实现路径，还可以转化成不同的数学问题。比如，处方型分析可以用回归、聚类等多种办法来实现，每种方法所采用的变量也可以不同，故而得到的知识也不一样，这就要求对实际的业务问题有着深刻的理解，并采用合适的数理逻辑关系去描述。

2. 数据挖掘

数据挖掘（Data Mining）是通过分析每个数据，从大量数据中寻找其规律的技术，通常采用分组对比、趋势分析、异常分析、排名分析等方法，找到周期规律、提取类型特征、寻找异常、极值等。数据挖掘从大量的数据中自动搜索隐藏于其中的特殊关系型的信息的过程，其中，数据本身并没有什么价值，有价值的是从数据中提取出来的信息。常见的挖掘算法有关联分析、聚类分析、分类分析、异常分析、特异群组分析和演变分析等。

数据挖掘在技术上的定义指从大量的、不完全的、有噪声的、模糊的和随机的数据中，提取隐含在其中的、事先不知道的，但又有潜在有用信息和知识的过程。在特征上，数据挖掘应该具备目的性、严谨性、落地性等三要素：目的性，只有明确的要求，才能有目的收集相关数据，确保数据分析过程有效；严谨性，明确通过何种工具和方法收集什么时间范围内相关数据；落地性，基于数据分析找出内在规律，最后为网络营销决策准备可执行支持。

在概念上，数据挖掘与数据分析都是为了从收集来的数据中提取有用信息，发现知识，从而对数据加以详细研究和概括总结的过程。但二者也存在本质上的差别，数据分析主要采用统计学原理与技术，是一个假设检验的过程，是一个严重依赖于数据分析师工作经验的过程。而数据挖掘是在没有明确假设的前提下去挖掘信息、发现知识，数据挖掘所得出的信息通常具有先前未知性、有效性和实用性三个特征。

数据挖掘是目前人工智能和数据库领域研究的热点问题，主要基于人工智能、集齐学习、模式识别、统计学、数据库、可视化技术等，把这些高深复杂的技术封装起来，使人们不用自己掌握这些技术也能完成同样的功能，并且更专注于自己所要解决的问题。

因此，数据挖掘能够高度自动化地分析海量异构数据，做出归纳性的整理，从中挖掘出潜在的模式，从而帮助决策者根据客观规律调整策略，减少风险，应用领域为情报检索、情报分析、模式识别等。

8.1.2 什么是大数据分析

作为计算机科学的一个跨学科分支，大数据分析是利用统计学、机器学习、信号处理及计算科学等学科与技术手段，结合业务知识对社会生产与生活过程中产生的数据进行处理、计算、分析并提取其中有价值的信息、规律的过程。其总体目标是从数据集中提取信息，并将其转换为可理解的结构供进一步使用。大数据分析是从数据、信息到知识的过程，需要计算机技术，业务数据，统计学、人工智能等多个学科结合，如图 8－2 所示。

本着需求牵引、技术驱动的原则，大数据分析工作在实际操作过程中，要以明确用户需求为前提、以数据现状为基础、以业务价值为标尺、以分析技术为手段，针对特定的业务问题，制定个性化的数据分析解决方案。在大数据技术体系中，大数据平台关注的主要偏重 IT 技术，而大数据应用关注的重点主要是业务和领域知识。与二者不同的是，大数据分析技术则是深度融合这两类技术知识，并结合机器学习技术、产品分析技术等数据分析技术，去解决实际业务问题的技术统称。其直接目的是获得社会生产生活活动所需的各种知识，贯通大数据技术与大数据应用之间的桥梁，支撑社会经济生产、经营、研发、服务等各项活动的精细化，促进社会经济数字化转型升级。

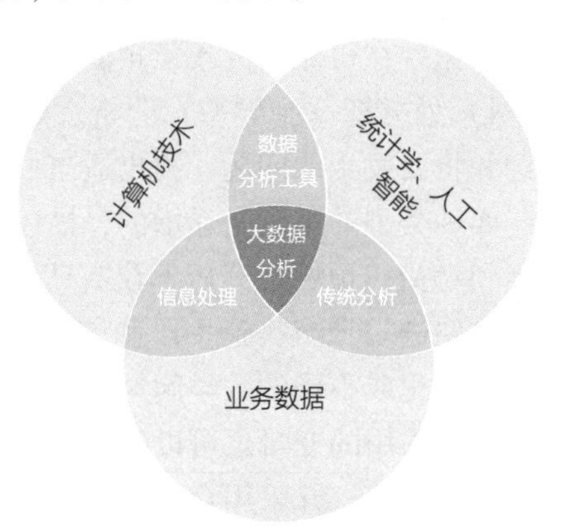

图 8－2　大数据分析构成

由于社会生产生活过程中本身受到社会规律和机理等约束条件的限制，利用历史过程数据定义问题边界往往达不到社会的生产要求，因此，大数据分析要求用数理逻辑去严格的定义业务需求，需要采用数据驱动 + 模型驱动的双轮驱动方式，实现数据和机理的深度融合，能较大程度去解决实际问题。

大数据分析的根本目标是创造价值。对象的规模和尺度不同，价值点也有所不同，数据分析工作者往往要学会帮助用户寻找价值。价值寻找遵循这样一个原则，即一个体系的价值，取决于包含这个体系的更大体系。所以，确定工作的价值时，应该从更大的尺度上看问题。对象不同，隐藏价值的地方往往也不尽相同。

大数据分析必须要从业务高度上看问题，才能找准工作定位。一般来说，大数据分析服务于现有业务，但越来越多的企业开始把这一工作作为业务创新、转型升级的手段。两类工作的性质不同，业务创新重点在如何进行数据分析，转型升级重点是如何应用数据分析。支撑企业的转型升级、业务创新是大数据最重要的用途之一，但是从转型升级的尺度看问题，大数据分析只是一种技术支撑手段，利用该技术手段之前，需要梳理清楚数据分析技术和目标之间的关系。首先要关注的是业务需求什么，而不是能从数据中得到什么。反之，思维就会受到较大的局限，甚至南辕北辙。用大数据推动业务创新时，需要确认几个问题：想做什么（业务目标）、为什么这么做（价值存在性）、打算怎么做（技术线路、业务路径）、需要知道什么（信息和知识、数据分析的目标）、怎么才能知道（数据分析过程）。因此，推动企业的业务创新和优化（做什么、怎么做）是个大目标，而具体的数据分析则只是一个子目标（怎么才能知道）。两类目标之间的尺度是不一样的。对于具体的问题，数据分析不仅要关注如何得到小目标，还要结合业务需求，将大目标分解成子目标，也就是确定“需要知道什么”。从数据分析师的过程来说，子目标的实现是战术问题，子目标的设定则是战略问题。它们都是数据分析团队需要面对的难点所在。

大数据分析和数据挖掘是两个密切相关的领域，但是也存在一些区别。一般来说，大数据分析指对大量数据进行处理、存储、管理、分析和可视化等操作的过程，而数据挖掘则指从大量数据中挖掘出有价值的信息和模式。数据分析是个探索的过程。而数据分析的子目标（想知道什么）能否实现取决于数据的条件，数据条件不满足时，有些子目标是无法满足的。而数据条件是否满足，往往需要在探索的过程中才能确定下来。同时，如果子目标无法实现，人们可能需要围绕业务需求，重新设置数据分析的子目标、甚至业务子目标，如此会降低数据分析的效率。

8.1.3 大数据分析与机器学习

大数据时代，传统的数据处理和分析方法变得不再适用，大数据分析面临的挑战包括数据获取的困难、数据质量的问题以及数据处理速度的要求。为了应对这些挑战，大数据分析技术的发展需要在两个方面取得突破，一是对体量庞大的结构化数据和半结构化数据进行高效率的深度分析，挖掘隐性知识，如从自然语言构成的文本网页中理解和识别语义、情感、意图等；二是对非结构化数据进行分析，将海量复杂多源的语音、图像和视频数据转化为机器可识别的、具有明确语义的信息，进而从中提取有用的知识。

机器学习作为一种人工智能的分支领域，能够使计算机从数据中学习并自动提取模式和知识，能够有效处理和分析海量且复杂的数据。与传统的手工建模不同，机器学习可以自动从大数据中发现隐藏的关联规律和趋势，为决策制定者提供有价值的见解。机器学习在大数据分析中的作用主要体现在提高数据处理速度、精确度和自动化程度。因此，数据智能指基于大数据相关技术，通过大规模机器学习和深度学习等技术，对海量数据进行处理、分析和挖掘，提取数据中所包含的有价值的信息和知识，使数据具有“智能”，并通过建立模型寻求现有问题的解决方案以及实现预测等。

机器学习指计算机程序如何随着经验积累自动提高性能、系统自我改进的过程，计算机利用经验改善系统自身性能的行为，其本质是根据已知样本估计数据之间的依赖关系，从而对未知或无法测量的数据进行预测和判断，关键在于推广能力。大数据的核心是利用数据的价值，机器学习是利用数据价值的关键技术，对于大数据而言，机器学习是不可或缺的。相反，对于机器学习而言，越多的数据越可能提升模型的精确性。同时，复杂的机器学习算法的计算时间也迫切需要分布式计算与内存计算这样的关键技术。因此，机器学习的兴盛也离不开大数据的帮助。大数据与机器学习两者是互相促进、相依相存的关系。

在具体分析算法上，支持向量机以及提升方法（Boosting）等浅层机器学习方法根据少量样本数据通过训练学习自动构建信息提取模型，可以在小范围内得到很好的应用，自20世纪90年代发展以来迅速成为数据分析与信息提取的主流算法。然而这类算法由少量样本数据构建，模型参数容量有限，所以模型泛化能力较弱。2006年，深度学习算法的突破将机器学习算法推向高潮。Krizhevsky等人建立的AlexNet是第一个具有现代意义的卷积神经网络，在ILSVRC 2012图像分析竞赛中获得了远远高于传统方法的成绩，展示了以基于深度学习为代表的人工智能算法在大数据分析中的优势。随着大数据技术的深入，深度学习网络模型不断完善，在图像识别和信息提取方面取得突破性进展，在很多任务上的精度已然超过人工识别精度，形成以数据驱动下的数据挖掘模型为主要特征的大数据分析技术，加速了人工智能时代的到来。

在大数据分析中，机器学习能够突出以下几点作用：

1）数据处理速度的提高。大数据量导致传统的数据处理和分析方法效率低下，而机器学习算法可以并行处理大规模数据，显著加快分析速度。例如，使用分布式计算框架如Apache Spark，可以在集群中同时处理大量数据。

2）数据准确度的提高。机器学习算法能够通过从大数据中学习和训练来提高数据分析的准确性。它能够识别复杂的模式和关联关系，发现影响数据特征的因素，并进行更精确的预测和分类。例如，通过训练一个深度神经网络，可以提高图像识别和语音识别的准确率。

3）自动化程度的提高。机器学习使得数据分析过程的自动化成为可能。它能够自动选择和调整合适的算法和模型，自动处理缺失或异常值，自动进行特征选择和特征工程等。通过自动化机器学习流程，可以减少人工干预的需求，提高分析的效率和一致性。

总之，机器学习在大数据分析中起着至关重要的作用，能够加快数据处理速度、提高数据准确度，并实现数据分析过程的自动化，构建数据驱动下的人工智能时代。通过机器学习的应用，企业和组织可以更好地利用大数据资源，做出更明智的决策和战略规划。

8.1.4 大数据分析与数据科学范式

2007年1月，图灵奖得主、著名的计算机科学家吉姆·格雷在“科学方法的一次革命”演讲中提出了科学研究的第四类范式：数据密集型科学发现，也就是现在所称的大数据。这是继传统的实验范式、理论范式、仿真范式之外，人类认知领域的一种全新方式。牛顿力学和相对论分别是实验范式和理论范式成功应用的两个经典案例；仿真范式是先提出可能的理论，再搜集相应的数据，最后通过计算机仿真进行理论验证；而大数据或称大数据技术是先有了大量的已知数据，然后通过计算得出之前未知的知识和规律。所以，大数据是一种包含了数据处理行为的全新的科学发现和信息挖掘手段，它既包含数据本身，也包括以数据分析为核心的方法论，两者缺一不可。大数据分析与挖掘是大数据的明显特征和必然要求。

在数据科学范式中，以多源、异构、海量为核心的大数据特征不仅对计算能力提出了更高的要求，而且对数据处理方法本身也提出了新要求，传统处理方法无法满足大数据的处理精度和效率。为满足日益增长的用户需求，以机器学习为核心的智能化大数据分析方法应运而生。深度学习在计算机视觉领域的巨大成功为大数据分析挖掘供了重要机遇，同时也标志着人类社会正式进入数据智能时代。深度学习的成功应用是建立在ImageNet等海量图像样本库、基于图形处理器（Graphic Processing Unit，GPU）的快速计算能力，以及众多神经网络模型等形成“数据+算力+模型”大数据范式基础上的。其中，结合各行各业的特殊性，融合大数据特征的样本库构建和深度学习网络模型开发是深度学习成功应用的关键。因此，基于数据理解和应用需求，研究融合大数据特征与深度学习等机器学习算法，构建适用于大数据的分析模型、方法与系统工具，是正确构建大数据分析提取与知识挖掘方法的必由之路。

人工智能时代，大数据分析与挖掘最突出的表现是以数据驱动模型来代替基于统计或物理知识模型，数据本身以关键生产要素的形式在数据处理中发挥着决定性作用。特别是以深度学习为代表的机器学习算法本质上是采用监督学习的方式，通过大量样本数据来学习目标的本质特征，并据此对未知数据进行预测判别。

因此，依托数字技术体系，构建以“数据+算力+算法”为核心的数据科学范式，以数据流动的自动化，化解社会经济复杂系统的不确定性，推动各行业数字化转型与流程再造，实现资源优化配置，支撑社会经济新旧动能转换的数字经济新生态。如图8-3所示，数字经济发展由数字技术底层支撑、运作范式、服务机理、经济形态构成，具体展开如下：

1）底层支撑：5G、云计算、大数据、人工智能、区块链、边缘计算以及数字孪生等数字技术体系。

2）运作范式：“数据+算力+算法”数据科学范式构建社会经济数字底座。

3）服务机理：“描述-诊断-预测-决策”的大尺度、精准化、即时化的数字化运营机理。

4）经济形态：消费端和供给端的高效协同、精准匹配的数字经济新形态。

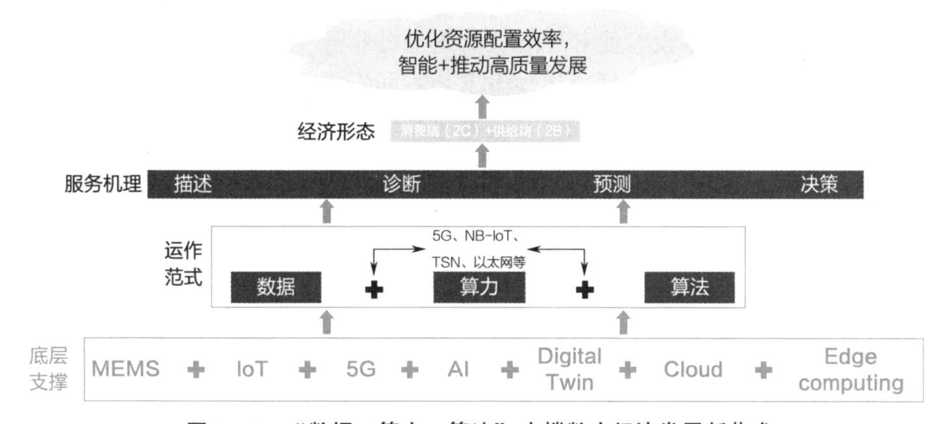

图8-3 “数据+算力+算法”支撑数字经济发展新范式

大数据时代，数字经济是以“数据+算力+算法”数据科学范式为核心的新模式、新生态、新产业，其中数据是关键生产要素、生产原料，算力是核心生产资料，算法是新生产力，构成DICT数字经济时代社会经济基础设施体系。

8.2 大数据分析流程与框架

大数据分析是实现从海量数据中提取关键信息的过程，但由于信息自身价值具有时效性和强针对性，导致数据分析结果价值大小会因对象和场景而异。为了保障数据分析结果有效，根据数据科学精神及数据分析挖掘的严谨性特征，大数据分析需要遵循一定的科学规律，以确保数据分析结果的准确性与可靠性。

8.2.1 大数据分析流程

作为一种数据密集型计算，大数据分析需要根据处理的数据类型和分析目标，采用适当的算法模型和算力资源，快速处理数据。作为一种通用工具，大数据分析在具体实践中需要结合行业具体特征，有针对性地开展数据分析流程。大数据分析通用流程重点就数据分析在问题识别、数据可行性论证、数据准备、建立模型、评估结果及应用推广等共性环节上展开分析，不涉及具体行业特征。

1. 大数据分析通用流程

大数据分析通用流程根据先后顺序，可以分为业务理解、数据理解、数据准备、建立模型、模型评估及应用六个环节，如图 8－4 所示。

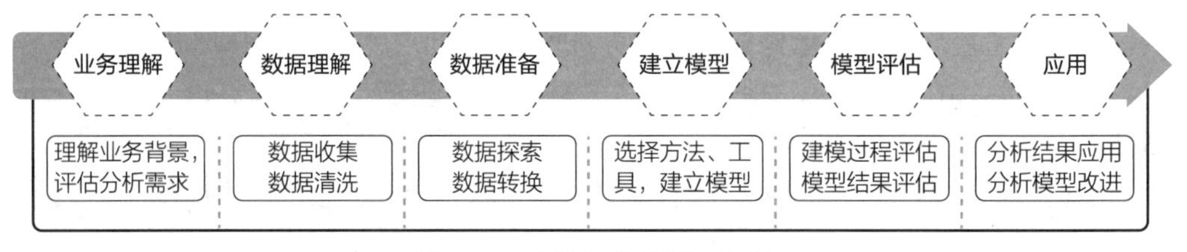

图 8－4　大数据分析通用流程

第一步，业务理解。业务理解主要根据数据挖掘目的性开展业务需求分析，是大数据挖掘分析活动是否成功的前提，主要包括理解业务背景和评估分析需求两个环节。数据分析的本质是服务于业务需求，如果没有业务理解，缺乏业务指导，会导致分析无法落地；判断分析需求是否可以转换为数据分析项目，某些需求是不能有效转换为数据分析项目的，比如不符合商业逻辑、数据不足、数据质量极差等。

第二步，数据理解。数据理解在完成业务理解的基础上开展提取数据的工作，主要分为数据收集与数据清洗。抽取的数据必须能够正确反映业务需求，否则分析结论会对业务造成误导。原始数据中存在数据缺失和坏数据，如果不处理会导致模型失效，因此需对数据通过过滤“去噪”从而提取有效数据。

第三步，数据准备。数据准备包括数据探索和数据转换，主要运用统计方法对数据进行探索，发现数据内部规律，同时，为了达到模型的输入数据要求，需要对数据进行转换，包括生成衍生变量、一致化、标准化等。

第四步，建立模型。建立模型是数据挖掘分析中非常关键的一步，需要综合考虑业务需求精度、数据情况、花费成本等因素，选择最合适的模型。在实践中一个分析目的往往运用多个模型，然后通过后续的模型评估，进行优化、调整，以寻求最合适的模型。

第五步，模型评估。为了对模型的性能进行评估，本环节对建模过程及模型结果进行评估。其中，建模过程评估是对模型的精度、准确性、效率和通用性进行评估。而模型结果评估主要评估是否有遗漏的业务，模型结果是否回答了当初的业务问题，需要结合业务专家进行评估。

第六步，应用。作为大数据挖掘分析的变现环节，结果应用将模型用于业务实践，才能实现数据分析的真正价值：产生商业价值和解决业务问题。同时，模型改进主要开展对模型应用效果的及时跟踪和反馈，以便后期的模型调整和优化。

以上六个环节中，业务理解、数据理解、数据准备、建立模型及模型评估五个环节都有一套严谨的科学方法为依据。在大数据挖掘分析过程中，需要根据业务需求与该环节业务活动结果进行比对，通过不断迭代来保证数据挖掘分析结果的准确性与可靠性。

2. 大数据分析框架 CRISP－DM

CRISP－DM 框架是欧盟起草的跨行业数据挖掘标准流程（Cross－Industry Standard Process for Data Mining）的简称。这个标准以数据为中心，将相关工作分成业务理解、数据理解、数据准备、建模、验证与评估、实施与运营六个基本的步骤，如图 8－5 所示。在该模型中，相关步骤不是顺次完成，而是存在多处循环和反复。在业务理解和数据理解之间、数据准备和建模之间，都存在反复的过程。这意味着，这两对过程是在交替深入的过程中进行的，更大的一次反复出现在模型验证与评估之后。

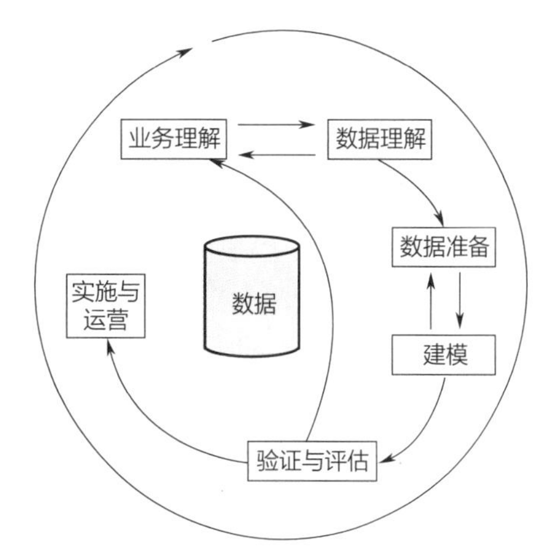

图 8－5　CRISP－DM 框架

对多数数据分析工作来说，人们并不希望出现上述反复交替的过程，因为反复交替意味着工作的重复和低效。而这种现象出现在公认的标准中，是因为分析过程存在极大的不确定性，这样的反复往往是不可避免的。

8.2.2　业务理解

由于信息具有强针对性，大数据分析不是随心所欲、漫无目的的数据处理过程，需要有任务需求输入。即大数据分析开始前，需要开展业务理解和数据理解，其目的是在数据分析前期，认识业务相关对象以及目标要求、条件约束。在此基础上选择合适的、有针对性的数据分析模型与算法，以避免工作过程中出现方向性错误，进而减少无效和低效的劳动。

数据分析师在分析业务需求时，困难之一是“度”的把握。一方面，只有深入理解业务，才能实现领域知识与数据分析的有机融合，从而得到高水平的分析结果；另一方面，真正成为一个领域专家需要多年的数据分析工作经验和专业知识积累，完整地掌握业务知识是不现实的。所以，数据分析从业人员在大数据分析的建模、评估、实施过程中，难免需要通过与专业人士的交流与合作，来补充必要的知识。

1. 认识需求对象

数据分析需要一定的应用场景需求和背景知识，也就是对业务相关对象和需求的理解。业务理解中出现的问题或失误往往可以归结为“片面性”。为了防止片面性，就要用系统的观点认识对象。现实世界由各种各样的互相联系、互相作用的对象构成，它们都可以抽象成“系统”，差别只是系统的大小和复杂程度不同。

大数据分析所追求的“因果关系”，就要体现系统（子系统）的这种逻辑关联。数据分析的工作，往往就是确认系统的结构、内部状态及运行规律，以期望用调整输入的办法控制系统的内部状态和输出。

2. 理解数据分析需求

数据分析是业务优化活动中的一环，数据分析的目标是业务目标所决定的。DMAIC 模型是企业管理中用于改进的操作方法，包括界定 D（Define）、测量 M（Measure）、分析 A（Analyze）、改进 I（Improve）、控制 C（Control）等五个步骤。借助 DMAIC 模型，理解数据分析的前序和后续工作，从而明确数据分析工作的前置条件和发挥作用的基础。

1）界定。准确定位用户关心的、需要解决的业务问题。主要从业务方面了解客户、需求、存在的问题、解决问题的意义等。在这个过程中，最好能明确问题发生的场景、类型，希望分析得到的输入、输出关系等。

2）测量。这个阶段的工作，就是要把业务需求转化成数据问题。或者说，用数据来描述业务需求，对问题有更加深刻的认识。

3）分析。运用统计技术方法找出存在问题的原因。

4）改进。在数据分析的基础上，找到解决问题的方法。改进可以看成一个优化数学问题，确定怎么做到最好。

5）控制。具体的实施和落实。具体的实施必须是在流程中完成的，会涉及各种软硬件条件和管理制度。

五个步骤中，界定、测量两个步骤在进入数据分析之前完成，用于明确数据分析的目标和要求；而改进、控制两个步骤要在数据分析之后完成，以创造价值。为了避免无效的分析工作，应该在分析之前就确定改进和控制的路径是不是存在，这是提高数据分析工作效率的有效方法。

3. 数据分析目标的评估

根据 DIKW（Data、Information、Knowledge、Wisdom）体系的观点，知识是信息的关联。知识的作用就是让我们能够从一部分信息推断出另外一部分信息。换句话说，数据分析可以理解为寻找一种映射 F，将信息 X 映射到信息 Y。

$$F(X)\rightarrow Y$$

诊断型分析、预测型分析、处方型分析本质上都是要获得知识。在业务理解阶段，我们一般并不知道 F 的构成，但是可以事先分析，如果某项知识相关的 X、Y 之间关系是确定的，可否实现预定的业务优化目标。知识是否适用与业务目标有关。例如，诊断型分析要判断问题产生的原因，所用的信息可以是问题产生之后的表象，也就是说 X 可以出现在 Y 之后；对于预测型分析，X 则一定要出现在 Y 之前，这样的信息才能被用来预测。对于这两种分析，X、Y 之间不一定具备因果关系，而对于处方型分析，则 X 需要与 Y 有因果关系。

8.2.3 数据理解

在大数据分析流程中，业务理解和数据理解的箭头是双向的，业务理解和数据理解要在不断反复的过程中深化。业务理解是数据理解的基础和起点，用于全面理解工业对象和业务需求；数据理解是从数据的角度认识对象和业务、是认识的深化，即判断是否有数据解。

1. 数据来源

大数据即数据的总和，通常分成三类，即企业信息化数据、物联网数据和外部跨界数据。

业务流程伴随着数据，流程既是数据的消费者，也是数据的生产者。数据跟着业务流程走，业务流程和数据是对偶关系。在理想情况下，数据可以在赛博空间刻画出工业系统及其运行轨迹的完整映像。但是，在现实条件下，数据的种类、精度、频度、数量、对应的准确性等方面往往存在很多不理想的地方。数据只能部分地刻画物理世界对象，也只能记录系统运行的部分痕迹。

实际工作中，不能单纯通过数据，理解系统对象及相关业务，而是要结合一定的专业领域知识，才能理解数据的含义。业务理解是数据理解的基础、是数据理解的起点；反过来，离开数据，人们对对象的理解将会是粗糙的、模糊的，不利于对系统和业务的精准控制和优化。对于大数据分析，确认相关或者因果关系是非常重要的。由此需要弄清楚数据之间的关联关系。而数据之间的关联关系，本质上要反映客观物理世界的关联关系。

2. 数据质量

数据质量的本质是满足特定分析任务需求的程度。从这种意义上说，需求和目标不同，对数据质量要求就不一样。为了避免数据分析工作功亏一篑，应该尽量在进行分析之前，根据需求对数据质量进行评估。业务需求分析要“以终为始”，要从部署和应用开始。如果从部署和应用开始，就要考虑数据的实时性、稳定性；还要考虑是否会出现“假数据”，如果确实存在这种情况，应该如何预防、如何识别、甚至如何修改等。

具体来说，数据质量包括几个方面的内容：

1）完整性。用来衡量数据是否因各种原因采集失败，有丢失现象。

2）规范性。用于衡量数据在不同场景下的格式和名称是否一致。

3）一致性。用于度量数据产生的过程是否有含义上的冲突。

4）准确性。用来衡量数据的精度和正确性。

5）唯一性。用于度量哪些数据或者属性是否重复。

6）关联性。用于度量数据之间的关联关系是否完整、正确。

8.2.4 数据准备

由于传感器故障、人为操作因素、系统误差、多异构数据源、网络传输乱序等因素极易出现噪声、缺失值、数据不一致的情况，原始数据直接用于数据分析会对模型的精度和可靠性产生严重的负面影响，因此需要数据准备。

1. 数据准备与数据统筹

数据准备要实现跨企业、跨部门或跨领域不同业务系统之间的数据整合和共享，关键要实现机构、人员、物资、项目等基础信息的标准化和互联互通，业界通常称为数据集成。其重点要突破微创式异构多源数据集成、基础数据资源标准化，业务主数据管理等技术，解决不同系统基础数据重复采集、数据分散于多个既有在线系统，难以以低代价实现跨系统数据集成管理和集约服务等难题，打破“信息孤岛”，拆除“数据烟囱”，实现多源基础数据的按需互通和共享。

2. 数据准备过程

在数据分析建模前，需要采用一定数据预处理技术，对数据进行预处理，来消除数据中的噪声、纠正数据的不一致、识别和删除离群数据，来提高模型鲁棒性，防止模型过拟合。在实际数据分析工作中涉及数据预处理技术主要有数据异常处理、数据缺失处理、数据归约处理等。

1）数据异常处理。异常数据点对象被称作离群点。异常检测也称偏差检测和例外挖掘。孤立点是一个明显偏离于其他数据点的对象，它就像由一个完全不同的机制生成的数据点一样。异常数据的处理方法有基于统计学的方法、基于多元高斯的方法、基于相似度的方法、基于密度的方法、基于聚类技术的方法、基于模型的方法等。

2）数据缺失处理。现实世界的数据都是不完整的，大数据更是如此。但数据缺失不意味着数据错误。造成数据缺失的原因是多种多样的，如空值条件的设置、业务数据的脱密、异常数据的删除、网络传输丢失与乱序等，都会造成一定程度的数据缺失。处理数据缺失的方法很多，根据数据的基础情况、数据的缺失情况来综合选择。如果数据量足够大，缺失数据比例小，则缺失数据可以直接删除；如果数据连续缺失，则可以利用平滑方法填补等。数据的插值方法主要利用纵向关系进行插值，如线性插值法、拉格朗日插值法、牛顿插值法、三次样条函数插值法等；利用横向关系进行插值，如多元插值法等；利用内插值法进行插值，如 sinc 内插值法等。

3）数据归约处理。大数据具有数据量极大、价值密度低的特点，容易导致数据分析过程变得复杂、计算耗时过长。数据归约技术可以在保持原有数据完整性的前提下得到数据的归约表示，使得原始数据压缩到一个合适的量级同时又不损失数据的关键信息。数据归约的主要策略有数据降维、数量归约、数据压缩。

8.2.5 数据建模

数据建模的本质是发现知识。但工业企业的领域知识往往相当丰富，很少会发现全新的知识。在这种背景下，发现知识的本质是对已有知识的辩证否定，对已有知识的清晰化、准确化并提高可靠性。提高可靠性需要把分析结果与领域知识结合起来、相互印证。在数据建模的过程中融入领域知识，是高质量建模的关键所在。

1. 模型描述

数据建模的本质，是根据一部分能够获得的数据获得另一部分不容易直接获得的数据。不失一般性，将数据建模表述为

$$F(X) \to Y$$

其中，X 为可以获得的数据，Y 为希望得到的数据，F 是 X 到 Y 的映射。建模就是选择 X，确定其定义域、并获得映射 F 的过程。在很多情况下，X 应该包含内容、F 的形式都是已知的。现实中，数据缺失是一种常态，数据建模的实际困难往往可以抽象为处置数据缺失。由于数据建模中最常见的困难是部分数据无法获得，从可以获得的数据中找到一些与之相关的数据，再用间接的手段确定模型。科学模型往往能高精度地描述客观物理对象及其运动过程，如果模型的结构和参数都是正确的，模型的精度和真实性、可靠性往往就是一致的。

2. 建模过程

建模过程本质上是个寻优的过程，找到最合适描述对象的模型。数据建模的关键是选择特征、模型结构和算法。选择特征，就是选择模型的输入变量；模型结构本质上是用于框定

优化范围的模型集合；算法确定优化目标和实施策略，以便在特定模型集合内找出误差小的模型。

1）建模的思路。大数据分析过程中，建模过程需要不断地尝试变量、模型结构和算法。其中，变量和模型结构决定了模型的精度、适用范围和可靠度；算法决定了在特定范围内的优化的目标、执行效率和效果。模型结构确定之后，优化算法确定的是模型相关的参数，模型结构不同，有效的算法也不相同。对于复杂的建模过程，人的领域知识往往不足以选出最优的变量和模型结构，要根据数据建模的实际结果对前面的选择加以调整和重新进行优化。

2）模型融合方法。为了把领域知识和数据分析过程有机地融合起来，提出的思路是基于分解的综合。这个方法把复杂的建模过程分成两步：一是建立子模型，即针对特定的场景和少数的变量建立简单的子模型。模型的复杂，本质上是场景的复杂，在大数据的背景下，数据具有遍历各种场景的可能性。二是子模型的迭代与综合，为了便于模型应用在各种不同的场景，需要把模型综合起来。综合的过程一般是求解优化的迭代过程，通过发现问题，不断修正和完善子模型，实现实用化的综合。

3）模型优化过程。模型的优化过程往往是认识更加深入的过程，是模型精度和可靠性不断提高、适用范围逐渐扩大的过程。这个过程的驱动力是模型在某些场景下出现的“异常”或者“误差”，优化的过程就是找出产生误差的具体原因的过程。导致这种现象的原因大体有两种：间接原因引发的，所谓“间接原因”，就是原因背后隐藏得更加深层次的原因；几个因素共同作用的结果，当模型遇到一个特殊的奇点时，应该首先与领域专家讨论，然后再用数据来验证可能的情况。

3. 建模的特征工程

对建模过程中可能用到的变量进行分类，这些变量中，除了和分析结果有直接因果关系的，还有间接因果关系的；除了有因果关系的，还有具有相关关系的；除了有相关关系的，还有用于区别场景和状态的。筛选数据，可以从最基本的因果关系出发，找到理论上所需要的数据。当理论上所需要的数据不存在的时候，再去找与之相关的数据。

面对大量的相关数据，应该进行初步的筛选，筛选出能表征关键因素的数据，才能有效地进入下一步。首先根据领域人员的建议，挑出若干相对重要的变量；在此基础上，根据拥有统计工具的情况，采用一些简单有效的算法（如回归分析、方差分析），找出相对重要的变量。这样选出的重要变量未必是真正重要的，而落选的变量也不一定是不重要的，初步筛选的目的，只是找到一个相对较好的起点。

1）特征变换。所谓特征就是能够表征业务问题关键因素的数据字段。原始数据字段有时不能够有效地表征影响因变量的属性，可采用特征提取技术、特征变换技术，基于原始数据字段加工出有效的高阶特征。特征变换指对原始数据字段通过映射函数或者某一种特点规则来提取新特征的过程。特征变换的技术主要有概念分层、数据标准化、归一化、函数变换等。概念分层是将连续属性划分成特定区间，用区间的标记值代替区间内的数值。

2）特征组合。特征组合是基于原始特征和变换特征，选择两种及其以上的特征、采用某种组合特征得到高阶特征的一种方法。组合特征充分考虑不同特征的关联关系，通过组合特征来表征、提取这种关系，得到新的特征作为组合特征输入模型中。常用的特征组合方法有基于特定领域知识的方法、二元组合法、独热矢量组合方法、高阶多项式组合方法等。

3）特征筛选。在精度允许的情况下，模型应该选择尽量少的变量和特征，以尽量提高模型的可靠性，这就要求根据具体的数据基础和业务场景来筛选合适的特征进行建模分析。同时，通过特征筛选有助于排除相关变量、偏见和不必要噪声的限制来提高模型开发的工作效率和模型的鲁棒性。

4）特征的迭代。当模型出现较大误差时，我们往往需要考虑增加一些特征，挖掘更深层组合因子。这些特征常常来自以下两种情况：间接数据，很多重要的数据与模型所需要的数据是间接相关的，如时间、温度、季节等，间接相关的数据往往容易被忽略掉，需要特别引起重视；逻辑变量，逻辑变量一般是与分类、分组、状态相关的变量，如数据测量的方式等，这些变量的重要性往往很大，应该引起足够的重视。

8.2.6 模型验证与评估

验证和评估环节用于确认数据分析的结果或模型是否适合特定的应用。由于工业追求高度的可靠性，对数据分析结果的质量要求很高。验证和评估的本质，就是评价知识或者模型的质量。

1. 知识的质量

模型验证时常常会遇到这样的情况：建模时精度很高，应用时精度却显著下降；模型对正常情况的精度很高，对异常情况的精度恰恰很低。这两种问题，都是分析结构质量不高引起的，是评估时应该重点关注的问题。

1）知识的确定性与准确性。DIKW 体系理论认为，知识是信息的关联。由于信息之间存在关联，人们可以从一部分信息推断另外一些信息。

2）知识的适用范围。“真理跨出一步就变成谬误”，知识常常会有失效的时候。知识的作用越大，失效时带来的损失往往就越大。为了避免知识的失效，需要研究知识的适用范围。一般来说，知识来源于对过去实践的总结。离开产生知识的场景时，知识就可能失效。大数据的历史数据往往囊括各种场景，故而有条件深入分析知识的适用范围。这就是概率统计理论中的独立同分布假设。

3）知识的质量与可靠性。如前所述，知识有准确性、确定性和适用范围的属性，这些属性都可以归结为知识的质量指标，但综合的质量指标最终决定于应用场景对这些质量指标的要求。所谓的可靠知识，就是适应范围明确的前提下，知识或模型的准确性和确定性足够高。

2. 传统数据分析方法

传统数据分析方法往往根据精度进行评估，但在工业大数据的很多应用场合，单纯看精度无法保证模型或数据分析结果的有效性，而必须对数据分析的质量进行全面评估。

1）基于精度的验证方法。传统的模型评估和验证一般用精度来衡量，精度高的分析结果被认为是好的。衡量精度有很多种方式和方法，其步骤往往包括抽样、测量、试验、统计、误差计算等。其中，误差计算方式一般用绝对值的平均值或均方差，却很少用“最大误差”来衡量，这是因为误差特别大的情况往往是数据本身的问题所导致的。

2）精度验证方法的局限性。在解决实际问题的过程中，经常会发现如下几类问题：第一，差异很大的模型精度验证结果却可能是相近的，难以确定哪个模型更好；第二，即便是平均精度很高的模型，也会偶尔出现严重的偏差；第三，模型的精度会在使用过程中莫名其妙地降低。这些问题在各种数据建模过程中都很常见，但由于系统追求确定性、可靠性，这些情况往往是不可接受的。导致这些现象的本质原因，就是“精度、可靠度和真实性、一致性的丧失”。最常见的情况是精度和可靠度可能产生矛盾，不能单凭精度来评估模型是否可用。

3）解决验证问题的传统方法。数据建模方法本质上有两大类：一种是基于先验知识的经典统计分析方法；另一种是不依靠先验知识的纯数据建模方法。基于先验知识的经典统计分析方法，虽然可以用概率的思想和方法来衡量预测结果的可靠性，但是现实的数据是否符合这些假设却常常是无法确认的。所以，经典统计分析方法的应用范围受到了很大的限制。不依靠先验知识的纯数据建模方法，把训练样本和验证样本分开，当模型对验证样本的精度与训练样本精度接近时，就认为模型的精度是可信的。这种验证方法的前提是新增样本与建模和验证样本都是独立同分布的，但在现实中这样的条件未必能够满足。

3. 基于领域知识的模型验证与评估

对大数据分析来说，评估模型或知识的可靠性是难点所在，但可靠性评估的重点是模型在什么范围内有效，而不仅仅看平均精度。具体地说，需要分场景检验模型。数据可以让认识更深刻，但单凭数据看过程或者研究模型的适用范围则无异于“管中窥豹”，难以判断有效的范围。

1）对适用范围的评估。范围的检验本质是针对不同场景的综合检验。大数据分析涉及很多自变量，它们的变化范围就构成了模型“自然”的范围。理想的验证方法是把“超立方体”内密集布点、全面验证。但这往往是做不到的。简化的验证方法是对“超立方体”的顶点进行评估。原则上讲，这样的做法只适合于相对简单的对象，比如各个要素的作用是可加的。一般情况下，这种检验存在漏洞，即便在各个变量的“顶点”上评估合理，也无法保证整个范围内部是合理的。

2）对精度的评估。虽然有效的模型检验不能仅仅依赖于（平均）精度，但是精度检验依然是重要的，即便针对具体的场景，检验通常最终也会落实到精度上。由于大数据的数据质量不一定高，因此，模型的（平均）精度往往不会很高。特别当检验数据出现较大误差或者出现重要的变化而未被检测时，模型的误差可能会非常大。即便有些模型和子模型本身是准确的，精度也会被误差掩盖掉。对于这类问题，一般不能计较个别样本的预报精度，而是着眼于某个场景的平均精度，通过观察误差的平均值来判断模型在这个场景下的预报是不是合理的。

3）场景的综合评估。模型应区分场景进行检验。所谓“场景”就是在一定的范围内，模型的原理不会发生改变。一般情况下，模型总会对某些场景合适、某些场景不合适。这时，需要对验证结果进行综合评估，判断模型存在的问题。假设模型由若干子模型构成。这时，对场景的综合评估就转化为对“子模型”的判断，这些失效的场景有什么共性，进而分析哪些子模型失效，以及是否需要考虑哪些要素（增加子模型）。

4）模型的迭代评估。CRISP – DM 中连接“建模”和“验证与评估”的箭头是单向的，而现实中的大数据分析却往往是双向的，当验证与评估存在问题的时候，需返回前一步重新建模。重新建模的依据，就是前面对场景的综合评估。一般来说，当某些场景下模型存在显著误差时，就要通过综合分析误差分布特征和领域知识，猜测误差是哪一个子模型引起的。这个过程结束后，提出修正模型的思路，返回上一步的数据建模。

总之，可以把验证可靠性的过程，理解为在不同场景下确认分析精度的问题。划分“场景”就是把某些关键要素固定下来，以此希望某些规律在这个范围内是不变的。一般来说，用于划分“场景”的要素可能涉及多个；用来划分场景的要素越多，场景就分得越细，反之则会越粗。

8.2.7 模型部署

在大数据分析体系中，部署一般指从模型中找到知识，并以便于用户使用的方式重新组织起来，其成果可以是研究报告、也可以是可重用的数据挖掘程序或者模型服务程序。知识一旦纳入实际的流程中，对稳定性、可靠性、真实性的要求就会变高，故而需要考虑实际应用场景带来的不利影响。同时，一个模型只有不断优化，才具有生命力。

1. 模型部署前应考虑的问题

“知识本身不是力量，会用知识才是力量”。学会部署就是学会应用知识。

1）模型部署对工作方式的改变。数据分析是用来发现新知识的。但是，在没有发现新知识之前，人们也能把过去的工作进行下去，只是有了新的知识可能做得更好。

2）模型部署的标准化与流程化。在管理规范的企业，多数业务活动的内容和步骤都有明确的规定，且往往是被标准和流程规范的。知识的价值体现在应用的过程中，应用的次数越多、频度越高，价值体现越大。一般来说，为了用好新知识，需要对流程进行一定的修订，成为一个新的流程。确认进行到哪一步的时候需要何种相关知识，以及为了完成这一步骤还需要什么样的知识和信息配套，这些知识和信息如何组合和计算才有利于做出判断。总之，要让知识的应用更加方便，决策更加可靠和有效。

3）模型部署的自动化与智能化。先进企业的管理和控制流程往往是在计算机系统上实施的。最理想的做法是把相关知识纳入管理或者控制流程，实现自动化或者智能化。这样，即使新知识的应用增加了复杂性，也不会增加人的工作量，从而更加有利于新知识的应用和推广。

2. 实施和运行中的问题

实施和运行中普遍面临的一个问题是：建立分析模型所用的数据和运行中所用的数据存在差异。导致差异的原因包括数据质量问题、运行环境问题、精度劣化问题、范围变化问题。

1）数据质量问题。建立模型时，往往会对数据进行筛选，剔除一些错误和不合适的劣质数据。但在实际应用的过程中，尤其是知识用于实时控制和管理中，很多劣质数据无法像建模时那样剔除。

2）运行环境问题。当分析结果用于实时控制或者管理时，会对数据采集的实时性、计算的效率、计算机存储量、计算的稳定性等提出要求。数据采集的实时性通常用计算响应的时间来衡量，监控和告警等实时控制业务要求在毫秒级进行响应，这对算法的集成提出了较大挑战。

3）精度劣化问题。模型参数常常与建模所用样本的分布有关。人们常常假设建模和应用模型时遇到的数据是“独立同分布”的，但这个要求在现实中常常是做不到的。故而，即便只是样本比例发生变化，也可能会导致模型误差的变化。当数据模型与机理的结合度不高时（如采用神经元方法），这种现象更是会频繁发生。于是，部署时精度很高的模型，会随着时间的推移变得越来越差。因此，迁移学习可以为该问题的解决提供新的手段。

4）范围变化问题。任何模型都是在一定的范围内才能有效。产品的改变、设备的改变、原料的改变、工艺的改变都可能使模型失效，这就为特定模型的使用带来了前提约束和边界条件。

3. 问题的解决方法

1）数据质量问题。对于数据质量问题，必须根据实际情况采取妥善的应对措施。典型的措施一般包括以下两种办法：一是改善数据收集，通过管理或技术手段，提高数据的质量，防止数据出错；二是限制应用范围，当数据出现质量问题的迹象时，停止模型相关的新功能。

2）运行环境问题。数据采集的实时性，通常通过分布式消息队列和流处理技术来实现，Flink、Spark、Storm 等流处理框架能够把大量的实时处理任务自动化并行，在降低延迟的同时提升吞吐量。

3）精度劣化问题。精度劣化的根本原因是一些非本质性的关联发生了改变。所以，解决精度劣化的最好办法是采用本质性的关联，让模型与科学原理更好地融合。

4）范围变化问题。如果模型的准确性和可靠性对应用影响很大，就必须有适当的预防和应对措施，防止越界的应用。典型的做法是把模型的应用限制在经过检验的特殊范围内，而范围要结合领域知识来确定。

4. 部署后的持续优化

模型运行过程中应该进行持续的优化，否则技术就没有生命力。没有哪个模型在建立之初就是完美的，一般需要经过长时间的优化和改进，才能更好地满足用户需要。优化包括精度的提高、适用范围的扩大、知识的增加等。模型的精度很大程度上取决于数据的质量。特定数据的质量往往取决于基础的维护和管理的水平。但维护和管理都要花费成本，所以对于重要性不大的数据，人们往往疏于维护和管理，从而导致数据的质量很差。如果分析模型确实能够为企业带来效益，数据的重要性和经济价值就会大大增加，从而为提高数据的精度奠定基础，这是推动模型不断优化的动力。

随着数据质量的提高和数量的增加，可能会经常发现新的知识和规则，这时就需要对模型进行完善。因此，模型的架构必须灵活，必须能够适应这些变化。特别地，由于工业应用对可靠性和稳定性的要求很高，模型的变动本身就可能成为不稳定因素。因此，如何减少模型变动所可能产生的不利影响是必须考虑的问题。

8.3 大数据分析模型与分析方法

作为数据特征的抽象，数据模型（Data Model）从抽象层次上描述了系统的静态特征、动态行为和约束条件，为数据库系统的信息表示与操作提供一个抽象的框架，其描述内容主要包括数据结构、数据操作和数据约束三部分。根据大数据分析流程和框架，数据分析需要将整理、描述、预测数据的手段、过程抽象为模型与算法等理论知识，即通过抽象模型来确保数据处理结果的有效性。大数据分析常用的模型如图 8－6 所示。

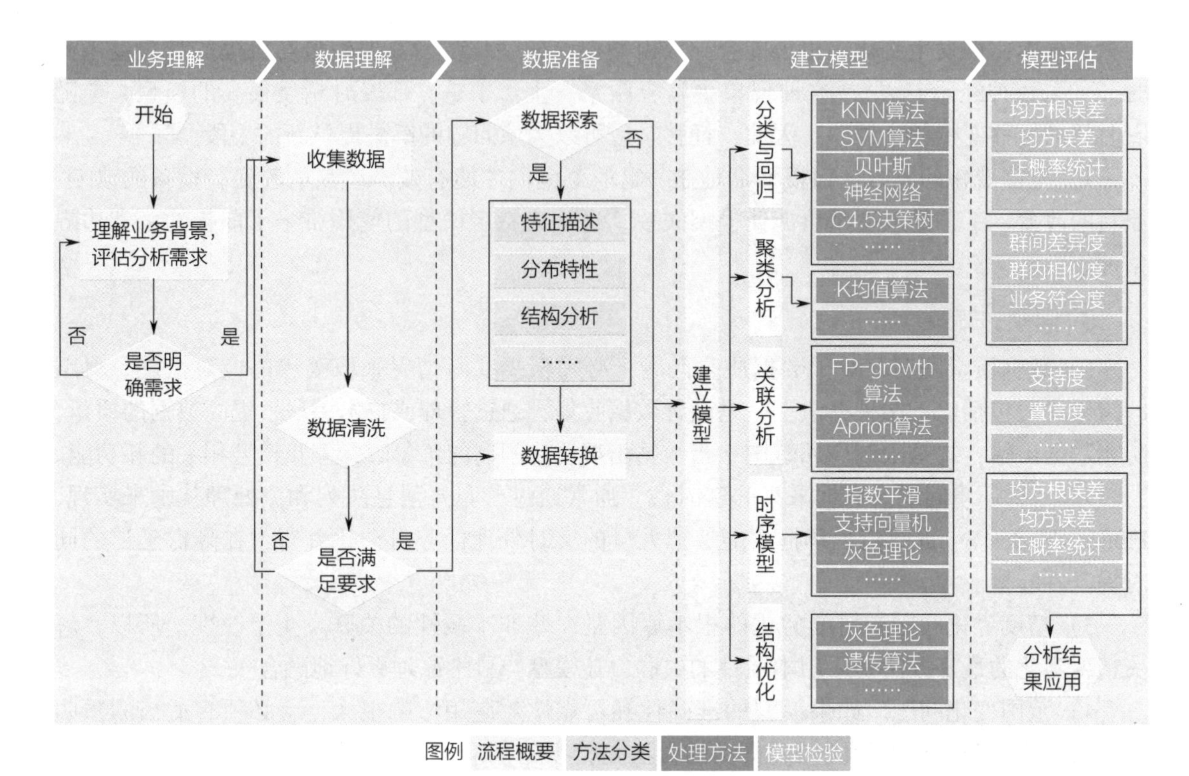

图 8-6 大数据分析常用的模型

数据模型是数据分析中的一个重要概念，通常指对数据进行抽象和描述的一种方式，通过模型可以更好地理解数据，发现其中的规律和关系，从而进行更加深入的分析。在数据分析中，数据模型的应用非常广泛，通过构建合适的数据模型，并以不同形式贯穿数据分析整个过程，具体包括数据清洗、数据探索、数据转换、建立模型、数据模型评估等环节，可以更好地理解和利用数据，帮助企业和个人做出更加科学、准确的决策。

8.3.1 数据清洗与数据探索

数据清洗与数据探索是数据理解与数据准备的重要环节，它通过对数据进行清理、筛选、去重、格式化、数据转换等操作，确保数据分析算法模型的有效性和分析结果的准确性。

1. 数据清洗

由于传感器或人为等原因，采集到的裸数据一般是不完整的、有噪声的和不一致的，需要在数据理解阶段通过数据清洗消除数据错误和噪声，提高后续分析和建模的精度。作为对数据进行重新审查和校验的过程，数据清洗是根据科学规律和先验信息等已有知识对原始数据进行处理和加工，包括去除重复数据、填补缺失值、处理异常值和转换数据格式等操作，目的在于删除重复信息、纠正存在的错误，以使其适用于进行分析和建模，提高数据的准确性和可靠性。数据清洗顾名思义就是把“脏”的“洗掉”，指发现并纠正数据文件中可识别的错误的最后一道程序，包括检查数据一致性、处理无效值和缺失值等。因为数据仓库中的数据是面向某一主题的数据的集合，这些数据从多个业务系统中抽取而来并且包含历史数据，这样就避免不了有的数据是错误数据、有的数据相互之间有冲突，这些错误或有冲突的数据显然是不想要的，称为“脏数据”。因此需要按照一定的规则把“脏数据”“洗掉”，这就是数据清洗。而数据清洗的任务是过滤那些不符合要求的数据，将过滤的结果交给业务主管部门，确认是否过滤掉还是由业务单位修正之后再进行抽取。不符合要求的数据主要有不完整的数据、错误的数据、重复的数据三大类。数据清洗与问卷审核不同，录入后的数据清洗一般由计算机而不是人工完成。

在大数据分析过程中，常用的数据清洗包括异常值判别、缺失值处理、数据转换、数据去重、数据标准化、数据验证等，具体展开如下：

1）异常值判别。数据清洗的第一步是识别会影响分析结果的“异常”数据，然后判断是否剔除。目前常用于识别异常数据的方法有物理判别法和统计判别法，如图 8－7 所示。

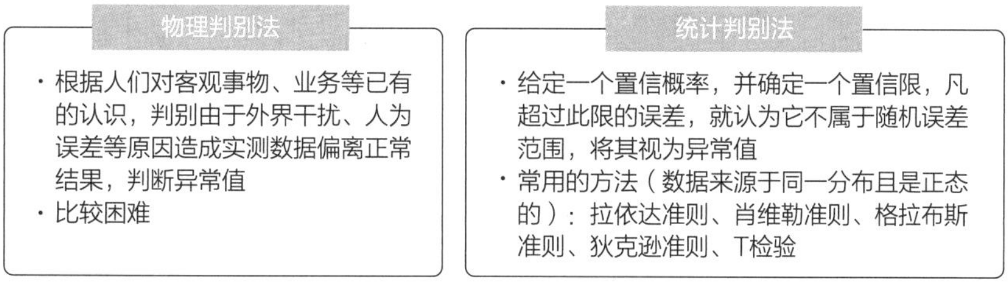

物理判别法

- 根据人们对客观事物、业务等已有的认识，判别由于外界干扰、人为误差等原因造成实测数据偏离正常结果，判断异常值
- 比较困难

统计判别法

- 给定一个置信概率，并确定一个置信限，凡超过此限的误差，就认为它不属于随机误差范围，将其视为异常值
- 常用的方法（数据来源于同一分布且是正态的）：拉依达准则、肖维勒准则、格拉布斯准则、狄克逊准则、T检验

图 8－7　异常值判别的物理判别法与统计判别法

在统计判别法中，检验方法以正态分布为前提，若数据偏离正态分布或样本较小时，则检验结果未必可靠，校验是否正态分布可借助 W 检验、D 检验，常见的统计判别法见表 8－1。

表 8－1　常见的统计判别法

判别方法	判别公式	剔除范围	操作步骤	评价
拉依达准则（3σ 准则）	$p(\|x-u\|>3\sigma)\leqslant 0.003$	大于 $\mu+3\sigma$ 小于 $\mu-3\sigma$	求均值、标准差，进行边界检验，剔除一个异常数据，然后重复操作，逐一剔除	适合用于 $n>185$ 时的样本判定
肖维勒准则（等概率准则）	$\|x_i-\bar{x}\|>Zc(n)\sigma$	大于 $\mu+Zc(n)\sigma$ 小于 $\mu-Zc(n)\sigma$	求均值、标准差，比对系数读取 $Zc(n)$ 值，边界检验，剔除一个异常数据，然后重复操作，逐一剔除	实际中 $Zc(n)<3$，测算合理，当 n 处于［25，185］时，判别效果较好
格拉布斯准则	$\|x_i-\bar{x}\|>T(n,\ \alpha)\sigma$	删除水平： $\|x_i-\bar{x}\|>T(n,\ \alpha_1)\sigma$ 异常检出水平： $T(n,\ \alpha_1)\sigma<\|x_i-\bar{x}\|<T(n,\ \alpha_2)\sigma$	逐一判别并删除达到删除水平的数据；针对达到异常值检出水平，但未及删除水平的数据，应尽量找到数据原因，给以修正，若不能修正，则比较删除与不删除的统计结论，根据是否符合客观情况做去留选择	$T(n,\ \alpha)$ 值与重复测量次数 n 及置信概率 α 均有关，理论严密，概率意义明确。当 n 处于［25，185］时，$\alpha=0.05$，当 n 处于［3，25］时，$\alpha=0.01$，判别效果较好

（续）

判别方法	判别公式	剔除范围	操作步骤	评价
狄克逊准则	$f_0=\frac{x_{(n)}-x_{(n-1)}}{x_{(n)}-x_{(1)}}$ 或$\frac{x_{(2)}-x_{(1)}}{x_{(n)}-x_{(1)}}$	$f_0>f(n,\alpha)$，说明 $x_{(n)}$ 离群远，则判定该数据为异常数据	将数据由小到大排成顺序统计量，求极差，比对狄克逊判断表读取 $f(n,\alpha)$ 值，边界检验，剔除一个异常数据，然后重复操作，逐一剔除	异常值只有一个时，效果好；同侧两个数据接近，效果不好当 n 处于［3，25］时，判别效果较好
T 检验	$\lvert x_{(n)}-\bar{x}^{*}\rvert>K(n,\alpha)\sigma^{*}$ 或 $\lvert x_{(1)}-\bar{x}^{*}\rvert>K(n,\alpha)\sigma^{*}$	最大、最小数据与均值差值大于 $K(n,\alpha)\sigma^{*}$	分别检验最大、最小数据，计算不含被检验最大或最小数据时的均值及标准差，逐一判断并删除异常值	异常值只有一个时，效果好；同侧两个极端数据接近时，效果不好；因而有时通过中位数代替平均数的调整方法可以有效消除同侧异常值的影响

慎重对待删除异常值，为减少犯错误的概率，可多种统计判别法结合使用，并尽力寻找异常值出现的原因；若有多个异常值，应逐个删除，即删除一个异常值后，需再检验后方可再删除另一个异常值。

2）缺失值处理。在数据缺失严重时，会对分析结果造成较大影响，因此对剔除的异常值以及缺失值，要采用合理的方法进行填补，常见的方法有平均值填充、K 最近距离法、回归、极大似线估计、多重插补法等，如图 8－8 所示。

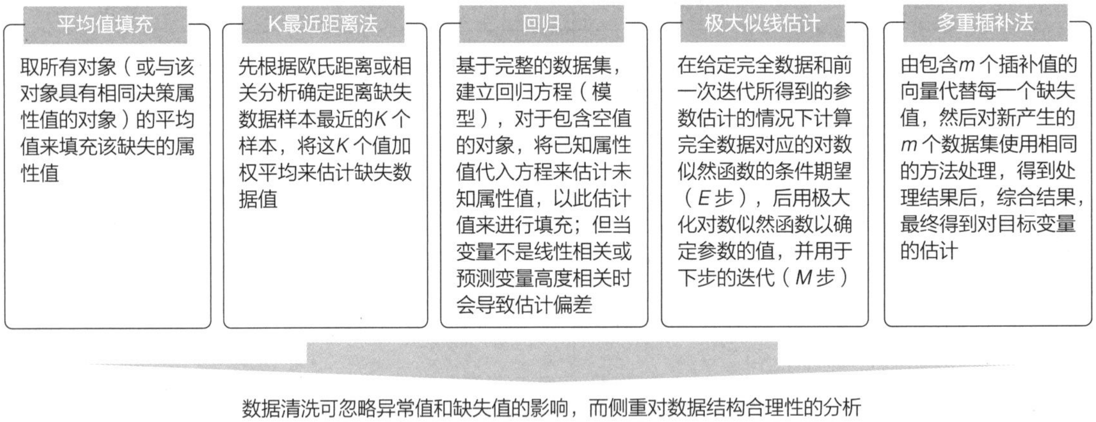

平均值填充

取所有对象（或与该对象具有相同决策属性值的对象）的平均值来填充该缺失的属性值

K最近距离法

先根据欧氏距离或相关分析确定距离缺失数据样本最近的K个样本，将这K个值加权平均来估计缺失数据值

回归

基于完整的数据集，建立回归方程（模型），对于包含空值的对象，将已知属性值代入方程来估计未知属性值，以此估计值来进行填充；但当变量不是线性相关或预测变量高度相关时会导致估计偏差

极大似线估计

在给定完全数据和前一次迭代所得到的参数估计的情况下计算完全数据对应的对数似然函数的条件期望（E步），后用极大化对数似然函数以确定参数的值，并用于下步的迭代（M步）

多重插补法

由包含m个插补值的向量代替每一个缺失值，然后对新产生的m个数据集使用相同的方法处理，得到处理结果后，综合结果，最终得到对目标变量的估计

数据清洗可忽略异常值和缺失值的影响，而侧重对数据结构合理性的分析

图 8－8 典型缺失值处理方法

随着数据量的增大，异常值和缺失值对整体分析结果的影响会逐渐变小，因此在“大数据”模式下，数据清洗可忽略异常值和缺失值的影响，而侧重对数据结构合理性的分析。

3）数据转换。数据转换实质上是对数据的格式进行转换，其目的主要是为了便于处理和分析数据。数据转换或统一成适合于挖掘的形式，通常的做法有数据泛化、标准化、属性构造等。常见数据转换的标准化方法，即统一数据的量纲及数量级，将数据处理为统一的基准的方法，具体有基期标准化法、直线法、折线法及曲线法等，如图 8－9 所示。

基期标准化法

- 选择基期作为参照，
  各期标准化数据=各期数据 / 基期数据

直线法

- 极值法：

$$x_i' = \frac{x_i}{\max(x_i)}, \quad x_i' = \frac{\max(x_i) - x_i}{\max(x_i)}, \quad x_i' = \frac{x_i - \min(x_i)}{\max(x_i) - \min(x_i)}$$

- z-score法：

$$x_i' = \frac{x_i - \bar{x}}{s}，其中 s = \sqrt{\frac{1}{n-1}\Sigma(x_i - \bar{x}_i)^2}$$

折线法

- 某些数据在不同值范围，采用不同的标准化方法，通常用于综合评价

示例

$$x_i' = \begin{cases} 0 \ (x_i < a) \\ \dfrac{x_i - a}{b - a} \ (a \leqslant x_i < b) \\ 1 \ (x_i \geqslant b) \end{cases}$$

曲线法

- Log函数法：$x' = \log(x_i) / \log(\max(x_i))$
- Arctan函数法：$x' = \arctan(x_i) \times 2 / \pi$
- 对数函数法、模糊量化模式等

图 8－9　数据转换的典型方法

在数据转换中，无论是直线法还是曲线法都有缺点，要根据客观事物的特征及所选用的分析方法来确定，如聚类分析、关联分析等常用直线法，且聚类分析必须满足无量纲标准；而综合评价采用折线法和曲线法较多。另外，能简就简，能用直线法尽量不用曲线法。

4）数据去重。去除数据集中的重复记录。这可以通过比较记录中的唯一标识符或关键字段来实现。

5）数据标准化。将数据格式标准化为一致的格式，以便于处理和分析。例如，可以将日期格式标准化为 ISO 格式。

6）数据验证。确保数据集中的数据准确性和完整性。例如，可以验证邮件地址是否符合标准格式或验证电话号码是否正确。

总之，数据清洗是数据治理不可或缺的一环，它对于数据质量和准确性有着至关重要的影响。在实践中，数据清洗需要根据具体的数据集和业务需求进行调整和优化，以满足不同的数据处理和分析要求。因此，数据清洗需要进行不断的优化和改进，以适应不断变化的数据和业务环境。

2. 数据探索

数据探索指通过探索性数据分析，遵循由浅入深、由易到难的步骤，初步发现数据特征描述、概率分布及结构优化等，为后续数据建模提供输入依据，常见的数据探索方法有数据特征描述、相关性分析、主成分分析等。数据探索流程如图 8－10 所示。

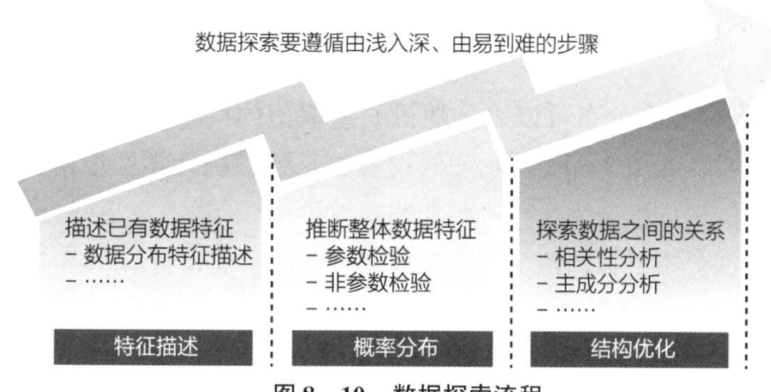

图 8－10　数据探索流程

1）数据特征描述。数据特征变量在不同个体或不同时间条件下具体表现出来的数据是不同的，不过众多个体的数据常常会呈现在一定范围内围绕某个中心而波动的分布特征。衡量数据集中趋势的指标有两类：一类是数值平均数，包括算数平均数、调和平均数、几何平均数；另一类是位置代表值，根据数据所处位置直接观察或根据与特定位置有关的部分数据来确定代表值，主要有众数和中位数。数据特征描述如图 8-11 所示。

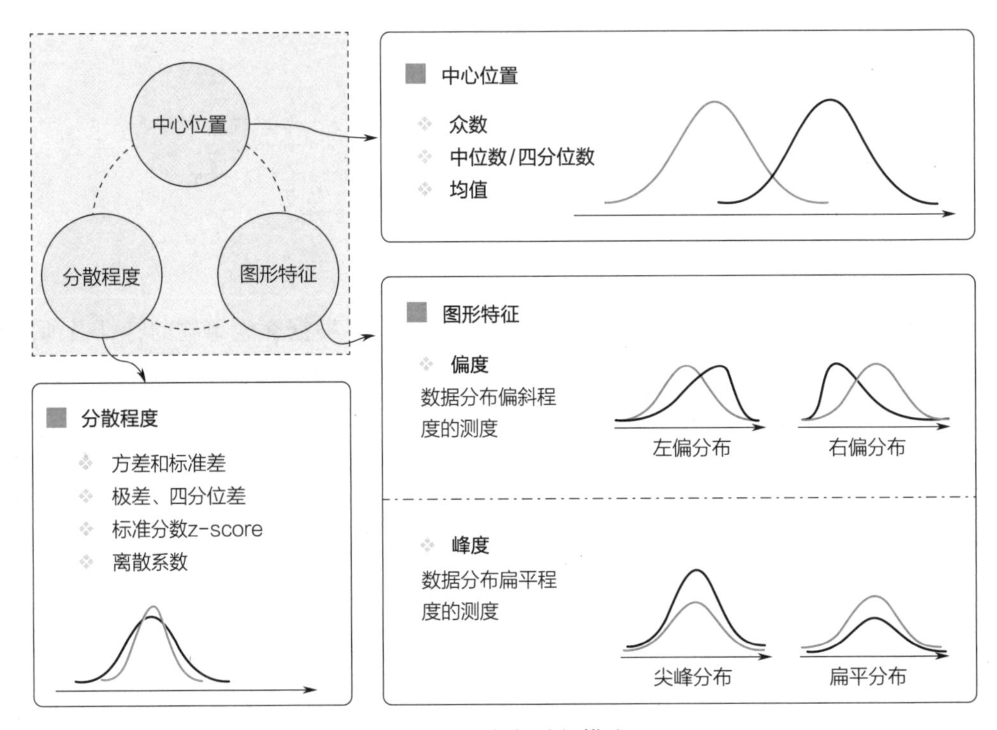

图 8-11 数据特征描述

在数据探索过程中，众数主要衡量出现次数最多的变量值，不受极端值的影响，主要用于类别数据，也可用于顺序数据和数值型数据；中位数/四分位数主要用于排序后处于中间位置或 25% 和 75% 位置上的变量值，主要用于顺序数据、数值型数据，但不能用于分类数据；均值主要反映一组数据的均衡点所在，体现数据必然性特征，易受极端值的影响，用于数值型数据，不能用于分类数据和顺序数据；而离散系数主要显示标准差与其相应的均值之比。测定集中趋势指标的作用主要是：反映变量分布的集中趋势和一般水平；可用来比较同一现象在不同空间或不同阶段的发展水平；可用来分析现象之间的依存关系。

2）数据概率分布。概率分布可以表述随机变量取值的概率规律，是掌握数据变化趋势和范围的一个重要手段，如图 8-12 所示。假设检验是数理统计学中根据一定假设条件由样本推断总体的一种方法，可以分为参数检验和非参数检验。

参数检验指在数据分布已知的情况下，对数据分布的参数是否落在相应范围内进行检验，见表 8-2。

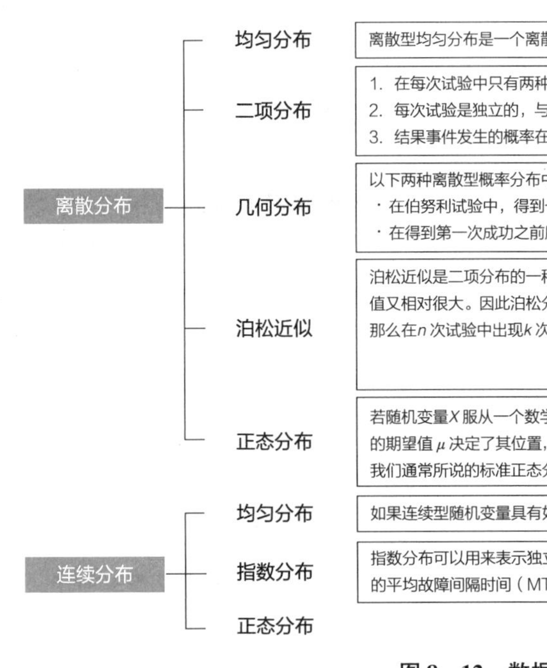

图 8－12　数据概率分析典型分布

表 8－2　参数检验常用方法

检验方法名称	问题类型	假设	适用条件	抽样方法
单样本 T－检验	判断一个总体平均数等于已知数	总体平均数等于 A	总体服从正态分布	从总体中抽取一个样本
F－检验	判断两总体方差相等	两总体方差相等	总体服从正态分布	从两个总体中各抽取一个样本
独立样本 T－检验	判断两总体平均数相等	两总体平均数相等	1. 总体服从正态分布 2. 两总体方程相等	从两个总体中各抽取一个样本
配对样本 T－检验	判断指标实验前后平均数相等	指标实验前后平均数相等	1. 总体服从正态分布 2. 两组数据是同一试验对象在试验前后的测试值	抽取一组试验对象，在试验前测得试验对象某指标的值，进行试验后再测得试验对象该指标的取值
二项分布假设检验	随机抽样实验的成功概率的检验	总体概率等于 P	总体服从二项分布	从总体中抽取一个样本

非参数检验一般是在不知道数据分布的前提下，检验数据的分布情况，见表 8－3。

表 8－3　非参数检验常用方法

检验方法名称	问题类型	假设
卡方检验	检测实际观测频数与理论频数之间是否存在差异	观测频数与理论频数无差异
K－S 检验	检验变量取值是否为正态分布	服从正态分布
游程检验	检测一组观测值是否有明显变化趋势	无明显变化趋势
二项分布假设检验	通过样本数据检验样本来自的总体是否服从指定的概率为 P 的二项分布	服从概率为 P 的二项分布

总之，参数检验是针对参数做的假设，非参数检验是针对总体分布情况做的假设。二者的根本区别在于参数检验要利用总体的信息，以总体分布和样本信息对总体参数做出推断；非参数检验不需要利用总体的信息。

3）数据结构优化。用于分析的多个变量间可能会存在较多的信息重复，若直接用于分析，会导致模型复杂，同时可能会引起模型较大误差，因此要初步探索数据间的相关性，剔除重复因素。常用的相关性分析方法如图 8－13 所示。

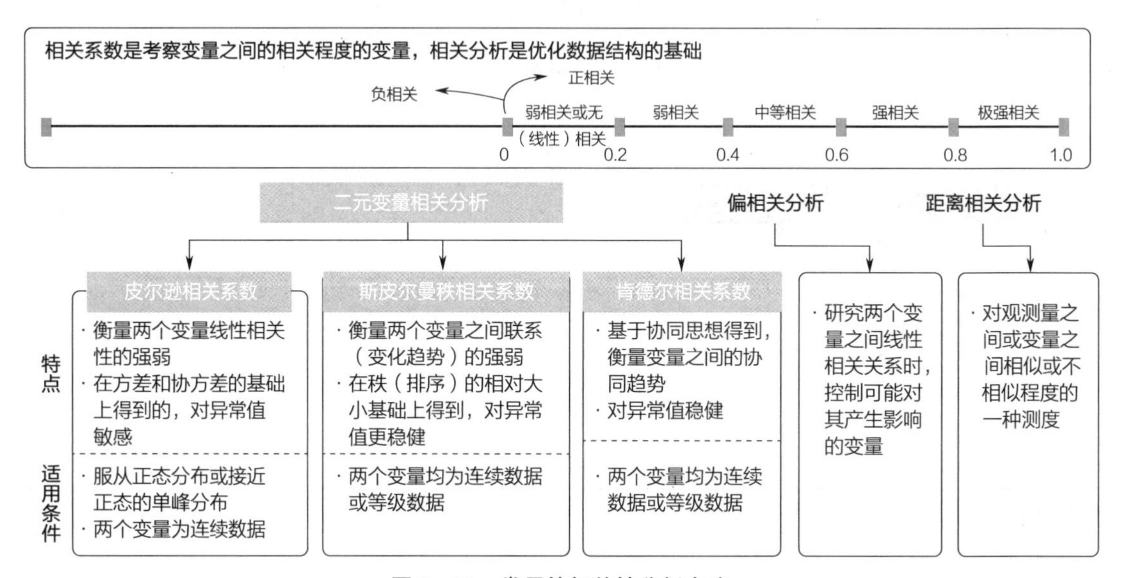

图 8－13　常用的相关性分析方法

3. 数据清洗与数据探索的关系

在对收集的数据进行分析前，要明确数据类型、规模，对数据有初步理解，同时要对数据中的“噪声”进行处理，以支持后续数据建模。在数据理解和数据准备阶段，数据清洗和数据探索通常交互进行。其中，数据探索有助于选择数据清洗方法，而数据清洗后可以更有效地进行数据探索，如图 8－14 所示。

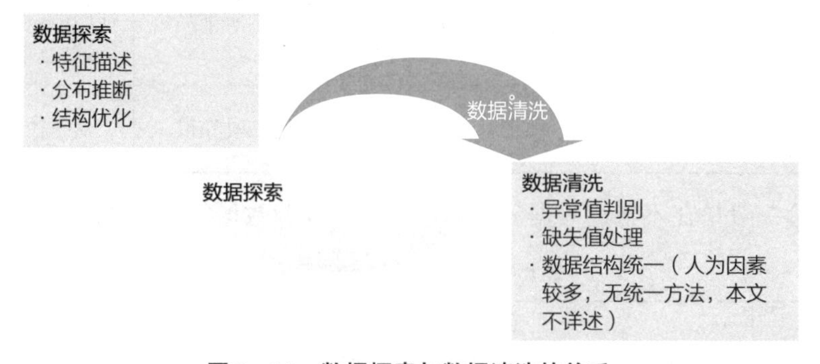

图 8－14　数据探索与数据清洗的关系

8.3.2　分类与回归

分类与回归都属于监督学习算法，不同的是，分类中标签是一些离散值，代表不同的分类，而在回归中，标签是一些连续值，回归需要训练得到样本特征与连续标签之间的映射。

1. 分类

分类（Classification）是机器学习的主要任务之一，相关算法是一种典型的监督学习算法，是根据样本的特征将样本划分到合适的类别中。在数学概念上，分类就是通过学习得到一个目标函数（称为模型函数）f，然后把新的对象 x 通过 f 映射到一个预先定义的类别号 y。它能够在一群已经知道类别标号的样本中，训练出一种分类器，让其能够对某种未知的样本进行分类。分类属于一种有监督的学习。其分类过程就是建立一种分类模型来描述预定的数据集或概念集，通过分析由属性描述的数据库元组来构造模型。分类的目的是获得一个分类函数或分类模型（通常称作分类器），该模型能把数据集合中的数据项映射到某一个给定类别，主要涉及分类规则的准确性、过拟合等。需要确定类别的概念描述，并找出类判别准则。

分类是利用训练数据集通过一定的算法求得分类规则的，是模式识别的基础，可用于提取描述重要数据类的模型或预测未来的数据趋势。具体来说就是利用训练样本来进行训练，从而得到样本特征到样本标签的映射，再利用该映射得到新样本的标签，最终达到将样本划分到不同类别的目的。简而言之，分类就是通过一组代表物体、事件等的相关属性来判断其类别。

分类问题通常包括二元分类和多元分类两种。对于二元分类问题，通过已有的特征属性来判断事物或者事件的类别，产生的结果只有“0”和“1”，即要么属于该类别，要么不属于该类别。对于多元分类问题，也是通过已有的特征属性来判断事物或者事件的类别，但其产生的结果可能不止两种，而是多个类别。例如，用 0 ~4 表示属于五个不同的类别。常见的几种分类模型有：线性模型、决策树模型、朴素贝叶斯模型、BP 神经网络模型等。

2. 回归

回归最早是由英国统计学家 Galton（高尔顿）提出的。高尔顿和他的学生 Pearson（皮尔逊）观察了 1078 对夫妇，以每对夫妇的平均身高为 X，而取他们成年的儿子的身高为 Y，得到经验方程 $Y=33.73+0.516X$。通过该研究发现，如果父母都比较高一些，那么生出的子女身高会低于父母的平均身高；反之，如果父母双亲都比较矮一些，那么生出的子女身高要高于父母的平均身高。他认为，自然界有一种约束力，使得身高的分布不会向高矮两个极端发展，而是趋于回到中心，所以称为回归。

在概念上，回归研究的是数据之间的非确定性关系，即假定同一个或多个独立变量存在相关关系，寻找相关关系的模型。回归也是通过对训练样本的学习，从而得到从样本特征到样本标签的映射。换言之，回归分析的目的是预测连续数值型的目标值，接受一系列连续数据，寻找一个最适合数据的方程对特定的值进行预测。这个方程被称为回归方程，求解回归方程就是求该方程的系数，求解这些系数的过程就是回归。

最常见的方法是，根据已有的数据拟合出一条最佳的直线、曲线、超平面或函数等，用于预测其他数据的目标值。如已知一系列的点（x，y），就可能拟合出一条最佳的直线 $y=kx+b$。那么如果已知自变量 x，要预测目标值 y 的话，就可以直接带入该直线方程中求出 y。回归的目的就是预测数值型的目标值。不同于时间序列法，模型的因变量是随机变量，而自变量是可控变量。回归分为线性回归和非线性回归，通常指连续要素之间的模型关系，是因果关系分析的基础。

常见的回归模型有：线性回归、广义线性回归、决策树回归、随机森林回归、岭回归、梯度提高树回归、生存回归、保序回归等。需要注意的是，逻辑回归算法虽然叫回归算法，但却不是回归算法，而是一种分类算法。

3. 分类与回归的区别与联系

在机器学习中，分类和回归算法同属典型的监督学习算法。二者不同点在于，分类中的样本标签是一些离散的值，每一种标签都代表着一个类别；而在回归中，样本标签是一些连续的值。分类和回归最主要的区别是输出的结果不同，定性输出称为分类，即离散变量的预测；定量输出称为回归，即连续变量的预测。

8.3.3 聚类分析

聚类分析是一种典型的无监督学习，用于对未知类别的样本划分，其名字来源于成语“物以类聚，人以群分”，核心含义是将它们按照一定的规则划分成若干个类簇，把相似（距离相近）的样本聚在同一个类簇中，把不相似的样本分为不同类簇，从而揭示样本之间内在的性质以及相互之间的联系规律。聚类的目标是得到较高的簇内相似度和较低的簇间相似度，使得簇间的距离尽可能大，簇内样本与簇中心的距离尽可能小。组内相似性越大，组间差距越大，说明聚类效果越好。聚类算法在银行、零售、保险、医学、军事等诸多领域有着广泛的应用。

与分类监督学习相比，聚类指把相似的数据划分到一起，具体划分的时候并不关心这一类的标签，目标就是把相似的数据聚合到一起。聚类得到的簇可以用聚类中心、簇大小、簇密度和簇描述等来表示。聚类中心是一个簇中所有样本点的均值（质心），簇大小表示簇中所含样本的数量，簇密度表示簇中样本点的紧密程度，簇描述是簇中样本的业务特征。

聚类分析是对具有共同趋势或结构的数据进行分组，将数据项分组成多个簇（类），簇之间的数据差别应尽可能大，簇内的数据差别应尽可能小，即“最小化簇间的相似性，最大化簇内的相似性”。数据聚类方法主要分为基于划分的聚类、基于层次的聚类、基于密度的聚类、基于网络的聚类、基于模型的聚类等，如图 8－15 所示。

图 8－15　聚类常用算法模型

不同的聚类算法有不同的应用背景，有的适用于大数据集，可以发现任意形状的聚簇；有的算法思想简单，适用于小数据集。总之，数据挖掘中针对聚类的典型要求包括可伸缩性、处理不同类型属性的能力、发现任意形状的类簇、初始化参数的需求最小化、处理噪声数据的能力等。常见的聚类算法衡量指标有凝聚度、分离度、轮廓系数等，见表8－4。

表8－4　聚类算法评估

评估指标	公式定义	图示定义
凝聚度	衡量一个簇内对象凝聚情况	
分离度	衡量簇与簇之间的差异	
轮廓系数	综合了凝聚度和分离度	
相似度矩阵	通过与理想相似矩阵比较，看聚类效果	
共性分类相关系数	衡量共性分类矩阵与原相异度矩阵之间的相关度，用以评估哪种层次聚类方法最好	

8.3.4　关联分析

自然界中某种事物发生时其他事物也会发生，则这种联系称为关联。反映事件之间依赖或关联的知识称为关联型知识（又称依赖关系）。要求找出描述这种关联的规则，并用以预测或识别。作为一种典型的数据挖掘技术，关联分析（Association Analysis）用于发现数据集中不同变量之间的关联关系。关联分析的目的是找出数据集合中隐藏的关联网，是离散变量因果分析的基础。在关联分析中，我们会寻找频繁出现的模式，例如，如果顾客购买了商品A，那么他们也有可能购买商品B。这种关联关系可以帮助我们预测未来的行为趋势，以便做出更明智的决策。

关联分析通常被用于市场营销和销售领域，以确定顾客购买某些产品或服务的倾向。通过发现顾客放入其购物篮中不同商品之间的联系，分析顾客的购买习惯。通过了解哪些商品频繁地被顾客同时购买，这种关联的发现可以帮助零售商制定营销策略。例如，在同一次购物中，如果顾客购买牛奶的同时，也购买面包（和什么类型的面包）的可能性有多大？这种信息可以引导销售，可以帮助零售商有选择性的经销和安排货架。例如，将牛奶和面包尽可能放近一些，可以进一步刺激顾客一次去商店同时购买这些商品。

关联分析是机器学习中无监督学习的一种数据挖掘技术。主要的关联算法包括Apriori关联算法、FP－Growth关联算法等。Apriori关联算法是最基本的一种关联规则算法，采用布尔关联规则的挖掘频繁项集的算法，利用逐层搜索的方法挖掘频繁项集。FP－Growth关联算法不产生候选集而直接生成频繁集的频繁模式增长算法，该算法采用分而治之的策略：在第一次扫描数据库之后，把数据库中的频繁项目集压缩到一棵频繁模式树中，形成投影数据库，同时保留其中的关联信息，随后继续将频繁模式树分成一些条件树，最后对这些条件树分别进行挖掘。

8.3.5 时间序列分析

时间序列也称动态序列，是指将某种现象的指标数值按照时间顺序排列而成的数值序列，主要用来描述过去、分析规律和预测未来。因为时间序列是某个指标数值长期变化的数值表现，所以时间序列数值变化背后必然蕴含着数值变换的规律性，这些规律性就是时间序列分析的切入点。一般情况下，时间序列的数值变化规律有以下四种：长期趋势（T）、季节变动（S）、循环变动（C）和不规则变动（I），如图 8-16 所示。

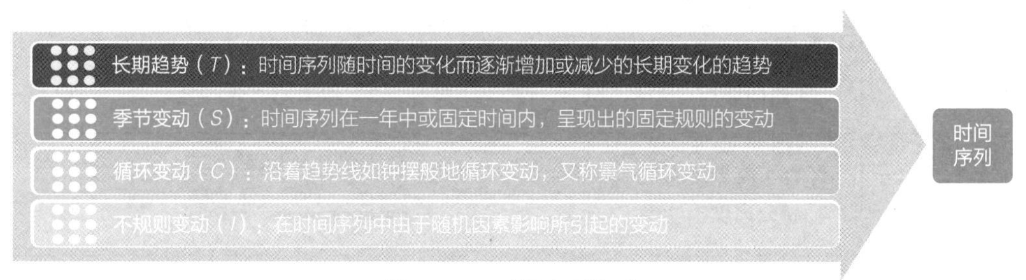

图 8-16 时间序列构成

根据组合模型，时间序列主要由长期趋势（T）、季节变动（S）、循环变动（C）和不规则变动（I）按照加法或乘法模型构成，如图 8-17 所示。其中，假定时间序列是由 4 种成分相加而成的，长期趋势并不影响季节变动，根据加法模型原理，时间序列表达式为

$$Y = T + S + C + I$$

假定时间序列是由 4 种成分相乘而成，假定季节变动与循环变动为长期趋势的函数，根据乘法模型，时间序列表达式为

$$Y = T \times S \times C \times I$$

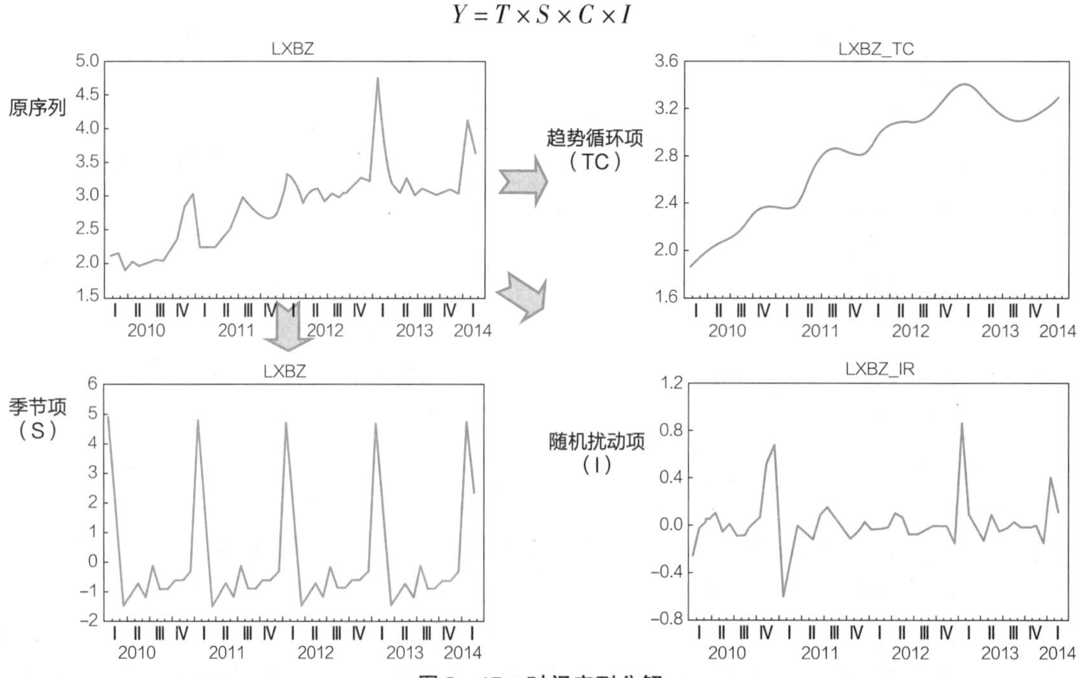

图 8-17 时间序列分解

在时间序列模型中，自回归模型（简称 AR 模型）与移动平均模型（简称 MA 模型）为基础“混合”构成。从时间序列本身出发，力求得出前期数据与后期数据的量化关系，从而建立前期数据为自变量，后期数据为因变量的模型，达到预测的目的。虽然 AR/MA/ARMA/ARIMA 是四种可以独立使用的分析方法，但其实它们是互补的关系，适用于包含不同变动成分的时间序列。时间序列预测方法分为平滑法预测和 ARIMA 模型预测，平滑法是通过时间序列的发展趋势来进行预测，而 ARIMA 模型是通过时间序列的自相关性来预测。平滑法和 ARIMA 的适用范围和特点见表 8－5。

表 8－5　平滑法和 ARIMA 的适用范围和特点

<table>
<tr><th colspan="2">预测方法</th><th>适用范围</th><th>特点</th></tr>
<tr><td rowspan="7">平滑法</td><td>简单移动平均</td><td>没有明显的趋势和季节性</td><td>—</td></tr>
<tr><td>加权移动平均</td><td>没有明显的趋势和季节性</td><td>考虑了不同时刻对预测值影响权重不同</td></tr>
<tr><td>单指数平滑</td><td>适用于无线性趋势，无季节因素的序列</td><td>考虑了各期数据对预测值的影响</td></tr>
<tr><td>双指数平滑</td><td>适用于有线性趋势，无季节因素的序列</td><td>加入了线性趋势项</td></tr>
<tr><td>Winter 无季节</td><td>适用于有线性趋势，无季节因素的序列</td><td>与双指数平滑类似，双指数平滑法只用了一个参数，Winter 无季节用了两个参数</td></tr>
<tr><td>Winter 加法</td><td>适用于有线性趋势和不变季节因素的序列</td><td>加入了季节变动的因素</td></tr>
<tr><td>Winter 乘法</td><td>适用于有线性趋势和变化季节因素的序列</td><td>加入了季节变动的因素</td></tr>
<tr><td rowspan="4">ARIMA</td><td>AR(p)</td><td>适用于具有 p 阶偏自相关的序列</td><td>通过自回归来预测</td></tr>
<tr><td>MA(q)</td><td>适用于具有 q 阶自相关的序列</td><td>通过随机扰动项的移动平均来预测</td></tr>
<tr><td>ARMA(p, q)</td><td>适用于具有 p 阶偏自相关和 q 阶自相关的序列</td><td>综合考虑了自回归和随机扰动项的移动平均</td></tr>
<tr><td>ARIMA (p, d, q)</td><td>适用于具有 p 阶偏自相关和 q 阶自相关，且 d 阶差分后平稳的序列</td><td>可以对非平稳时间序列建模</td></tr>
</table>

作为定量预测方法之一，时间序列分析包括一般统计分析（如自相关分析、谱分析等），统计模型的建立与推断，以及关于时间序列的最优预测、控制与滤波等内容。经典的统计分析都假定数据序列具有独立性，而时间序列分析则侧重研究数据序列的互相依赖关系。时间序列分析实际上是对离散指标的随机过程的统计分析，所以又可看作随机过程统计的一个组成部分。

8.4　大数据分析关键技术

随着大数据与人工智能技术的成熟发展，数据成为数字经济时代的关键生产要素，大数据分析技术逐渐形成了以数据标注、大数据可视化、时序模式分析、知识图谱等为核心的关键技术。

8.4.1　数据标注

目前主流的机器学习方式是以有监督的深度学习方式为主，此种机器学习方式下对标注数据有着强依赖性需求，未经过标注处理的原始数据多以非结构化数据为主，这些数据不能被机器识别与学习。只有经过标注处理后的数据成为结构化数据才能被算法训练和使用。

数据标注是对未经处理的语音、图片、文本、视频和3D点云等原始数据进行加工处理，添加标签，并转换为机器可识别信息的过程。这些标签形成了数据属于哪一类对象的表示，帮助机器学习模型在未来遇到从未见过的数据时，也能准确识别数据中的内容，训练数据可以有多种形式，包括图像、语音、文本或特征，这取决于所使用的机器学习模型和手头要解决的任务。它可以是有标注的或无标注的。当训练数据被标注时，相应的标签被称为地面真相（Ground Truth）。

8.4.2 大数据可视化技术

大数据可视化技术利用视觉效果，通过地理空间、时间序列、逻辑关系等不同维度，把不同类型的数据呈现出来，以便理解大数据背后蕴藏的价值、规律、趋势和关系。现有的大数据可视化技术主要分为基于几何技术、基于图标技术、基于降维技术、面向像素技术、基于时间序列技术、基于网络数据技术的数据可视化方法，以及层次可视化技术和分布技术等。大规模数据可视化一般认为是处理数据规模达到TB或PB级别的数据，常用于科学计算数据，例如气象模拟、洋流模拟、星系演化模拟等领域。时序数据可视化可以帮助人们观察过去和预测未来，例如建立预测模型，进行预测性分析和用户行为分析。大数据可视化技术的应用领域十分广泛，其研发成果已经融入测绘、互联网、电力、矿业、电信、建筑、工业、海洋、航空航天等国民经济产业，主要涉及网络数据可视化、交通数据可视化、文本数据可视化、数据挖掘可视化、生物医药可视化、社交可视化等领域。

8.4.3 时序模式分析技术

随着数据分析技术的发展，企业的生产加工设备、动力能源设备、运输交通设备、信息保障设备、运维管控设备上都加装了大量的传感器，如温度传感器、振动传感器、压力传感器、位移传感器、重量传感器等。这些传感器不断产生海量的时序数据，提供了设备的温度、压力、位移、速度、湿度、光线、气体等信息。对这些设备传感器进行时序数据分析，可实现设备故障预警和诊断、利用率分析、能耗优化、生产监控等。但传感器数据的很多重要信息隐藏在时序模式结构中，只有挖掘出背后的结构模式，才能构建一个效果稳定的数据模型。

时序数据的时间序列类算法主要分为六个方面：时间序列的预测算法如ARIMA、GARCH等；时间序列的异常变动模式检测算法，包含基于统计的方法、基于滑动窗窗口的方法等；时间序列的分类算法，包括SAX算法、基于相似度的方法等；时间序列的分解算法，包括时间序列的趋势特征分解、季节特征分解、周期性分解等；时间序列的频繁模式挖掘，典型时序模式智能匹配算法（精准匹配、保形匹配、仿射匹配等），包括MEON算法、基于Motif的挖掘方法等；时间序列的切片算法，包括AutoPlait算法、HOD－1D算法等。

8.4.4 多源数据融合技术

在企业生产经营、营销推广、采购运输等环节中，会有大量的管理经营数据，其中包含众多不同来源的结构化数据和非结构化数据，例如来源于企业内部信息系统（CRM、MES、ERP、SEM）的生产数据、管理数据、销售数据等，以及来源于企业外部的物流数据、行业数据、政府数据等。利用这些数据可实现市场洞察、价格预测、供应链协同、精准销售、市场调度、产品追溯、能力分析、质量管控等。

通过对这些数据的分析，能够极大地提高企业的生产加工能力、质量监控能力、企业运营能力、市场营销能力、风险感知能力等。但多源数据也带来一定的技术挑战，不同数据源的数据质量和可信度存在差异，并且在不同业务场景下的表征能力也不同。这就需要一些技术手段去有效融合多源数据。

针对多源数据分析的技术主要包括统计分析算法、深度学习算法、回归算法、分类算法、聚类算法、关联规则等。可以通过不同的算法对不同的数据源进行独立分析，并通过对多个分析结果的统计决策或人工辅助决策，实现多源融合分析。也可以从分析方法上实现融合，例如通过非结构化文本数据语义融合构建具有制造语义的知识图谱，完成其他类型数据的实体和语义标注，通过图模型从语义标注中找出跨领域本体相互间的关联性，用于识别和发现工业时序数据中时间序列片段对应的文本数据（维修报告）上的故障信息，实现对时间序列的分类决策。

8.5 大数据分析典型应用

作为大数据分析的应用高地，OpenAI 推出的 ChatGPT 技术和应用持续突破，引起了社会广泛讨论，带动生成式人工智能（AIGC）风靡全球，成为 2023 年大数据与人工智能产业风口。ChatGPT 作为一种基于大数据模型的语言生成模型，通过训练大规模的语言模型，从互联网上收集的海量文本数据中学习语言规则和上下文信息，使得生成的对话更加自然流畅。

8.5.1 自然语言处理

自然语言处理自诞生起，经历了五次研究范式的转变，如图 8－18 所示。其中，由最开始基于小规模专家知识的方法，逐步转向基于机器学习的方法。机器学习方法是由早期基于浅层机器学习算法变为深度学习算法。为了解决深度学习算法需要大量标注数据的问题，2018 年开始又全面转向基于大规模预训练语言模型的方法，其突出特点是充分利用大模型、大数据和大计算以求更好效果。

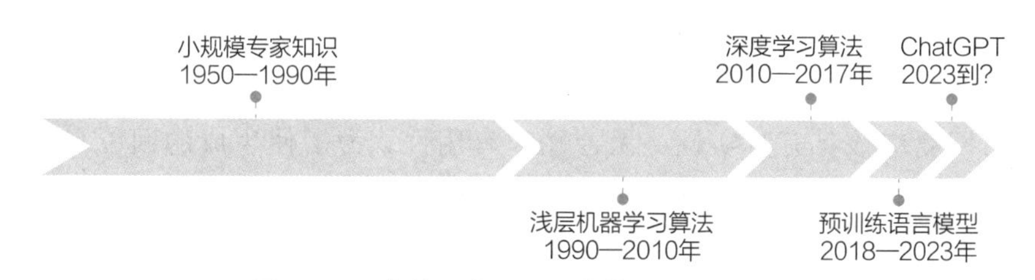

图 8－18　自然语言处理研究范式的发展历程

作为计算机科学领域与人工智能领域中的一个重要方向，自然语言处理研究涵盖实现人与计算机之间用自然语言进行有效通信的各种理论和方法，涉及的领域较多，主要包括机器翻译、语义理解和问答系统等。

1. 机器翻译

机器翻译技术指利用计算机技术实现从一种自然语言到另外一种自然语言的翻译过程。基于统计的机器翻译方法突破了之前基于规则和实例翻译方法的局限性，翻译性能取得巨大提升。基于深度神经网络的机器翻译在日常口语等一些场景的成功应用已经显现出了巨大的潜力。随着上下文的语境表征和知识逻辑推理能力的发展，自然语言知识图谱不断扩充，机器翻译将会在多轮对话翻译及篇章翻译等领域取得更大进展。

2. 语义理解

语义理解技术指利用计算机技术实现对文本篇章的理解，并且回答与篇章相关问题的过程。语义理解更注重于对上下文的理解以及对答案精准程度的把控。随着 MCTest 数据集的发布，语义理解受到更多关注，取得了快速发展，相关数据集和对应的神经网络模型层出不穷。语义理解技术将在智能客服、产品自动问答等相关领域发挥重要作用，进一步提高问答与对话系统的精度。

3. 问答系统

问答系统分为开放领域的对话系统和特定领域的问答系统。问答系统技术指让计算机像人类一样用自然语言与人交流的技术。人们可以向问答系统提交用自然语言表达的问题，系统会返回关联性较高的答案。尽管问答系统目前已经有了不少应用产品出现，但大多是在实际信息服务系统和智能手机助手等领域中的应用，在问答系统鲁棒性方面仍然存在着问题和挑战。

自然语言处理面临四大挑战：一是在词法、句法、语义、语用和语音等不同层面存在不确定性；二是新的词汇、术语、语义和语法导致未知语言现象的不可预测性；三是数据资源的不充分使其难以覆盖复杂的语言现象；四是语义知识的模糊性和错综复杂的关联性难以用简单的数学模型描述，语义计算需要参数庞大的非线性计算。

8.5.2 AI 大模型

ChatGPT 是继数据库和搜索引擎之后的全新一代的“知识表示和调用方式”，融合了注意力机制和深度学习技术，使模型能够更好地理解用户的输入，并产生相关、准确的回复，引领着自然语言处理的革命。

从技术角度讲，ChatGPT 是一个聚焦于对话生成的大语言模型，能够根据用户的文本描述，结合历史对话，产生相应的智能回复。GPT（Generative Pretrained Transformer）通过学习大量网络已有文本数据（如 Wikipedia、Reddit 对话），获得了像人类一样流畅对话的能力。虽然 GPT 可以生成流畅的回复，但是有时候生成的回复并不符合人类的预期，OpenAI 认为符合人类预期的回复应该具有真实性、无害性和有用性。为了使生成的回复具有以上特征，OpenAI 在 2022 年初发表的“Training language models to follow instructions with human feedback”中提到引入人工反馈机制，并使用近端策略梯度算法（PPO）对大模型进行训练。这种基于人工反馈的训练模式能够在很大程度上减小大模型生成回复与人类回复之间的偏差，也使得 ChatGPT 具有良好的表现。

在功能上，ChatGPT 表现出了非常惊艳的语言理解、生成、知识推理能力，可以极好地理解用户意图，真正做到多轮沟通，并且回答内容完整、重点清晰、有概括、有逻辑、有条理。ChatGPT 的成功表现，使人们看到了解决自然语言处理这一认知智能核心问题的一条可能的路径，并被认为向通用人工智能迈出了坚实的一步，将对搜索引擎构成巨大的挑战，甚至将取代很多人的工作，更将颠覆很多领域和行业。

作为 ChatGPT 的知识表示及存储基础，AI 大规模预训练语言模型（简称大模型）对系统效果表现至关重要，如图 8-19 所示。2018 年，OpenAI 提出了第一代 GPT 模型，将自然语言处理带入"预训练"时代。然而，GPT 模型并没有引起人们的关注，反倒是谷歌随即提出的 BERT（Bidirectional Encoder Representations from Transformers）模型产生了更大的轰动。不过，OpenAI 继续沿着初代 GPT 的技术思路，陆续发布了 GPT－2 模型和 GPT－3 模型。尤其是 GPT－3 模型，含有 1750 亿超大规模参数，并且提出"提示语（Prompt）"的概念，只要提供具体任务的提示语，即便不对模型进行调整也可完成该任务，如输入"我太喜欢 ChatGPT 了，这句话的情感是"，那么 GPT－3 模型就能够直接输出结果"褒义"。如果在输入中再给一个或几个示例，那么任务完成的效果会更好，这也被称为语境学习（Incontext Learning）。不过，通过对 GPT－3 模型能力的仔细评估发现，大模型并不能真正克服深度学习模型鲁棒性差、可解释性弱、推理能力缺失的问题，在深层次语义理解和生成上与人类认知水平还相差甚远。直到 ChatGPT 的问世，才彻底改变了人们对于大模型的认知。

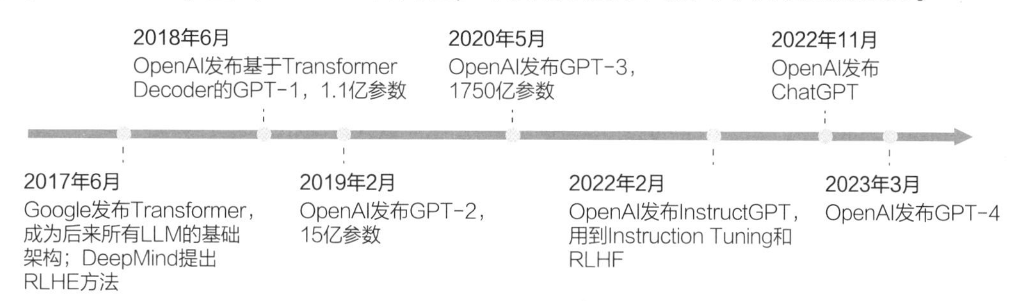

图 8－19　ChatGPT 发展历程

随着大模型技术的快速发展，其巨大的参数量、计算量以及模型复杂度，在解决复杂任务方面具有很大的优势，主要体现在强大的理解和生成能力、高度的泛化能力、优秀的可迁移学习特性及端到端训练优势。大模型技术受到各类行业的广泛关注，通过将大模型与实际业务相结合，可为用户提供更加个性化、更符合用户需求的服务。AI 大模型的典型应用见表 8－6。

表 8－6　AI 大模型的典型应用

行业	领域	应用
通用能力	搜索领域	用于实现更智能、更准确的信息检索和推荐
	语音识别与合成领域	识别并合成语音，实现更智能、更自然的语音助手
垂直行业	内容创作与审核领域	用于自动撰写文章、新闻、绘画、音乐等任务
	教育科技领域	为教育领域提供智能化支持
	金融科技领域	帮助金融机构提高决策效率和质量
	医疗健康领域	协助医生和研究人员提高工作效率，提高医疗水平
	智能制造领域	助力工厂实现智能化生产、降本增效
	软件开发领域	提高开发人员的工作效率，降低人力成本
	法律领域	用于文书的撰写、法律咨询等任务，降低法律服务成本
	人力资源领域	帮助企业优化人力资源管理
	媒体与娱乐领域	为创作者提供创意灵感，提高创作效率
	语言学习领域	辅助语言教师授课，帮助学习者提高语言能力
	旅游领域	提供个性化的旅行建议和服务
	公共服务领域	提高政府服务效率，优化公共资源配置
	客服领域	应用于智能客服助手等任务，提高客服效率，降低成本
	市场分析领域	帮助企业洞察市场动态，优化产品、提供更加安全的服务

8.5.3 生成式人工智能

生成式人工智能（Artificial Intelligence Generated Content，AIGC）指基于生成对抗网络、大型预训练模型等人工智能的技术方法，通过对已有数据的学习和识别，以适当的泛化能力生成相关内容的技术，是人工智能1.0时代进入2.0时代的重要标志。AIGC是继专业生成内容（Professional Generated Content，PGC）和用户生成内容（User Generated Content，UGC）之后，利用人工智能技术自动生成内容的新型生产方式。其核心思想是利用人工智能算法生成具有一定创意和质量的内容。通过训练模型和大量数据的学习，AIGC可以根据输入的条件或指导，生成与之相关的内容。例如，通过输入关键词、描述或样本，AIGC可以生成与之相匹配的文章、图像、音频等。

作为人工智能算法对数据或媒体进行生产、操控和修改的统称，AIGC是GAN、CLIP、Transformer、Diffusion、预训练模型、多模态技术、生成算法等技术的累积融合。算法不断迭代创新、预训练模型引发AIGC技术能力质变，多模态推动AIGC内容多边形，使得AIGC具有更通用和更强的基础能力。从计算智能、感知智能再到认知智能的进阶发展来看，AIGC已经为人类社会打开了认知智能的大门。通过单个大规模数据的学习训练，使AI具备了多个不同领域的知识，只需要对模型进行适当的调整修正，就能完成真实场景的任务。

AIGC既是从内容生产者视角进行分类的一类内容，又是一种内容生产方式，还是用于内容自动化生成的一类技术集合。AIGC对于人类社会、人工智能的意义是里程碑式的。短期来看AIGC改变了基础的生产力工具，中期来看会改变社会的生产关系，长期来看促使整个社会生产力发生质的突破。在这样的生产力工具、生产关系、生产力变革中，生产要素——数据价值被极度放大。AIGC把数据要素提到时代核心资源的位置，在一定程度上加快了整个社会的数字化转型进程。

2022年被认为是AIGC元年。AIGC发展历程如图8－20所示。作为AIGC在自然语言领域的代表，ChatGPT在2022年年底一经推出，就掀起了一场可能涉及所有人和所有行业的

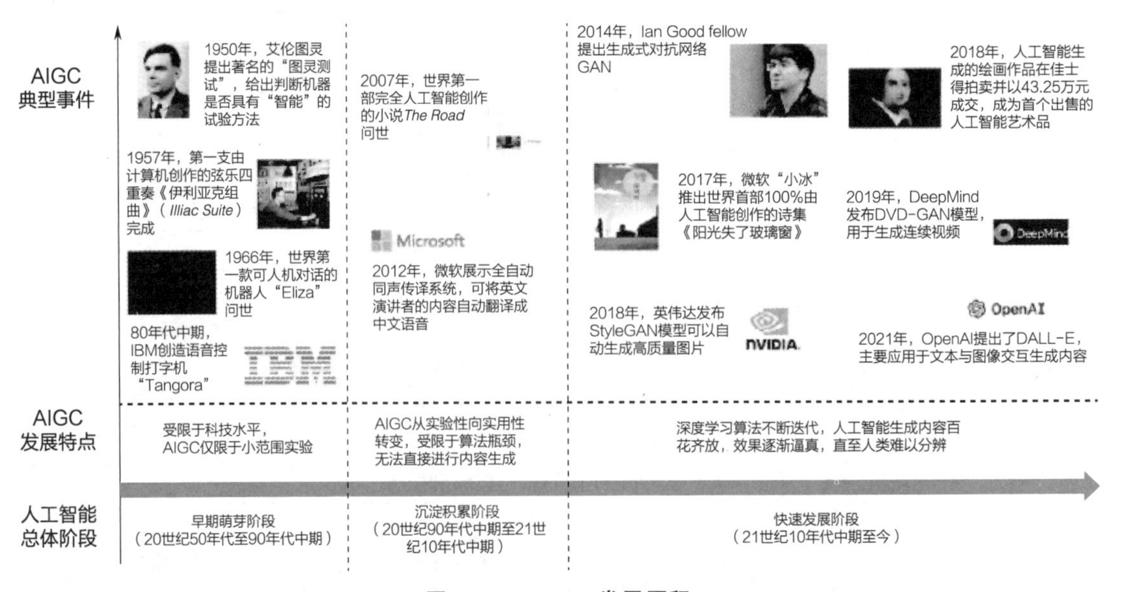

图8－20　AIGC发展历程

"大火"，2023 年 3 月 GPT－4 的发布则进一步推动了"态势升级"。由 ChatGPT/GPT－4 引发的全球关注，令许多人回忆起 2016 年 AlphaGo 战胜人类围棋世界冠军的时刻。如果说 AlphaGo 代表了 AI 在专业领域战胜人类的起点，ChatGPT/GPT－4 似乎迈出了通用人工智能的第一步。这是第三次 AI 浪潮以来所有积累产生的硕果，AI 技术到了一个即将大规模产业化的临界点。

AIGC 根据其内容模态不同可分为文本、视频、图像、音频与跨模态生成。AIGC 技术场景如图 8－21 所示。文本方面，例如文本创作、代码生成、问答对话等；视频方面，例如视频画质增强、视频内容创作、视频风格迁移等；图像方面，例如图片编辑、图片生成、3D 图像生成等；音频方面，例如文本合成语音、语音克隆、音乐生成等；跨模态方面，例如文字生成图片、文字合成视频、图像描述等，而且在不同内容模态的技术应用场景也有着各自的细分品类。

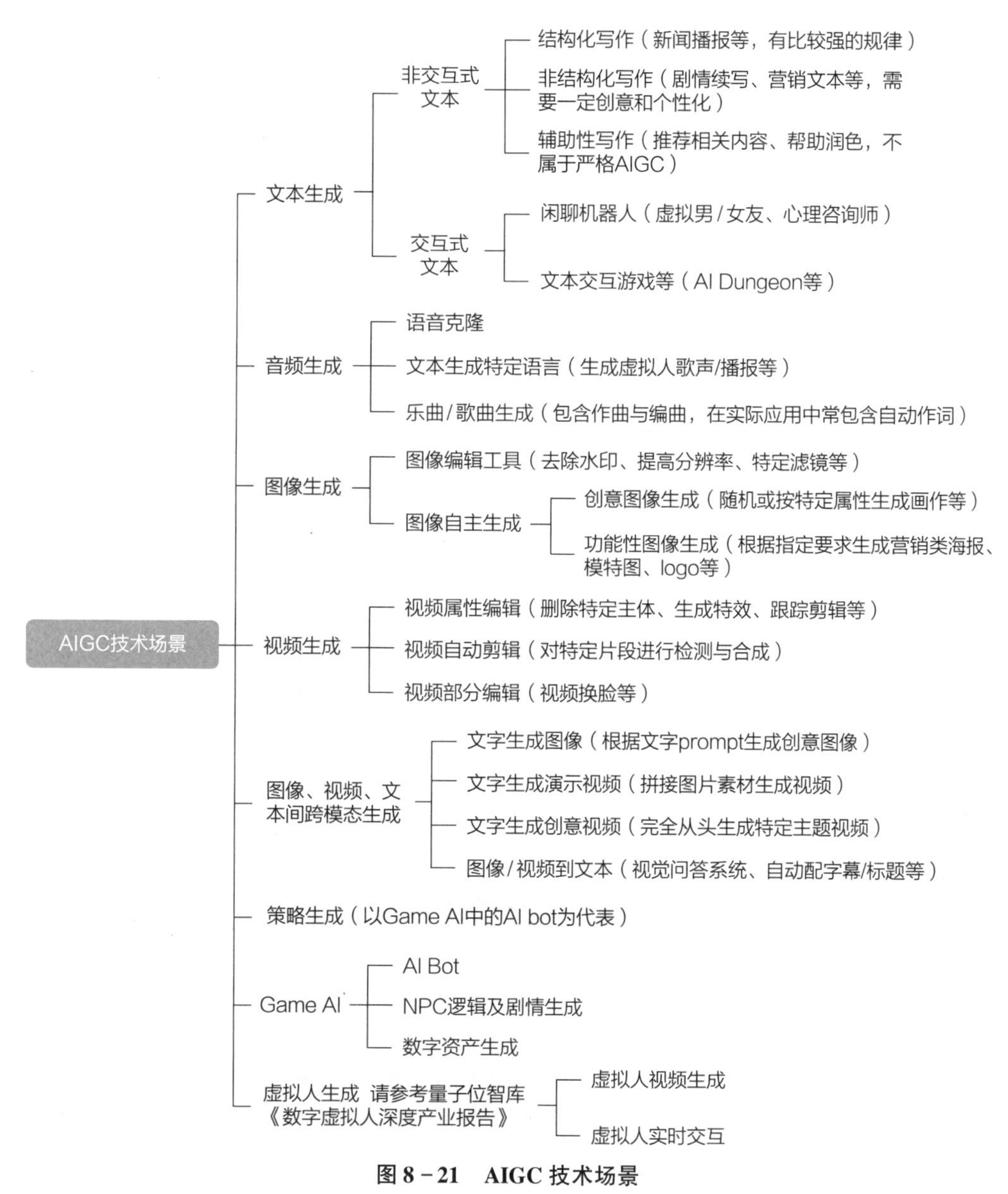

图 8－21　AIGC 技术场景

8.5.4 知识图谱

知识图谱（Knowledge Graph）始于20世纪50年代，至今大致分为三个发展阶段：第一阶段（1955—1977年）是知识图谱的起源阶段，在这一阶段中引文网络分析开始成为一种研究当代科学发展脉络的常用方法；第二阶段（1977—2012年）是知识图谱的发展阶段，语义网得到快速发展，“知识本体”的研究开始成为计算机科学的一个重要领域，知识图谱吸收了语义网、本体在知识组织和表达方面的理念，使得知识更易于在计算机之间和计算机与人之间交换、流通和加工；第三阶段（2012年至今）是知识图谱繁荣阶段，2012年谷歌提出Google Knowledge Graph，知识图谱正式得名，谷歌通过知识图谱技术改善了搜索引擎性能。在人工智能的蓬勃发展下，知识图谱涉及的知识抽取、表示、融合、推理、问答等关键问题得到一定程度的解决和突破，使得知识图谱成为知识服务领域的一个新热点，受到国内外学者和工业界广泛关注。

知识图谱以结构化的形式描述客观世界中概念、实体及其关系，将互联网的信息表达成更接近人类认知世界的形式，提供了一种更好组织、管理和理解互联网海量信息的能力。知识图谱给互联网语义搜索带来了活力，同时也在智能问答中显示出强大威力，已经成为互联网知识驱动的智能应用的基础设施。知识图谱与大数据和深度学习一起，成为推动互联网和人工智能发展的核心驱动力之一。

知识图谱不是一种新的知识表示方法，而是知识表示在工业界的大规模知识应用。它将互联网上可以识别的客观对象进行关联，以形成客观世界实体和实体关系的知识库，其本质上是一种语义网络，其中的节点代表实体（Entity）或者概念（Concept），边代表实体/概念之间的各种语义关系。知识图谱的架构，包括知识图谱自身的逻辑结构以及构建知识图谱所采用的技术（体系）架构。知识图谱的逻辑结构可分为模式层与数据层，模式层在数据层之上，是知识图谱的核心，模式层存储经过提炼的知识，通常采用本体库来管理知识图谱的模式层，借助本体库对公理、规则和约束条件的支持能力来规范实体、关系以及实体的类型和属性等对象之间的联系。数据层主要由一系列的事实（Fact）组成，而知识将以事实为单位进行存储。在知识图谱的数据层，知识以事实为单位存储在图数据库。如果以“实体－关系－实体”或者“实体－属性－性值”三元组作为事实的基本表达方式，则存储在图数据库中的所有数据将构成庞大的实体关系网络，形成“知识图谱”。

知识图谱是结构化的语义知识库，是一种由节点和边组成的图数据结构，以符号形式描述物理世界中的概念及其相互关系，其基本组成单位是“实体－关系－实体”三元组，以及实体及其相关“属性－性值”对。不同实体之间通过关系相互联结，构成网状的知识结构。在知识图谱中，每个节点表示现实世界的“实体”，每条边为实体与实体之间的“关系”。通俗地讲，知识图谱就是把所有不同种类的信息连接在一起而得到的一个关系网络，提供了从“关系”的角度去分析问题的能力。

知识图谱可用于反欺诈、不一致性验证、组团欺诈等公共安全保障领域，需要用到异常分析、静态分析、动态分析等数据挖掘方法。特别地，知识图谱在搜索引擎、可视化展示和精准营销方面有很大的优势，已成为业界的热门工具。但是，知识图谱的发展还有很大的挑战，如数据的噪声问题，即数据本身有错误或者数据存在冗余。随着知识图谱应用的不断深入，还有一系列关键技术需要突破。

第9章 大数据平台

5G数字经济时代，作为平台经济的数字底座，大数据平台为数据要素提供计算和存储等算力能力，使得海量的静态数据“活动”起来，释放出自身价值，加速由数据驱动、平台支撑、网络协同的数字平台经济系统的落地与发展。

9.1 大数据平台发展历程

大数据平台是能够为企业提供数据分析能力、支撑上层数据应用、助力企业数字化转型的底层基础设施，包含数据存储、数据计算分析等基础设施，通过汇聚各方数据，提供“采-存-算-管-用”全生命周期的软件支撑。

9.1.1 数据平台的变迁

需求催生技术革新，在存储海量数据需求的推动下，数据平台架构持续演进，经过数十年的发展，主要经历了数据库、数据仓库、数据湖三个阶段，如图9-1所示。

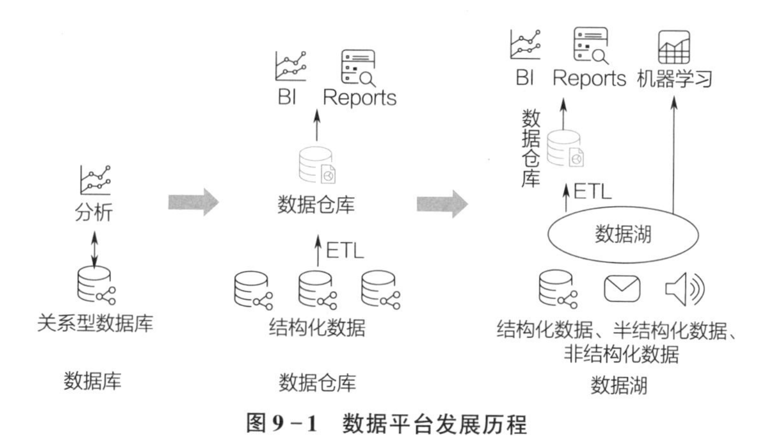

图9-1 数据平台发展历程

1. 数据库阶段

20世纪60年代，数据库诞生，此时企业的数据量不大且数据类型比较单一。这一阶段企业对数据的使用需求主要是面向管理层，从宏观层面对公司的经营状况做描述性分析，处理的数据为有限的结构化数据，支撑数据存储和计算的软件系统架构比较简单。20世纪70年代，最早出现的关系型数据库已经得到了一定程度的应用。关系型数据库主要应用于联机事务处理（OLTP）场景，如银行交易等。代表产品有Oracle、SQL Server、MySQL等。

2. 数据仓库阶段

随着互联网的快速普及，门户、搜索引擎、百科等应用用户快速增长，数据量呈爆发式增长，原有的单个关系型数据库架构无法支撑庞大的数据量。20 世纪 90 年代数据仓库理论被提出。数据仓库是为解决单个关系型数据库架构无法支撑庞大数据量的数据存储问题而诞生。数据仓库是为了实现数据整合而形成的架构，核心是基于 OLTP 系统的数据源，根据在线分析处理（OLAP）场景诉求，将数据经过数仓建模形成 ODS、DWD、DWS、DM 等不同数据层，每层都需要进行清洗、加工、整合等数据开发（ETL）工作，并最终加载到关系型数据库中。数据仓库多为 MPP（Massively Parallel Processor）架构，代表产品有 Teradata、Greenplum、Clickhouse 等。

2003—2006 年，谷歌的“三驾马车”即分布式文件系统 GFS、分布式计算框架 MapReduce 和数据库 Big Table，为业界提供了一种以分布式方式组织海量数据存储与计算的新思路。受此启发，开源大数据项目 Hadoop 诞生了。2008 年，基于 Hadoop 自建离线数据仓库（Hive）成为数据仓库的首选方案。2010 年前后，云厂商纷纷推出云数据仓库产品，如 AWS Redshift、Google BigQuery、Snowflake、MaxCompute 等。

3. 数据湖阶段

随着移动互联网的飞速发展，半结构化数据、非结构化数据的存储、计算需求日益突出，对数据平台提出了新的要求。2010 年，数据湖概念被提出。数据湖是一种支持结构化、半结构化、非结构化等数据类型大规模存储和计算的系统架构。随着 Hadoop 技术的成熟与普及，企业开始基于 Hadoop、Spark 及其生态体系中的配套工具搭建平台处理结构化数据、半结构化数据，同时利用批处理引擎实现数据批处理。而以开源 Hadoop 体系为代表的开放式 HDFS 存储、开放的文件格式、开放的元数据服务以及多种引擎（Hive、Presto、Spark 等）协同工作的模式，形成了数据湖的雏形。Hudi、Delta Lake 和 Iceberg 三大开源数据湖技术的成熟，加速了数据湖产品化落地。数据湖将数据管理的流程简化为数据入湖和数据分析两个阶段。数据入湖即支持各种类型数据的统一存储。数据分析采用读取型 Schema（Schema on Read）形式，极大提升分析效率。代表产品有亚马逊 - S3、LakeFormation、阿里云 - 数据湖构建（DLF）、数据开发治理（Dataworks）、对象存储（OSS）、开源大数据平台（EMR），华为云 - FusionInsight MRS 云原生数据湖、数据治理中心（DataArts Studio），腾讯云 - 数据湖计算服务（DLC）、数据湖构建（DLF）、对象存储（COS）等。

9.1.2 什么是大数据平台

大数据平台通常使用开源大数据架构如 Apache Hadoop 进行搭建，由存储、计算、平台资源管理、传输交换等类型组件组成整个平台，如图 9 - 2 所示。目前，大数据平台主要有基于开源技术的自建平台和商业化平台两种。自建平台灵活性强、自主性高；商业化平台安全性强、使用便捷。

5G 数字经济时代，作为算力基础设施的核心支撑平台，大数据平台面向社会经济数字化、网络化、智能化转型的需要，基于数字技术体系的数据采集、汇聚、分析和服务体系及相关技术，上承应用生态、下连系统设备，是集数据采集、汇聚、存储、挖掘分析、安全、治理、审计和服务等大数据全生命周期的“载体”，是连接设备、软件、产品、工厂、人等社会经济生活全要素的“枢纽”。作为平台经济的核心载体，大数据平台是数字生产力新的组织方式，支持资源实现泛在连接、弹性供给、高效配置，是需求、设计、制造、销售、物流、服务等社会经济全链条实现社会经济各个环节协同的“纽带”，对推动产业升级、优化资源配置、贯通经济循环发挥重要作用，为应对疫情冲击、推动经济复苏注入了新动能。

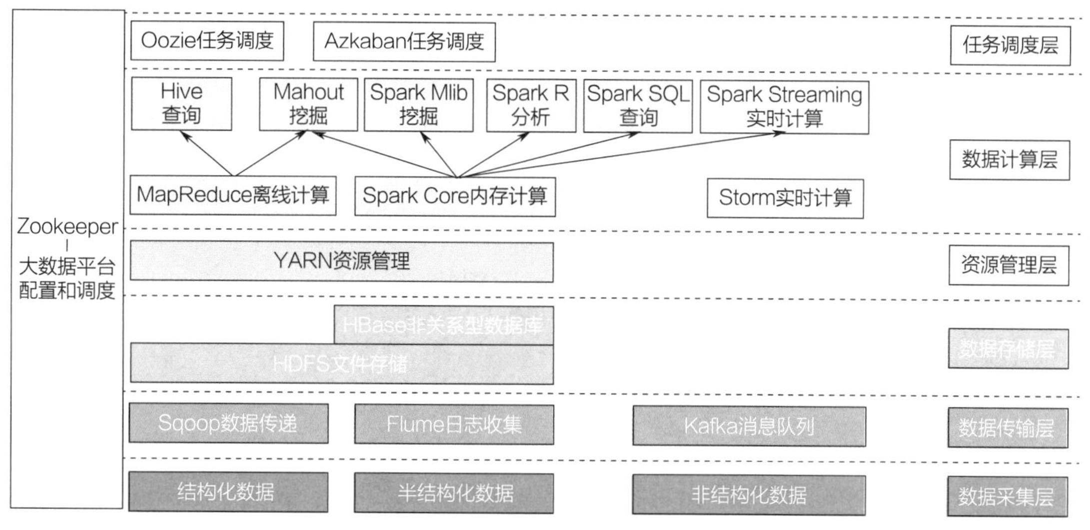

图 9－2　基于 Hadoop 大数据平台架构的生态系统

大数据概念的内涵随着传统信息技术和数据应用的发展不断演进，而大数据技术体系的核心始终面向海量数据的存储、计算、处理等基础技术，逐渐形成集数据存储、分析计算、安全及治理等功能于一体的大数据平台架构。

大数据平台是业务交互的桥梁和数据汇聚分析的中心，连接大量业务系统和设备，与个人生活与企业经营活动密切相关。随着大数据平台对企业运营支撑能力的不断提升，数据来源不断丰富，数据分析挖掘功能不断创新，数据安全问题与挑战日益增加，企业对大数据平台的安全保障要求也不断提高。大数据平台高复杂性、开放性和异构性加剧其面临的安全风险，一旦平台遭入侵或攻击，将可能造成数据泄露，波及范围不仅是单个企业和个人，更可延伸至整个产业生态，对国民经济造成重创，影响社会稳定，甚至对国家安全构成威胁。同时，数字平台力量日益强大带来的市场竞争失序、用户权益损害、财富分配失衡等突出问题，以及充斥于社交媒体平台上的各种虚假新闻、极端主义内容等在西方引发的社会分裂加剧、民主遭遇威胁等深层次矛盾，引发了各国监管机构的高度关注。

平台安全是大数据系统安全的基石，无论是自建大数据平台还是商业化大数据平台，都处在高速发展阶段，平台安全防护却依然依赖边界防护和操作系统安全机制，需要产业各方在大数据平台安全技术研究方面加大投入。一方面，提升大数据平台本身的安全防御能力，引入组件身份认证、细粒度的访问控制、数据操作安全审计、数据隐私保护机制，从机制上防止数据的未授权访问和泄露，同时加强对平台紧急安全事件的响应能力；另一方面，从攻防两方面入手，密切关注大数据攻击和防御两方面的技术发展趋势，建立适应大数据平台环境的安全防护和系统安全管理机制，构筑更加安全可靠的大数据平台。

9.1.3　大数据平台的发展

在大数据平台的发展历程中，支撑数据存储计算的软件系统起源于 20 世纪 60 年代的数据库；20 世纪 70 年代出现的关系型数据库成为沿用至今的数据存储计算系统；20 世纪 80 年代末，专门面向数据分析决策的数据仓库理论被提出，成为接下来很长一段时间中发掘数据价值的主要工具和手段；2000 年前后，在互联网高速发展的时代背景下，数据量急剧增大、数据类型愈加复杂、数据处理速度需求不断提高，大数据时代全面到来，如图 9 - 3 所示。

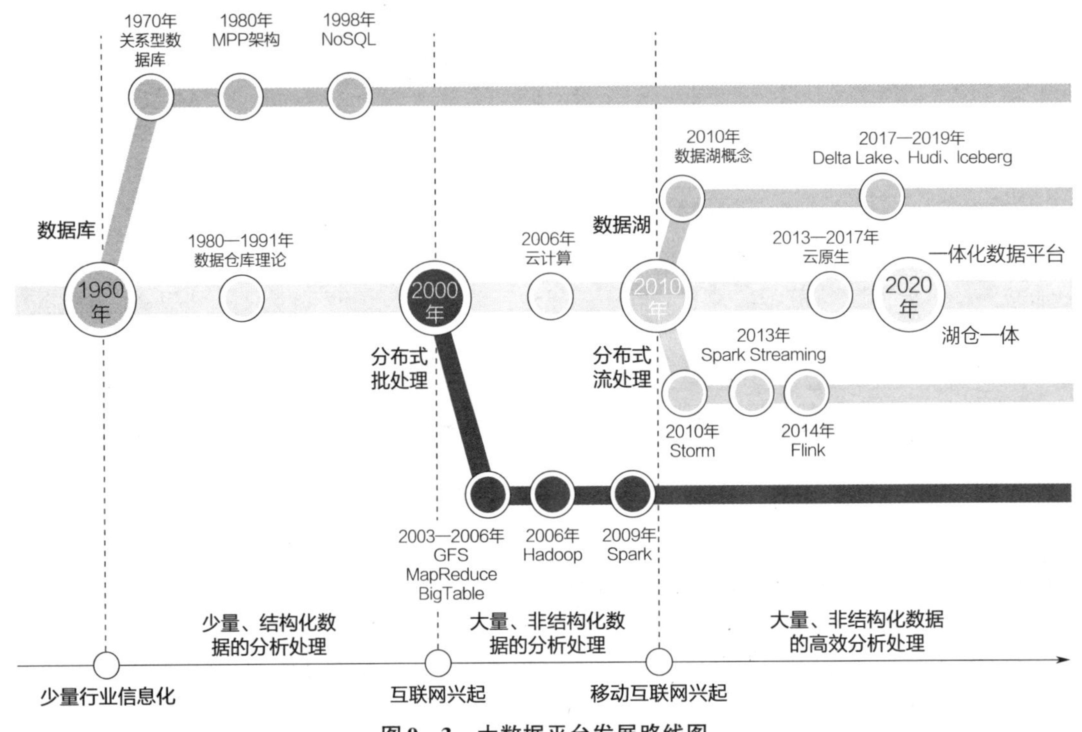

图 9 - 3　大数据平台发展路线图

由此，面向非结构化数据的 NoSQL 数据库兴起，突破单机存储计算能力瓶颈的分布式存储计算架构成为主流，基于 Google“三驾马车”理论产生的 Apache Hadoop 成为大数据技术的代名词，MPP（Massively Parallel Processing）架构也在此时开始流行。2010 年前后，移动互联网时代的到来进一步推动了大数据的发展，对实时交互性的进一步需求使得以 Storm、Flink 为代表的流处理框架应运而生，对庞杂的不同类型的数据进行统一存储使用的需求催生了数据湖的概念。同时，云计算技术的深入应用，带来了资源集约化和应用灵活性优势的云原生概念，大数据技术完成了从私有化部署到云上部署再向云原生的转变。以数据中台为核心的上层智能应用的开发，离不开大数据平台的支持。大数据平台提供统一的数据存储与计算能力。上层应用不需要再重复开发，只需要使用数据中台提供的能力。同时，多个上层应用的数据也集中沉淀到一起，形成有效的数据资产。

传统的数据系统开发模式中，各个应用开发独立进行，各自沉淀自己的数据。各个应用的数据缺乏整合，形成数据孤岛，后续无法沉淀数据资产。同时，因为没有一个统一的大数据平台，各个应用都会有自己的数据存储和计算体系，存在大量的重复建设。随着社会各行业数字化转型的深入、数据安全事件的频发，大数据平台的发展重点也从单一注重效率提升，演变为“效率提升、赋能业务、加强安全、促进流通”四者并重。

9.2 湖仓一体技术

自 2021 年“湖仓一体”首次写入 Gartner 数据管理领域成熟度模型报告以来，“湖仓一体”作为新技术受到了前所未有的关注，越来越多的企业视“湖仓一体”为数字化转型的重要基础设施。

9.2.1 数据仓库

数据仓库（Data Warehouse）顾名思义，存放数据的仓库，是一个用于长期存储历史数据并支持在线分析处理（OLAP）的系统。它以主题为导向，集成来自多个数据源的数据，提供统一的数据视图。数据仓库通常包含了企业历史数据的多个版本和大量维度信息，用于企业做数据分析、出报告、做决策，为企业级决策分析和业务报表等提供数据支持。从逻辑上理解，数据库和数据仓库没有区别，都是通过数据库软件实现存放数据的地方，只不过从数据量来说，数据仓库要比数据库更庞大。最主要的区别在于，传统事务型数据库如 MySQL 用于做联机事务处理（OLTP），例如交易事件的发生等；而数据仓库主要用于在线分析处理（OLAP），例如出报表等。

数据仓库的数据可以来自各种不同的数据源，如关系型数据库、文件系统、数据采集工具等。在数据仓库中，数据通常按照一定时间范围或业务主题划分的，并且是经过清洗、整合和转化后的数据。这些数据会被保存在数据仓库的主数据库管理系统（DBMS）中，通常使用 SQL Server、Oracle、MySQL 等关系型数据库管理系统。

数据仓库的架构一般分为三层：数据源层、数据仓库层和数据应用层。数据源层指从各种数据源中抽取数据的过程，ETL 工具（Extraction，Transformation and Load）会将数据转化为规范格式和结构，然后加载到数据仓库层。数据仓库层是中央存储数据的地方，也是 OLAP 查询的目标区域。数据应用层则是企业内部或外部用户使用的各种报表和分析工具。

数据仓库相对于传统的关系型数据库管理系统（RDBMS）具有更强的数据分析和决策支持能力。数据仓库中的数据按照主题或业务过程划分并且是历史数据，使得数据分析更加灵活和方便。数据仓库还提供了多维数据分析、数据切片、数据透视表等功能，可以更好地支持大规模数据分析和挖掘。

总之，数据仓库是一种用于长期存储历史数据并支持在线分析处理的系统，它是企业级决策分析和业务报表等的重要支撑工具。数据仓库主要用于解决单个关系型数据库架构无法支撑庞大数据量的数据存储问题，很好地解决了 TB ~ PB 级别的数据处理问题，但是由于数据仓库仍以结构化数据为主，无法解决业务增长带来的半结构化数据、非结构化数据的存储、处理问题，且其整个建设过程需要遵循一系列规范，比如标准化的数据集成模式和存储格式、统一的数据仓库分层分域模型以及指标体系建设等，带来了数据仓库建设存储成本高、维护开发难度大、扩展能力受限制等问题。

9.2.2 数据湖

数据湖是 2010 年由 Pentaho 公司的 Dixon 率先提出的，其雏形起源于大数据平台 Hadoop

文件系统（HDFS）廉价存储硬件之上多元异构数据存储形态，其定义为“未经处理和包装的原生状态水库，不同源头的水体源源不断地流入数据湖，为企业带来各种分析、探索的可能性”。

数据湖推崇 Schema on Read 模式，强调数据无须加工整合，可直接堆积在平台上，最终由使用者按照自己的需要进行数据处理。与传统的数据架构要求整合、面向主题、固定分层等特点不同，数据湖为企业全员独立参与数据运营和应用创新提供了极大的灵活性，并可优先确保数据的低时延、高质量和高可用，给运营商数据架构优化提供了很好的参考思路。

在理念上，数据湖强调原生数据存储、事后绑定建模、统一数据管理，不受限于数据应用的建模体系，提供了一个全新的数据管理思路。数据湖是一类存储数据自然/原始格式的系统或存储，通常是对象块或者文件，即企业中全量数据的单一存储。其中，全量数据为信息系统所产生的原始数据拷贝以及各类任务产生的转换数据，包括报表、可视化、高级分析和机器学习生成的数据。因而，数据湖中包括来自关系型数据库中的结构化数据（行和列）、半结构化数据（如 CSV、日志、XML、JSON）、非结构化数据（如 E-mail、文档、PDF 等）和二进制数据（如图像、音频、视频）。数据沼泽是一种退化的、缺乏管理的数据湖，数据沼泽对于用户来说要么是不可访问的、要么就是无法提供足够的价值。

如图 9－4 所示，数据湖可很好地实现规模化、低成本的原生数据存储，保存最“原汁原味”的实时有效数据，消除数据共享壁垒，规避数据存储和应用建模的相互制约，降低应用开发门槛，为企业构建以数据为中心的 IT 架构提供了很好的参考，可以有效解决企业数据架构面临的质量不高、预先建模、应用门槛高、成本昂贵等难题。

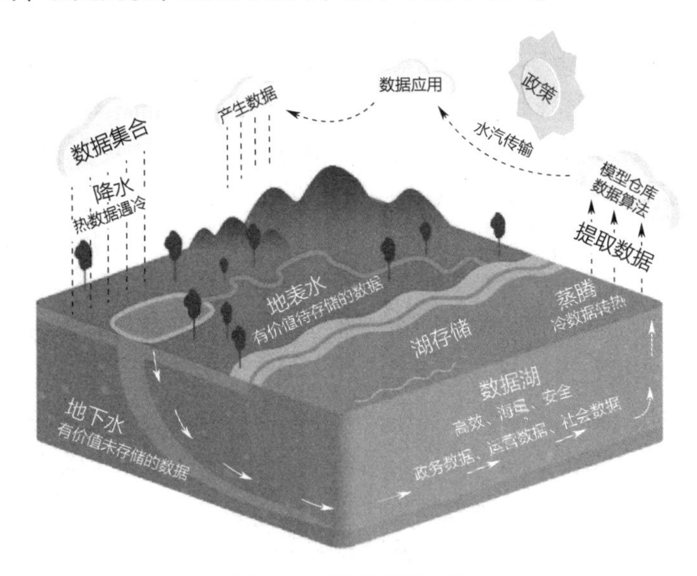

图 9－4　数据湖概念图

大数据时代，数据仓库和数据湖是数据平台最广泛的两种架构。数据仓库具备规范性，可针对结构化数据进行集中式的存储和计算，但无法处理半结构化数据与非结构化数据，且其扩展能力具有一定局限性；数据湖具有更好的扩展能力，能够灵活支持对多种类型数据的高效取用，但不支持事务处理，缺乏一致性、隔离性，数据质量难以保障。数据仓库和数据湖是两套相对独立的体系，各有优劣势，无法相互替代。

9.2.3 湖仓一体化

“数据湖 + 数据仓库”混合架构是技术向业务妥协的一个产物，并不是真正意义的湖仓一体平台。2020 年，Databricks 提出“湖仓一体”概念。随着云计算的深入应用，以容器、DevOps、微服务等为代表的云原生技术与大数据技术进一步深度融合，采用存算分离架构，同时利用云原生的资源弹性扩缩容、按需分配特点实现了资源进一步集约化，进而降低成本，同时促进了湖仓一体技术的兴起。

1. 湖仓一体概念

湖仓一体指融合数据湖与数据仓库的优势，形成一体化、开放式数据处理平台的技术。湖仓一体技术使得数据处理平台底层支持多数据类型统一存储，实现数据在数据湖、数据仓库之间无缝调度和管理，并使得上层通过统一接口进行访问查询和分析。湖仓一体架构如图 9－5 所示。总体来看，湖仓一体通过引入数据仓库治理能力，既可以很好解决数据湖建设带来的数据治理难问题，也能更好挖掘数据湖中的数据价值，将高效建仓和灵活建湖两大优势融合在一起，提升了数据管理效率和灵活性。

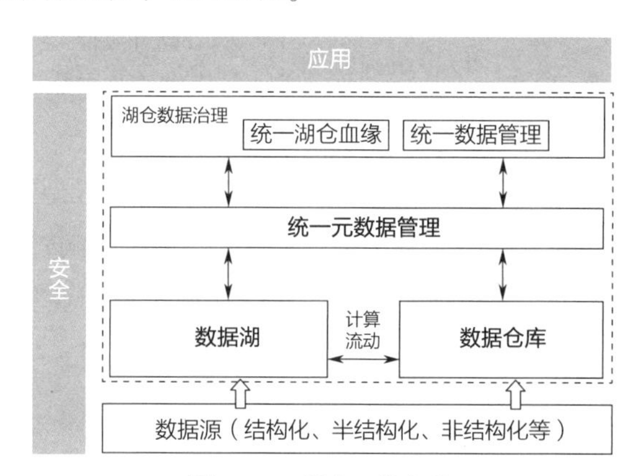

图 9－5　湖仓一体架构

2. 湖仓一体基本能力

湖仓一体覆盖了湖仓一体数据平台所具备的一系列能力，总体分为湖仓数据集成、湖仓存储、湖仓计算、湖仓数据治理、湖仓其他能力五个能力域，如图 9－6 所示。

湖仓数据集成	湖仓存储	湖仓计算	湖仓数据治理	湖仓其他能力
数据源管理	存算分离	存储生态支持	统一元数据管理	异地容灾
湖仓数据转换能力	存储分级	认证授权	统一数据管理	
入湖仓能力	数据湖格式	统一开发平台	统一湖仓血缘	
	存储加速	弹性能力	数据评估能力	
	存储加密	多场景融合分析	数据标准及数据质量	
		统一资源管理	动态数据加密	
		多计算模式支持	数据建模能力	

图 9－6　湖仓一体数据平台能力

3. 湖仓一体实践路径

在企业需求的驱动下，数据湖与数据仓库在原本的范式之上向其限制范围扩展，逐渐形成了“湖上建仓”与“仓外挂湖”两种湖仓一体实现路径。虽然“湖上建仓”和“仓外挂湖”的出发点不同，但最终湖仓一体的目标一致。表 9－1 展现了两种路径在优势、劣势、实现方向、需解决的问题的对比。本小节将详细介绍两种实现路径。

表 9－1　两种实现路径对比表

实现路径	优势	劣势	需解决的问题	实现方向
湖上建仓（Hadoop 体系）	支持海量数据离线批处理	不支持高并发数据集市、即席查询、事务一致性等	1. 统一元数据管理 2. ACID 3. 查询性能提升 4. 存储兼性问题 5. 存算分离 6. 弹性伸缩	提升查询引擎、存储引擎能力
仓外挂湖（MPP 体系）	事务一致性，结构化数据 OLAP 分析	不支持非结构化/半结构化数据存储、机器学习等	1. 统一元数据管理 2. 存储开放性 3. 扩展查询引擎 4. 存算分离 5. 弹性伸缩	1. 计算引擎不变，只扩存储能力 2. 查询引擎扩展，提升查询引擎效率

总之，湖仓一体数据平台的建设解决了流批一体面临的原子事务、一致性更新以及元数据性能瓶颈等问题，使得湖仓一体数据平台的构建既能满足短期业务发展的需要，又能支撑长期的数据应用诉求。

9.3 数据中台

数据中台的概念最初由阿里巴巴集团提出。2015 年，阿里巴巴对组织架构升级调整，建设整合阿里产品技术和数据能力的中台，形成“大中台，小前台”的组织和业务体制。这一举措旨在通过整合复用组织内部的各项基础设施和数据能力，使业务产品的更新迭代速度加快、成本降低，推动企业业务利润增长。随后两三年，阿里巴巴完成了数据中台的雏形，其他互联网头部公司也纷纷跟进和推进了各自的数据中台战略。

9.3.1 数据中台的概念

数据中台的定义自诞生以来经历了不断发展演变。数据中台源于企业内部通过组织架构调整所形成的公共数据能力，通常通过将企业各部门和业务线所需的数据能力提炼并整合形成，是企业内部可复用的统一数据能力集合。随着相关理论和技术的持续发展，数据中台已成为使企业综合数据能力建设得更好的一种形式。

数据中台可通过狭义与广义两种定义来进行描述。狭义的数据中台指在企业内部通过对数据半成品、算法、模型、工具等能力的积累，支撑业务应用，为前台提供数据能力的企业级数据中枢平台。狭义的数据中台聚焦在数据服务的生产和提供中，并不包括数据本身的生产、加工、传输等基础性工作。广义的数据中台是企业数据价值实现的能力框架，包括数据存储汇聚、数据开发、数据管理、数据服务、数据资产运营等能力。通常通过企业统一的一站式数据加工生产平台的形式具象化，是企业级数据价值生产的中枢平台。

作为承接技术、引领业务，构建规范定义的、全域可连接萃取的、智慧的数据处理平台，数据中台建设目标是为了高效满足前台数据分析和应用的需求。数据中台是以数据标准化、数据资产化、数据智能化、数据服务化为核心，涵盖了数据资产、数据治理、数据模型、垂直数据中心、全域数据中心、萃取数据中心、数据服务等多个层次的体系化建设方法，如图9－7所示。

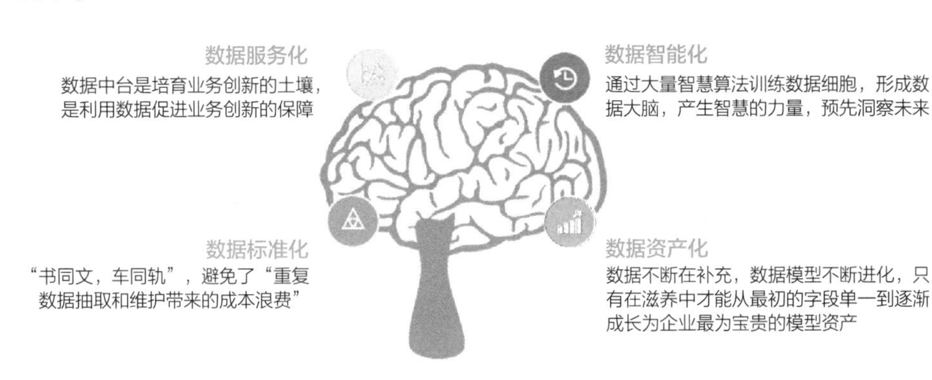

图9－7　数据中台功能图

数据中台是通过数据技术，对海量数据进行采集、计算、存储、加工，同时统一标准和口径。数据中台把数据统一之后，会形成标准数据，再进行存储，形成大数据资产层，进而为用户提供高效服务。简单来说，数据中台是数据服务（Data API）工厂。数据中台的核心是数据服务，即数据中台通过其核心能力，将企业的数据能力封装到一个平台中，快速提供给业务前台使用。其核心包括两方面，即一个是应用数据的技术能力，另一个是数据资产的管理。数据中台赋能企业数字化转型如图9－8所示。

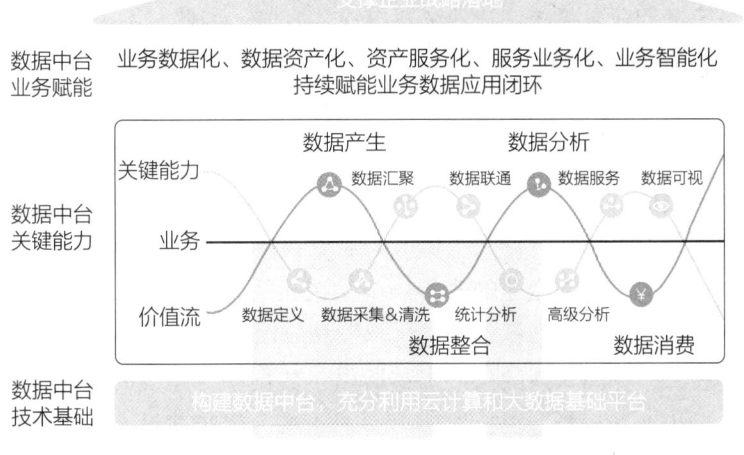

图9－8　数据中台赋能企业数字化转型

数据中台的使命就是让数据持续用起来，其核心是把数据要素价值化作为一个基础要素独立出来，让成为资产的数据作为生产资料融入业务价值创造过程，持续产生价值。与大数据平台相比，数据中台不是单纯的技术叠加，不是一个技术化的大数据平台，二者有本质区别。大数据平台更关心技术层面的事情，包括研发效率、平台的大数据处理能力等，针对的往往是技术人员；而数据中台的核心是数据服务能力，要结合场景，比如精准营销、风控等，通过服务直接赋能业务应用。数据中台不仅面向技术人员，更要面向多个部门的业务人员。

9.3.2 数据中台建设条件

企业需要考虑自身是否有清晰的数字化战略或数据战略，战略内是否对数据中台有清晰的定义，对数据中台的建设是否有明确的目标。同时，企业应综合考量自身战略、信息化程度、组织价值、业务特性等因素，结合未来数据对企业的价值，对企业自身建设数据中台的必要性进行整体评估。若企业已累积或短期内将累积大量数据，组织架构中构建了数据团队，且业务需求变化快速，那么企业建设数据中台的必要性较高。

一般来说，数据中台并没有一个搭建标准，因为数据中台是企业的数据服务/产品生产平台。由于不同企业的所属行业、信息化程度、组织架构、业务能力等不同，数据也就有所不同，所以每一家企业的数据中台都是独一无二的。由于建设需要投入大量时间、人力、资金等成本，因此也并非所有企业都适用。

企业是否引入数据中台可从以下几个因素考量：信息化程度，企业信息化建设达到较高水平，应用系统较多，并且有大量的数据积累，当前数据利用率低；组织结构，企业内部组织结构复杂，跨部门协作已影响到企业深度发展；经营模式，希望协调整合各部门之间的资源，多渠道触达；业务特征，企业内部有多条业务线，各个业务单元之间存在重复建设的功能模块。

数据已经成为业务的存在形式，但是当前大量企业的数据仍是割裂的，局部地反映不同部门或者职能条线的业务，缺少全局视角的统一业务呈现形式，数据中台的本质就是通过数据的汇聚、加工、处理，形成对企业业务全貌的准确呈现，并基于这个统一的数据资产，生产对应的数据服务反馈回业务系统，让业务系统更加智慧。因此，不论是小企业还是大企业，不论是什么行业的企业，只要是希望通过数据来进行全局业务优化，通过数据挖掘业务价值，都需要建设自己的数据中台。

不同于数据仓库和大数据平台，数据中台是一个业务价值创造平台，而不仅是数据资源的生产平台。数据中台的目标是要为业务提供看得见、摸得着、可度量的价值。因此，数据中台的建设前提条件是有可以让数据产生价值的业务场景。

业务场景的探索和识别是与企业的业务战略紧密相关的，只有在与业务战略一致的基础上，依托数据中台，对企业全域数据资产进行开发和应用，以公共建设保障各业务线的使用，才能保证当前的重投入，保障未来的高产出。所以，数据中台建设的第一步是需要以一个价值驱动的规划来勾勒出业务场景蓝图，然后再按图索骥，逐步建设。如果找不到有价值的业务场景，则不适合全面建设数据中台，可使用数据中台中的某个模块如数据仓库、数据湖、数据资产管理等先行解决当前问题。

9.3.3 数据中台核心能力

数据中台的总体目标是使数据产生业务价值。具体来说，企业可以通过建设数据中台构建各项能力，弥合数据供需鸿沟，使数据能够驱动企业提升经营效率、实现业务价值。这一目标具体包括快速响应数据需求、建设统一数据平台、打通企业数据资产、提供统一数据服务、数据直接参与业务、产生包括客户价值在内的企业价值等。

为实现上述的一系列目标，数据中台需要具备将各类原始数据进行汇聚、整合、加工、提炼以形成数据半成品，并进一步对其进行分析形成可用的数据服务内容，向数据分析师和业务应用方提供服务的一系列能力。相应地，数据中台作为完成这一系列动作的企业综合数据能力集合，其核心能力必须包括数据汇聚存储、数据开发、数据服务、数据管理、数据资产运营等。

在实践中，企业构建自身数据中台核心能力时，以平台工具建设驱动的形式较多，然而各项能力在这些技术工具之外，仍有较多非工具类能力。同时在部分通用的技术工具之外，个别针对性的高阶需求仍需非通用的专门技术工具进行支持，因此在将数据中台采用较为通用性的技术工具提取之后，各项能力需求的本质将更为凸显。在中国信通院牵头编制的《数据中台能力成熟度模型》系列标准中，企业数据中台能力划分为技术工具、架构管理、数据开发、数据服务、数据管理、数据资产运营六大能力域，在全面覆盖了企业数据中台核心能力的同时，也体现了各类能力对应的层次。数据中台能力成熟度模型如图9-9所示。

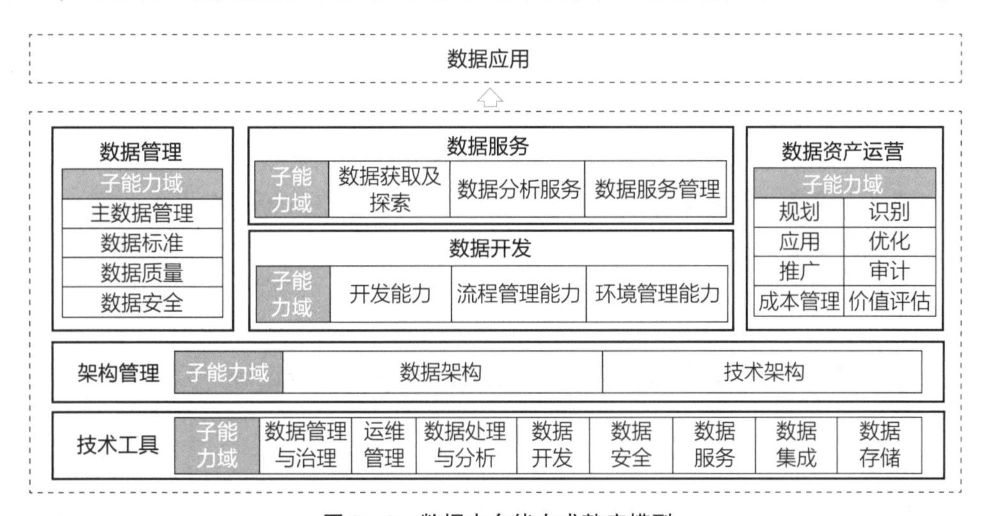

图9-9 数据中台能力成熟度模型

1）技术工具是数据中台的物理基础设施，从工具功能的角度集中体现了企业建设数据中台所需的全部技术工具能力集合，是对于数据中台最为具象的体现形式，勾勒出了数据中台的外部轮廓。

2）架构管理是依据企业自身需求对数据中台内部架构进行设计并持续管理的过程，其中数据架构的设计保障了数据中台对于大多数企业内部结构化和非结构化数据的汇聚存储；技术架构的设计保障了支撑数据中台各项能力的各技术工具模块能够有效结合并交互运作。

3）数据开发是维持数据中台运转的重要能力，在数据开发过程中，数据中台可以将各类原始数据源源不断地加工、提炼成满足业务方需求的数据半成品或其他形式的数据内容或产品，使数据中台可以持续运转以支撑业务方的各类需求。

4）数据服务是数据中台对外实际直观可感的内容统一出口，数据中台可以通过数据服务体系中的各项能力，面向业务方提供各类数据服务支撑，使业务方可以较为便捷地快速检索并获取所需要的数据服务内容。

5）数据管理是提升数据中台内蕴价值的重要工作，通过数据管理，数据中台内整体数据的质量和潜在价值得以提升，使数据中台能够提供效果更好、可用性更强的数据服务，更大程度地强化了数据中台的内蕴价值。

6）数据资产运营是提升数据中台使用效果的重要能力，在相应规划的基础上对数据资产进行识别和应用，并基于一定的策略和方法进一步对使用情况进行优化和推广，同时形成基于成本管理和价值评估的评价体系，促进数据中台的良好使用和价值转化。

9.3.4 大数据与数据湖、数据中台的区别

大数据、数据湖及数据中台都是以数据要素为核心，围绕数据科学基本规律，践行数据要素价值化、资产化的数字理念，构筑算力新基建，但三者之间存在本质上的区别。

大数据是将多元异构的海量数据，以结构化或非结构化形式快速导入到一个集中的大型分布式数据库或分布式存储集群中，利用大数据关键技术对存储的海量数据进行查询和分类汇总等，以满足后续数据分析需求。适用于大数据的技术，包括大规模并行处理（MPP）数据库、数据挖掘、分布式文件系统、分布式数据库、云计算平台、互联网和可扩展的存储系统等。根据大数据研究机构 Gartner 公司给出的定义，“大数据”需要创新处理模式才能具有更强的决策力、洞察发现力和流程优化能力的海量、高增长率和多样化的信息资产，因此，大数据为企业数字化转型提供了基础和源动力。

数据湖具有卓越的数据存储能力，支持海量、多种类型的大数据统一存储。但随着企业业务模式的发展与演变，沉积到数据湖中的数据定义、数据格式等都在发生改变，如果不加以治理，企业的“数据湖”就有可能变成“垃圾”堆积的“数据沼泽”，而无法支撑企业的数据分析和使用。只有让“数据湖”中的“水”流动起来，并在流动过程中进行疏导和净化，才能让“数据湖”的“水”保持清澈、流畅，所谓“数据治理”就是在迁移数据源时进行一定的数据转换，形成清晰的数据目录，对数据湖中的数据分区域、分阶段地进行清洗和处理的过程。

数据中台是一套可持续“让企业的数据用起来”的机制，是针对企业数据的一种战略选择和组织形式，是依据企业特有的业务模式和组织架构，通过有形的产品和实施方法论支撑，构建的一套持续不断把数据变成资产并服务于业务的机制。数据中台和数据治理工作是一个体系性的工作。虽然涉及的绝大部分领域相同，但数据中台并不仅仅是数据治理工作的放大升级版，而是数据治理工作的深化，强化了数据治理的深度和广度，并拓展了数据治理不涉及的数据应用领域。借助数据中台，企业才真正实现内部数据的闭环。

9.4 典型开源大数据平台

大数据技术自诞生以来始终沿袭着基于 Hadoop/MPP 的分布式框架，利用可扩展的特性，通过资源的水平扩展来适应更大的数据量和更高的计算需求，并形成了具备存储计算处理分

析等能力的完整平台架构。同时，针对大数据的开源代码平台具有高灵活性、低成本、高质量的优势，开源软件在大数据分析平台的构建中扮演着极其重要的角色，或许已经成为大数据整体解决方案的一个重要组成部分。

9.4.1 大数据平台核心功能

与传统云计算平台 OpenStack“重存储轻计算”不同，数据存储与分析计算是大数据平台架构的核心基础，如图9-10所示。

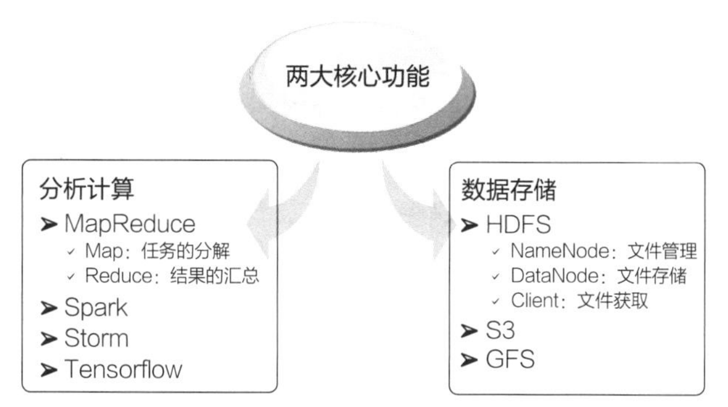

图9-10 大数据平台两大核心功能

针对海量异构数据，数据存储与分析计算如何高效地协同耦合，实现数据存储与计算，是所有大数据平台面临的首要问题。全球著名互联网公司谷歌在处理该问题时，率先抛弃传统高性能服务器加昂贵基础软件的做法，在众多廉价且不可靠的硬件X86服务器节点上成功构建可靠的分布式文件系统。作为性价比高的分布式文件系统，GFS在X86分布式并行集群架构上利用数据块冗余备份的软件方式处理集群中经常发生的节点失效问题来保证数据一致性。在GFS文件系统基础上，谷歌利用并行计算组件MapReduce和Big Table分别实现大数据的并行计算与异构数据管理，在X86服务节点足够的情况下，能够保证在规定的时间内完成PB级数据的处理，拉开了大数据时代的序幕。

作为谷歌大数据云平台的开源实现，Hadoop同样也是一整套大数据存储和处理方案，是集数据存储与数据并行计算于一体的大数据平台。Apache Hadoop是一个用Java语言实现的软件框架，在由大量计算机组成的集群中运行海量数据的分布式计算，它可以让应用程序支持上千个节点和PB级别的数据。Hadoop内核主要由HDFS和MapReduce两大组件构成，为用户提供透明的分布式基础设施系统的底层细节，其中，HDFS负责分布式储存数据，MapReduce负责对数据并行计算。

Hadoop可以在多达几千台廉价的量产计算机上运行，并把它们组织为一个计算机集群，其基本框架最根本的原理就是利用大量廉价计算机（如X86服务器）并行计算高效地存储数据、分配处理任务，来加快大量数据的处理速度。Hadoop集群一方面可以降低计算机的建造和维护成本，另一方面，一旦任何一个计算机出现了硬件故障，不会对整个计算机系统造成致命的影响，因为面向应用层开发的集群框架本身就必须假定计算机会出故障。

9.4.2 开源大数据平台 Hadoop 系统架构

Hadoop是一个由Apache基金会开源的分布式系统基础架构，充分利用集群的威力进行高速运算和存储。用户可以在不了解 Hadoop 分布式底层细节的情况下，开发分布式程序。Hadoop 于 2008 年成为 Apache 顶级开源项目，经过数十年的应用、发展与完善，目前已经形成 Hadoop 1. x 系列、Hadoop 2. x 系列及 Hadoop 3. x 系列等不同版本，在大数据平台与大数据处理技术中具有核心地位。

作为一个 Apache 开源生态系统，Hadoop 由如 HDFS、MapReduce、HBase、Flink、Spark、Hive 等一系列开源组件构成，每个组件系统解决一类问题，组件系统间相互配合共同完成大数据的存储与分析相关功能。

如图 9 - 11 所示，在大数据云平台 Hadoop 1. 0 生态系统中，HDFS 作为分布式文件管理系统（类似于 NTFS、FAT32 等）组件，主要针对 RAW 数据进行存储管理；类似于关系数据库 MySQL 和 SQL 语言，HBase 和 Hive 主要针对结构化数据、半结构化数据进行管理检索；MapReduce 主要从 Map 和 Reduce 函数角度对海量数据进行离线分布式计算，而 Mahout 与 Pig 等组件从机器学习算法角度来分析处理数据；最后，所有组件都在 ZooKeeper 组件的同步协调下工作。作为谷歌大数据云平台的开源仿制品，Hadoop 从诞生起就将数据存储与分析计算并重地集成在一个系统里。因此，MapReduce 和 HDFS 组件才能够被称为 Hadoop Core，而其他组件只能属于 Hadoop 生态系统中的一员。

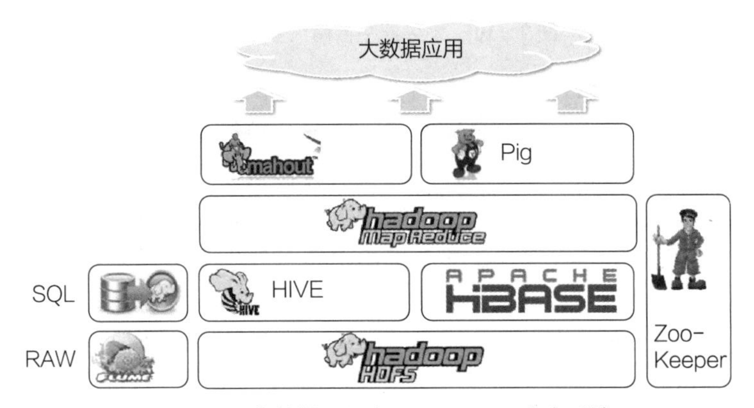

图 9 - 11　大数据云平台 Hadoop 1. 0 生态系统

在 Hadoop 1. 0 系列平台中，HDFS 文件系统是由主节点（Master）和从节点（Slave）构成，主节点起着集群管理者的角色，从节点负责数据存储及计算任务，一旦主节点发生故障，整个系统就会瘫痪。由于 Hadoop 1. 0 系列存在单点故障及数据分析计算只限于离线批处理等缺点，Hadoop 2. 0 增加了资源管理系统 YARN 为上层计算框架的基础服务，解决了计算模式单一的问题，并采用 Hadoop 架构解决单点故障等，如图 9 - 12 所示。

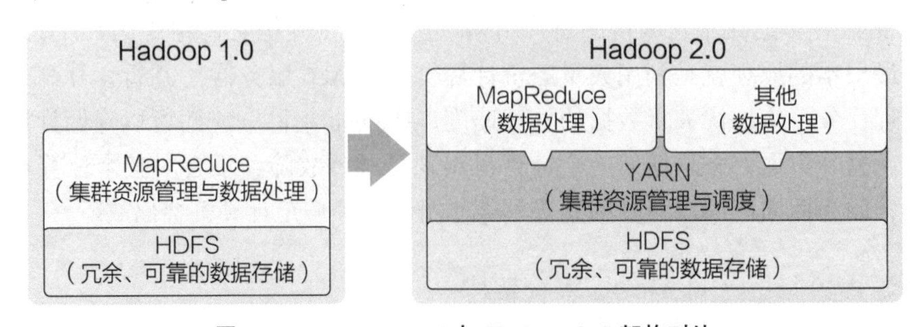

图 9 - 12　Hadoop 1. 0 与 Hadoop 2. 0 架构对比

在 Hadoop 2.0 系统架构图中，Hadoop Core 由原来的 HDFS、MapReduce 升级为 HDFS、MapReduce 和 YARN 三个核心组件，而 MapReduce、HBase 等组件运行在 YARN 上，如图 9-13 所示。其中，YARN 资源管理系统就类似于操作系统一样，将 HDFS 文件存储管理与上层 MapReduce、Tez、HBase、Storm、Spark 等分析应用解耦分离，使得 Hadoop 2.0 能够兼容不同的组件如 Storm、Spark 等，拓宽了 Hadoop 系统的应用领域。不同应用领域的大数据可以采用 HDFS、HBase 在分布式系统统一存储管理，而数据挖掘及应用可以开发成 YARN 系统上的应用组件或借助 MapReduce、Spark 等组件进行二次开发即可。

图 9-13　Hadoop 2.0 系统架构图

自从诞生以来，Hadoop 生态系统得到 Yahoo、Facebook、亚马逊、阿里巴巴、百度、腾讯、华为等数以万计的互联网公司和企业的认可，并在互联网、通信、金融、交通等不同行业的大型信息系统中起着中流砥柱的作用。

作为大数据平台，Hadoop 生态系统在业务应用架构中通过分布式系统基础架构实现大数据采集、存储及分析功能，并在数据应用、数据存储及分析计算之间通常采用传统关系数据库（如 MySQL）或非关系数据库（如 HBase、Redis 等）进行隔离，在保护信息系统数据安全的同时也支撑了种类繁多的业务应用系统。

通用大数据平台应用架构通常分为数据采集层、数据存储与分析层、数据共享层及数据应用层，如图 9-14 所示。数据采集层通过 Flume、Kafka、DataHub 等工具将传感器、网络、日志及影像等多元异构数据采集上传到大数据平台 HDFS 文件系统上；在数据存储与分析层中，大数据平台采用分布式文件系统 HDFS 实现多元异构数据存储、Hive 组件实现数据仓库管理、MapReduce/Spark 等计算组件实现数据分析计算等，并将计算后的数据分析结果通过 DataHub 送到数据共享层的数据库中；数据共享层主要由 Redis、HBase、MySQL、DB 等数据库组成，通过数据库权限来保护数据安全操作的同时，将用户与底层 HDFS 文件系统上的原始数据隔离开，提供平台系统安全性能；数据应用层主要以用户业务需求为导向，在共享层数据库基础上实现报表、业务产品等应用。

通用大数据应用平台采用 Hadoop 系统，采用分层结构，具备的优势包括：存储、处理、分析 PB 级别的结构化数据、半结构化数据、非结构化数据；低成本运算能力，使用低成本的存储和服务器构建，仅花费 40% 左右价格，便可以达到甚至超越 IOE 架构的性能；动态扩展运算能力，扩容无须停机、服务不中断，数据无须重新分布，数据自动均衡到新的节点中，性能没有影响；高扩展能力，集群规模可扩展至成千上万个节点，动态应对当前大数据 5V 特征的挑战；高容错能力，数据处理过程中存放中间结果，出错时只需要重新运行出错的子任务；应用运算逻辑，支持 Java、R 语言、Scala、SQL2003 等。

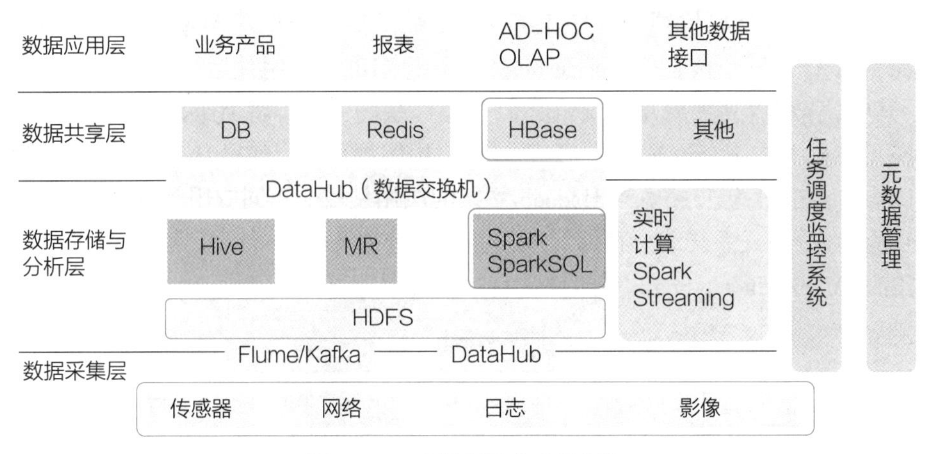

图 9-14　大数据平台应用架构

9.4.3　城市大数据平台

作为大数据平台的典型应用案例，城市大数据平台以数据生产要素为重要战略资源，突出数据驱动在新型智慧城市建设中的核心作用，推动智慧城市建设向网络化、数字化、智能化转型。

1. 城市大数据

随着数据处理技术的不断进步、人们对于数据应用的意识不断提高，市民生活和各行业运行产生的数据呈现爆发式的增长，形成城市大数据。城市大数据是城市运转过程中产生或获得的数据，及其与信息采集、处理、利用、交流能力有关的活动要素构成的有机系统，是国民经济和社会发展的重要战略资源。用简单、易于理解的公式可以表达为：城市大数据 = 城市数据 + 大数据技术 + 城市职能。

城市大数据的数据资源丰富多样，广泛存在于经济、社会各个领域和部门，是政务、行业、企业等各类数据的总和。同时，城市大数据结构异构特征显著，数据类型丰富，数量大，速度增速快，处理速度和实时性要求高，且具有跨部门、跨行业流动的特征。

按照数据源和数据权属不同，城市大数据可以分为政务大数据、产业大数据和社会公益大数据，见表 9-2。政务大数据指政务部门在履行职责过程中制作或获取的，以一定形式记录和保存的文件、资料、图表和数据等各类信息资源。产业大数据指在经济发展中产生的相关数据，包括工业数据、服务业数据等。此外，还有一些社会公益大数据。当前，城市大数据多数为政务大数据和产业大数据，所以城市大数据的主要推动者应为一个城市的政府和相关的具有一定数据规模的企业。

表 9-2　城市大数据的分类

分类	城市数据
政务大数据	安防数据、环保数据、城管数据、交通数据、养老数据、医疗数据、社区数据、教育数据、能源数据、计生数据、社保数据等
产业大数据	工业数据、服务业数据、金融数据、物流数据、电商数据、企业数据等
社会公益大数据	国家基金会数据、社会捐助数据、居民生活数据等

2. 城市大数据平台

城市大数据平台采集与城市运行相关的信息，进行集中存储，经过数据治理等环节建立的一个城市数据综合处理中枢，并提供城市数据应用服务。城市大数据平台可以强化跨部门、跨行业的组织统筹力度，提升信息资源整合水平，全面加快城市信息资源的有序汇聚、深度共享、关联分析、高效利用，为政府、企业和市民提供跨层级、跨地域、跨部门、跨业务的协同服务，最大限度地展现城市“智慧”。

如图9－15所示，城市大数据平台汇聚政务、公共安全、运营商、互联网企业等众多相关方的结构化数据、半结构化数据和非结构化数据，通过云计算、大数据和人工智能等技术进行数据融合治理，形成数据智能，驱动智慧应用，支撑政务服务、城市治理、产业经济等领域的应用创新。城市大数据平台应具备大规模动态拓扑网络下的实时计算能力、超大规模下全量多源的数据汇聚能力、基于机器学习深度挖掘数据价值的人工智能、具备全生命周期数据安全保障能力，为数据开放创新提供平台支撑，为百行百业的智慧应用提供数据引擎。

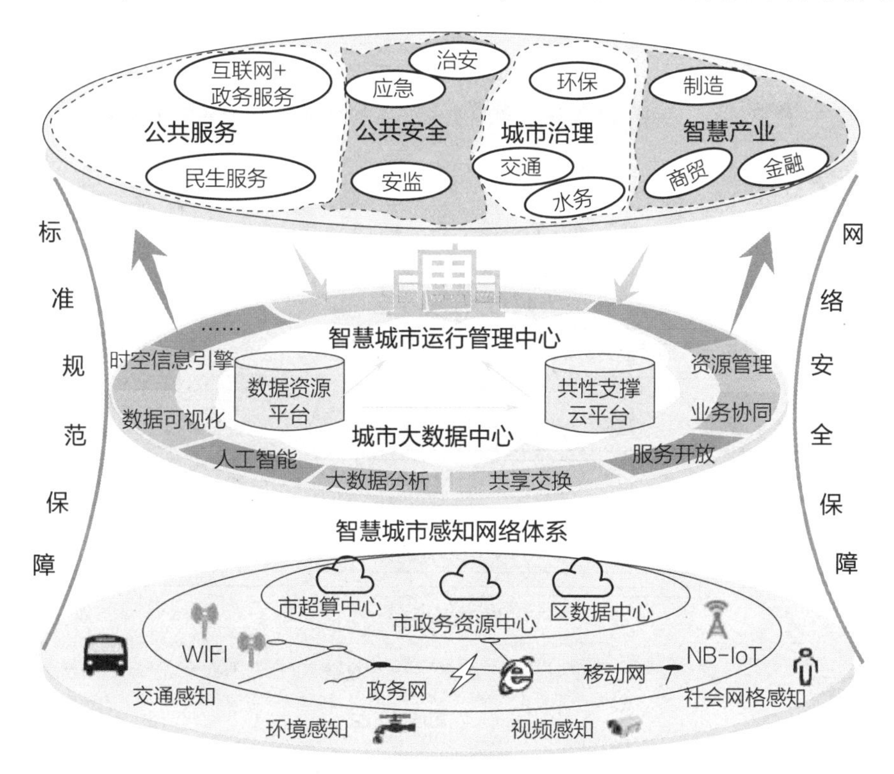

图9－15　城市大数据平台功能

总之，城市大数据平台汇聚城市运行中的各种数据，经过相应治理后共享开放，实现横向贯通。作为城市数据运行的数字大脑，城市大数据平台在设计建造时需充分考虑、统一建设。通常，城市大数据平台由城市管理者负责运营，而非某些横向部门负责各自领域的运营模式。同时，针对数据生命周期的各个环节、城市运行的不同系统，城市大数据平台可以实现全流程、全行业服务。

3. 城市大数据平台参考架构

目前，各个城市大数据平台的技术架构千差万别，通用的城市大数据平台在云平台基础设施、业务支撑系统基础上，核心功能涵盖教育、卫生、金融、产业以及政府公共服务等领域。同时，由于新型智慧城市建设是一次全方位、全领域的复杂系统改革，其架构更需要顶层设计及其流程规范，以保障改革进程有目标、有方向、有路径、有节奏的持续推进。

从顶层设计来说，建设城市大数据平台的顶层设计需要涵盖架构设计、详细设计、交付赋能、运维运营等阶段的一整套完善的流程规范。如图 9－16 所示，通用的城市大数据平台是建立在新型智慧城市的整体架构上，以城市云平台为基础，并对外提供城市大数据应用。城市云平台是落实智慧城市战略的第一承载体，也是城市所有云计算资源和大数据资源的统一管控者和统一调配者。建设城市云平台能够将现有资源充分整合，实现计算资源、网络资源、存储资源等的合理利用，通过资源整合与平台统一提高服务效率，减少资源浪费，降低运营成本。城市云平台包含物理感知层、计算、存储、网络和数据库和中间件，可以提供支撑新型智慧城市运行的各种资源，包括云服务器、均衡负载、关系数据库服务、对象存储服务、缓存服务、容器服务、消息服务、大规模计算服务等。

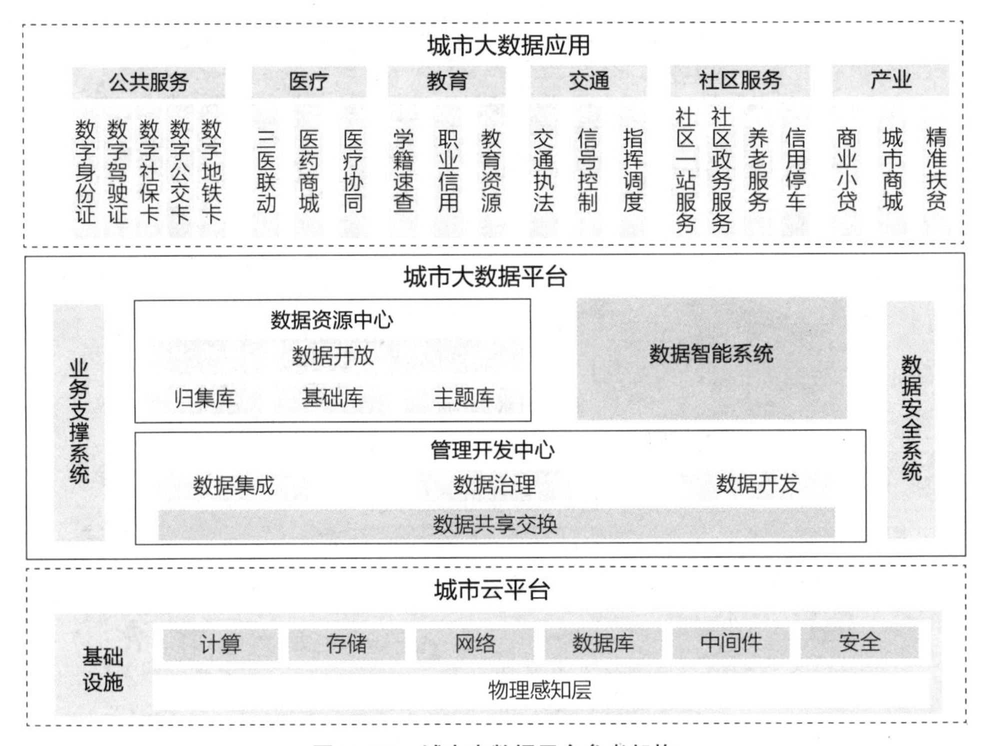

图 9－16　城市大数据平台参考架构

新型智慧城市的实现需要以数据共享为基础，而城市大数据平台就是实现数据共享与治理的核心引擎。通常的城市大数据平台包含数管理开发系统、业务支撑系统、资源中心、智能系统、安全系统等。

4. 城市大数据平台的作用

城市大数据平台助力城市数字化转型，其作用主要体现在以下几个方面：

1）通过数据汇集加速信息资源整合应用。首先，城市大数据平台建立了数据治理的统一标准，提高数据管理效率。通过统一标准，避免数据混乱冲突、一数多源等问题。通过集中处理，延长数据的“有效期”，快速挖掘多角度的数据属性以供分析应用。通过质量管理，及时发现并解决数据质量参差不齐、数据冗余、数据缺值等问题。其次，城市大数据平台规范了数据在各业务系统间的共享流通，促进数据价值充分释放。通过统筹管理，消除信息资源在各部门内的“私有化”和各部门之间的相互制约，增强数据共享的意识，提高数据开放的动力。通过有效整合，提高数据资源的利用水平。

2）通过精准分析提升政府公共服务水平。在交通领域，通过卫星分析和开放云平台等实时流量监测，感知交通路况，帮助市民优化出行方案。在平安城市领域，通过行为轨迹、社会关系、社会舆情等集中监控和分析，为公安部门指挥决策、情报研判提供有力支持。在政务服务领域，依托统一的互联网电子政务数据服务平台，实现“数据多走路，群众少跑腿”。在医疗健康领域，健康档案、电子病历等数据互通，既能提升医疗服务质量，也能及时监测疫情，降低市民医疗风险。

3）通过数据开放助推城市数字经济发展。开放共享的大数据平台，将推动政企数据双向对接，激发社会力量参与城市建设。一方面，企业可获取更多的城市数据，挖掘商业价值，提升自身业务水平。另一方面，企业、组织等数据贡献到统一的大数据平台，可以反哺政府数据，支撑城市的精细化管理，进一步促进现代化的城市治理。

第10章 大数据产业与应用

作为数据的集合，大数据是围绕数据形成的一套技术体系，并衍生出了丰富的产业生态，成为释放数据价值的重要引擎。大数据产业是激活数据要素潜能的关键支撑，是加快经济社会发展质量变革、效率变革、动力变革的重要引擎。“十四五”时期是我国工业经济向数字经济迈进的关键时期，大数据与实体经济各领域渗透融合全面展开，融合范围日益宽广，融合深度逐步加深，融合强度不断加大，融合载体不断完善，融合生态加速构建，新技术、新产业、新业态、新模式不断涌现，战略引领、规划指导、标准规范、政策支持、产业创新的良性互动局面加快形成。

10.1 大数据产业

随着数字经济的加速发展，以场景和价值驱动的大数据产业应用更加深入地融入各行各业，大数据产业也正快速发展成为新一代信息技术和服务业态。

10.1.1 大数据产业基本概念

在国家政策的引领和支持下，我国大数据产业保持稳步增长，大数据技术逐步成熟、应用场景日益丰富，大数据产业生态初步形成。我国大数据在产业应用方面已逐步实现了公共服务跨地域协同、城市治理精细化、“大市场监管”数据汇集、全国应急管理大数据应用资源体系建立、智慧农业、智能制造、数字孪生电网建设、司法实证分析模型构建、智慧医院、全国水利一张图等，大数据已成为产业链中不可或缺的驱动力、创新力。

在概念上，大数据产业是以数据采集、交易、存储、加工、分析、服务为主的各类经济活动，包括数据资源建设，大数据软硬件产品的开发、销售和租赁活动，以及相关信息技术服务。大数据产业是以数据及数据所蕴含的信息价值为核心生产要素，通过数据技术、数据产品、数据服务等形式，使数据流与信息价值流在各行业经济活动中得到充分释放。在表现形式上，大数据产业包括以大数据生命周期为关键对象的产业集群、产业园区，涵盖大数据技术产品研发、工业大数据、行业大数据、大数据产业主体、大数据安全保障、大数据产业服务体系等组成的大数据工业园区等。

大数据产业层次划分难以明确统一的原因之一在于各层次之间的企业业务经营存在交叉覆盖。从实践看，以互联网巨头为代表的诸多科技企业在大数据产业上的布局已跨越了多个层次，提供硬件设备、技术软件与应用方案等多类产品与服务。

传统的大数据产业定义一般分为核心业态、关联业态、衍生业态三大业态。核心业态包括从大数据采集到服务、数据交易、数据安全以及相关平台运营建设等围绕数据全生命周期的大数据关键技术与业务；关联业态是以软件、电子信息制造业为代表，包括智能终端、集成电路、软件和服务外包等大数据产业所需的软硬件制造业务；衍生业态是包括工业、农业、金融等各行业的大数据融合应用。大数据产业的另一种分类为基础支撑、数据服务和融合应用三层业态。基础支撑层包含网络、存储和计算等硬件设施，资源管理平台以及与数据采集、分析、处理和展示相关的技术和工具；数据服务层是围绕各类应用和市场需求，提供包括数据交易、数据采集与处理、数据分析与可视化、数据安全等辅助性服务；融合应用层包含了与政府、工业、交通等行业密切相关的应用软件和整体解决方案。

以上两种传统分类较为笼统，并未将数据资源明确纳入大数据产业的相关业态中，而数据资源应是大数据产业链条的起始点，不可忽略。除此之外，两种分类的本质几乎一致，核心业态与数据服务、关联业态与基础支撑、衍生业态与融合应用之间各自相互对应，后一种分类可以看作是围绕前一种分类的具体展开。因此，根据大数据从产生到市场应用的发展环节，可将大数据产业划分为“数据源”“基础设施”“软件系统”和“应用服务”四个主体环节，并由“产业支撑”作为辅助环节，主要功能是实现大数据资源供应、大数据设备提供、大数据技术服务和大数据融合应用，即在上述传统分类的基础之上，将基于互联网、物联网等信息技术渠道大量产生并提供数据资源的经济活动单列出来，成为大数据产业链条的第一层。

10.1.2 大数据产业构成

整体看，数据资源、基础支撑、数据服务、融合应用、安全保障是大数据产业的五大组成部分，形成了完整的大数据产业生态，如图 10-1 所示。

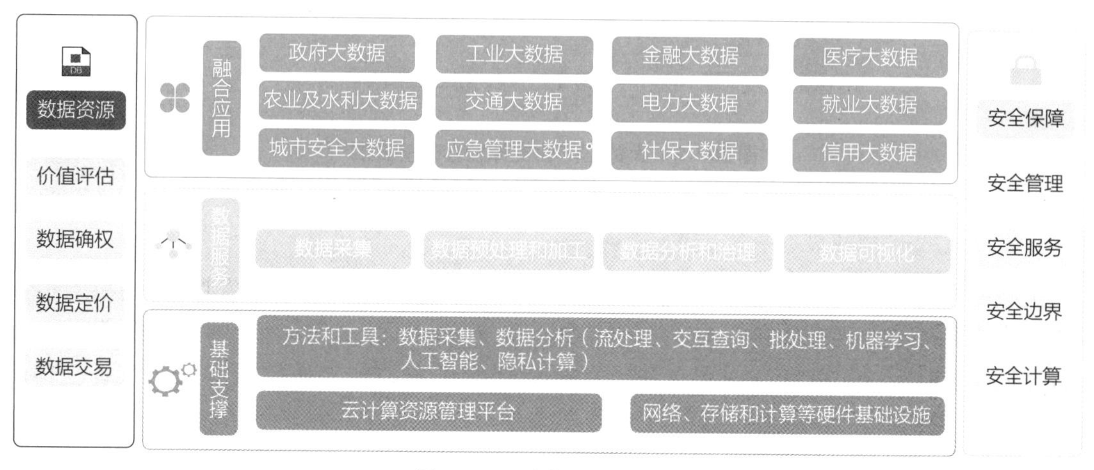

图 10-1　大数据产业构成

其中，数据资源层是大数据产业发展的核心要素，包括价值评估、数据确权、数据定价和数据交易等一系列活动，实现数据交易流通以及数据要素价值释放。基础支撑层是大数据产业的基础和底座，它涵盖了网络、存储和计算等硬件基础设施，云计算资源管理平台，以及与数据采集、预处理、分析等相关的底层方法和工具。数据服务层是大数据市场的未来增长点之一，立足海量数据资源，围绕各类应用和市场需求，提供辅助性服务，包括数据采集、数据预处理和加工、数据分析和治理，以及数据可视化等。融合应用层是大数据产业的发展重点，主要包含了与政务、工业、健康医疗、交通、互联网、公安和空间地理等行业应用紧密相关的整体解决方案。融合应用最能体现大数据的价值和内涵，是大数据技术与实体经济深入结合的体现，能够助力实体经济企业提升业务效率、降低成本，也能够帮助政府提升社会治理能力和民生服务水平。安全保障层是大数据产业持续健康发展的关键，涉及数据全生命周期的安全保障，主要包括安全管理、安全服务、安全边界、安全计算等。

数字经济、数字社会、数字政府是数字化发展和数字中国建设的三大组成部分。以大数据为核心的新一代信息技术革命，加速推动经济、社会、政府等各领域的数字化转型升级，催生了一批新业态和新模式，推进了数字经济、数字社会和数字政府建设，助力“数字中国”战略的落地。数字生态建设已成为数字经济持续健康发展的关键。数字生态建设强调建立健全数据要素市场秩序、规范数据应用规则等，主要包括对数据安全、数据交易和跨境传输等的管理，营造良好的数字生态，如图 10－2 所示。

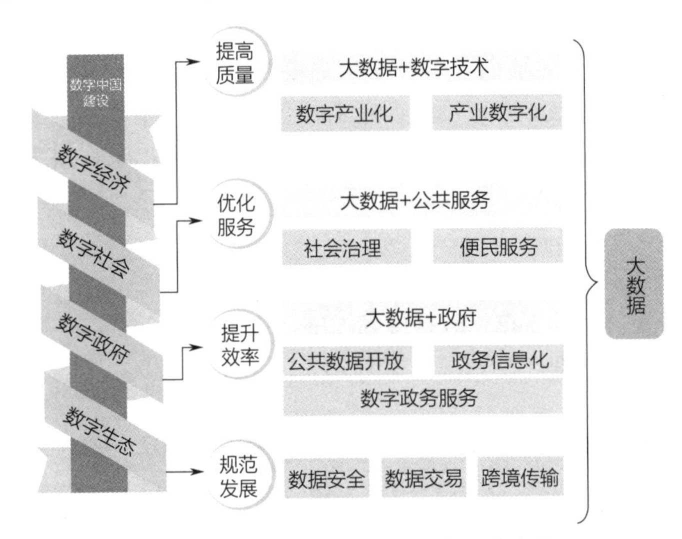

图 10－2　大数据产业支撑社会经济发展

10.1.3　大数据产业现状

大数据产业经过多年的发展，现在已经进入“十四五”发展阶段，发展态势持续向好、动力非常充足，产业规模达到 1.57 万亿，数据产量是 ZB 级别。很多企业的数据规模都是 PB 级别，国家层面是 ZB 级别，论文专利也在全球处于领先地位，和数据有关的市场主体超 18 万家。

1. 发展成效

“十三五”时期，我国大数据产业快速起步。据测算，产业规模年均复合增长率超过 30%，2020 年超过 1 万亿元，发展取得显著成效，逐渐成为支撑我国经济社会发展的优势产业。具体表现为以下三点：

1）产业基础日益巩固。数据资源极其丰富，总量位居全球前列。产业创新日渐活跃，成为全球第二大相关专利受理国，专利受理总数全球占比近 20%。基础设施不断夯实，建成全球规模最大的光纤网络和 4G 网络，5G 终端连接数超过 2 亿，位居世界第一。

2）产业链初步形成。围绕“数据资源、基础硬件、通用软件、行业应用、安全保障”的大数据产品和服务体系初步形成，全国遴选出 338 个大数据优秀产品和解决方案，以及

400 个大数据典型试点示范。行业融合逐步深入，大数据应用从互联网、金融、电信等数据资源基础较好的领域逐步向智能制造、数字社会、数字政府等领域拓展。

3）生态体系持续优化。区域集聚成效显著，建设了 8 个国家大数据综合试验区和 11 个大数据领域国家新型工业化产业示范基地。一批大数据龙头企业快速崛起，初步形成了大企业引领、中小企业协同、创新企业不断涌现的发展格局。产业支撑能力不断提升，咨询服务、评估测试等服务保障体系基本建立。数字营商环境持续优化，电子政务在线服务指数跃升至全球第 9 位，进入世界领先梯队。

2. 政策与规划

2022 年，全球大数据技术产业与应用创新不断迈向新高度。从宏观看，在国际方面，美欧、韩日、澳大利亚通过政策、法案、设立机构等形式，持续深化实施自身大数据战略。在我国，党中央、国务院再次做出一系列重要部署，我国大数据领域良好的发展态势进一步巩固。

党中央、国务院围绕数字经济、数据要素市场、国家一体化大数据中心布局等做出一系列战略部署，建立促进大数据发展部际联席会议制度。有关部委出台了 20 余份大数据政策文件，各地方出台了 300 余项相关政策，23 个省区市、14 个计划单列市和副省级城市设立了大数据管理机构，央地协同、区域联动的大数据发展推进体系逐步形成。其中，工业和信息化部于 2021 年 11 月发布了《“十四五”大数据产业发展规划》，分别对大数据产业发展成效、面临形势、总体要求、主要任务及保障措施共五大部分进行阐述。相比于《大数据产业发展规划（2016—2020 年）》，《“十四五”大数据产业发展规划》在技术发展、数据安全、产业发展、聚合应用、体系建设及服务体系方面都有了明确的规划和要求，如图 10 – 3 所示。

内容	《大数据产业发展规划（2016—2020年）》	《“十四五”大数据产业发展规划》
技术发展	以应用为导向对计算系统与分析、存储、编程框架等关键技术的研发	提升数据治理能力，发展开源技术，培育开源生态
数据安全	强调保障信息系统的安全，侧重产品在信息基础设施安全防护中的应用	强调数据安全的顶层设计，推进数据分级分类管理，做大做强数据安全产业
产业发展	培育龙头企业和创新型中小企业，形成科学有序的产业分工和区域布局	加快培育数据要素市场，推动建设多种形式的数据交易平台
融合应用	推动工业大数据基础设施建设，重点推动制造业大数据平台建设	强调对大数据价值的挖掘，着力构建多层次工业互联网平台体系
体系建设	强调大数据标准化的顶层设计，建立产业链标准体系和标准监测平台	对国家、行业、团体标准协同推进，加强对重点标准的推广宣贯
服务体系	着力推动大数据产业公共服务平台建设，为企业提供基础性服务	加大对中小企业的关注和扶持力度，梳理重点企业目标清单，着重解决个性化问题

图 10 – 3　我国大数据产业发展规划

3. 面临形势与机遇

虽然我国大数据产业已取得了重要突破，但仍然存在一些制约因素。一是社会认识不到位，“用数据说话、用数据决策、用数据管理、用数据创新”的大数据思维尚未形成，企业数据管理能力偏弱。二是技术支撑不够强，基础软硬件、开源框架等关键领域与国际先进水平存在一定差距。三是市场体系不健全，数据资源产权、交易流通等基础制度和标准规范有待完善，多源数据尚未打通，数据壁垒突出，碎片化问题严重。四是安全机制不完善，数据安全产业支撑能力不足，敏感数据泄露、违法跨境数据流动等隐患依然存在。

发展大数据产业是抢抓新时代产业变革新机遇的战略选择。面对世界百年未有之大变局，各国普遍将大数据产业作为经济社会发展的重点，通过出台“数字新政”、强化机构设置、加大资金投入等方式，抢占大数据产业发展制高点。我国要抢抓数字经济发展新机遇，坚定不移实施国家大数据战略，充分发挥大数据产业的引擎作用，以大数据产业的先发优势带动千行百业整体提升，牢牢把握发展主动权。

大数据产业发展呈现集成创新和泛在赋能的新趋势。新一轮科技革命蓬勃发展，大数据与5G、云计算、人工智能、区块链等新技术加速融合，重塑技术架构、产品形态和服务模式，推动经济社会的全面创新。各行业各领域数字化进程不断加快，基于大数据的管理和决策模式日益成熟，为产业提质降本增效、政府治理体系和治理能力现代化广泛赋能。

发展大数据产业是构建新发展格局的现实需要。发挥数据作为新生产要素的乘数效应，以数据流引领技术流、物质流、资金流、人才流，打通生产、分配、流通、消费各环节，促进资源要素优化配置。发挥大数据产业的动力变革作用，加速国内国际、生产生活、线上线下的全面贯通，驱动管理机制、组织形态、生产方式、商业模式的深刻变革，为构建新发展格局提供支撑。

综上所述，随着数据正式成为生产要素，领域内政策、理念、技术、安全等各方面均围绕这一主线蓬勃发展。政策方面，“数据要素统一大市场、数据管理能力成熟度”进一步完善顶层设计；理念方面，“数据中台、数据估值、DataOps”持续夯实企业数智化转型理论基础；技术方面，“创新型数据库、隐私计算一体机、图计算”有力支撑数据要素价值挖掘和高效流通；安全方面，“数据安全合规、数据分类分级”促进数据产业红线进一步清晰。

10.2 大数据产业商业模式

商业模式决定了公司在价值链中的位置，明确了一个公司开展什么活动来创造价值，以及在价值链中如何选取上下游合作伙伴及怎样与客户达成交易、为客户提供价值。

10.2.1 大数据产业链

基础支撑、数据服务和融合应用相互交融，协同构建了完整的大数据产业链，如图10－4所示。

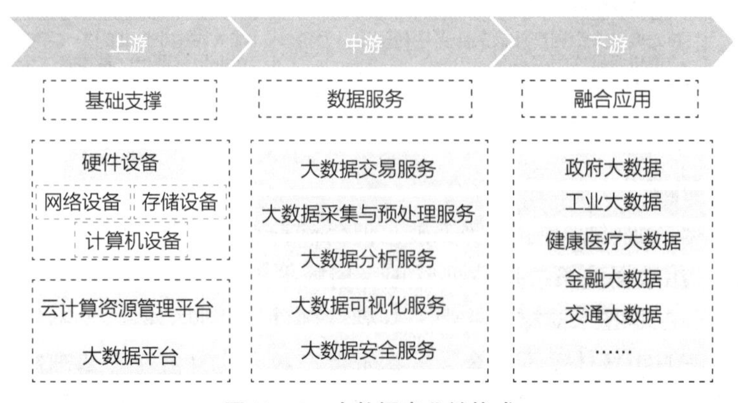

图10－4 大数据产业链构成

从大数据产业链上下游来看，大数据行业上游是基础支撑层，主要包括网络设备、计算机设备、存储设备等硬件供应，此外，相关云计算资源管理平台、大数据平台建设也属于产业链上游；大数据行业中游立足海量数据资源，围绕各类应用和市场需求，提供辅助性的服务，包括大数据交易服务、大数据采集与预处理服务、大数据分析服务、大数据可视化服务、大数据安全服务等；大数据行业下游则是大数据应用市场，随着我国大数据研究技术水平的不断提升，目前，我国大数据已广泛应用于政府、工业、健康医疗、金融、交通、电信和空间地理等行业。

从数据采集、存储、分析及应用的角度，大数据产业链具有以下三类关键价值：一是提供数据或技术工具，即以数据资源本身或数据库、各类 Hadoop 商业版本、大数据软硬件结合一体机等技术产品，为客户解决大数据业务链条中的某个环节的对应问题；二是提供独立的数据服务，主要指为数据资源拥有者或使用者提供数据分析、挖掘、可视化等第三方数据服务，如情报挖掘、舆情分析、精准营销、个性化推荐、可视化工具等，以付费工具或产品的形式向客户提供；三是提供整体化的解决方案，主要是为缺乏技术能力但需要引入大数据系统支撑企业或组织业务升级转型的用户定制化构建和部署一整套完整的大数据应用系统，并负责运营、维护、升级等。

10.2.2 大数据商业模式

依据大数据产业链结构，衍生出在大数据各环节的商业模式分布，包括大数据应用服务模式、数据交易平台模式、大数据软件系统提供模式、大数据基础设施提供模式、数据源提供模式、产业支撑服务模式六大类发展模式，如图 10－5 所示。

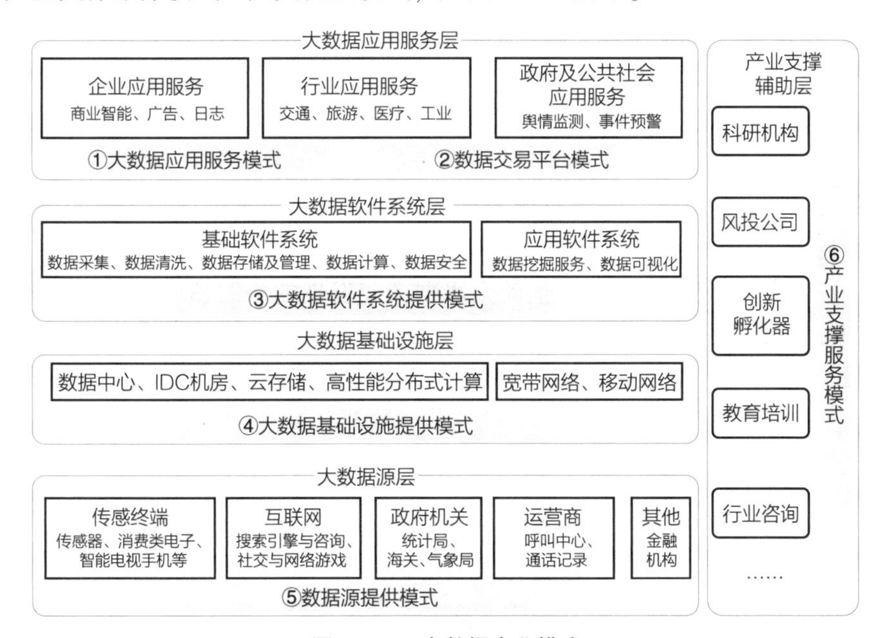

图 10－5 大数据商业模式

1）大数据应用服务模式。大数据应用服务模式是将大数据分析处理成果以服务的形式提供给政府、企业、公众等需求者，满足其现实应用需求，并帮助需求者获取更大的社会价值、经济价值。该模式是大数据应用服务层的主要商业模式之一，处于大数据产业链的顶端，用户群体最为广泛，需求最为丰富多样，基本涵盖了社会经济生活的所有主体，市场前景广阔。

2）数据交易平台模式。数据交易平台模式通过吸收第三方数据，构建开放的数据交易平台，通过平台交易模式提供用户所需数据并获取收益。该模式也是大数据应用服务层的主要商业模式之一。该模式需打通线上线下的数据服务营销、购买、消费链，对数据技术支撑和数据安全保障等有较高的能力要求，在大数据发展初期并非主流模式，但随着大数据应用市场的不断成熟和发展，该模式的发展空间将不断扩大。

3）大数据软件系统提供模式。大数据软件系统提供模式是将大数据软件系统（Hadoop）以交易的形式提供给政府、企业等需求者，支撑其更好地管理数据资源并从中获取相应价值。具体服务内容包括基础软件系统服务和应用软件系统服务。基础软件系统指为大数据的存储、管理、计算等提供基础运行环境，应用软件系统为满足应用需求提供支持。该模式是大数据软件系统层的主要商业模式，主要是以大数据分析能力为产品输出，客户需求相对统一。

4）大数据基础设施提供模式。大数据基础设施提供模式是将大数据基础设施以交易的形式提供给政府、企业等需求者，支撑其从数据资源中获得丰富价值。具体服务内容包括IDC数据中心建设运维、“云计算”平台建设租赁、数据传输网络建设等。该模式是大数据基础设施层的主要商业模式，主要以大数据基础设施建设为服务输出，对于供应商的准入门槛相对较高。目前的市场发展已较为成熟，预计未来将呈平稳增长趋势，但不排除技术创新带来突破性增长的可能性。

5）数据源提供模式。数据源提供模式是指将源数据以库表、接口等形式提供给数据需求者，使其获得数据资产所蕴含的价值，供应商根据数据需求量收费。该模式是大数据源层的主要商业模式，涵盖大数据产生的相关领域，包括传感终端、互联网、政府机关、运营商等。该模式主要以数据为产品输出，相对简单，不涉及数据的分析处理，但信息安全的政策风险较高，而且市场空间有限，当前只适合于政府层面公共服务领域的数据源供应服务。

6）产业支撑服务模式。产业支撑服务模式是指为大数据产业发展提供资金、技术、影响力等方面的支撑服务，以收入分成或服务佣金的形式获取收益。该模式是产业支撑辅助层的主要商业模式，主要应用在辅助或推动大数据产业发展的相关领域，包括科研教育机构、创投孵化组织、行业咨询公司等。该模式以提供大数据产业支撑服务为输出，不直接涉及大数据生产领域，但对大数据产业发展具有重要推动作用。

10.3 大数据应用

大数据应用通过建立数据与业务的高效衔接，实现数据最终赋能业务。数据应用决定了数据对业务的赋能效果，是数据价值释放的“最后一公里”。虽然数据应用早已存在于人类社会的各项活动中，但由于技术能力不足、前序工作未就绪等因素限制，传统数据应用主要针对少量、局部、非实时数据，依赖大量人工决策，导致数据主要释放其浅层价值。

10.3.1 数据应用发展历程

数据应用是利用数据对各项事务进行探索、分析、洞察并最终推动决策的过程，是数据价值释放的最终一环。在企事业单位中，数据应用是否充分，直接决定各企事业单位对于数据相关工作的整体投资性价比，进而反向影响对数据存储与计算、数据治理、数据安全等环节的投入程度。虽然数据应用早已存在于人类社会的各项活动中，但随着数据本身形态、数据处理技术、产业发展环境、数据应用需求等的不断演化升级，数据应用内涵和模式不断丰富。数据应用的三个阶段见表 10 - 1。

表 10 - 1　数据应用的三个阶段

数据应用	阶段		
	第一阶段（1960 年开始）	第二阶段（1990 年开始）	第三阶段（2015 年开始）
数据源	业务系统数据库	数据仓库	数据湖 + 外部数据
数据与业务的关系	随机、离散	常态化、体系化、外挂式	全域、敏捷、嵌入式
分析方法	图表统计	BI 分析	BI + AI
对决策的影响	辅助决策	增强决策	自动决策

信息化催生了数据应用的第一阶段，各企业利用 Excel 等工具，进行小数据量、随机的、专题问题的分析。随着各企业信息化成熟，第二阶段是当前数据应用的主流，即财务、人力、业务增长等关键领域信息，以固定周期、通过 BI 图表可视化的方式，将其现状和趋势呈现给关键决策层，再通过人工完成决策。第三阶段进入萌芽期，实践经验正在快速沉淀。随着现代化企业间竞争加剧，以及数据来源增多、体量变大，数据存储与计算逐渐升级等环境因素变化，头部企业开始率先探索第三阶段实践路径，例如互联网、金融、电信、制造等行业领域的龙头企业，在营销、风控、经营分析等核心业务中开展从组织架构、数据存储与计算到商业模式的全方位探索，并取得一定成功经验。

10.3.2　大数据应用赋能新质生产力

大数据是信息化、数字化发展的高级阶段。随着数字信息技术和人类生产生活交汇融合，互联网快速普及，全球数据呈现爆发增长、海量集聚的特点，对经济发展、社会治理、国家管理、人民生活都产生了重大影响。在十九大报告提出的“推动互联网、大数据、人工智能和实体经济深度融合”基础上，党的二十大报告提出，“建设现代化产业体系”“坚持把发展经济的着力点放在实体经济上”“加快发展数字经济，促进数字经济和实体经济深度融合，打造具有国际竞争力的数字产业集群”。这些部署都体现了党中央、国务院对以大数据、人工智能为核心的数字经济与实体经济融合发展的高度重视。当前，以大数据、人工智能为核心的数字技术体系正全面融入人类经济、政治、文化、社会、生态文明建设各领域和全过程，加速生产要素科技创新资源整合，引领发展战略性新技术、新模式、新产业、新业态、新领域、新赛道、新动能、新优势，加快形成新质生产力，给人类生产生活带来广泛而深刻的影响。大力推动数字经济和实体经济深度融合，对推动高质量发展、全面建设社会主义现代化国家具有重大意义。

1. 大数据应用的本质

当前世界正处在大融合、大变革时期，世界经济正在加速向以数字生产力为标志的数字经济阶段迈进。大数据是数字经济社会的关键生产要素，已成为未来经济发展的主要驱动力，建设现代化经济体系离不开大数据的发展和应用。大数据应用领域非常广泛，涵盖了政务、金融、电商、医疗、教育、交通、能源、制造、农业、文化、旅游等多个行业和部门，其本质是数据作为关键生产要素实现大数据与实体经济融合。具体体现在以下几点。

1）大数据与实体经济融合是建设现代化经济体系的必由之路。现代经济体系的构建离不开实体经济这一坚实基础。大数据与实体经济各领域的融合应用将以信息流带动技术流、资金流、物资流、人才流，推动资源要素向实体经济集聚，释放数据红利。在大数据的带动作用下，先进制造、数字农业等产业将加快发展，传统产业数字化、智能化的水平有望进一步提高，新产业、新业态、新模式将不断涌现。大数据与实体经济的融合，将为数字经济的持续增长和发展提供可能，拓展实体经济发展新空间。

2）大数据与实体经济融合是经济创新发展的引擎。创新驱动发展战略是现代化经济体系的战略支撑，互联网、大数据、人工智能为代表的新一代信息技术已经成为我国创新最活跃的领域，大数据与实体经济的深度融合是在数据挖掘、脱敏、分析的基础之上对数据资源的高效利用，将极大地优化创新过程，加速创新迭代，带动技术创新、产品创新、组织创新、商业模式创新以及市场创新，提高创新体系整体效能，推动经济社会发展动力根本转换，推动我国经济发展的质量变革、效率变革和动力变革。

3）大数据与实体经济融合是深化经济体制改革的抓手。经济体制改革是完善现代化经济体系的制度保障，大数据在促进经济体制改革方面发挥重要作用。大数据有利于推动市场监管机制改革，以高速传输和日益成熟的分析手段为纵向协调、横向配合、精准反应的智能监管方式提供基础条件。大数据有利于推动要素市场改革，通过大数据分析精准对接供需，创新融资方式与融资机制，促进要素的流动。大数据有利于推动价格市场改革，在大数据分析的基础上建立价格波动调控预案、预判及应对价格改革风险等，助力构建重要民生商品和服务价格稳定长效机制。

4）大数据与实体经济融合是推动国家治理现代化的必然选择。大数据时代浪潮中，大数据推动形成的科学决策和社会治理机制，将推进政府简政放权改革，促进政府管理和社会治理模式创新，促进政府决策科学化、社会治理精准化、公共服务高效化，是提升国家治理现代化水平的必由之路。

政府执行力通过大数据得到提高。大数据优化政策执行环境，各级党委和政府的决策者通过数据挖掘，全面了解和准确掌握各类信息。大数据打破了同级政府部门间和上下级政府间存在的信息壁垒，有效遏制政策在执行过程中出现的“中梗阻”“低效率”等现象，有力防止政策在执行过程中的随意性和弄虚作假行为，更好发挥政府在国家经济社会发展中的作用。

政策流程通过大数据得到优化。大数据使政府决策的基础从少量的“样本数据”转变为海量的“全体数据”，为决策提供更为系统、精确、科学的参考依据，为决策实施提供更为全面、可靠的实时跟踪，防止政府在决策过程中仅凭个别领导经验做出决策，推动政府决策向数据分析型转变，提高公共决策的效率和质量。

政府协同管理能力通过大数据得到提升。大数据技术手段助力打破信息孤岛，整合数据资源，搭建快速、精准、高效的数字化办公流程和政务服务模式，为政府、民众和企业提供快捷、精准、高效、方便的服务，优化政府对市场主体的服务和监管，细化治理行为的每一个环节和流程，实现政府从粗放式管理向精细化管理转变、从单兵式管理向协作式管理转变。

5）大数据与实体经济融合是满足人民美好生活需要的重要举措。以大数据洞察民生需求，为发现民生“痛点”创造前提，将抓住人民最关心、最直接、最现实的利益问题，解决民生领域的突出矛盾和问题，优化提升民生服务、弥补服务短板。大数据融合应用重点转变为实体产业和民生服务，如图 10－6 所示。

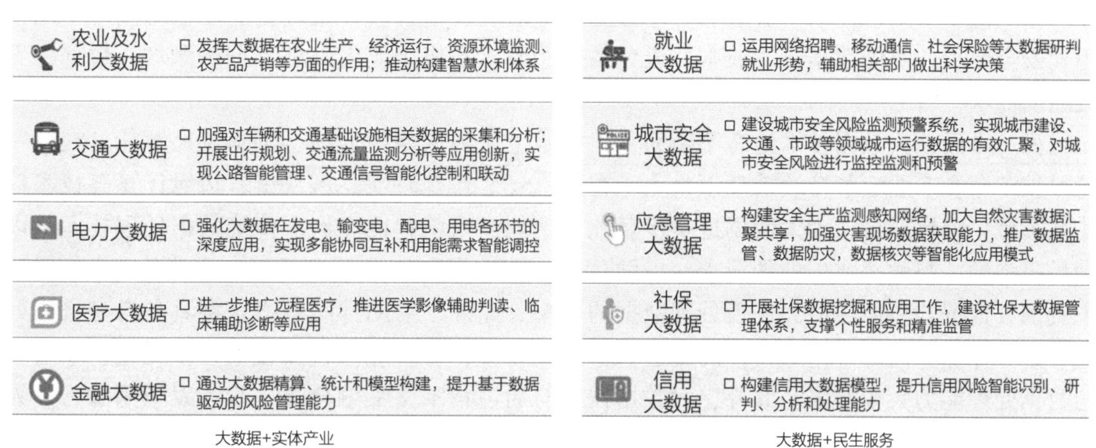

图 10－6　大数据融合应用重点转变为实体产业和民生服务

在民生领域，“互联网＋教育”“互联网＋医疗”“互联网＋文化”等利用教育、医药卫生、文化等领域的大数据，深度开发各类便民应用，让百姓少跑腿、数据多跑路，提升公共服务便捷化水平。家居、交通等领域基于大数据的智能产品和服务提供，探索新的服务场景，创造新的用户体验，满足人民家庭健康、教育、出行等多元化应用需求，使生活服务提档升级。在扶贫领域，大数据技术通过扩大信息采集渠道、提高数据分析能力和加工效率，找准脱贫的主体、重点和关键，也能确保扶贫项目科学合理、精准到位，有利于最大限度发挥扶贫资金的使用效益，也有利于当地政府对贫困人口的分布状况、致贫原因、帮扶情况、脱贫进度等做到精准把握，因地制宜、分类施策、因人而异发展产业，对接帮扶，确保脱贫得以取得实效。在生态领域，通过对地理大数据、环境大数据、水利大数据等综合数据进行环境分析，能有效预测自然灾害的发生地，并做出相关的防护措施。政府管理、决策部门通过创新环境信息管理的体制机制，实现环境大数据管理的系统化、科学化、专业化，生态环境将得以加快改善。

2. 大数据与实体经济融合的基础

近年来，我国大数据发展驶入快车道，政产学研用资等各领域资源和要素加快汇聚，带动技术基础不断加强，产业基础日益坚实，应用基础加快构筑，政策环境不断完善，大数据向实体经济领域融合渗透的障碍进一步破除，融合发展脚步更加稳健。

1）技术基础不断加强。经过多年创新发展和行业应用实践，大数据逐渐形成了以开源为主导、多种技术和架构并存的技术体系，数据分析、事务处理、数据流通等技术不断迭代成熟，人工智能、5G、虚拟现实、区块链等周边技术发展提速，且技术间交叉融合走向深化，为破解大数据与实体经济深度融合应用瓶颈提供了可靠支撑。

一方面，大数据技术不断成熟，专业分工大为丰富，促进数据处理、数据流通便捷化。作为大数据走向融合应用的关键基础性技术，数据分析技术体系自Hadoop诞生起，逐渐丰富和成熟，在采集传输、计算处理、查询分析等方面涌现了广受欢迎的智能化工具与解决方案，为处理纷繁复杂的海量非结构化数据提供了工具，提升了数据处理的速度和复杂度。事务处理技术创新发展，传统数据库逐渐向分布式转型，形成事务处理技术体系，体系架构更加灵活，响应速度和可拓展性也得到大幅提高，可有效应对大规模事务处理的挑战。安全多方计算、区块链、零知识证明、群签名、差分隐私等诸多技术解决方案日益满足数据流通中的信用和安全要求，降低数据流通成本，避免数据垄断，适应企业内外部数据量激增、数据跨界流通的需求。

另一方面，大数据技术生态不断完善，技术生态加快构建为融合创新发展赋能。在新一轮科技革命和产业变革持续推动下，人工智能、5G、虚拟现实、区块链、边缘计算等技术群体性突破、跨界融合，为大数据进一步赋能。例如，人工智能方面，传统数据处理技术难以满足高强度、高频次数据处理请求，借助GPU、NPU、FPGA等人工智能专用芯片，大幅提升了我国大数据与实体经济大规模处理数据的效率。此外，借助神经网络这种具备自身自行处理、分布存储和高度容错等特性的先进人工智能技术，各种非线性及模糊、不完整、不严密的数据处理能力大幅增强。此外，大数据技术与周边技术交叉融合进一步激发应用潜力。人工智能与大数据相结合还能深度发掘数据价值、拓展行业应用。例如借助边缘计算技术，计算架构由中心集中式转向分布式，计算资源将不再是复杂分析方法和模型建设的制约和瓶颈，这将为大数据乃至深度学习的普及开辟广阔空间。总体来看，新一代信息通信技术的群体性创新突破和融合发展，进一步为大数据技术赋能，极大拓展大数据的技术能力和应用空间，为我国大数据与实体经济的深度融合提供充实的技术储备。

2）产业基础日益坚实。近年来，大数据持续受到国家战略和行业主体的高度关注，产业规模持续高速增长，围绕大数据的基础设施建设加速，公共数据平台发展加快，数据流通机制逐步建立，大数据人才供给能力也不断增强，为进一步促进大数据与实体经济各领域渗透融合奠定了坚实基础。

基于国家政策的支持、信息通信基础设施建设的逐步完善和数据技术的快速发展，我国大数据产业呈现稳定高速增长态势，基础设施建设快速推进。一是数据中心规模增长迅猛，站点分布结构日益优化。二是内容分发网络发展加快，多方布局能力快速提升。为弥补传统网络应用架构效率低、价格高的不足，满足数字化融合发展对数据传输速度和稳定性的要求，我国加快促进内容分发网络（CDN）等重要应用网络或计算节点的建设，多措并举提升数据传输效率。三是工业互联网基础设施建设提速，标识解析体系建设取得积极进展，五个国家顶级节点均按照预定计划完成部署。工业互联网平台供给能力不断强化，目前国内具有一定影响力的平台已超过50个，多层次平台体系初步形成。安全保障体系加速构建，国家、省和企业三级联动的安全监测平台建设系统推进。

3）公共数据平台发展提速。公共部门数据信息平台建设迅速，公共数据开放稳步推进，为扩大市场数据存量、释放数据潜能、破除信息不对称打下坚实的基础。数据平台数据集总量、数据容量呈现稳步提升态势，有效数据集总量（含直接下载和API接口开放）超过700的达到了10个，数据容量超过1000万的达到了8个。公共数据库、数据平台的迅速发展，有效推动了实名制相关的政务信息、政府许可、备案、登记等监管信息的数字化，在实现政策实施智能化、社会治理网格化、信用信息数字化、监督约束精准化等方面发挥了日益重要的作用。

4）数据流通机制逐步建立。为推动数据流通，一些数据交易平台陆续建成，流通体系逐步建立。目前，上海、贵州、北京等多地政府开始探索大数据交易机制，上海数据交易中心、贵阳大数据交易所、北京大数据交易服务平台等一批政府背景平台陆续建成并投入使用。同时，互联网巨头、领先 IT 厂商以及大数据企业也逐步发力大数据交易平台的建设。阿里、腾讯、百度、数据堂、美林等企业纷纷建立数据交易平台，借此实现了对部分数据资源与渠道的变现。各类型大数据交易平台的出现，进一步打通了部门、行业、企业之间的数据壁垒，有效缓解了“信息孤岛”问题，为提升数据智能分析、预警、预测、决策效率提供了帮助，使得数据的价值得到更大程度发挥。

5）人才队伍建设进程加快。一方面高校人才培养体制建设增强，供给能力快速提升。基于数据分析、计算科学与计算机科学充分融合的学科建设和人才培养工作迅速开展，截至 2018 年年底，共有 3 批次 283 所高等院校获准设立了“数据科学与大数据技术”本科新专业。中国人民大学、清华大学、复旦大学等院校专门成立相关大数据学院。另一方面海外归国人才数量日益增长，补充效应日益显著。各层次海外大数据人才归国就业创业数量日益提升，成为我国大数据人才供给的主力军。

10.3.3 大数据应用现状

大数据的应用不仅可以提高效率、降低成本、优化管理、增强创新，还可以改善民生、促进社会治理、保障国家安全、推动经济转型。数字经济时代，国内外各方正积极探索新的数据应用方法论，并在不同行业、不同场景进行滚动式实践，从而释放数据深层价值，并已取得初步进展，主要体现在以下几点：

1）从应用方向看，面向个人消费者领域的应用相对领先。针对每个用户进行精细化运营是企业竞争力跃迁的必要手段。个人消费端用户量大，导致精细化运营资源成本高，而数据应用可以有效助力个人消费端的精细化运营，所以面向个人消费端领域的数据应用水平普遍较高。全球跨境电商企业希音通过将消费侧和生产侧进行业务数据实时互通从而搭建敏捷供应链系统，从开发、生产、仓储、物流等各环节进行全链路的数据应用商业模式改造，快速响应消费市场需求。目前，希音从下单、生产到仓库验收最快可在 7 天内完成，库存率也远低于行业平均水平。

2）从服务对象看，正在从决策层向基层业务人员延伸。由于数据分析工作的专业性和复杂性，传统数据应用依托专业的数据分析工具以及数据分析师等，主要以大屏、报表、领导驾驶舱等形式，用于企业高层或战略、财务等进行周期性的大决策。这种模式决策效率低、线条粗，无法精细指导基层人员的业务执行方式。随着市场变化逐渐加速，数据应用在固定的分析逻辑和报表基础上，向个性化、多样化转变，伴随自助式分析工具的成熟，数据应用门槛不断降低，业务终端小决策中的数据应用渗透率也在不断提高，数据应用在企业中的两级模式正在不断形成。

3）从价值导向看，以人为本和可持续发展的定位日益明确。随着数据应用对各行业的经营模式进行革新和升级，也出现了大数据杀熟、个人信息泄露、数字鸿沟等问题。为构建数据应用的可持续发展秩序，监管部门迅速出台相关措施，多管齐下强化数据应用价值导向监管。一是加强个人信息保护。《中华人民共和国个人信息保护法》《征信业务管理办法》等政策法规相继出台，持续细化个人数据在国内金融、电信、互联网领域的应用规范。二是明确界定大数据杀熟行为。国务院反垄断委员会制定发布《关于平台经济领域的反垄断指南》，对大数据杀熟行为做出明确界定，规制企业价格歧视和差别待遇等损害消费者权益行为。三是建立大数据算法治理体系。中央网信办等四部门联合发布《互联网信息服务算法推荐管理规定》，全面搭建算法治理机制，强化信息服务领域算法推荐活动治理。四是倡导提升数字素养。为降低城市与乡村数字发展鸿沟，《提升全民数字素养与技能行动纲要》《数字乡村发展行动计划（2022—2025年）》等文件多次提出并强调提升全民数字素养，倡导大数据企业在青少年数字伦理教育、大数据应用适老化等方面持续发力。

10.3.4 大数据应用的难点与挑战

从大数据行业发展角度看，数据应用仍面临四大挑战。

一是数据管理等前序工作难就绪。数据应用对数据管理等前序工作具有强依赖性，但由于企业治理工作待完善，造成业务侧难以进行数据的二次加工利用。

二是组织架构不符合新需要。数据应用需要多部门共同协作，传统组织架构责权分工过于明确，存在业务对接盲区，不符合数据应用新业务模式发展需要。

三是复合型人才紧缺。数据应用需要兼具业务理解和科技能力的数字化复合人才，人才门槛高，随着数据应用持续深入业务，人才紧缺已成为制约数据应用效能提升的最主要因素。

四是技术工具适配度不足。供给侧标准化技术工具不能适应不同企业实际情况，甚至倒逼企业开展定制化业务改造，导致企业开发工作负担过重，业务人员也存在上手难等问题。

10.3.5 大数据与实体经济融合应用

大数据时代，大数据与实体经济各领域渗透融合全面展开，融合范围日益宽广，融合深度逐步加深，融合强度不断加大，融合载体不断完善，融合生态加速构建，新技术、新产业、新业态、新模式不断涌现，战略引领、规划指导、标准规范、政策支持、产业创新的良性互动局面加快形成。

数字技术的群体性突破、产业基础的丰富和完善对企业运用大数据与自身融合创造了条件。与此同时，企业信息化水平稳步提升，掌握的数据量日益丰富，融合应用意愿极大提升，融合应用能力也不断增强，企业把大数据与自身业务深度融合的条件已基本完备。

1）企业信息化水平稳步提升。在互联网等新一轮科技革命和产业变革驱动下，我国企业信息化水平稳步提升。有接近三分之二的被调查企业表示能够便捷获取信息技术相关服务。企业积极利用信息化手段优化研发、生产、营销等多个环节，目前主要行业大中型企业数字化设计工具普及率超过六成。在制造领域，重点行业骨干企业数字化研发工具普及率、关键工序数控化率分别达到了67.4%和48.4%。在电商平台使用上，服饰、家电和3C类产品线上渗透率分别达到33%、42%和42%。

2）企业数据资源日渐丰富多样。一方面，企业数据总量快速增长，为大数据融合应用提供数据支撑。数据资源是企业大数据技术深化发展的前提，目前，我国企业数据总量呈现高速增长态势，数据存储、传输、分析、保护等需求稳步提升。另一方面，企业数据来源愈发多样，优化数据应用效果。企业愈发重视通过更为多样化的方式积累数据。

3）企业应用数据意愿显著增强。越来越多的企业开始积极寻求数字化转型道路，希望通过更多的数据应用实现智能决策与新市场开拓，进而提升企业运行效率、风险管理能力，并实现更好的客户服务。企业对数据应用的需求程度稳步提升，重视程度也进一步提高。

4）企业大数据应用能力不断提高。先行行业企业已构建起强大的大数据应用能力。目前，电信、医疗、电力、金融等信息化先行行业企业，基于丰富而规范的历史数据资产，通过智能化客户数据分析，正在从延时决策向实时决策和预演决策高级化推进。在消费者行为分析、精准营销、新业务新产品推广、广告推送、代言人选择、社交媒体、可视化、溢价收益、库存管理、信贷保险等方面涌现了丰富的应用案例。此外，越来越多的企业设立了专业的数据管理团队和首席数据官（CDO）职位，对大数据和分析进行单独管控，企业大数据应用能力进一步得到保障和提升。

10.4 大数据应用案例

随着数字产业化和产业数字化的加速发展，以场景和价值驱动的大数据产业应用更加深入地融入各行各业，大数据产业也正快速发展成为数字技术和服务业态。

10.4.1 行业大数据

根据行业的不同，典型的行业大数据有通信大数据、金融大数据、医疗大数据、应急管理大数据、农业及水利大数据、公安大数据、交通大数据、电力大数据、信用大数据、就业大数据、社保大数据、城市安全大数据等，具体展开如下。

1）通信大数据。加快 5G 网络规模化部署，推广升级千兆光纤网络。扩容骨干网互联节点，新设一批国际通信出入口。在多震地区提高公共通信设施抗震能力，强化山区“超级基站”建设，规划布局储备移动基站，提高通信公网抗毁能力。对内强化数据开发利用和安全治理能力，提升企业经营管理效率，对外赋能行业应用，支撑市场监管。

2）金融大数据。通过大数据精算、统计和模型构建，助力完善现代金融监管体系，补齐监管制度短板，在审慎监管前提下有序推进金融创新。优化风险识别、授信评估等模型，提升基于数据驱动的风险管理能力。

3）医疗大数据。完善电子健康档案和病例、电子处方等数据库，加快医疗卫生机构数据共享。推广远程医疗，推进医学影像辅助判读、临床辅助诊断等应用。提升对医疗机构和医疗行为的监管能力，助推医疗、医保、医药联动改革。

4）应急管理大数据。构建安全生产监测感知网络，加大自然灾害数据汇聚共享，加强灾害现场数据获取能力。建设完善灾害风险普查、监测预警等应急管理大数据库，发挥大数据在监测预警、监管执法、辅助决策、救援实战和社会动员等方面的作用，推广数据监管、数据防灾、数据核灾等智能化应用模式，实现大数据与应急管理业务的深度融合，不断提升应急管理现代化水平。

5）农业及水利大数据。发挥大数据在农业生产、经济运行、资源环境监测、农产品产销等方面的作用，推广大田作物精准播种、精准施肥施药、精准收获，推动设施园艺、畜禽水产养殖智能化应用。推动构建智慧水利体系，以流域为单元提升水情测报和智能调度能力。

6）公安大数据。加强身份核验等数据的合规应用。推进公安大数据智能化平台建设，统筹新一代公安信息化基础设施，强化警务数据资源治理服务，加强对跨行业、跨区域公共安全数据的关联分析，不断提升安全风险预测预警、违法犯罪精准打击、治安防控精密智能、惠民服务便捷高效的公共安全治理能力。

7）交通大数据。加强对运载工具和交通基础设施相关数据的采集和分析，为自动驾驶和车路协同技术发展及应用提供支撑。开展出行规划、交通流量监测分析等应用创新，推广公路智能管理、交通信号联动、公交优先通行控制。对交通物流等数据的共享与应用，推动铁路、公路、水利、航空等多方式联运发展。

8）电力大数据。基于大数据分析挖掘算法、优化策略和可视化展现等技术，强化大数据在发电、输变电、配电、用电各环节的深度应用。通过大数据助力电厂智能化升级，开展用电信息广泛采集、能效在线分析，实现源网荷储互动、多能协同互补、用能需求智能调控。

9）信用大数据。加强信用信息归集、共享、公开和应用。运用人工智能、自主学习等技术，构建信用大数据模型，提升信用风险智能识别、研判、分析和处理能力。健全以信用为基础的新型监管机制，以信用风险为导向，优化监管资源配置。深化信用信息在融资、授信、商务合作、公共服务等领域的应用，加强信用风险防范，持续优化民生环境。

10）就业大数据。运用网络招聘、移动通信、社会保险等大数据，监测劳动力市场变化趋势，及时掌握企业用工和劳动者就业、失业状况变化，更好分析研判就业形势，做出科学决策。

11）社保大数据。加快推进社保经办数字化转型，通过科学建模和分析手段，开展社保数据挖掘和应用工作，为参保单位和个人搭建数字全景图，支撑个性服务和精准监管。建设社保大数据管理体系，加快推进社保数据共享。健全风险防控分类管理，加强业务运行监测，构建制度化、常态化数据稽核机制。

12）城市安全大数据。建设城市安全风险监测预警系统，实现城市建设、交通、市政、高危行业领域等城市运行数据的有效汇聚，利用云计算和人工智能等先进技术，对城市安全风险进行监控监测和预警，提升城市安全管理水平。

10.4.2 地球大数据

地球大数据主要指来自地球大气圈、水圈、土壤圈、生物圈以及人类活动的数据。这些数据通常具备不同的来源，但都具备时空属性，包括卫星遥感数据、气象数据、人类活动统计数据、地理信息数据等。

1. 地球大数据的定义与特征

地球大数据是数据要素产业的重要组成部分，对地球大数据进行收集、整合和分析能帮助人们对生态环境系统、人类社会和自然资源进行更深入的洞察和理解，为人类活动的开展提供决策支持，从而最终实现人与自然和谐共生的现代化。

地球大数据具备传统大数据的4V特征，即：

1）数量（Volume）大：地球大数据具有海量数据的特征，来源于卫星影像、地理信息、物联网等渠道的数据在空间和时间维度上都具有较大的跨度，量级可达PB级。

2）种类（Variety）多：地球大数据的数据类型包括文本、图像、音视频、地理位置信息等多种形式，具有种类繁多、结构复杂的特征。

3）速度（Velocity）快：地球大数据每天可产生大量的新数据，在生产生活中，为了实时应用新数据辅助决策，其传输、存取、分析对实时性具备较高的要求。

4）价值（Value）高：地球大数据的开发利用可以获取具有高价值的环境信息，为人与环境的交互提供决策支持。

除此以外，相较于其他类别的大数据，地球大数据还具备如下特征：

1）时空性：地球大数据与时间和空间密切相关，具有很强的时空关联性和物理关联性。

2）多源性：地球大数据的来源多样，涉及遥感影像数据、地面监测站点数据、气象数据、社会统计数据等，通常来源于不同的机构。

3）普惠性：相较于其他类型的数据要素，地球大数据的应用领域更加广泛，如助力研究地球的演化过程，分析气候的变化趋势，预测潜在的气象灾害，合理地管理自然资源，从而支撑人与自然关系的可持续发展。

2. 地球大数据平台架构

地球大数据平台架构包括数据要素、关键技术、行业应用三个要点，如图 10－7 所示。其中，数据要素指通过卫星遥感、地理信息、物联网等系统获取的数据本身及其加工品。关键技术指在数据采集、数据管理、数据分析、人工智能、数据安全等方面的相关技术。行业应用指地球大数据在多个不同领域多种应用场景下的落地方式。

图 10－7　地球大数据平台架构

1）数据要素：地球大数据的数据要素包含地球大气圈、水圈、土壤圈、生物圈、人类圈等多个圈层的基本信息，以及人类活动与之相关的相互影响关系，可用“天、空、人、地”四个方向概括。“天”指来自航天设施的观测数据，如卫星遥感影像；“空”指地球近地面的数据，如气象数据、空气质量数据等；“人”指人与自然相互作用产生的数据，如农业活动相关数据、工业活动相关数据等；“地”指通过物联网采集的地面数据或来自地理信息系统的数据。

2）关键技术：地球大数据的应用流程包括数据采集、数据管理、数据分析、人工智能、数据安全等方面，每一个部分都在传统大数据领域的关键技术体系基础上，纳入了地球大数据领域独特的数据处理技术。在数据采集方面，主要涉及卫星遥感、AIoT 等方面的技术；在数据管理方面，主要包括多源数据融合、地理信息管理、时空数据管理等技术；在数据分析和人工智能方面，主要包括基于时空数据的统计分析、可视化、知识推衍、机器学习、模拟仿真等技术；在数据安全方面，还需涉及可信计算以及区块链等技术。

3）行业应用：地球大数据可用于多个对一定区域范围内的自然环境进行分析的行业领域，如生态环保、双碳战略、自然资源、气象服务、城市更新、农林牧渔、智慧应急、孪生流域等。

3. 地球大数据的数据资源

地球大数据主要描述地球圈层以及各圈层的相互作用，在数据类型和属性方面有着一定的特殊性，开展地球大数据分析应用实践之前需充分了解。地球大数据描述的五大圈层如图 10－8 所示。地球大数据可以根据自身的时空特征（包括其几何属性和时空属性）进一步抽象化概括。在几何属性中，地球大数据可以分成“点、线、面、体”等多种几何形态。在时空属性中，地球大数据可以分成“时空静态、空间静止时间动态、时空动态”三种形式。

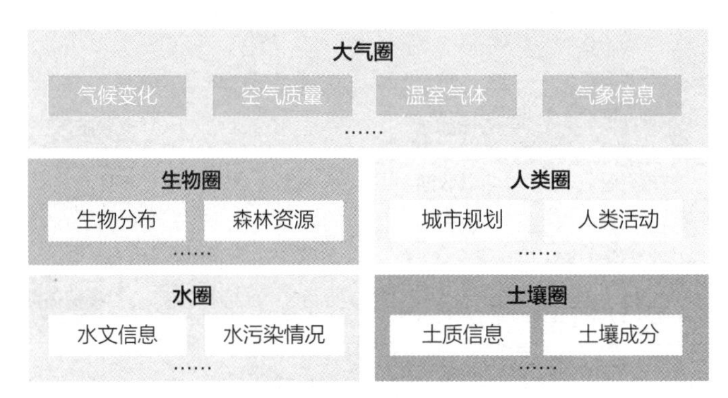

图 10－8　地球大数据描述的五大圈层

4. 地球大数据的应用

地球大数据在各个行业中都有着广泛的应用。通过整合、分析和挖掘海量的地球观测数据和其他相关数据，地球大数据可以提供智能化的决策支持，帮助实现更高效、更可持续的发展。本节将讨论地球大数据在生态环保、双碳战略、自然资源、气象服务、农林牧渔、智慧应急方面的应用。

1）生态环保。地球大数据可以用于监测和评估各种生态系统的健康状况和变化趋势。通过卫星影像、遥感数据和智能物联网，可以获取大规模的生态数据，如空气质量、水体水质、森林覆盖、湿地变化、土地利用和植被指数等。利用人工智能算法对这些数据进一步分析，可以了解评估空气质量的变化状况、水体范围的演化、森林覆盖的变化情况、土地利用类型的演变以及植被变化等，帮助科学家和环境保护机构了解生态系统的动态变化，及时发现和应对生态破坏和环境污染等问题。地球大数据可以通过遥感数据、传感器数据和地理信息系统，监测大气污染、水污染和土壤污染等问题。对地球大数据的分析，可以有效识别污染高值区，帮助环境执法部门按图索骥进行环境执法，可以探索污染发生的模式，判别潜在的污染点及其扩散趋势，从而达到“未污先治”的效果。

2）双碳战略。双碳战略正获得越来越多人的认可并积极参与其中。地球大数据有效地支撑我国双碳战略的实施，具有重要的应用价值。其主要应用场景有温室气体排放监测等，地球大数据可以用于监测和评估温室气体的排放情况。通过卫星遥感和地面监测站点可以获得空气质量数据，获取各个地区和不同行业的温室气体排放数据。某地基于卫星遥感的甲烷监测结果如图 10－9 所示。通过对这些数据的分析，可以精确了解和掌握不同行业和企业的具体排放情况，帮助政府部门制定减排策略和监测减排效果。

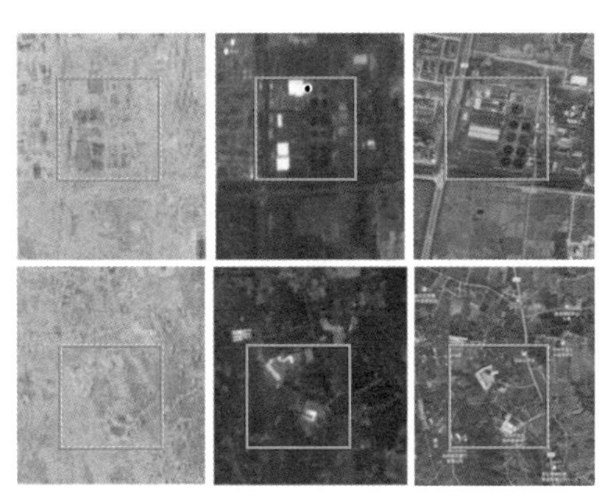

图 10－9　某地基于卫星遥感的甲烷监测结果

3）自然资源。地球大数据在自然资源领域也具有广泛应用，可以帮助管理和保护自然资源，促进可持续利用。其主要应用场景有土地利用和覆盖监测等。通过卫星遥感数据、空间图像和地面调查等，可以实时获取土地利用变化、森林覆盖、农田分布和城市扩张等信息。这些数据可以帮助决策者进行土地规划、资源管理和生态保护，制定合理的土地利用政策和保护措施。

4）气象服务。地球大数据可以用于提高气象预报的准确性、提供实时的气象信息和支持气候变化研究。其主要应用场景有天气预报和气象预警等。通过收集和分析大量的气象数据，包括气象观测、卫星图像、雷达数据等，可以建立气象模型和预测算法，提供准确的天气预报。地球大数据还可以用于气象灾害的预警，如暴雨、风暴和台风等，及时通知人们并采取相应的应急措施。

5）农林牧渔。地球大数据可以帮助提高农业、林业、畜牧业和渔业的生产效率、资源管理和可持续发展。

6）智慧应急。地球大数据可以帮助提高应急响应能力和减轻灾害影响。地球大数据可以用于监测和预警各类自然灾害，如洪水、地震、风暴和山火等。通过卫星遥感数据、气象数据、地震监测和火灾监测等，可以实时获取灾害相关信息，用于提前预警、监测灾害演变趋势，并及时采取措施以减少损失。

10.4.3　工业大数据

工业大数据是智能制造与工业互联网的核心，其本质是通过促进数据的自动流动去解决控制和业务问题，减少决策过程所带来的不确定性，并尽量克服人工决策的缺点。

1. 工业大数据的概念

工业大数据即工业数据的总和，通常分成三类，即企业信息化数据、工业物联网数据，以及外部跨界数据。其中，企业信息化和工业物联网中机器产生的海量时序数据是工业数据规模变大的主要来源。工业大数据是指在工业领域中，围绕典型智能制造模式，从客户需求到销售、订单、计划、研发、设计、工艺、制造、采购、供应、库存、发货和交付、售后服务、运维、报废或回收再制造等整个产品全生命周期各个环节所产生的各类数据及相关技术和应用的总称。工业大数据以产品数据为核心，延展了传统工业数据范围，同时还包括工业大数据相关技术和应用。

20 世纪 60 年代以来信息技术加速应用于工业领域，形成了制造执行系统（MES）、企业资源计划（ERP）、产品生命周期管理（PLM）、供应链管理（SCM）和客户关系管理（CRM）等企业信息系统。这些系统中积累的产品研发数据、生产制造数据、供应链数据以及客户服务数据，存在于企业或产业链内部，是工业领域传统数据资产。近年来物联网技术快速发展，工业物联网成为工业大数据新的、增长最快的来源之一，它能实时自动采集设备和装备运行状态数据，并对它们实施远程实时监控。另外，互联网也促进了工业与经济社会各个领域的深度融合。人们开始关注气候变化、生态约束、政治事件、自然灾害、市场变化等因素对企业经营产生的影响。于是，外部跨界数据已成为工业大数据不可忽视的来源。

工业大数据不仅存在于企业内部，还存在于产业链和跨产业链的经营主体中。企业内部数据主要是指 MES、ERP、PLM 等自动化与信息化系统中产生的数据。产业链数据是企业供应链和价值链上的数据，主要指企业产品供应链和价值链中来自原材料、生产设备、供应商、用户和运维合作商的数据。跨产业链数据，指来自企业产品生产和使用过程中相关的市场、地理、环境、法律和政府等外部跨界信息和数据。

工业大数据具有价值属性和产权属性双重属性。价值属性指工业大数据通过分析挖掘等关键技术能够实现设计、工艺、生产、管理、服务等各个环节智能化水平的提升，满足用户定制化需求，提高生产效率并降低生产成本，为企业创造可量化的价值；同时，这些数据具有明确的权属关系和资产价值，企业能够决定数据的具体使用方式和边界，数据产权属性明显。工业大数据的价值属性实质上是基于工业大数据采集、存储、分析等关键技术，对工业生产、运维、服务过程中数据实现价值的提升或变现；工业大数据的产权属性则偏重于通过管理机制和管理方法帮助工业企业明晰数据资产目录与数据资源分布，确定所有权边界，为其价值的深入挖掘提供支撑。

2. 工业大数据的特征

工业大数据首先符合大数据的 4V 特征，即大规模（Volume）、速度快（Velocity）、类型杂（Variety）、低质量（Veracity）。

1）所谓“大规模”，就是指数据规模大，而且面临着大规模增长。机器数据规模将可达 PB 级，是“大”数据的主要来源，但相对价值密度较低。随着智能制造和物联网技术的发展，产品制造阶段少人化、无人化程度越来越高，运维阶段产品运行状态监控度不断提升，未来人产生的数据规模比重降低，机器产生的数据将出现指数级的增长。

2）所谓“速度快”，不仅是采集速度快，而且要求处理速度快。越来越多的工业信息化系统以外的机器数据被引入大数据系统，特别是针对传感器产生的海量时间序列数据，数据的写入速度达到了百万数据点每秒~千万数据点每秒。数据处理的速度体现在设备自动控制的实时性，更要体现在企业业务决策的实时性，也就是工业4.0所强调的基于“纵向、横向、端到端”信息集成的快速反应。

3）所谓“类型杂”，就是复杂性，主要指各种类型的碎片化、多维度工程数据，包括设计制造阶段的概念设计、详细设计、制造工艺、包装运输等各类业务数据，以及服务保障阶段的运行状态、维修计划、服务评价等类型数据。

4）所谓“低质量”，就是真实性（Veracity），相对于分析结果的高可靠性要求，工业大数据的真实性和质量比较低。工业应用中因为技术可行性、实施成本等原因，很多关键的量没有被测量、没有被充分测量或者没有被精确测量（数值精度），同时某些数据具有固有的不可预测性，例如人的操作失误、天气、经济因素等，这些情况会导致数据质量不高，是数据分析和利用最大的障碍，对数据进行预处理以提高数据质量常常是耗时最多的工作。

工业大数据作为工业相关要素的数字化描述和在赛博空间的映像，除了具备大数据的4V特征，相对于其他类型的大数据，工业大数据集还具有反映工业逻辑的新特征。这些特征可以归纳为多模态、强关联、高通量特征。

1）多模态。工业大数据是工业系统在赛博空间的映像，必须反映工业系统的系统化特征，必须要反映工业系统的各方面要素。所以，数据记录必须追求完整，往往需要用超级复杂的结构来反映系统要素，这就导致单体数据文件结构复杂。

2）强关联。工业数据之间的关联并不是数据字段的关联，其本质是物理对象之间和过程的语义关联。

3）高通量。嵌入了传感器的智能互联产品已成为工业互联网时代的重要标志，用机器产生的数据来代替人所产生的数据，实现实时的感知。

根据工业对象本身的特性或需求，工业大数据的应用特征可以归纳为跨尺度、协同性、多因素、因果性、强机理等几个方面。其中，跨尺度、协同性主要体现在大数据支撑工业企业的在线业务活动、推进业务智能化的过程中。多因素、因果性、强机理体现在工业大数据支撑过程分析、对象建模、知识发现，并应用于业务持续改进的过程中。工业过程追求确定性、消除不确定性，数据分析过程必须注重因果性，强调机理的作用。事实上，如果分析结果是具有科学依据的知识，本身就体现了因果性。

3. 工业大数据关键技术

工业大数据关键技术包括技术架构、平台、采集技术、存储与管理技术等。

1）工业大数据技术架构。工业大数据技术架构以工业大数据的全生命周期为主线，从纵向维度分为平台/工具域和应用/服务域，如图10-10所示。平台/工具域主要面向数据采集、数据存储与管理、数据分析等关键技术，提供多源、异构、高通量、强机理的工业大数据核心技术支撑；应用/服务域基于平台域提供的技术支撑，面向智能化设计、网络化协同、智能化生产、智能化服务、个性化定制等多场景，通过可视化、应用开发等方式，满足用户应用和服务需求，形成价值变现。工业大数据技术架构从技术层级上具体划分为数据采集层、数据存储与管理层、数据服务层。

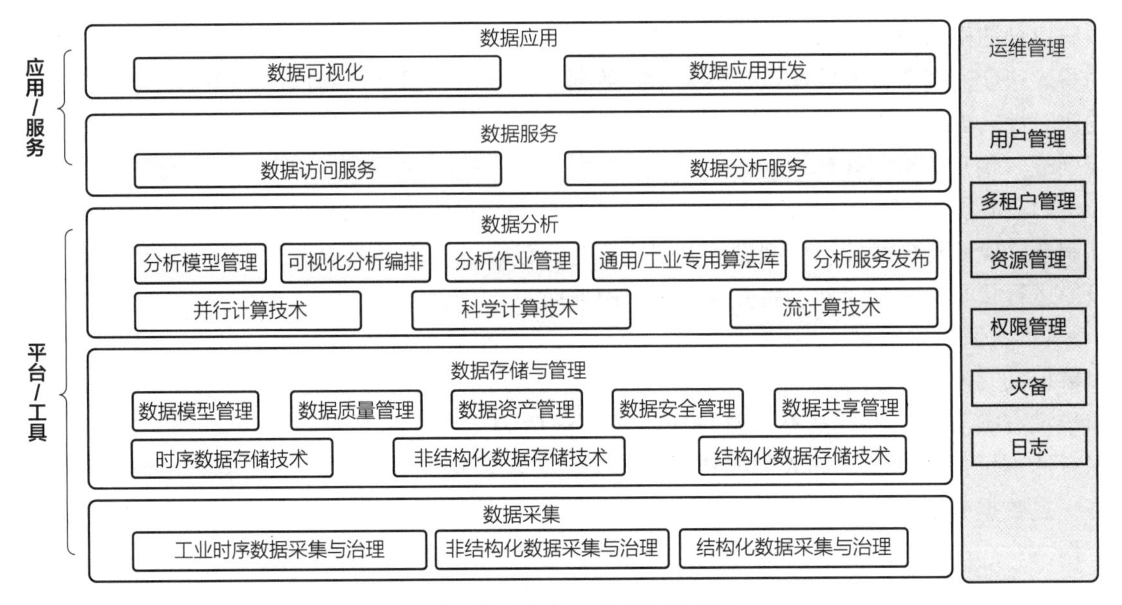

图 10－10　工业大数据技术架构

2）工业大数据平台。工业大数据平台是工业大数据技术具体应用的载体，是推进工业大数据技术深度应用、提升工业大数据在产业中整体发展水平的重要基石。从企业个体角度来看，工业大数据平台是整个企业工业大数据应用的核心。平台通过提供数据采集接口，对企业经营管理的业务数据、机器设备互联数据以及销售运维等外部数据进行采集、清洗，并基于工业大数据处理、分析、建模等关键技术，根据具体应用场景及需求，结合领域知识和算法，实现顶层应用支撑，产生应用价值。从全产业链条角度看，工业大数据平台是产业链实现数据互联的重要枢纽。从平台建设角度看，工业大数据平台首先需要大数据基础设施的支撑，如基础的计算、存储、网络设备，云数据中心，云计算平台等；其次需要工业数据采集、存储、分析、可视化等关键技术支撑，以满足在具有多模态、强关联、高通量特征的工业大数据环境中支撑工业应用需求；此外还需具备运营管理保障，通过监控、告警、备份、恢复和优化等方面，保障整个数据处理架构的稳定高效运营。从平台功能角度看，工业大数据平台实质上是大数据平台在工业领域的应用，应当具备通用大数据平台针对数据全生命周期处理的所有功能。但由于工业数据的复杂来源，工业大数据平台既要处理来自业务系统的工程数据和管理数据，又要处理来自物联网的高频时序数据和来自互联网的资源数据，工业大数据平台需要加强对不同来源数据的采集、集成、分析能力以及针对工业环境下的安全管控功能。

3）工业大数据采集技术。数据采集方面，以传感器为主要采集工具，结合射频识别（RFID）、条码扫描器、生产和监测设备、掌上电脑（PDA）、人机交互、智能终端等手段采集制造领域多源、异构数据信息，并通过互联网或现场总线等技术实现原始数据的实时准确传输。工业大数据分析往往需要更精细化的数据，对数据采集能力有着较高的要求。例如，高速旋转设备的故障诊断需要分析高达每秒千次采样的数据，要求无损全时采集数据。通过故障容错和高可用架构，即使在部分网络、机器故障的情况下，仍保证数据的完整性，杜绝数据丢失。同时还需要在数据采集过程中自动进行数据实时处理，例如校验数据类型和格式，异常数据分类隔离、提取和告警等。

4）工业大数据存储与管理技术。工业大数据存储与管理技术具有多样性、多模态、强关联和高通量等特性，研发面向高吞吐量存储、数据压缩、数据索引、查询优化和数据缓存等能力的关键技术。

4. 工业大数据的边界

工业大数据的边界可以从数据来源、工业大数据的应用场景两大维度进行明确。从数据的来源看，工业大数据主要包括三类：第一类是企业运营管理相关的业务数据。这类数据来自企业信息化范畴，包括 ERP、PLM、SCM、CRM 和 EMS（能源管理系统）等，是工业企业传统意义上的数据资产；第二类是制造过程数据，主要指工业生产过程中，装备、物料及产品加工过程的工况状态参数、环境参数等生产情况数据，通过 MES 实时传递，目前在智能装备大量应用的情况下，此类数据量增长最快；第三类是企业外部数据，包括工业企业产品售出之后的使用、运营情况的数据，同时还包括大量客户名单、供应商名单、外部的互联网等数据。

1）与智能制造的关系。一方面，智能制造是工业大数据的载体和产生来源，各环节信息化、自动化系统所产生的数据构成了工业大数据的主体。另一方面，智能制造又是工业大数据形成的数据产品最终的应用场景和目标。工业大数据描述了智能制造各生产阶段的真实情况，为人类读懂、分析和优化制造提供了宝贵的数据资源，是实现智能制造的智能来源。工业大数据、人工智能模型和机理模型的结合，可有效提升数据的利用价值，是实现更高阶的智能制造的关键技术之一。工业大数据标准属于智能制造标准体系“智能赋能技术”部分，为智能制造提供技术和数据支撑，在智能制造标准体系中的定位如图 10－11 所示。

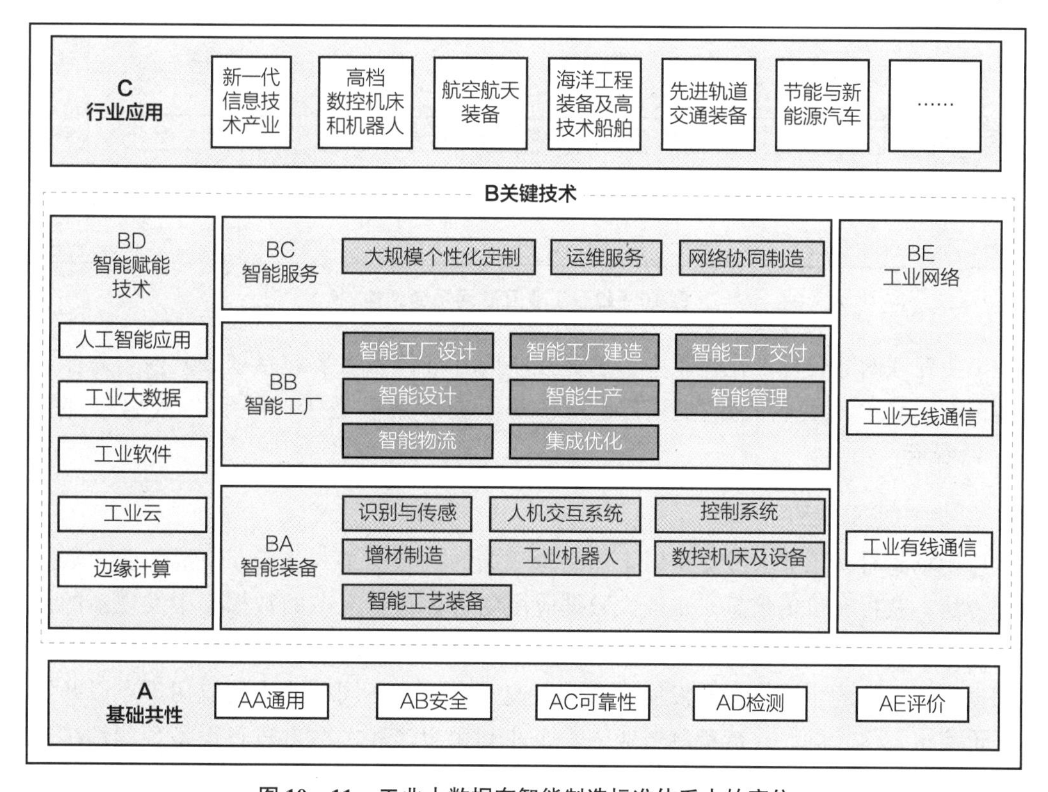

图 10－11　工业大数据在智能制造标准体系中的定位

2）与工业互联网的关系。与智能制造的场景有所区别，工业互联网更关注制造业企业如何以工业为本，通过“智能 +”打通、整合、协同产业链，催生个性化定制、网络化协同、服务化延伸等新模式，从而提升企业、整体行业价值链或区域产业集群的效率。与智能制造相似，工业互联网既是工业大数据的重要来源，也是工业大数据重要的应用场景。在工业互联网平台架构中，工业大数据技术、工业大数据系统是工业互联网平台层（工业 PaaS 层）的重要核心，如图 10 − 12 所示。一方面，借助工业大数据处理、预处理、分析等技术，基于工业大数据系统，平台层（工业 PaaS 层）得以实现对边缘层、IaaS 层产生的海量数据进行高质量存储与管理；另一方面，工业大数据建模、分析、可视化等技术，将数据与工业生产实践经验相结合，构建机理模型，支撑应用层各种分析应用的实现。

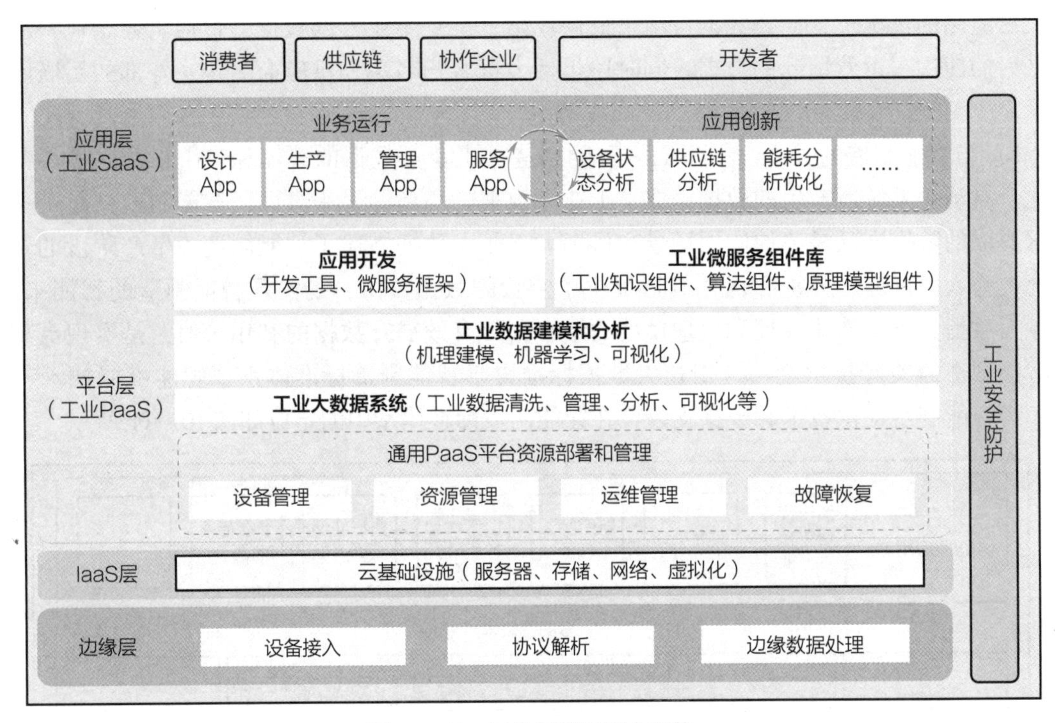

图 10 − 12　工业互联网平台架构

在工业互联网综合标准化体系中，工业互联网标准体系主要包括基础共性、总体、应用三大类标准。其中，工业大数据在工业互联网标准体系中处于“平台与数据”部分，如图 10 − 13所示。

5. 工业大数据的应用

从应用场景看，工业大数据是以工业场景相关的大数据集为基础，集成工业大数据系列技术与方法，获得有价值信息。工业大数据应用的目标是从复杂的数据集中发现新的模式与知识，挖掘得到有价值的信息，从而促进工业企业的产品创新、运营提质和管理增效。

根据行业自身的生产特点和发展需求，工业大数据在不同行业中的应用重点以及所产生的业务价值也不尽相同。在流程制造业中，企业利用生产相关数据进行设备预测性维护、能源平衡预测及工艺参数寻优，可以降低生产成本、提升工艺水平、保障生产安全。对于离散

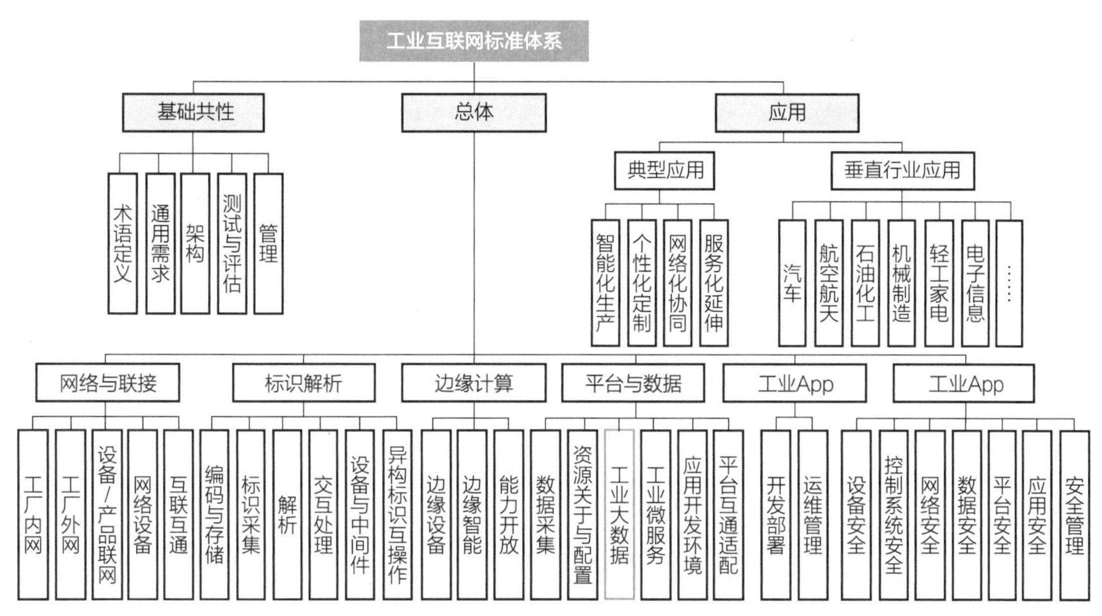

图 10-13　工业大数据在工业互联网标准体系中的定位

制造业，工业大数据的应用促进了智慧供应链管理、个性化定制等新型商业模式的快速发展，有助于企业提高精益生产水平、供应链效率和客户满意度。

（1）在智能制造中的应用　狭义的智能制造主要针对制造业企业的生产过程，从工业 2.0、工业 3.0 到工业 4.0 的进阶过程中，首先关注的是提升系统的自动化水平，完善 MES、APS 等信息化系统的建设，对整个生产过程的流程优化实现提质增效。同时，整个生产体系的数字化水平得到极大提升，使得从生产设备、自动化系统、信息化系统中提取数据对人、机、料、法、环等生产过程关键要素进行定量刻画、分析成为可能。这既是从自动化、信息化走向智能化目标的过程，也是通过数字化、网络化最终实现智能化的现实路径。更为广义的智能制造本质是数据驱动的创新生产模式，在产品市场需求获取、产品研发、生产制造、设备运行、市场服务直至报废回收的产品全生命周期过程中，甚至在产品本身的智能化方面，工业大数据都将发挥巨大的作用。例如，在产品的研发过程中，对产品的设计数据、仿真数据、实验数据进行整理，通过与产品使用过程中的各种实际工况数据的对比分析，可以有效提升仿真过程的准确性，减少产品的实验数量，缩短产品的研发周期。

（2）在工业互联网中的应用　工业大数据在工业互联网中的应用首先体现在对工业互联网个性化定制、网络化协同、服务化延伸等新模式场景的支撑。在大规模个性化定制场景下，企业通过外部平台采集客户个性化需求数据，与工业企业生产数据、外部环境数据相融合，建立个性化产品模型，将产品方案、物料清单、工艺方案通过制造执行系统快速传递给生产现场，进行生产线调整和物料准备，快速生产出符合个性化需求的定制化产品。在网络化协同场景下，工业大数据驱动制造全生命周期从设计、制造到交付、服务、回收各个环节的智能化升级，最终推动制造全产业链智能协同，优化生产要素配置和资源利用，消除低效中间环节，整体提升制造业发展水平和世界竞争力。在服务化延伸场景中，工业大数据通过传感器和工业大数据分析技术，对产品使用过程中的自身工作状况、周边环境、用户操作行为等数据进行实时采集、建模、分析，从而实现在线健康检测、故障诊断预警等服务，催生支持在线租用、按使用付费等新的服务模型，创造产品新的价值，实现制造企业的服务化转型。

（3）工业大数据典型应用场景　依据工业大数据支撑产品从订单到研发设计、采购、生产制造、交付、运维、报废、再制造的整个流程考虑，可将工业大数据典型的应用场景概括为智能化设计、智能化生产、网络化协同制造、智能化服务和个性化需求驱动五种模式，如图 10－14 所示。

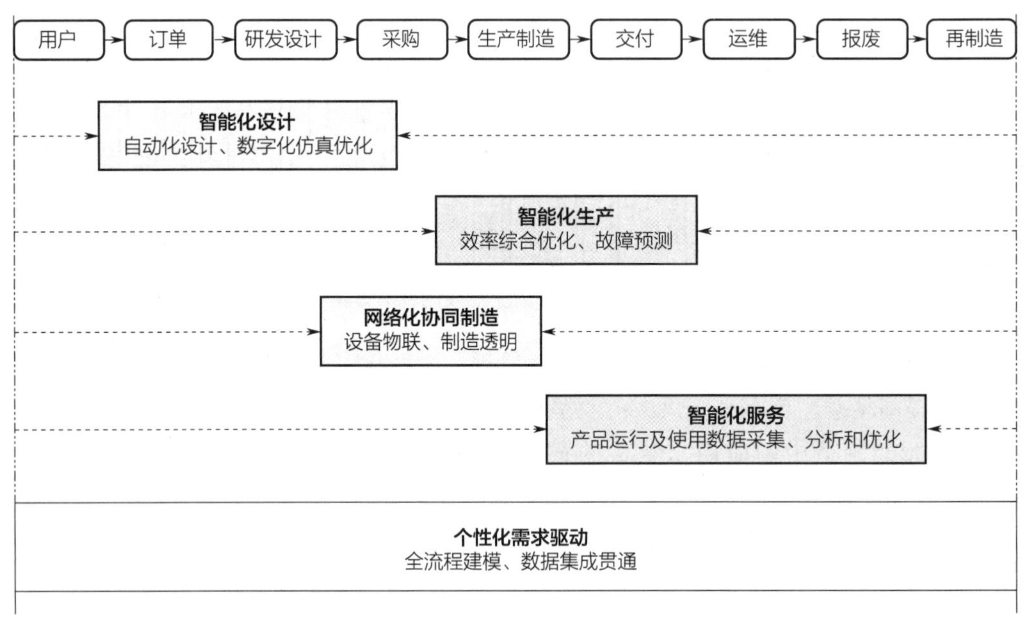

图 10－14　工业大数据典型应用场景

1）智能化设计是支撑工业企业实现全流程智能化生产的重要条件。设计数据包括企业设计人员或消费者借助各类辅助工具所设计的产品模型、个性化数据及相关资料。工业大数据在设计环节的应用可以有效提高研发人员创新能力、研发效率和质量，推动协同设计。客户与工业企业之间的交互和交易行为将产生大量数据，挖掘和分析这些客户动态数据，能够帮助客户参与到产品的需求分析和产品设计等创新活动中，实现新型产品创新和协作的新模式。

2）智能化生产是新一代智能制造的主线，通过智能系统及设备升级改造及融合，促进制造过程自动化、流程智能化。工业大数据通过采集和汇聚设备运行数据、工艺参数、质量检测数据、物料配送数据和进度管理数据等生产现场数据，利用大数据技术分析和反馈并在制造工艺、生产流程、质量管理、设备维护、能耗管理等具体场景应用，实现生产过程的优化。

3）网络化协同制造是以网络化协同制造为核心理念、大数据技术作为支撑，使得制造业企业内部及企业间在众多可靠的网络资源支持下实现对不同产品各个阶段的增值，促进了创新资源、生产能力、市场需求的集聚与对接，提高了产业链上下游的资源整合能力，促进了全社会多元化制造资源的高度有效协同。

4）智能化服务中，现代制造企业不再仅仅是产品提供商，而是提供产品、服务、支持、自我服务和知识的“集合体”。工业大数据与新一代技术的融合应用，赋予市场、销售、运营维护等产品全生命周期服务全新的内容，不断催生出制造业新模式、新业态，从大规模流水线生产转向规模化定制生产和从生产型制造向服务型制造转变，推动服务型制造业与生产型服务业快速发展。

5）个性化需求驱动也是工业大数据应用的热点模式之一。工业大数据技术及解决方案，实现制造全流程数据集成贯通，构建千人千面的用户画像，并基于用户的动态需求，指导需求准确地转化为订单，满足用户的动态需求变化，最终形成基于数据驱动的工业大规模个性化定制新模式。

参考文献

[1] 周辉. 5G DICT 时代新基建与数字化转型关键技术[M]. 北京：机械工业出版社，2023.

[2] 全国信息技术标准化技术委员会大数据标准工作组，中国电子技术标准化研究院. 大数据标准化白皮书：2020 版[R/OL]. [2023-12-29]. http://www.nits.org.cn/index/article/4055.

[3] 中国信息通信研究院. 大数据白皮书：2022 年[R/OL]. [2023-12-29]. http://www.caict.ac.cn/kxyj/qwfb/bps/202301/t20230104_413644.htm.

[4] 中国信息通信研究院. 大数据白皮书：2021 年[R/OL]. [2023-12-29]. http://www.caict.ac.cn/kxyj/qwfb/bps/202112/t20211220_394300.htm.

[5] 中国信息通信研究院. 大数据白皮书：2020 年[R/OL]. [2023-12-29]. http://www.caict.ac.cn/kxyj/qwfb/bps/202012/t20201228_367162.htm.

[6] 中国信息通信研究院. 大数据白皮书：2019 年[R/OL]. [2023-12-29]. http://www.caict.ac.cn/kxyj/qwfb/bps/201912/t20191210_271280.htm.

[7] 中国信息通信研究院. 大数据白皮书：2018 年[R/OL]. [2023-12-29]. http://www.caict.ac.cn/kxyj/qwfb/bps/201804/t20180426_158555.htm.

[8] CCSA TC601 大数据技术标准推进委员会. 数据资产管理实践白皮书：5.0 版[R/OL]. [2023-12-29]. http://www.tc601.com/#/result/result Detail/7304232f6a5f428499d66209cd29714f10.

[9] 中国信息通信研究院. 数据库发展研究报告：2021 年[R/OL]. [2023-12-29]. http://www.caict.ac.cn/kxyj/qwfb/ztbg/202106/t20210625_379495.htm.

[10] 用友平台与数据智能团队. 一本书讲透数据治理：战略、方法、工具与实践[M]. 北京：机械工业出版社，2021.

[11] 维克托·迈尔-舍恩伯格，肯尼思·库克耶. 大数据时代：生活、工作与思维的大变革[M]. 周涛，等译. 杭州：浙江人民出版社，2013.